Odenthal / Beckermann

Einführung in die öffentliche Betriebswirtschaftslehre

Einführung in die öffentliche Betriebswirtschaftslehre

Lehrbuch mit praktischen Übungen und Lösungen

von

Franz Willy Odenthal

und

Birgit Beckermann

KSV

Bibliografische Information der Deutschen Nationalbibliothek
Die Deutsche Nationalbibliothek verzeichnet diese Publikation in der Deutschen Nationalbibliografie; detaillierte bibliografische Daten sind im Internet über http://dnb.dnb.de abrufbar.

11., aktualisierte Auflage

Satz: Schreibservice Bernhardt, Witten
Druck: inprint druck und service, Erlangen

ISBN 978-3-8293-1712-2

Vorwort

Das Buch ist als Lehrmaterial für das gleichnamige Modul im Bachelorstudiengang im kommunalen und staatlichen Fachbereich an der HSPV NRW entstanden. Es orientiert sich am Stoffgliederungsplan der HSPV NRW zu diesem Modul.

Die Rückmeldung der Studierenden auf die 10. Auflage waren positiv, besonders zum 8. Kapitel, den Übungsaufgaben. Deshalb wurde das Buch nur in geringem Maß redaktionell überarbeitet. Die Quellen und Fundstellen wurden überprüft und aktualisiert.

Münster und Ennepetal, im August 2021

Die Verfasser

Zu den Verfassern

Prof. Dr. Franz Willy Odenthal studierte Volkswirtschaftslehre an der Johannes-Gutenberg-Universität Mainz. Während der sich anschließenden Assistentenzeit promovierte er (1982). Anschließend war er 10 Jahre in verschiedenen Positionen in einem international tätigen Chemiefaserunternehmen angestellt. Seit 1993 ist er Professor an der Fachhochschule für öffentliche Verwaltung NRW (heute Hochschule für Polizei und öffentliche Verwaltung NRW) und lehrt sowie forscht vor allem im Bereich des internen und externen Rechnungswesens, im August 2019 wurde er pensioniert. Sein Lehrengagement erstreckt sich auch nach der Pensionierung auf den weiterbildenden Masterstudiengang "Betriebswirtschaft für New Public Management" (MBA) und dessen Vorgängerstudiengang an der FH Dortmund, bei dem er seit 1997 tätig ist. Von 2011 bis 2019 war er Vorsitzender des Prüfungsamts für den Masterstudiengang MBA. Prof. Dr. Odenthal hat in verschiedenen einschlägigen Fachzeitschriften Aufsätze zu Themen des internen und externen Rechnungswesens veröffentlicht und ist Mitverfasser des im Verlag Bernhardt-Witten erschienenen Lehrbuches „Kosten- und Leistungsrechnung, Wirtschaftlichkeitsrechnung und Finanzierung". Mehrere Jahre war er Vorsitzender einer Staatsprüfungskommission für den gehobenen Dienst.

Regierungsdirektorin Birgit Beckermann studierte an der FHöV NRW in Münster (Diplom-Verwaltungswirtin) und an der Ruhr-Universität Bochum am Institut für Arbeitswissenschaften Modernes Verwaltungsmanagement mit den Schwerpunkten Qualitätsorientiertes Personalmanagement, Change Management, Diversity Management sowie Neue Steuerungskonzepte und -modelle (Studiengang Master of Organizational Management - MOM). Von 1988 bis 2012 war sie in unterschiedlichen Arbeitsbereichen und Funktionen beim Landschaftsverband Westfalen-Lippe tätig, u. a. als Persönliche Referentin für die Vorsitzende der LWL-Landschaftsversammlung (2004 bis 2009) und im Dezernat Soziales mit rund 550 Beschäftigten als Sachbereichsleiterin im Grundsatzreferat (u. a. Fach- und Ressourcenverantwortung; Organisationsuntersuchungen; Projektmanagement; strategische Steuerungsunterstützung; Controlling). 2012 übernahm sie eine hauptamtliche Dozentur an der FHöV NRW in Münster (heute Hochschule für Polizei und öfffentliche Verwaltung NRW). Dort lehrt und forscht sie im Themenfeld der ÖBWL mit besonderem Fokus auf Verwaltungsmanagement und Organisation, Personal- und Qualitätsmanagement und bringt sich im Forschungszentrum Personal und Management ein. Darüber hinaus ist sie Lehr- bzw. Modulbeauftragte für Human Resource Management und New Public Management in den Studiengängen Master of Public Management (MPM) an der HSPV NRW und Master of Business Administration (MBA) an der FH Dortmund. Seit 1992 engagiert sie sich zudem am Studieninstitut Westfalen-Lippe in Münster und Bielefeld als Dozentin in der Aus- und Fortbildung.

Inhaltsverzeichnis

Vorwort III

Zu den Verfassern IV

Abbildungsverzeichnis VIII

Tabellenverzeichnis X

Literaturverzeichnis XI

Internetquellen XII

1 Betriebswirtschaftliche Begriffe und Grundsätze 1
1.1 Betriebswirtschaftslehre als Teilwissenschaft 1
1.2 Wirtschaften als Aufgabe und Problem 1
1.3 Wirtschaftseinheiten und Betriebstypologie 3
1.4 Betriebstypologie 7
1.5 Rechtliche und finanzwirtschaftliche Rahmenbedingungen 12
1.6 Betriebswirtschaftliche Grundbegriffe 15
1.7 Möglichkeiten und Grenzen betriebswirtschaftlichen Handelns in der öffentlichen Verwaltung 21
1.8 Übungsaufgaben 23

2 Modell eines Produktionsbetriebs 31
2.1 Der Transformationsprozess 31
2.2 Die betrieblichen Produktionsfaktoren 33
2.3 Betrieblicher Leistungs- und Entscheidungsprozess 39
2.4 Besonderheiten des öffentlichen Betriebs 43
2.5 Übungsaufgaben 47

3 Betriebswirtschaftliche Unterschiede zwischen privaten und öffentlichen (kommunalen) Betrieben 50
3.1 Unterschiedliche Aufgabenstellungen, Ziele und Güter 50
3.2 Unterschiede und Gemeinsamkeiten in der Finanzierung 55
3.3 Übersicht über Unterschiede und Gemeinsamkeiten zwischen öffentlicher Verwaltung und Privatwirtschaft 62
3.4 Übungsaufgaben 63

4 Organisationsformen öffentlicher (kommunaler) Betriebe 68
4.1 Konzernstruktur 68
4.2 Übersicht und Entscheidungsgründe 69
4.3 Regiebetrieb, Eigenbetrieb, Anstalt, GmbH, AG und GmbH und Co. KG 76
4.4 Übungsaufgaben 82

5 Planungs- und Entscheidungsprozesse in der öffentlichen (kommunalen) Verwaltung 86
5.1 Begriff und Definition 86
5.2 Managementzyklus 88
5.3 Planungsarten, -zeiträume und -hierarchien 90
5.4 Übungsaufgaben 95

6 Ausgewählte betriebliche Funktionsbereiche ... 98
6.1 Beschaffung ... 98
6.1.1 Gegenstand und Ziele der Beschaffungswirtschaft ... 98
6.1.2 Einkauf ... 101
6.1.3 Besonderheiten der Beschaffung im öffentlichen Bereich ... 102
6.1.4 Vorratswirtschaft ... 108
6.1.5 Übungsaufgaben ... 115
6.1.6 Material- und Artikelanalyse ... 122
6.1.7 Produktionssynchrone Beschaffung ... 124
6.1.8 Übungsaufgaben ... 125
6.2 Produktion ... 131
6.2.1 Gegenstand der Produktion ... 131
6.2.2 Ziele der Produktion ... 132
6.2.3 Festlegung des Fertigungsprogramms ... 133
6.2.4 Sortimentsplanung ... 134
6.2.5 Planung der Produktionsmengen ... 134
6.2.6 Kostenfunktion ... 136
6.2.7 Arten der Anpassung an Schwankungen der Nachfrage ... 137
6.2.8 Besonderheiten der Produktion in der öffentlichen Verwaltung ... 144
6.2.9 Übungsaufgaben ... 152
6.3 Absatz ... 155
6.3.1 Gegenstand der Absatzwirtschaft ... 155
6.3.2 Aufgaben der Absatzwirtschaft ... 155
6.3.3 Marktforschung ... 158
6.3.4 Datenerhebung ... 158
6.3.5 Umsatz- und Gewinnfunktion ... 160
6.3.6 Absatzinstrumente ... 164
6.3.7 Übungsaufgaben ... 176
6.4 Finanzierung ... 186
6.4.1 Überblick ... 186
6.4.2 Finanzierung nach Kapitalherkunft ... 187
6.4.3 Finanzierung nach der Rechtsstellung der Kapitalgeber ... 191
6.4.4 Quellen der Außenfinanzierung ... 192
6.4.5 Leasing und Factoring als moderne Finanzierungsarten ... 195
6.4.6 Weitergabe von Krediten innerhalb des Konzerns Stadt ... 195
6.4.7 Kommunales Cash-Pooling ... 197
6.4.8 Beurteilung der Finanzierung ... 198
6.4.9 Übungsaufgaben ... 207
6.4.10 Übertragbarkeit auf den öffentlichen Bereich ... 222
6.4.11 Übungsaufgaben ... 224

7 Neuere Entwicklungen in der Verwaltung ... 227
7.1 Zwang zur Veränderung und Ziele der Verwaltungsreform ... 227
7.2 Die veränderte Steuerungslogik ... 230
7.3 Die Veränderung der Organisation ... 231
7.4 Die Verfahren und Instrumente der Verwaltungsreform ... 233
7.5 Veränderung des Rechnungssystems ... 235
7.6 Mehr Bürgerbeteiligung ... 237
7.7 Vom neuen Steuerungsmodell zum kommunalen Steuerungsmodell ... 239
7.8 Wandel der Verwaltung in Zeiten der Digitalisierung und des Wertewandels ... 239

8 Übungsaufgaben zur Vorbereitung auf Prüfungen 241
8.1 Abwasserbetrieb OTTO AöR 241
8.2 Bau- und Entsorgungsbetrieb Elsenhagen 249
8.3 Schauspielhaus der Stadt B. 255
8.4 SEA-Senioreneinrichtungen Ahrheim gGmbH 264
8.5 Abfallwirtschaftsbetriebe Möckernburg 274

Anhang Produktformular 285

Stichwortverzeichnis 289

Abbildungsverzeichnis

Abb. 1: Wirtschaftseinheiten 4
Abb. 2: Betrieb und Unternehmung 6
Abb. 3: Gliederung der Betriebe nach Leistungsart 10
Abb. 4: Gliederung der Betriebe nach der Rechtsform 11
Abb. 5: Die Ausprägungsformen des Wirtschaftlichkeitsprinzips 16
Abb. 6: Zielhierarchie 19
Abb. 7: Sachziele und Formalziele 19
Abb. 8: Komplementäre Zielbeziehung 20
Abb. 9: Konkurrierende Zielbeziehungen 20
Abb. 10: Indifferente Zielbeziehungen 21
Abb. 11: Produktion als betriebliche Hauptfunktion 31
Abb. 12: Güterfluss im Betriebsprozess mit Lager 32
Abb. 13: Teilbereiche der Produktion 32
Abb. 14: Betriebliche Wertschöpfung 33
Abb. 15: Das System der betrieblichen Produktionsfaktoren 34
Abb. 16: Managementpyramide 37
Abb. 17: Güter- und Geldströme in einem Betrieb 40
Abb. 18: Funktionsmodell einer Aktiengesellschaft 42
Abb. 19: Funktionsmodell des Verwaltungsbetriebs 46
Abb. 20: Gruppen mit Einfluss auf die Zielbildung 54
Abb. 21: Grobschema einer Bilanz 56
Abb. 22: Phasenschema des betrieblichen Umsatzprozesses 56
Abb. 23: Konzernstruktur 68
Abb. 24: Organisationsformen öffentlicher Betriebe 70
Abb. 25: GmbH und Co. KG 82
Abb. 26: Der Managementzyklus 89
Abb. 27: Der Managementzyklus in Phasenstruktur 90
Abb. 28: Konzept der rollenden Planung 91
Abb. 29: Top-down Planung 92
Abb. 30: Bottom-up Planung 93
Abb. 31: Gegenstromplanung 93
Abb. 32: Programmorientierte Materialbedarfsermittlung 100
Abb. 33: Wichtige Positionen einer Bestellung 102
Abb. 34: Beispiel einer Ausschreibung 107
Abb. 35: Bestellrhythmusverfahren 109
Abb. 36: Bestellpunktverfahren 110
Abb. 37: Mindestbestand 111
Abb. 38: Zusammenhang zwischen Bestellrhythmus und durchschnittlichem Lagerbestand 112
Abb. 39: Ableitung der optimalen Bestellmenge 113
Abb. 40: ABC-Analyse 122
Abb. 41: Materielle und immaterielle Güter als Gegenstand der Leistungserstellung 132
Abb. 42: Lineare Kostenfunktion 137
Abb. 43: Lagerauf- und abbau 138
Abb. 44: Kostenverlauf bei Überstunden 139
Abb. 45: Sprungfixe Kosten 141
Abb. 46: Selektive Anpassung 143
Abb. 47: Qualitative Anpassung 144
Abb. 48: Arten der Inanspruchnahme der Kapazitäten 147
Abb. 49: Standortbetrachtung kommunaler Dienstleistungen 151

Abb. 50: Verkäufermarkt und Käufermarkt 156
Abb. 51: Teilbereiche der Absatzplanung 157
Abb. 52: Datenerhebung 159
Abb. 53: Nachfragefunktion 161
Abb. 54: Umsatzfunktion 162
Abb. 55: Umsatz- und Kostenfunktion 163
Abb. 56: Absatzpolitische Instrumente 164
Abb. 57: Übersicht über Entgelte in öffentlichen Betrieben 168
Abb. 58: Direkter und indirekter Absatzweg bei Dienstleistungen 170
Abb. 59: Teilgebiete der Kommunikationspolitik 172
Abb. 60: Finanzierung nach der Kapitalherkunft 187
Abb. 61: Finanzierung nach der Rechtsstellung der Kapitalgeber 191
Abb. 62: Kreditaufnahme Konzerngesellschaft bei einer Bank 196
Abb. 63: Weiterleitung eines Krdits an eine Konzerngesellschaft 196
Abb. 64: Prinzipdarstellung Cash-Pooling 197
Abb. 65: Schematische Bilanz 201
Abb. 66: Finanzierungsarten der öffentlichen Verwaltung 223
Abb. 67: Von der Ordnungs- zur Bürgerkommune 230
Abb. 68: Steuerungs- und Ausführungsebene 231
Abb. 69: Produkthierarchie 233
Abb. 70: Die Komponenten des NKF 236

Tabellenverzeichnis

Tab. 1: Zahl der Unternehmen und Zahl der Sozialversicherungspflichtigen Beschäftigten nach Wirtschaftszweigen 2016 ... 8
Tab. 2: Anzahl der Betriebe nach Beschäftigtengrößenklassen 2016 ... 9
Tab. 3: Unterschiede zwischen verschiedenen Betriebstypen ... 48
Tab. 4: Zusammenstellung gängiger Unternehmensziele ... 50
Tab. 5: Gängige Ziele öffentlicher Betriebe und Verwaltungsbetriebe ... 51
Tab. 6: Ziele müssen SMART sein ... 51
Tab. 7: Unterschiede in der Finanzierung zwischen öffentlicher Verwaltung und Privatwirtschaft ... 62
Tab. 8: Unterschiede und Gemeinsamkeiten zwischen öffentlicher Verwaltung und Privatwirtschaft ... 63
Tab. 9: Vorteile und Risiken von öPP ... 75
Tab. 10: Betriebswirtschaftliche Besonderheiten ausgewählter Rechtsformen des öffentlichen Betriebes ... 81
Tab. 11: Vergleich unterschiedlicher Organisationsformen ... 84
Tab. 12: Strategische und operative Planung ... 91
Tab. 13: Kosten bei unterschiedlichen Bestellmengen ... 118
Tab. 14: Optimale Bestellmenge ... 119
Tab. 15: Lagerartikel zur ABC Analyse ... 123
Tab. 16: ABC-Analyse ... 123
Tab. 17: Lösung der ABC-Analyse ... 126
Tab. 18: Fertigungsverfahren ... 135
Tab. 19: Zusammenhang zwischen der Finanzierung nach der Kapitalherkunft und der Rechtsstellung der Kapitalgeber. ... 192

Literaturverzeichnis

Barthel, Thomas	Öffentliche Betriebswirtschaftslehre, Stuttgart 2016
Bernhardt, Horst, Schünemann, Heinz Schwingeler, Rainer	Kommunales Haushaltsrecht NRW, 15. Auflage, Witten 2002
Bogomil, Jörg	Neue Formen der Bürgerbeteiligung an kommunalen Entscheidungsprozessen – Kooperative Demokratie auf dem Vormarsch!? als pdf-Dokument auf http://www.sowi.rub.de/mam/content/regionalpolitik/kassel.pdf, abgerufen am 23.7.2021
Franzke, Jochen Kleger, Heinz	Bürgerhaushalte – Chancen und Grenzen, Berlin 2010
Fritze, Christian Mutschler, Klaus Stockel-Veltmann, Christoph	Kommunales Finanzmanagement NRW, 8. Auflage, Witten 2020
Gutenberg, Erich	Grundlagen der Betriebswirtschaftslehre, Band I, Die Produktion, 24. Auflage., Berlin-Heidelberg-New York 1983
Mutschler, Klaus Stockel-Veltmann, Christoph	Kommunales Finanzmanagement NRW, Studienbuch für den kommunalen Bachelorstudiengang, 5. Auflage Witten 2017
o.V.	„Hessen zieht Bilanz“, in: Innovative Verwaltung, 1-2/2010
Porter, Michael	Wettbewerbsvorteile, 8. Auflage, Frankfurt a.M. 2014
Rau, Thomas	Betriebswirtschaftslehre für Städte und Gemeinden, 2. Auflage, München 2007
Schierenbeck, Henner Wöhle, Claudia B.	Grundzüge der Betriebswirtschaftslehre, 19. Auflage, München 2016
Schuster, Falko	Einführung in die Betriebswirtschaftslehre der Kommunalverwaltung, 2. Auflage, Hamburg 2006
Werdenich, Martin	Modernes Cash-Management, 2. Auflage, München 2009
Wöhe, Günter	Einführung in die Allgemeine Betriebswirtschaftslehre, 17. Auflage, München 1990
Wöhe, Günter, Döring, Ulrich, Brösel, Gerrit,	Einführung in die Allgemeine Betriebswirtschaftslehre, 27. Auflage, München, 2020
Ziekow, Jan	Verankerung verwaltungsverfahrensrechtlicher Kooperationsverhältnisse, in: Ziekow, Jan (Hrsg.), Public Private Partnership, Speyerer Forschungsberichte 229, Speyer 2003, S. 25 - 80; abrufbar unter https://dopus.uni-speyer.de/files/232/FB-229.pdf
Zollondz, Hans-Dieter	Grundlagen Qualitätsmanagement. Einführung in Geschichte, Begriffe, Systeme und Konzepte, 3. Auflage, Berlin 2011

Internetquellen

Bochumer Bürger-forum	http://www.bochumer-buergerforum.de/C125708500379A31/ CurrentBaseLink/ W28P9LFD954BOLDDE, abgerufen am 04.06.2013
Bürgerhaushalt Köln	https://buergerhaushalt.stadt-koeln.de/2015/seiten/ihre-ideen-sind-gefragt, abgerufen am 23.07.2021
Der Bürgerhaushalt	http://www.buergerhaushalt.org, abgerufen am 23.07.2021
Jahresabschluss der Stadt Dortmund 2017	https://www.dortmund.de/media/p/lokalpolitik/haushalt/haushalt_pdf/ jahresabschluesse/Jahresabschluss_2017_Stadt_Dortmund.pdf, abgerufen am 23.07.2021
KGST®	https://www.kgst.de/ksm, abgerufen am 23.07.2021
Liste der Kommunen mit Bürgerhaushalt	http://www.buergerhaushalt.de/de/map, abgerufen am 23.07.2021
öPP	https://www.planradar.com/de/ppp-projekte/, abgerufen am 01.7.2021
Public Private Partnership	http://broschueren.nordrheinwestfalendirekt.de/herunterladen/der/ datei/000000-wirtschaftlichkeit-pdf/von/leitfaden-der-ppp-initiative-wirtschaftlichkeitsuntersuchung-bei-ppp-projekten/vom/ finanzministerium/568, abgerufen am 20.7.2017
Public Private Partnership	https://www.bmi.bund.de/SharedDocs/down-loads/DE/publikationen/themen/bauen/leitfaden-wirtschaftlichkeitsuntersuchungen-ppp.pdf;jsessionid= 21FA46E340BD91DD479747B1D9B8332A.1_cid295? blob=publication-File&v=2, abgerufen am 01.07.2021
Speyerer Forschungsberichte 229	https://dopus.uni-speyer.de/files/232/FB-229.pdf, abgerufen am 12.7.202
Statistisches Bundesamt	online-Version des Statistischen Jahrbuchs 2018 für die Bundesrepublik Deutschland, https://www.destatis.de/DE/Themen/Querschnitt/ Jahr-buch/statistisches-jahrbuch-2018-dl.pdf?__blob=publicationFile&v=5, abgerufen am 2.7.2019
Toll Collect	https://www.spiegel.de/wirtschaft/soziales/privatisierung-abgesagt-bund-behaelt-toll-collect-a-1248182.html; abgerufen am 12.7.2021
Toll Collect	https://www.spiegel.de/wirtschaft/soziales/privatisierung-abgesagt-bund-behaelt-toll-collect-a-1248182.html; abgerufen am 12.7.2021

1 Betriebswirtschaftliche Begriffe und Grundsätze

1.1 Betriebswirtschaftslehre als Teilwissenschaft

Die Betriebswirtschaftslehre beschäftigt sich mit den Wirtschaftseinheiten, die Betriebe genannt werden, und mit denen in ihnen anstehenden Entscheidungen. Sie gehört zur Gruppe der Wirtschaftswissenschaften und unterscheidet sich von der Volkswirtschaftslehre dadurch, dass die Volkswirtschaftslehre sich mit der Gesamtwirtschaft, d.h. mit dem Miteinander der Einzelwirtschaften befasst. Während, vereinfachend gesagt, die Volkswirtschaftslehre das wirtschaftliche Leben aus der Vogelperspektive betrachtet und dabei Gesetzmäßigkeiten und Probleme des Handelns von unterschiedlichen Gruppen miteinander erkennt, betrachtet die Betriebswirtschaftslehre das einzelne Objekt Betrieb. Sie versucht das wirtschaftliche Handeln im Betrieb zu beschreiben und anhand von erkannten Regelmäßigkeiten und Gesetzmäßigkeiten Hilfestellung bei praktischen, betriebsbezogenen Entscheidungen zu liefern.

Gegenüber den Sozialwissenschaften unterscheidet sie sich durch das Untersuchungsobjekt. Die Sozialwissenschaften betrachten den Menschen, sein Verhalten als Individuum und sein Verhalten in der Gruppe. Die Betriebswirtschaftslehre betrachtet den Menschen im Betrieb und sein wirtschaftliches Verhalten. Es bestehen in einigen Bereichen enge Beziehungen zu den Sozialwissenschaften, denn in den Betrieben arbeiten Menschen, deren Verhalten deutlichen Einfluss auf die im Betrieb zu treffenden Entscheidungen hat.

Die Rechtswissenschaften beschäftigen sich mit dem Rechtssystem, der Auslegung, Anwendung und Weiterentwicklung der Rechtsnormen und unterscheidet sich damit auch vom Untersuchungsobjekt her von der Betriebswirtschaftslehre. Die Betriebswirtschaftslehre beschäftigt sich in Teilbereichen mit speziellen Rechtsnormen (z.B. Zivilrecht, öffentliches Recht, Steuerrecht), da der Betrieb in die bestehende Rechtsordnung eingebettet ist. Viele Rechtsnormen beeinflussen betriebliche Entscheidungen.

1.2 Wirtschaften als Aufgabe und Problem

Bedürfnisbefriedigung und Güterknappheit

Die Notwendigkeit zum Wirtschaften geht auf eine wohlbekannte menschliche Eigenschaft zurück: Menschen haben Wünsche (oder: Bedürfnisse) und sie streben danach, sich diese zu erfüllen. Erschwert wird dieses Streben allerdings durch einen wesentlichen Umstand: Während die menschlichen Bedürfnisse nahezu unbegrenzt sind, stehen die Güter oder Leistungen, die zu ihrer Befriedigung dienen können, nur in begrenztem Umfang zur Verfügung. Dieses Spannungsverhältnis zwischen Bedarf und Deckungsmöglichkeit bezeichnet man als Güterknappheit.

Güterknappheit zwingt zum Wirtschaften - man wählt von vielen Verwendungsmöglichkeiten für verfügbare Mittel diejenigen aus, die eine größtmögliche Bedürfnisbefriedigung versprechen. Wirtschaften heißt also: Wählen und Entscheiden. Dabei muss rational, also vernunftgesteuert, und zielgerichtet vorgegangen werden. Auf die Wirtschaft übertragen heißt das, bei den Entscheidungen muss ein bestimmter Grad an Bedürfnisbefriedigung vorgegeben werden und dieses vorgegebene Ziel gilt es mit einem möglichst geringen Einsatz an verfügbaren Mitteln zu erreichen oder es gilt mit vorgegebenen verfügbaren Mitteln einen möglichst hohen Grad an Bedürfnisbefriedigung zu erreichen **(ökonomisches Prinzip)**.[1]

Von den knappen Gütern zu unterscheiden sind die freien Güter, die in unbegrenztem Ausmaß zur Verfügung stehen. Freie Güter (z.B. Luft) sind stets ausreichend vorhanden und brauchen daher nicht bewirtschaftet zu werden. Zu beachten ist allerdings, dass sich die freie Verfügbarkeit bei Gütern in Abhängigkeit von Zeit oder Ort durchaus ändern kann (z.B. Straßenbenutzung, saubere Luft).

Arten von Wirtschaftsgütern

Güter[2], über die aufgrund ihrer Knappheit disponiert werden muss, sind in einer Marktwirtschaft in aller Regel Gegenstand von Marktprozessen (d.h. sie werden "gehandelt" und haben einen Preis), man bezeichnet sie insofern auch als Wirtschaftsgüter.

Wirtschaftsgüter lassen sich nach verschiedenen Kriterien systematisieren und unterscheiden:

Inputgüter und Outputgüter

Nach ihrer Stellung im Produktionsprozess können Wirtschaftsgüter in Inputgüter und Outputgüter eingeteilt werden. Inputgüter sind Einsatzgüter für Produktionsprozesse wie Rohstoffe, Maschinen, menschliche Arbeit, aber auch Grundstücke oder Patente. Sie dienen dazu, Outputgüter zu erzeugen, das sind kurz gesagt die Güter oder Leistungen, die als Folge eines Produktionsprozesses entstehen.

Produktionsgüter und Konsumgüter

Sofern Güter unmittelbar auf die Befriedigung menschlicher Bedürfnisse gerichtet sind, werden sie als Konsumgüter bezeichnet (z.B. Zigaretten). Produktionsgüter wie Werkzeuge oder Maschinen dienen hingegen eher indirekt der Bedürfnisbefriedigung, sie werden in Produktionsprozessen eingesetzt.

---

1 Siehe Kapitel 1.6.

2 Wenn im Folgenden von „Gütern“ gesprochen wird, so umfasst dieser Begriff auch Leistungen wie Dienstleistungen.

Verbrauchsgüter und Gebrauchsgüter

Gebrauchsgüter erlauben eine längerfristige bzw. mehrfache Nutzung, während Verbrauchsgüter bei ihrem Einsatz wirtschaftlich untergehen. Bezogen auf den Produktionsprozess sind als Gebrauchsgüter in erster Linie Maschinen und Anlagen, als Verbrauchsgüter vor allem Materialien und Energie zu nennen. Im Bereich der konsumtiven Verwendung erlauben z.B. Kleidungsstücke oder Fernsehgeräte einen wiederholten Gebrauch, während etwa Lebensmittel bei ihrem Einsatz typischerweise verbraucht werden.

Materielle Güter und immaterielle Güter

Als materielle Güter bezeichnet man Sachgüter, die körperlich greifbar sind, also etwa Maschinen und Materialien, oder Nahrungs- und Genussmittel. Dagegen weisen immaterielle Güter keine körperliche Substanz auf, wie dies beispielsweise für menschliche Arbeits- und Dienstleistungen gilt, aber auch für Rechte, Patente oder Lizenzen typisch ist.

Realgüter und Nominalgüter

Realgüter können sowohl materieller als auch immaterieller Natur sein, das Unterscheidungskriterium bezieht sich hier auf das wirkliche bzw. tatsächliche ("reale") Vorhandensein des Gutes. Bei einer Maschine z.B. handelt es sich um ein Realgut. Die durchweg immateriellen Nominalgüter spielen in Geldwirtschaften eine wichtige Rolle, zu ihnen zählen Geld und Anrechte auf Geld wie Wechsel, Schecks etc..

1.3 Wirtschaftseinheiten und Betriebstypologie

Am Wirtschaftsleben in modernen Volkswirtschaften beteiligen sich zwei Grundtypen von Wirtschaftseinheiten. Da sind zum einen die Betriebe, die dadurch gekennzeichnet sind, dass sie Güter und Dienstleistungen über den Eigenbedarf hinaus herstellen (**Produktionswirtschaft**). Auf der anderen Seite findet man die Haushalte, die die von den Betrieben hergestellten Güter und Dienstleistungen verbrauchen (**Konsumtionswirtschaft**).

Abb. 1: Wirtschaftseinheiten

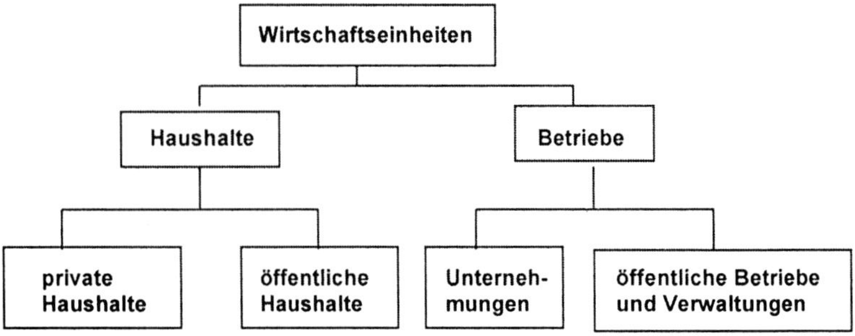

Der Staat als dritter Teilnehmer am Wirtschaftsleben tritt in zweierlei Funktion auf; zum einen verbraucht er viele der von Betrieben hergestellten Güter und Dienstleistungen (z.B. Papier, Software, Maschinen), zum anderen stellt er selbst Dienstleistungen her (z.B. Müllentsorgung, funktionierendes Rechtssystem). Er tritt also in der Übersicht zum einen als öffentliche Haushalte auf der Seite der Konsumtionswirtschaft auf, zum anderen auf der Seite der Produktionswirtschaft in Form öffentlicher Betriebe und Verwaltung.

Betrieb und Unternehmung

Betriebe trifft man grundsätzlich sowohl in marktwirtschaftlichen als auch in planwirtschaftlichen Wirtschaftsordnungen an. Sie sind insofern systemindifferent.

Als technisch organisatorische Wirtschaftseinheiten, in denen Produktions- und Leistungsprozesse stattfinden, erfüllen sie folgende Merkmale:

- Die Leistungserstellung erfolgt jeweils durch die zielgerichtete **Kombination von Produktionsfaktoren**, also menschliche Arbeit wird mit Betriebsmitteln und Werkstoffen zur Herstellung von Gütern und Dienstleistungen kombiniert.
- Die Erstellung jeglicher Leistung unterliegt dem **Prinzip der Wirtschaftlichkeit** *(***ökonomisches Prinzip***)*, um eine Verschwendung von Ressourcen auszuschließen.
- Das **finanzielle Gleichgewicht** ist einzuhalten, was besagt, dass jeder Betrieb dazu fähig sein muss, seinen Zahlungsverpflichtungen jederzeit nachzukommen. Dies ist notwendig, weil sonst die Gläubiger zur Befriedigung ihrer Ansprüche Betriebsmittel aus dem Betrieb entfernen oder weil sonst die Arbeitskräfte nicht mehr ihre Arbeit aufnehmen und damit der Betrieb nicht in der Lage ist zu produzieren.
- Die Produktion erfolgt für **Dritte** und ist für den Absatz außerhalb des Betriebs bestimmt.

Diese Tatbestände sind Forderungen an Betriebe, die unabhängig vom herrschenden Wirtschaftssystem gelten. Dies bedeutet, dass Betriebe sowohl in Marktwirtschaften als auch in Zentralverwaltungswirtschaften existieren.

Zusätzlich zu diesen systemunabhängigen Merkmalen sind Betriebe durch systemabhängige Merkmale gekennzeichnet. Die Ausprägung von Betrieben in marktwirtschaftlichen Systemen wird - in Anlehnung an Erich Gutenberg[1] - als **Unternehmung** bezeichnet. Unternehmungen zeichnen sich aus durch:

- die Möglichkeit. ihren Wirtschaftsplan selbst zu bestimmen, also eigenständig zu entscheiden, was wie zu welchem Preis produziert und verkauft wird, ohne dass dem Vorschriften staatlicher Lenkungsbehörden entgegenstehen (**Autonomieprinzip**),
- das Bestreben einen - unter Berücksichtigung der Risikoposition - (möglichst hohen) Gewinn zu erzielen (**erwerbswirtschaftliches Prinzip**),
- das **Prinzip des Privateigentums** an den Produktionsmitteln, verbunden mit dem daraus ableitbaren Anspruch auf Alleinbestimmung.

Im Gegensatz zu Unternehmungen werden öffentliche Betriebe und Verwaltungen vom Staat getragen, i.d.R. um den gesellschaftlichen Bedarf nach bestimmten Gütern und Dienstleistungen (z.B. öffentliche Straßen, Altersversorgung) zu erfüllen. Betriebstypen dieser Art sind zwar für planwirtschaftlich ausgerichtete Staaten typisch, sie existieren aber auch in marktwirtschaftlichen Systemen, insbesondere dort, wo der Staat Infrastruktur für die Funktionsfähigkeit der Märkte und des gesellschaftlichen Systems bereitstellt.

Im Gegenzug sind mittlerweile auch in planwirtschaftlichen Systemen Unternehmen zu finden, die gewinnorientiert arbeiten aber vom Staat getragen werden. Hier ist vor allem an chinesische Unternehmen zu denken, die Staatseigentum sind, aber vor allem für den Export arbeiten und dabei gewinnorientiert vorgehen.

---

1 Vgl. Gutenberg, E., Grundlagen der Betriebswirtschaftslehre, Band I, Die Produktion, 24. Auflage, Berlin-Heidelberg-New York 1983, S. 457 ff..

Abb. 2: Betrieb und Unternehmung

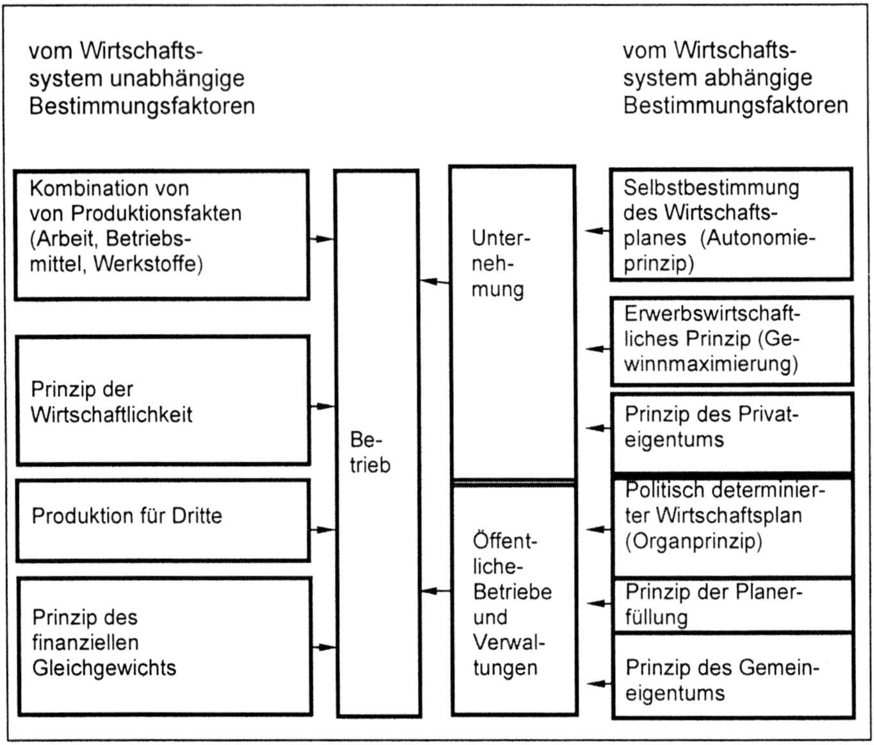

Charakteristisch für öffentliche Betriebe und Verwaltungen sind folgende Merkmale:

- Die Wirtschaftseinheiten sind in einen zentralen Wirtschaftsplan eingebunden, aus dem sich Art, Menge und Zeitpunkt der zu erbringenden Leistungen eindeutig ableiten (**Organprinzip**). Im Gegensatz zur Unternehmung können in öffentlichen Betrieben und Verwaltungen keine autonomen Entscheidungen bezüglich des Leistungsprogramms getroffen werden, letzteres wird vielmehr zentral gesteuert z.B. durch rechtliche Normen.

- Die bestmögliche Erfüllung der Pläne hat oberste Priorität (**Prinzip der Planerfüllung**). Zwar gilt auch in planwirtschaftlich ausgerichteten Betrieben das Wirtschaftlichkeitsprinzip, im Unterschied zur Erwerbswirtschaft ist es hier jedoch einem Wirtschaftsplan untergeordnet. Übergeordnete Ziele können sich beispielsweise in einem Produktionssoll niederschlagen und ggf. zu Entscheidungen führen, die aus Sicht einer einzelnen Wirtschaftseinheit ökonomisch nicht sinnvoll sind (bspw. Ordnungswidrigkeitsbescheide).

- An den Produktionsmitteln besteht **Gemeineigentum** und damit verbunden ein Anspruch der Mitglieder des Gemeinwesens auf Mitbestimmung, z.B. über gewählte Vertreter in den Stadträten.

Aus Abbildung 2 soll deutlich werden, dass die öffentliche Verwaltung und öffentliche Betriebe sehr wohl Betriebe darstellen, da für sie die betriebstypischen Merkmale gelten, sich aber von Unternehmungen unterscheiden, weil die dafür notwendigen Kennzeichen nicht erfüllt werden.

Unternehmungen und öffentliche Betriebe sowie die öffentliche Verwaltung unterscheiden sich auch hinsichtlich ihrer Ziele. Während Unternehmungen Ziele verfolgen wie Gewinnmaximierung oder Sicherung des Unternehmenserhalts sind die öffentliche Verwaltung und die öffentlichen Betriebe dem Gedanken der Gemeinwohlmaximierung verpflichtet. Sie sollen so handeln, dass für das Gemeinwesen der höchste Nutzen erreicht wird.

Es ist bedauerlich, dass die von der allgemeinen Betriebswirtschaftslehre entwickelte Unterscheidung in Betrieb und Unternehmung keinen einheitlichen Eingang in das Recht gefunden hat. So definiert die GO NRW in § 107 Abs. 1 die wirtschaftliche Betätigung einer Gemeinde als den

> „... Betrieb von Unternehmen .... , die als Hersteller, Anbieter oder Verteiler von Gütern oder Dienstleistungen am Markt tätig werden, sofern die Leistung ihrer Art nach auch von einem Privaten mit der Absicht der Gewinnerzielung erbracht werden könnte."

Hier ist deutlich die Absicht der Gewinnerzielung enthalten. Hingegen heißt es in § 1 der Eigenbetriebsverordnung NRW:

> "Die wirtschaftlichen Unternehmen der Gemeinde ohne Rechtspersönlichkeit ... werden als Eigenbetriebe nach den Vorschriften der Gemeindeordnung und dieser Verordnung sowie nach den Bestimmungen der Betriebssatzung des Eigenbetriebs geführt ... ."

Hiernach werden Betrieb und Unternehmung gleichgesetzt.

1.4 Betriebstypologie

Es gibt eine ganze Reihe von Merkmalen, nach denen sich Betriebe einteilen lassen. Man unterscheidet Betriebstypen vor allem aus zwei Gründen, zum einen um die vielfältigen Erscheinungsformen der Betriebe systematisch zu erfassen, zum anderen um bestimmte Gegebenheiten beobachten und dann zu Handlungsempfehlungen zusammenfassen zu können.

Wichtige Gliederungsmöglichkeiten sind folgende:

- nach Wirtschaftszweigen,
- nach der Betriebsgröße,
- nach Art der erstellten Leistung,
- nach der Rechtsform,
- nach der Zielsetzung (im öffentlichen Bereich).

Betriebstypen nach Wirtschaftszweigen

Eine weit verbreitete Einteilung der Betriebe geschieht nach ihrem Wirtschaftszweig. Um ihre Bedeutung etwas deutlich zu machen, ist hier eine kurze, zusammengefasste Übersicht wiedergegeben. Die Übersicht ist nach der Anzahl der sozialversicherungspflichtig Beschäftigten geordnet.

Tab. 1: Zahl der Unternehmen und Zahl der sozialversicherungspflichtigen Beschäftigten nach Wirtschaftszweigen 2016[1]

	Anzahl der Betriebe	Beschäftigte
Verarbeitendes Gewerbe	249.488	6.783.573
Gesundheits- und Sozialwesen	260.274	4.657.303
Handel; Instandhaltung und Reparatur von Kraftfahrzeugen	731.626	4.519.579
Erbringung von sonstigen wirtschaftlichen Dienstleistungen	235.899	2.299.921
Erbringung von freiberuflichen, wissenschaftlichen und technischen Dienstleistungen	541.790	1.980.444
Verkehr und Lagerei	128.390	1.714.333
Baugewerbe	396.181	1.665.443
Erziehung und Unterricht	94.793	1.250.186
Gastgewerbe	262.260	1.009.470
Information und Kommunikation	141.657	1.004.316
Erbringung von Finanz- und Versicherungsdienstleistungen	85.924	974.817
Erbringung von sonstigen Dienstleistungen	245.891	837.256
Kunst, Unterhaltung und Erholung	117.030	291.756
Grundstücks- und Wohnungswesen	170.610	263.640
Wasserversorgung; Abwasser- und Abfallentsorgung und Beseitigung von Umweltverschmutzungen	13.416	255.404
Energieversorgung	71.973	238.607
Bergbau und Gewinnung von Steinen und Erden	2.543	51.599
Summe	3.749.745	29.797.647

[1] Online-Version des Statistischen Jahrbuchs 2018 für die Bundesrepublik Deutschland, S. 542; https://www.destatis.de/DE/Themen/Querschnitt/Jahrbuch/statistisches-jahrbuch-2018-dl.pdf?__blob=publicationFile&v=5, abgerufen am 2.7.2019.

Betriebstypen nach der Betriebsgröße

Eine weitere gängige Einteilung der Betriebe richtet sich nach der Anzahl der Beschäftigten. Diese Anzahl ist bei manchen Mitbestimmungsnormen von Bedeutung. Auch hier sei auf die Einteilung des Statistischen Bundesamtes verwiesen, die vier Größenklassen kennt, wie sie in der folgenden Übersicht kurz dargestellt werden.

Diese Einteilung ist nicht unproblematisch, da sie doch recht grob ist. Deutlich ist jedoch zu erkennen, dass die Anzahl der kleinen Betriebe mit bis zu 9 Mitarbeitern die höchste ist.

Tab. 2: Anzahl der Betriebe nach Beschäftigtengrößenklassen 2016[1]

	Anzahl der Betriebe	Beschäftigte 0-9	10 - 49	50 - 249	250 und mehr
Handel; Instandhaltung und Reparatur von Kraftfahrzeugen	731.626	636.708	80.058	13.517	1.343
Erbringung von freiberuflichen, wissenschaftlichen und technischen Dienstleistungen	541.790	505.564	30.716	4.798	712
Baugewerbe	396.181	355.243	37.076	3.654	208
Gastgewerbe	262.260	238.578	21.329	2.245	108
Gesundheits- und Sozialwesen	260.274	206.489	37.935	13.066	2.784
Verarbeitendes Gewerbe	249.488	181.090	46.201	17.519	4.678
Erbringung von sonstigen Dienstleistungen	245.891	232.516	11.106	1.981	288
Erbringung von sonstigen wirtschaftlichen Dienstleistungen	235.899	204.980	20.606	8.899	1.414
Grundstücks- und Wohnungswesen	170.610	166.097	3.882	587	44
Information und Kommunikation	141.657	125.953	11.910	3.286	508
Verkehr und Lagerei	128.390	101.010	21.166	5.371	843
Kunst, Unterhaltung und Erholung	117.030	112.077	4.175	650	128
Erziehung und Unterricht	94.793	71.994	19.109	3.228	462
Erbringung von Finanz- und Versicherungsdienstleistungen	85.924	77.090	5.888	2.222	724
Energieversorgung	71.973	69.867	1.210	687	209
Wasserversorgung; Abwasser- und Abfallentsorgung und Beseitigung von Umweltverschmutzungen	13.416	9.158	3.137	1.004	117
Bergbau und Gewinnung von Steinen und Erden	2.543	1.770	622	126	25
Summe	3.749.745	3.296.184			

[1] Vgl. Statistisches Jahrbuch, a.a.O., S. 542

Betriebstypen nach Art der erstellten Leistung

Nach der Leistungsart wird auf einer ersten Ebene in Sachleistungsbetriebe, Handelsbetriebe und Dienstleistungsbetriebe unterschieden. Die Sachleistungsbetriebe können danach noch in Rohstoffgewinnungsbetriebe, Produktionsmittelbetriebe (Investitionsmittelbetriebe) sowie Verbrauchsgüterbetriebe (Konsumgüterbetriebe) unterschieden werden. Bei den Handelsbetrieben wird in Groß- und Einzelhandel unterschieden. Zu den Dienstleistungsbetrieben zählen Bankbetriebe, Versicherungen, Verkehrsbetriebe sowie die öffentliche Verwaltung mit ihren Betrieben.

Abb. 3: Gliederung der Betriebe nach Leistungsart

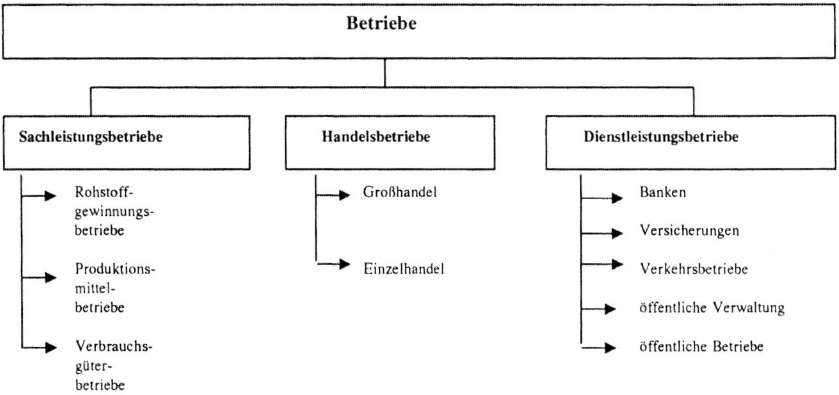

Betriebstypen nach der Rechtsform

Unterscheidungskriterium ist die gewählte Rechtsform, in der ein Betrieb auftritt. Die Rechtsform ist von Bedeutung bei Fragen der Haftung, der Geschäftsführung, der Besteuerung, der Rechnungslegung sowie der Gewinnverteilung. Es gibt Personengesellschaften, Kapitalgesellschaften sowie Sonderformen der öffentlichen Betriebe.

Zu den Personengesellschaften gehören die Gesellschaft bürgerlichen Rechts (GBR), die im BGB geregelt ist. Im HGB sind der Einzelkaufmann, die offene Handelsgesellschaft (oHG) sowie die Kommanditgesellschaft (KG) normiert. Ebenfalls im HGB finden sich Vorschriften zur Gesellschaft mit beschränkter Haftung (GmbH) sowie zur Aktiengesellschaft (AG). Zu diesen Gesellschaftsformen existieren jedoch noch Spezialgesetze (GmbH Gesetz, AktG). Die Betriebsformen der öffentlichen Betriebe und der Verwaltung finden sich in der GO sowie der EigVO.

Abb. 4: Gliederung der Betriebe nach der Rechtsform

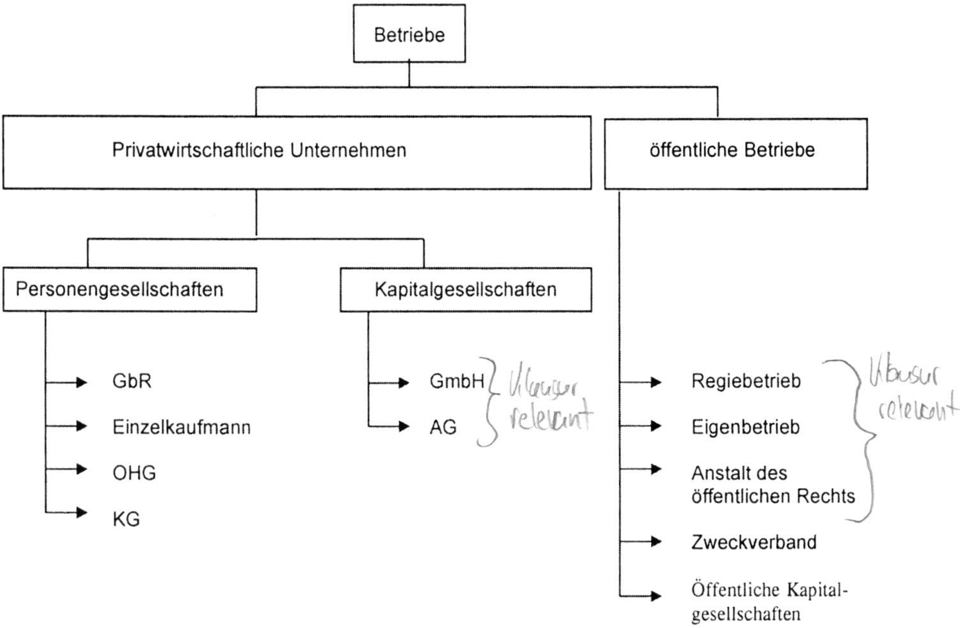

Öffentliche Betriebstypen nach der Zielsetzung

Speziell die öffentlichen Betriebe können auch nach ihrer Zielsetzung unterschieden werden in[1]

- Betriebe mit maximalem Gewinnstreben (Erwerbsbetriebe),
- Betriebe mit dem Grundsatz der Kostendeckung sowie
- Zuschussbetriebe.

Die **Erwerbsbetriebe** unterscheiden sich von privaten Unternehmen kaum. Ihr Ziel ist, einen möglichst großen Beitrag zum Haushalt der Gemeinde zu liefern. Es kann sich bei diesen Betrieben z.B. um Bergwerke, Häfen oder Energieversorgungsbetriebe handeln. Häufig werden diese Betriebe auch in den bekannten privatrechtlichen Formen der AG oder GmbH betrieben. Sie stehen, gerade im Energiesektor, in Konkurrenz zu anderen Unternehmen. Hier kann davon ausgegangen werden, dass die Bildung der Verkaufspreise am Markt unter Einwirkung der Konkurrenten und der Nachfrager geschieht.

Die **Betriebe mit dem Grundsatz der Kostendeckung** streben nicht nach Gewinnmaximierung, allenfalls nach Kostendeckung und einer angemessenen Verzinsung des eingesetzten Kapitals. In vielen Fällen sind sie Monopolanbieter einer Leistung,

---

[1] Vgl. Wöhe, Günter, Döring, Ulrich, Brösel, Gerrit, Einführung in die Allgemeine Betriebswirtschaftslehre, 27. Auflage München, 2020, S. 30.

sollen diese Monopolstellung jedoch nicht ausnutzen, vielmehr soll ein Kollektivbedarf zu sozial verträglichen Preisen gedeckt werden. Als Beispiele seien die Abwasserbetriebe und Straßenreinigungsbetriebe genannt. Hierbei erfolgt keine Preisbildung am Markt unter Wettbewerbsbedingungen.

Bei den **Zuschussbetrieben** handelt es sich um Betriebe, bei denen eine Preisbildung ausschließlich nach sozialen Erwägungen geschieht. Sie sollen keine Gewinne machen. Zu dieser Gruppe zählen beispielsweise Theater, Museen, Volkshochschulen und Feuerwehren. Ohne einen Zuschuss aus dem öffentlichen Haushalt, also aus Steuergeldern, könnten diese Einrichtungen ihre Leistungen nicht zu niedrigen Preisen anbieten. Zum Teil werden diese Leistungen ohne direkte Entgelte abgegeben, dabei sei beispielsweise an das Schulwesen oder die angebotenen öffentlichen Grünflächen gedacht. Zum Wohl der Gesamtbevölkerung wird Wert auf eine flächendeckende Schulausbildung gelegt. Werden Gebühren erhoben, so handelt es sich in vielen Fällen um administrierte Preise, die beispielsweise aus Gründen der Einheitlichkeit der Lebensbedingungen bundesweit einheitlich sind, dabei sei nur das Beispiel der Gebühr bei der Ausstellung eines Personalausweises, Führerscheins oder eines Reisepasses genannt.

1.5 Rechtliche und finanzwirtschaftliche Rahmenbedingungen

Öffentliche Betriebe und die öffentliche Verwaltung sind in ein Rechtssystem eingebettet. Deshalb gibt es auch einige Rechtsnormen, die es gilt zu beachten.

Ausgangspunkt der nachfolgenden Betrachtungen ist das Grundgesetz. In Artikel 28 Absatz 2 GG heißt es:

> *„Den Gemeinden muss das Recht gewährleistet sein, alle Angelegenheiten der örtlichen Gemeinschaft im Rahmen der Gesetze in eigener Verantwortung zu regeln. Auch die Gemeindeverbände haben im Rahmen ihres gesetzlichen Aufgabenbereichs nach Maßgabe der Gesetze das Recht der Selbstverwaltung. Die Gewährleistung der Selbstverwaltung umfasst auch die Grundlagen der finanziellen Eigenverantwortung; zu diesen Grundlagen gehört eine den Gemeinden mit Hebesatzrecht zustehende wirtschaftskraftbezogene Steuerquelle."*

Diese Norm sichert den Gemeinden die Organisationshoheit in ihrer Verwaltung und das Recht eigener Einnahmeerzielung zu.

Zum einen gilt die **Gemeindeordnung (GO)** (hier für NRW). Sie ist sozusagen das kommunale Grundgesetz. In ihr sind die Rechte und Pflichten einer Gemeinde, die Träger der Gemeindeverwaltung, Regelungen zur Haushaltswirtschaft u.ä. enthalten. Für die Betriebswirtschaftslehre sind die Vorschriften über die Haushaltswirtschaft (§§ 75 ff.) und über die wirtschaftliche Betätigung der Gemeinden von besonderer Bedeutung (§§ 107 ff.).

In § 75 Abs. 1 GO NRW heißt es:

> *„Die Gemeinde hat ihre Haushaltswirtschaft so zu planen und zu führen, dass die stetige Erfüllung ihrer Aufgaben gesichert ist. Die Haushaltswirtschaft ist wirtschaftlich, effizient und sparsam zu führen. Dabei ist den Erfordernissen des gesamtwirtschaftlichen Gleichgewichts Rechnung zu tragen."*

Diese Regelung soll zum einen in kurzfristiger Betrachtungsweise sicherstellen, dass im betriebswirtschaftlichen Sinne auf das finanzielle Gleichgewicht geachtet wird. Eine Gemeinde, die zahlungsunfähig ist, kann die stetige Aufgabenerfüllung nicht erfüllen. In langfristiger Betrachtung soll auf Dauer sichergestellt werden, dass die Gemeinde dauerhaft leistungsfähig bleibt. Dies beinhaltet auch, dass die Kommune nicht dauernd von der Substanz lebt. Denn ist das gesamte Gemeindevermögen verkauft oder verbraucht, kann für die darauf folgende Zeit die Aufgabenerfüllung nicht sichergestellt werden. Als Problem ist hier zu erkennen, dass das traditionelle Rechnungssystem der Gemeinden, die Kameralistik, für die Zukunft die stetige Aufgabenerfüllung nicht sicherstellen konnte, da bestimmte betriebswirtschaftliche Verbräuche, z.B. Abschreibungen, nicht dargestellt wurden. Dies führte dazu, dass in NRW das Rechnungssystem der Kommunen auf das Neue Kommunale Finanzmanagement auf doppischer Grundlage umgestellt wurde.

Die Formulierung „wirtschaftlich" bedeutet, nach dem ökonomischen Prinzip. Die Anwendung des ökonomischen Prinzips ist somit in der GO verankert.

§ 77 Abs. 1 GO NRW regelt die Abgabenerhebung. Die Kommunalabgaben sind in § 1 des **Kommunalabgabengesetzes** (KAG NRW) näher geregelt. Die einzelnen Abgabearten, die eine Gemeinde erheben kann, sind in § 3 KAG NRW (Steuern), § 4 KAG NRW (Gebühren), § 5 KAG NRW (Verwaltungsgebühren) sowie § 6 KAG NRW (Benutzungsgebühren) näher erläutert. Besonders wichtig ist der § 6 KAG NRW, der in seinem Absatz 1 regelt, dass das veranschlagte Gebührenaufkommen die voraussichtlichen Kosten der Einrichtung oder Anlage nicht übersteigen soll (= Kostenüberschreitungsverbot). Das veranschlagte Gebührenaufkommen soll weiterhin die Kosten der Einrichtung oder Anlage in der Regel decken (= Kostendeckungsgebot). In § 6 Abs. 2 KAG NRW wird näher definiert, was zu den Kosten gehört, wobei es als Generalklausel heißt: „Kosten ... sind die nach betriebswirtschaftlichen Grundsätzen ansatzfähigen Kosten".

Neben Steuern und Gebühren können die Gemeinden nach § 8 KAG NRW auch Beiträge erheben. Der bekannteste ist der Erschließungsbeitrag, den ein Grundstückseigentümer dafür zahlen muss, dass sein Grundstück durch eine Straße an den öffentlichen Verkehrsraum oder durch einen Kanal an die öffentliche Entwässerung angeschlossen wird. Dem Grundstückseigentümer erwächst durch die Erschließung ein wirtschaftlicher Vorteil.

Die Gemeinde muss sich ferner an die **Kommunale Haushaltsverordnung (KomHVO NRW)** halten. Diese Vorschrift regelt den Umgang mit den finanziellen Mitteln. Zum Regelungsumfang gehören die Aufstellung und Bewirtschaftung des Gemeindehaushalts.

Für **Eigenbetriebe** ist noch die **Eigenbetriebsverordnung** (**EigVO NRW**) als spezielle Vorschrift zu beachten. In ihr ist die Verwaltung, Wirtschaftsführung und das Rechnungswesen von Eigenbetrieben festgeschrieben.[1]

Die **Anstalt des öffentlichen Rechts** folgt der Verordnung über kommunale Unternehmen und Einrichtungen als Anstalt des öffentlichen Rechts (Kommunalunternehmensverordnung – **KUV NRW**), in der die Organe, ihre Funktionen, die Satzung und Wirtschaftsführung sowie die Buchführung geregelt sind.

Gemeinden und Gemeindeverbände können Aufgaben, zu deren Erfüllung sie berechtigt oder verpflichtet sind auch gemeinsam erledigen. Rechtliche Regelungen dazu sind im Gesetz über kommunale Gemeinschaftsarbeit (GkG NRW) zu finden. Sie gründen dann zur gemeinsamen Erledigung eine **Arbeitsgemeinschaft** oder einen **Zweckverband** nach dem Gesetz über kommunale Gemeinschaftsarbeit. Gängige Beispiele sind Zweckverbände zur Abwasserbeseitigung, für Volkshochschulen oder Studieninstitute (z.B. Ausbildung zum mittleren Dienst bzw. der tariflich Beschäftigten).

Bei Gründung einer öffentlichen Kapitalgesellschaft (GmbH, AG) ist § 108 GO zu beachten. Wichtige Kriterien, auf die geachtet werden muss, sind:

- Es darf nur eine Rechtsform gewählt werden, die die Haftung begrenzt. Somit kommen Personengesellschaften nicht in Frage.
- Die Gemeinde muss einen angemessenen Einfluss haben.
- Es muss ein wichtiges öffentliches Interesse vorliegen.
- Es muss sich um ein Unternehmen handeln, mithin muss Gewinnerzie-lungsabsicht vorliegen.

Für die Eigenbetriebe sowie Eigengesellschaften in der Form einer GmbH oder AG sind des Weiteren die Vorschriften des **Handelsgesetzbuches** (**HGB**) zu beachten. Dabei geht es um die Organe der Gesellschaften sowie um Rechnungslegungsvorschriften. Dem HGB kommt besondere Bedeutung zu, da in dem neuen kommunalen Rechnungssystem (in NRW das Neue Kommunale Finanzmanagement) viele Regelungen dem HGB nachempfunden sind.

Für das Land und Landesbetriebe sowie für Bundeseinrichtungen kommen dann noch die **Landeshaushaltsordnung** (**LHO NRW**) sowie die **Bundeshaushaltsordnung** (**BHO**) zur Anwendung.

Finanzwirtschaftlich muss beachtet werden, dass die Bürger nicht unbegrenzt Steuern und Abgaben zahlen möchten. Hier gibt es eine Belastungsgrenze. Ferner muss zwischen Bundessteuern, Landessteuern, kommunalen Steuern und Gemeinschaftssteuern unterschieden werden. Für den Zweck dieses Buches genügt es, darauf hinzuweisen, dass beispielsweise die Gewerbesteuer, die Grundsteuer und die Hundesteuer kommunale Steuern sind. Sie stehen somit ausschließlich den Gemeinden als Einnahmequellen zur Verfügung und die Gemeinden haben auf sie direkten Einfluss, indem sie für die Grundsteuer und die Gewerbesteuer die Hebesätze in ihren Haushaltssatzungen selbst bestimmen.

---

[1] Näheres zu den Organisationsformen findet sich in Kapitel 4.2 Regiebetrieb, Eigenbetrieb, Anstalt, GmbH und AG.

Zur Gewerbesteuer muss jedoch gesagt werden, dass ein Teil des kommunalen Aufkommens als Gewerbesteuerumlage an Bund und Länder abgegeben werden muss. Die Berechnung der Gewerbesteuerumlage ist im Gesetz zur Neuordnung der Gemeindefinanzen (GemFinRefG) geregelt.

1.6 Betriebswirtschaftliche Grundbegriffe

Das ökonomische Prinzip oder das Prinzip der Wirtschaftlichkeit wurde bereits im Abschnitt 1.3 als Kennzeichen eines Betriebes vorgestellt, das auf eine möglichst effiziente Gestaltung von Leistungsprozessen zielt und die Verschwendung von Ressourcen verhindern soll.

Mathematisch kann das ökonomische Prinzip als Bruch ausgedrückt werden:

$$Wirtschaftlichkeit = \frac{Ertrag}{Mitteleinsatz}$$

Ein derartiger in Zahlen auszudrückender Zusammenhang wird allgemein als Kennziffer bezeichnet. Kennziffern werden zu Steuerungszwecken eingesetzt.

Als **generelles Extremumprinzip** gilt es beim wirtschaftlichen Handeln den Wert des Bruches möglichst hoch zu gestalten. Dabei gibt es eine unendliche Vielzahl an Kombinationsmöglichkeiten der beiden Größen Ertrag und Mitteleinsatz, die alle ausprobiert werden müssten.

In der praktischen Anwendung wird meist anders vorgegangen. Da es mathematisch immer eine unabhängige und eine abhängige Variable gibt, wird das generelle Extremumprinzip in zwei praktische Ausprägungen zerlegt.

Das **Minimalprinzip** versucht mit minimalem Mitteleinsatz einen vorgegebenen Ertrag zu erreichen.

Beim **Maximalprinzip** wird mit vorgegebenem Mitteleinsatz ein maximaler Ertrag angestrebt.

Wenn das Ergebnis größer als 1 ist, liegt auf den ersten Blick Wirtschaftlichkeit vor, der Ertrag ist größer als der Mitteleinsatz. Ist das Ergebnis der Division kleiner als 1, liegt Unwirtschaftlichkeit vor. In diesem Fall ist der Mitteleinsatz größer als der Ertrag, dabei werden also Mittel vernichtet.

Über die Dimension, in denen Einsatz und Ertrag ausgedrückt werden sollen, wurde noch nichts gesagt. Mitteleinsatz und Ertrag können sowohl mengenmäßig als auch wertmäßig ausgedrückt werden. Somit gibt es vier Ausprägungsformen des Wirtschaftlichkeitsprinzips.

Abb. 5: Die Ausprägungsformen des Wirtschaftlichkeitsprinzips

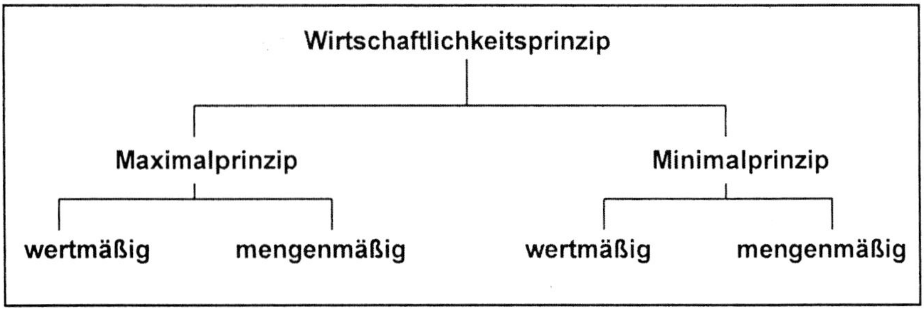

Bei den wertmäßigen Ausprägungen werden Zähler und Nenner des Bruchs in Geldeinheiten ausgedrückt.

Bei den mengenmäßigen Ausprägungen müssten Zähler und Nenner des Bruchs in der gleichen Dimension ausgedrückt werden. Für den Zähler, also den Ertrag ist das bei einem Ein-Produkt-Betrieb leicht möglich. Es wird beispielsweise gezählt, wie viele Liter, Kilogramm oder Stücke eines Produkts hergestellt werden. Für den Nenner, also den Mitteleinsatz, ist dies jedoch meist nicht möglich, da zur Herstellung oftmals verschiedene Mittel miteinander kombiniert werden müssen. Beispielsweise müssen zur Herstellung von Schrauben ein bestimmter Rohstoff (bspw. Messing), Maschinen und menschliche Arbeit miteinander kombiniert werden. Der Rohstoffeinsatz wird in kg gemessen, der Maschineneinsatz und die menschliche Arbeit in Stunden. Ein mengenmäßiger Mitteleinsatz insgesamt lässt sich also nicht ermitteln.

Für einzelne Arten von eingesetzten Mitteln können jedoch mengenmäßige Kennziffern ermittelt werden. Es handelt sich dann um **Produktivitäten**. Unter Produktivität versteht man allgemein eine mengenbezogene realwirtschaftliche Relation, die die Ergiebigkeit von Einsatzfaktoren oder -anders ausgedrückt - die Effizienz von Produktionsvorgängen (technische Leistung) pro Periode misst.

$$\text{Produktivität} = \frac{\textit{Ausbringungsmenge}}{\textit{Einsatzmenge}} = \frac{\textit{Output}}{\textit{Input}}$$

Zu Steuerungszwecken werden verschiedene Teilproduktivitäten (Produktivität je Leistungs- und Einsatzfaktor) verwendet, da, wie bereits geschildert, eine Gesamtproduktivität nicht ermittelbar ist. Weit verbreitet sind folgende Teilproduktivitäten:

$$\text{Arbeitsproduktivität} = \frac{\text{Ausbringungsmenge}}{\text{Arbeitsstunden}}$$

$$\text{Maschinenproduktivität} = \frac{\text{Ausbringungsmenge}}{\text{Maschinenstunden}}$$

$$\text{Produktivität des Materialeinsatzes} = \frac{\text{Ausbringungsmenge}}{\text{Materialeinsatz}}$$

Üblicherweise führt eine gesteigerte Produktivität zu einer Steigerung der Wirtschaftlichkeit. Dies gilt jedoch nur, wenn der Wert des Mitteleinsatzes konstant bleibt. Dann wird die Ausbringungsmenge erhöht, bei gleichem Mitteleinsatz.

Wird die Kennziffer Wirtschaftlichkeit in Geldeinheiten ausgedrückt, muss der Wert des Ertrags bei konstantem Wert des Mitteleinsatzes steigen, damit der errechnete Koeffizient steigt.

Es kann jedoch auch geschehen, dass trotz steigender Produktivität die Wirtschaftlichkeit sinkt. Dies geschieht dann, wenn zwar der mengenmäßige Faktoreinsatz sinkt, dafür aber ein höherer Geldwert z.B. wegen verbesserter Qualität entrichtet werden muss. Steigende Preise der Einsatzfaktoren können sogar Rationalisierungseffekte überkompensieren, so dass bei gesteigerter oder konstanter (mengenmäßiger) Produktivität die (wertmäßige) Wirtschaftlichkeit sinkt.

Im Gegensatz zur Mengenrelation Produktivität und zur Wertrelation Wirtschaftlichkeit stellt die **Rentabilität** ein Maß für die Ertragsfähigkeit von Kapital bzw. Umsatz dar. Sie ist unmittelbar auf die Umsetzung des erwerbswirtschaftlichen Prinzips gerichtet, gemäß welchem dem Gewinnstreben eine wesentliche Bedeutung zukommt. Als Gewinn bezeichnet man die Differenz zwischen Umsatz und Kosten, wobei sich der Umsatz wiederum als Produkt aus Absatzmenge und Verkaufspreis ergibt.

Die Ertragsfähigkeit des von den Eigentümern eingesetzten Eigenkapitals wird als **Eigenkapitalrentabilität** bezeichnet und in Prozenten ausgedrückt.

$$\text{Eigenkapitalrentabilität} = \frac{\text{Gewinn}}{\text{durchschnittlich eingesetztes Eigenkapital}} * 100$$

Die Eigenkapitalrentabilität gibt an, in welcher Höhe sich das eingebrachte Eigenkapital im Betrachtungszeitraum verzinst hat. Sie ermöglicht dem Unternehmer oder Anteilseigner einen unmittelbaren Vergleich der Verzinsung seiner Geldanlage mit alternativen Anlagemöglichkeiten. Dieser Vergleich ist auch notwendig, um zu bewerten, ob das übernommene unternehmerische Risiko ausreichend kompensiert wird.

Wird als Bezugsgrundlage das Gesamtkapital herangezogen, spricht man von **Gesamtkapitalrentabilität**, d.h. in diesem Fall wird zusätzlich das von den Gläubigern eingesetzte Fremdkapital einbezogen. Zu beachten ist in diesem Fall, dass auch der Ertrag, der auf den Fremdkapitalanteil entfällt, also die Fremdkapitalzinsen, in die Rechnung einzubeziehen ist.

$$Gesamtkapitalrentabilität = \frac{Gewinn + Fremdkapitalzinsen}{durchschnittlich\ eingesetztes\ Gesamtkapital} * 100$$

Die Gesamtkapitalrentabilität ist ein Maß für die Fähigkeit des Unternehmens, Erträge aus dem Einsatz von Kapital schlechthin zu erzielen, also ohne Berücksichtigung der Kapitalherkunft. Wie viel vom erwirtschafteten Kapitalertrag (als Folge der Kapitalzusammensetzung) auf Gewinn und Zinsanteile entfällt, steht hierbei nicht im Mittelpunkt der Betrachtung. Um diese Intention zu verdeutlichen, wird die Rentabilität des Gesamtkapitals auch als Unternehmensrentabilität bezeichnet.

Ziele

Jeder Mensch und auch jeder Betrieb setzt sich Ziele, die es zu erreichen gilt. In welchem Grad ein vorgegebenes Ziel erreicht wird, wird in Prozenten als Zielerreichungsgrad (Effektivität) ausgedrückt. Bereits oben wurde erwähnt, dass für ein Unternehmen die langfristige Gewinnmaximierung das oberste Ziel ist.

Aus dem Begriff oberstes Ziel kann gefolgert werden, dass es offensichtlich auch untergeordnete oder nachrangige Ziele gibt. Daraus lässt sich ein Zielsystem ableiten, das hierarchisch geordnet ist.

Das betriebliche Zielsystem ist die Gesamtheit der für einen Betrieb maßgeblich geordneten Zielelemente, charakterisiert durch eine Zielstruktur = **Zielhierarchie**. Hinsichtlich ihrer Position in der Zielhierarchie wird in Ober- und Unterziele unterschieden.

Beispielsweise sei das Oberziel eines Unternehmens die Gewinnmaximierung, dann sind daraus abgeleitete Unterziele die Reduzierung des Abfallprozentsatzes, die Reduzierung der Produktion minderwertiger Ware u.ä..

Abb. 6: Zielhierarchie

Nach ihrem Inhalt wird in **Sach**- und **Formalziele** unterschieden:

Die **Sachziele** beschreiben inhaltlich, was die Organisationseinheit erreichen will (konkretes Leistungsprogramm). So geben derzeit viele Unternehmen an, dass sie sich auf ihre Kernaktivitäten konzentrieren wollen. Sie verstehen dann darunter, dass sie sich von einigen Geschäftsbereichen trennen wollen, weil deren Produkte nicht mehr zu den Stärkefeldern der Unternehmen gezählt werden.

Formalziele geben an, unter welchen Bedingungen sollen Sachziele erreicht werden sollen. Darunter ist zu verstehen, dass z.B. eine bestimmte Kapitalrentabilität erreicht werden soll. Meist handelt es sich um eine abstrakt formulierte Vorgabe, die als Kennzahl formuliert ist. Oftmals geht es um eine Größe, die den Erfolg eines Betriebs wiedergibt, daher werden die Formalziele auch als Erfolgsziele bezeichnet.[1]

Abb. 7: Sachziele und Formalziele

Sachziel	Formalziele
Festlegung von	Festlegung von
- Arten	- Umsatzzielen
- Mengen	- Kostenzielen
- Qualitäten	- Gewinnzielen
- Orten	- Rentabilitätszielen
- Zeitpunkten	- Liquiditätszielen
der Produktion	

In der öffentlichen Verwaltung werden die Sachziele durch Rechtsnormen, die Beschlüsse der Stadträte sowie eventuell durch Bürgerbegehren vorgegeben. Im Vordergrund der Zielbildung der Verwaltung stehen die Formalziele. Typische Formalziele in der Verwaltung sind:

- Rechtmäßigkeit,
- Bürgerorientierung,
- Mitarbeiterorientierung,
- Leistungssicherung,
- Wirtschaftlichkeit.

---

1 Vgl. Schuster, Falko, Einführung in die Betriebswirtschaftslehre der Kommunalverwaltung, 2. Auflage Hamburg 2006, S. 44.

Nach ihren Beziehungen untereinander ist zu unterscheiden in:

- Komplementäre Ziele,
- konkurrierende Ziele,
- indifferente Ziele.

Liegen **komplementäre Ziele** vor, so unterstützt eine Erhöhung des Zielerreichungsgrads von Ziel A zugleich die Erhöhung des Zielerreichungsgrads B.

Abb. 8: Komplementäre Zielbeziehung

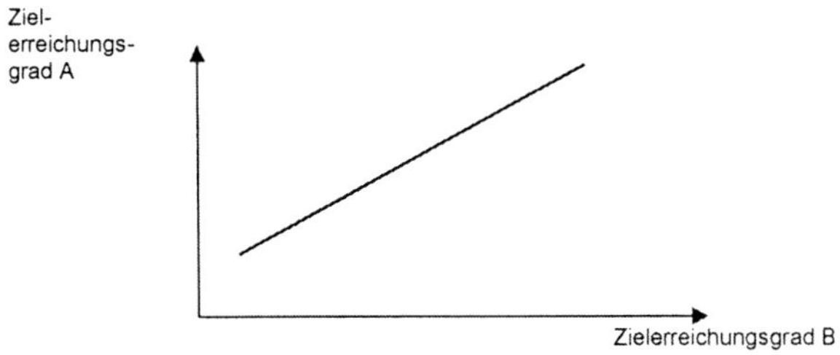

In einem Unternehmen besteht der Zusammenhang, dass eine Kostensenkung (Ziel A) zugleich zu einer Gewinnerhöhung (Ziel B) führt.

In einer Kommunalverwaltung führt die Maßnahme der Erschließung eines Gewerbegebiets gleichzeitig zur Steigerung der Gewerbesteuereinnahmen sowie zur Beschäftigungserhöhung.

Konkurrierende Ziele liegen vor, wenn die Erhöhung des Zielerreichungsgrades von Ziel A zu einer Verminderung des Zielerreichungsgrades von Ziel B führt.

Abb. 9: Konkurrierende Zielbeziehungen

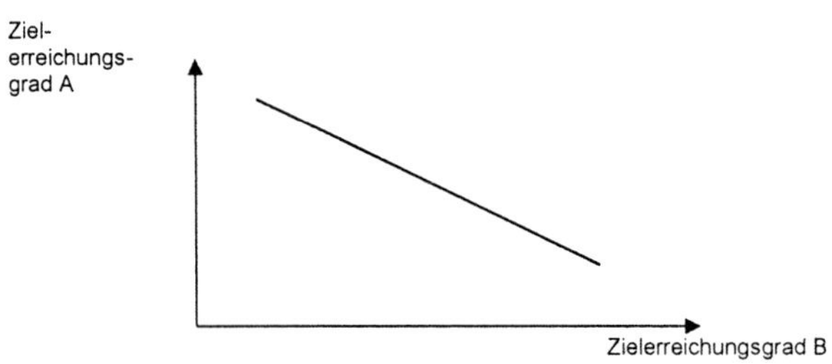

Bei dem gewählten Beispiel der Kommunalverwaltung steht die Erreichung hoher Gewerbesteuereinnahmen durch Erschließung eines neuen Industriegebiets in Konkurrenz zum Erhalt unberührter Natur.

Zielindifferenz bedeutet, dass die Erfüllung einer Zielsetzung keine Auswirkung auf eine andere Zielsetzung hat. Dies ist beispielsweise der Fall, wenn die Mitarbeiterfreundlichkeit durch ein verbessertes Kantinenessen erhöht wird und außerdem das Gewerbegebiet erschlossen wird.

Abb. 10: Indifferente Zielbeziehungen

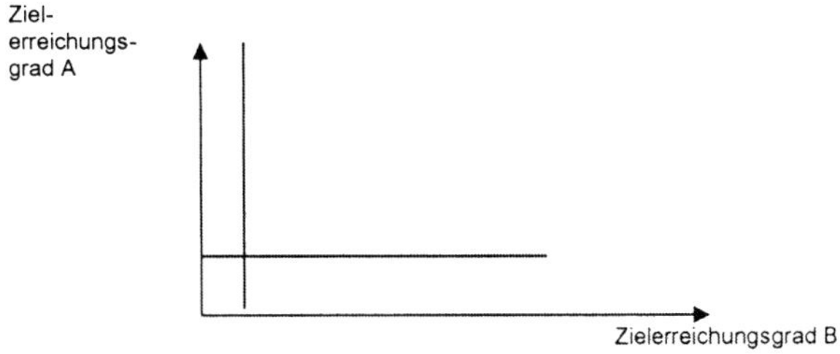

1.7 Möglichkeiten und Grenzen betriebswirtschaftlichen Handelns in der öffentlichen Verwaltung

Wie oben bereits dargelegt, ist ein Kennzeichen des Betriebs, dass er **Produktionsfaktoren** zur Erzeugung von Gütern oder Dienstleistungen kombiniert. Dies geschieht auch in der öffentlichen Verwaltung. Zur Erzeugung der Leistungen werden Sachmittel z.B. Gebäude, PCs, Fahrzeuge mit menschlicher Arbeitsleistung kombiniert, um die gewünschte Leistung zu erzeugen. Bei dieser Kombination, die nach bestimmten Vorschriften abläuft, setzt die Organisationslehre ein, die nach der optimalen Organisationsform strebt und Möglichkeiten der Menschenführung aufzeigt. Diesbezüglich besteht kein Unterschied zwischen einem öffentlichen Betrieb/der öffentlichen Verwaltung und einem privatwirtschaftlichen Unternehmen.

Ein Betrieb handelt nach dem **ökonomischen Prinzip**. Dies gilt auch für die öffentlichen Betriebe und die öffentliche Verwaltung. In § 75 Abs. 1 GO NRW ist dieser Grundsatz normiert: „Die Haushaltswirtschaft ist wirtschaftlich, effizient und sparsam zu führen.“ Dazu ist die vorgegebene Leistungsmenge unter möglichst niedrigem wertmäßigem Einsatz an Produktionsfaktoren zu erzeugen (**Minimalprinzip**).

Es stellt sich hier die Frage der Steuerung. Wie kann im Laufe eines Jahres Wirtschaftlichkeit gemessen und gesteuert werden?

Bei einem Unternehmen geschieht die Messung und Steuerung mittels des Periodenerfolgs, der als Jahresüberschuss aus der Bilanz oder als Ergebnis aus der Kosten- und Leistungsrechnung abgeleitet werden kann. Darauf aufbauend können die o.g. Kennziffern wie bspw. die Eigenkapitalrentabilität ermittelt werden. Wichtige Voraussetzung bei diesen wertmäßigen Kennziffern ist jedoch die Ermittlung des Werts der erzeugten Leistungen. Bei einem unter Wettbewerbsbedingungen operierenden Unternehmen ist die Menge der erzeugten Leistungen zu ermitteln, die mit den Marktpreisen bewertet werden. Automatisch geschieht dies, indem die erzeugten Leistungen/Güter am Markt nachgefragt und verkauft werden.

Für den öffentlichen Bereich stellt sich die Frage, wie die Leistungen der öffentlichen Verwaltung und des öffentlichen Betriebes, die unentgeltlich oder zu administrierten Preisen abgegeben werden, ermittelt werden sollen. Es fehlt die Preisbildung am Markt, die die Nutzeneinschätzung des Konsumenten offenlegt. Damit ist eine Steuerung der Wirtschaftlichkeit über die im Unternehmensbereich üblichen Kenngrößen nicht möglich.

Bei der Ermittlung des Werts der Leistungen der öffentlichen Verwaltung, hierfür wird der Begriff Outcome benutzt, müssten vielmehr alle Effekte, die von dieser Leistung ausgehen, Berücksichtigung finden. Dies bedeutet aber eine eher volkswirtschaftliche Betrachtungsweise, da es nicht mehr auf den Effekt bei einem Individuum ankommt, sondern auf die Wirkung, die bei einer Gruppe, z.B. der Bevölkerung in der Gemeinde, erzielt wird. Z.T. hat die Tätigkeit einer örtlichen öffentlichen Verwaltung Wirkungen über die Ortsgrenzen hinaus. Hier sei als Beispiel nur die Reinhaltung des Wassers genannt. Reinigt eine Gemeinde ihre Abwässer nicht ordentlich und leitet sie relativ ungeklärt wieder in ein Gewässer, so haben alle weiter gewässerabwärts liegenden Wasserwerke Schwierigkeiten bei der Aufbereitung. Zu denken ist beispielsweise auch an die Effekte eines Industriegebiets, dessen Zufahrt durch ein ruhiges Wohngebiet der Nachbargemeinde führt. Durch den durch das Industriegebiet induzierten Schwerverkehr werden die Bewohner des Wohngebiets genervt und somit belastet, die Vorteile des Industriegebiets, u.a. die Gewerbesteuereinnahmen hat aber die andere Gemeinde.

Unabhängig von der Frage der Messung des ökonomischen Verhaltens kommen hier produktionstheoretische sowie beschaffungsbezogene Überlegungen zum Ansatz. Insgesamt gilt es in allen Konstellationen, eine vorgegebene Leistung mit möglichst geringen Kosten zu erzeugen.

Ein Betrieb ist dadurch gekennzeichnet, dass er auf die Wahrung seines **finanziellen Gleichgewichts** achten muss. Im Artikel 110 Abs. 1 GG ist für den Bund vorgeschrieben: „Der Haushaltsplan ist in Einnahme und Ausgabe auszugleichen." Diese Vorschrift findet sich in dieser Form in der GO NRW bzw. GemHVO NRW nicht mehr. Der Haushaltsausgleich in NRW ist nach § 75 Abs. 2 NRW als Ausgleich von Ertrag und Aufwand geregelt, was nicht deckungsgleich mit Einnahmen und Ausgaben ist. Das Erfordernis des finanziellen Gleichgewichts ist in § 75 Abs. 6 GO NRW geregelt, danach muss die Gemeinde die Liquidität sicherstellen.

Es muss zudem beachtet werden, dass die Haushaltsbetrachtung sich auf die Periode von einem Jahr bezieht. Es kann also punktuell im Laufe des Jahres dazu kommen, dass Auszahlungen getätigt werden müssen, für die erst kurze Zeit später eine Deckung z.B. durch Steuereinnahmen vorliegt. In diesem Fall müsste die Auszahlung durch einen kurzfristigen Kredit (Liquiditätskredit nach § 89,2 GO) sichergestellt werden. Es gilt eine Liquiditätsplanung aufzustellen, die darauf achtet, dass die Zinsbelastung für die Gemeinde minimiert wird. Umgekehrt gilt es, Einnahmen, die zu bestimmten Zeitpunkten anfallen, möglichst zinsbringend anzulegen, wenn sie nicht sofort als liquide Mittel benötigt werden.

Die öffentliche Verwaltung kann nicht **autonom** ihr Produktionsprogramm zusammenstellen. Viele Leistungen sind durch Gesetze vorgeschrieben (Pflichtaufgaben), andere Leistungen werden durch Ratsbeschlüsse festgelegt (**Organprinzip**).

Im Bereich der freiwilligen Leistungen kann überlegt werden, ob es betriebswirtschaftlich sinnvoll ist, eine bestimmte Leistung anzubieten. So kann z.B. überlegt werden, ob es sinnvoll ist, während der Schulferien ein Programm aufzulegen, bei dem die Kinder, die nicht verreisen, beschäftigt werden. Zwar werden Ressourcen der Stadt in Anspruch genommen, doch hebt diese Beschäftigung das Gemeinwohl insgesamt, da die Kinder sich wohl fühlen, die Eltern ungestört zur Arbeit gehen oder Besorgungen machen können.

Insbesondere in Verbindung mit dem Produktionsprogramm kommen **absatzpolitische** Überlegungen ins Spiel. Wie kann auf die Produkte der Stadt, die für die Bürger und Bürgerinnen hergestellt werden, aufmerksam gemacht werden? Werden Leistungen im gewünschten Umfang nachgefragt? Erfordert eine bestimmte Leistung eine weitere Leistung, weil zwischen ihnen ein Absatzverbund besteht?

In vielen Fällen erarbeitet die Verwaltung Ratsvorlagen, über die der Rat zu beschließen hat. Hier müssen die Überlegungen, die zu einer bestimmten Ratsvorlage geführt haben, nicht nur juristisch auf ihre Zulässigkeit geprüft werden, sondern auch auf ihre betriebswirtschaftlichen Vor- oder Nachteile. Als Beispiel sei nur die Überlegung genannt, ob Wochenmärkte, die bislang von der Stadt veranstaltet werden, auch durch private Veranstalter abgehalten werden können. Welche Vor- und Nachteile erwachsen der Stadt daraus? Wie hoch muss der Preis sein, den ein privater Betreiber an die Stadt entrichten muss?

1.8 Übungsfragen

1. Erklären Sie den Unterschied zwischen freien und knappen Gütern.

2. Erklären Sie den Unterschied zwischen materiellen Gütern und Realgütern einerseits sowie immateriellen Gütern und Nominalgütern andererseits.

3. Skizzieren Sie die Unterschiede zwischen öffentlichen und privaten Betrieben auf Basis der jeweiligen Zielsetzung.

4. Handelt es sich bei der öffentlichen Verwaltung um einen Betrieb oder ein Unternehmen?

5. Welcher Zusammenhang besteht zwischen Produktivität und Wirtschaftlichkeit, welcher Zusammenhang besteht zwischen Wirtschaftlichkeit und Rentabilität?

6. Erklären Sie folgende Begriffe und ordnen Sie den nachstehenden Beispielen zu:
   a) Ökonomisches Prinzip,
   b) Produktivitätsmaximierung,
   c) Gesamtkapitalrentabilität,
   d) Eigenkapitalrentabilitätsmaximierung,
   e) Fremdkapitalkostenminimierung.

   (1) Herr Clever will mit möglichst wenig Geld eine möglichst lange Weltreise machen.
   (2) Der Bürgermeister will mit möglichst wenigen Worten seine Wähler von seiner Idee überzeugen.
   (3) Der Streudienstleiter will, dass seine Mitarbeiter mit möglichst wenig Streugut möglichst viele Straßen streuen.
   (4) Der Leiter der Hausdruckerei will mit einem gegebenen Vorrat an Papier möglichst viele Seiten drucken.
   (5) Die Eigengesellschaft Energie AG soll mit einem Eigenkapitaleinsatz von 1.000.000 € einen möglichst großen Gewinn erzielen.
   (6) Die Studierenden wollen mit möglichst geringem Einsatz ein „befriedigend" als Durchschnittsnote erreichen.
   (7) Der Kämmerer der Stadt will einen Kredit bestimmter Summe aufnehmen, für den er möglichst wenig Zinsen zahlt.

7. Es entsteht die Frage, ob und inwieweit die Tätigkeiten der öffentlichen Hand in einer Kommune dem betrieblichen oder dem unternehmerischen Handeln zuzurechnen sind.
   a) Definieren Sie zunächst den Begriff Betrieb
   b) Grenzen Sie weiterhin den Betrieb vom Unternehmen ab.
   c) Führen Sie zu obiger Einleitung aus, ob das öffentliche Handeln in einer Kommune betriebliches oder unternehmerisches Handeln ist.
   d) Erläutern Sie das Erwerbswirtschaftliche Prinzip und grenzen Sie es vom Ökonomischen Prinzip ab. Nennen Sie Beispiele für die verschiedenen Ausprägungen des Ökonomischen Prinzips.

8. Aus dem Bereich der Volkshochschule liegen Ihnen einige Daten vor:

	Vorjahr	**Berichtsjahr**
Personalkosten	520.000 €	416.000 €
Sachkosten	270.000 €	202.500 €
Sonstige Kosten	30.000 €	31.000 €
Gesamtkosten	820.000 €	649.500 €
Einnahmen	312.000 €	295.200 €
Mitarbeiter (bzw. Äquivalent)	20	18
Unterrichtsstunden	39.000	36.000

a) Erläutern Sie die Begriffe Effizienz und Effektivität! Nehmen Sie Stellung, ob an Hand der obigen Daten eine Aussage dazu getroffen werden kann.

b) Erläutern Sie „Produktivität" (= Mengenproduktivität)! Führen Sie dazu unter Verwendung obiger Daten eine Berechnung durch!

c) Berechnen Sie den Kostendeckungsgrad!

d) Ist der Kostendeckungsgrad eine geeignete Kennziffer zur Steuerung der Volkshochschule?

9. Es wurde ein Vergleich zwischen einer kommunalen und einer ähnlich großen privaten Friedhofsgärtnerei vorgenommen und die nachfolgenden Daten zusammengetragen:

	kommunale Gärtnerei	private Gärtnerei
Erlöse	155.000	170.000
Kosten (einschl. FKZ)	140.000	155.000
Eigenkapital	210.000	90.000
Fremdkapital (Zinssatz 10 %)	90.000	210.000

Alle Angaben in €.

Ermitteln Sie den Gewinn der beiden Gärtnereien. Was lässt sich zur Rentabilität sagen? Bewerten Sie jeweils das Ergebnis.

Lösungsvorschläge:

1. Freie Güter sind in unbegrenztem Maße vorhanden. Bei ihnen treten keine Knappheit und damit keine Konkurrenz zwischen den Verbrauchern auf. Knappe Güter sind nur begrenzt vorhanden, um ihren Verbrauch konkurrieren viele Verbraucher. Es muss diejenige Verwendung, die den größten Nutzen stiftet, gefunden werden. In einer Marktwirtschaft geschieht dies über die Bildung eines Marktpreises.

2. Realgüter können sowohl materieller als auch immaterieller Natur sein. So handelt es sich bei einer Maschine um ein materielles Realgut, wohingegen ein Patent ein immaterielles Realgut ist. Nominalgüter sind durchweg immateriell und sind mit der Geldwirtschaft verbunden. Nominalgüter sind Geld oder Anrechte auf Geld.

3. Private Betriebe haben als oberstes Betriebsziel die Gewinnmaximierung oder ein davon abgeleitetes Ziel. Die abgeleiteten Ziele können z.B. sein: langfristiger Unternehmenserhalt, hohe Eigenkapitalrentabilität, hohes Wachstum, hoher Marktanteil oder ähnliches. Öffentliche Betriebe haben üblicherweise als oberstes Ziel die Gemeinwohlmaximierung und sind damit nicht nur den Kapitalgebern und Mitarbeitern verpflichtet, sondern der gesamten Gemeinschaft. Davon können nur die Erwerbsbetriebe ausgenommen werden, die sich in ihrer Zielsetzung kaum von privaten Betrieben unterscheiden.

4. Bei der öffentlichen Verwaltung handelt es sich unzweifelhaft um einen Betrieb. Sie erfüllt die drei Betriebsmerkmale der Kombination von Produktionsfaktoren, des Handelns nach dem Wirtschaftlichkeitsprinzip sowie der Beachtung des finanziellen Gleichgewichts. Es kommt noch hinzu, dass sie für den Fremdbedarf (= Bürger) produziert. Ihr fehlen aber die Merkmale eines Unternehmens, da sie ihren Wirtschaftsplan nicht selbst bestimmt und keine (langfristige) Gewinnmaximierung anstrebt.

5. Produktivität ist ein in Mengenverhältnissen ausgedrückter Zusammenhang, hingegen wird Wirtschaftlichkeit in Werten ausgedrückt.

$$Wirtschaftlichkeit = \frac{Ertrag\ in\ Geldeinheiten}{Mitteleinsatz\ in\ Geldeinheiten}$$

$$Produktivität = \frac{Ausbringungsmenge}{Einsatzmenge} = \frac{Output}{Input}$$

Die Ähnlichkeit ist erkennbar. Beide Zusammenhänge werden als Quotienten ausgedrückt. Bei beiden steht der Ertrag bzw. der Output im Zähler und der Mitteleinsatz bzw. der Input im Nenner. Bleiben alle Preise konstant, bedeutet eine steigende Produktivität auch eine steigende Wirtschaftlichkeit.

Die Wirtschaftlichkeit bezieht sich auf den gesamten Faktoreinsatz, wohingegen sich die Rentabilität allein auf das eingesetzte Kapital bezieht.

Die Rentabilität ist ausgedrückt als:

$$\text{Rentabilität} = \frac{\text{Gewinn} + \text{Zinsen}}{\text{durchschnittlich eingesetztes Kapital}} * 100$$

Sie ist damit ein Maß für die Ertragsfähigkeit des Kapitals.

6. Das **ökonomische Prinzip** besagt in seiner Maximalform, dass mit einem vorgegebenen Mitteleinsatz ein maximaler Ertrag erreicht werden soll. Es wird wertmäßig ausgedrückt. Der Begriff der **Produktivitätsmaximierung** bezieht sich auf eine mengenmäßige Relation, wobei aus Gründen der unterschiedlichen Maßeinheiten (z.B. Arbeitsstunden, Tonnen, Längenmaßen usw.) nur Teilproduktivitäten ermittelt werden können. Die **Gesamtkapitalrentabilität** gibt die Verzinsung des gesamten eingesetzten Kapitals an. Neben dem Gewinn, der durch das eingesetzte Eigenkapital erwirtschaftet wird, werden die mit dem Fremdkapital erwirtschafteten Zinsen dem durchschnittlich eingesetzten Kapital gegenübergestellt. Bei der **Eigenkapitalrentabilitätsmaximierung** versucht der Eigenkapitalgeber die Verzinsung seines eingesetzten Kapitals zu maximieren. Hier sei auf die Besprechung des Leverage Effektes verwiesen.[1] Die **Fremdkapitalkostenminimierung** versucht einerseits ein gegebenes Volumen

1 Siehe im Kapitel 6.4.8 „Beurteilung der Finanzierung".

an Fremdkapital zu minimalen Zinsen zu beschaffen, die andere Ausprägung ist, die benötigte Menge an Fremdkapital zu minimieren durch den Einsatz von Eigenkapital.

(1) Offensichtlich soll das ökonomische Prinzip beschrieben werden. Gedacht ist hier an das generelle Extremumprinzip. Es handelt sich jedoch um ein unlösbares Problem, da nicht gleichzeitig maximiert und minimiert werden kann.

(2) Der Bürgermeister handelt nach dem Prinzip der Produktivitätsmaximierung, er gibt sich ein Ziel vor, das er mit möglichst wenigen Worten erreichen will.

(3) Das Streudienstproblem ist nicht lösbar, da nicht gleichzeitig maximiert und minimiert werden kann. Eine Größe müsste vorgegeben werden.

(4) Das Problem der Hausdruckerei soll mittels Produktivitätsmaximierung gelöst werden. Der Papiervorrat ist gegeben, durch Minimierung der Fehldrucke und des Ausschusses kann der Output an bedruckten Seiten maximiert werden.

(5) Es handelt sich um das ökonomische Prinzip, das hinter der Idee der Gewinnmaximierung steht.

(6) Beim Versuch der Studierenden handelt es sich um Produktivitäts-maximierung. Das Ziel einer vorgegebenen Note lässt sich mittels minimiertem Arbeitseinsatz nur bei hoher Produktivität erreichen.

(7) Hinter dem Versuch des Kämmerers steht das ökonomische Prinzip in seiner Minimalform.

7a. Kennzeichen eines Betriebs sind:
- Produktion durch Kombination von Produktionsfaktoren,
- Beachtung des Wirtschaftlichkeitsprinzips,
- Produktion für Dritte,
- Einhaltung des finanziellen Gleichgewichts.

7b. Bei einem Unternehmen kommen zu den Betriebskennzeichen noch hinzu:
- das Autonomieprinzip,
- das erwerbswirtschaftliche Prinzip,
- Prinzip des Privateigentums.

7c. Das öffentliche Handeln in einer Verwaltung ist in erster Linie und auf jeden Fall betriebliches Handeln; denn in der Verwaltung werden Dienstleistungen für Dritte durch die Kombination von Produktionsfaktoren (Arbeit, Werkstoffe, Betriebsmittel und dispositiver Faktor) erzeugt. Bei der Produktion soll das ökonomische Prinzip beachtet und das finanzielle Gleichgewicht eingehalten werden. Unternehmerisches Handeln der Verwaltung kann bei freiwilligen Aufgaben auftreten, wenn die Verwaltung einen Gewinn anstrebt.

Unternehmerisches Handeln kann ebenso auftreten, wenn die Verwaltung eine Aufgabenerledigung auf ausgelagerte Einheiten (z.B. Energieversorgung durch Stadtwerke) auslagert.

7d. Das erwerbswirtschaftliche Prinzip beschreibt die Situation, wenn ein Betrieb versucht, durch sein betriebliches Handeln einen möglichst hohen Gewinn zu erzielen. Beim ökonomischen Prinzip wird versucht, den Quotienten

$$\frac{wertmäßiger\ Output}{wertmäßiger\ Input}$$

zu maximieren. Dabei kann der wertmäßige Output auch anders als in Geldwerten gemessen werden, was die Berücksichtigung von gesellschaftlichem Nutzen zulässt. Hingegen ist Gewinn als reine Geldgröße zu verstehen.

Die üblichen Ausprägungsformen des ökonomischen Prinzips sind:

Maximalprinzip = Output wird bei gegebenem Input maximiert; z.B. maximale Reichweite mit gegebenem Treibstoffvorrat.
Minimalprinzip = Input wird minimiert bei gegebenem Output; z.B. gegebene Strecke mit minimalem Treibstoffverbrauch überbrücken.

8a. Effizienz misst die Wirtschaftlichkeit des Handelns. Sie wird als

$$\frac{wertmäßiger\ Output}{wertmäßiger\ Input}$$

ausgedrückt.

Für den Fall der VHS liegt der wertmäßige Input als Gesamtkosten vor, der wertmäßige Output ist jedoch unbekannt. Erstens weil die Einnahmen keine Marktpreise sind, die die Nutzeneinschätzung der Konsumenten wiedergeben würden, und zweitens, weil die VHS einen Bildungsauftrag hat, der nicht mit dem Ziel des Gewinnstrebens vereinbar ist.

Effektivität misst die Zielerreichung. In den obigen Daten ist jedoch keine Zielgröße, wie bspw. „10 % der Einwohner sollen einen Kurs der VHS besuchen" oder „die Analphabeten Quote soll um 5 % gesenkt werden" enthalten. Deshalb kann die Effektivität nicht gemessen werden.

8b. Unter Produktivität wird eine Mengenrelation verstanden:

$$\frac{mengenmäßiger\ Output}{mengenmäßiger\ Input}$$

Die beiden mengenmäßigen Größen, die zur Verfügung stehen, sind die Unterrichtsstunden und die Anzahl der Mitarbeiter. Genau genommen kann hier keine allgemeine Produktivität, sondern eine Arbeitsproduktivität ermittelt werden.

$$Vorjahr = \frac{39.000\ Stunden}{20\ Mitarbeiter} = 1.950\ Stunden\ pro\ Mitarbeiter$$

$$Berichtsjahr = \frac{36.000\ Stunden}{18\ Mitarbeiter} = 2.000\ Stunden\ pro\ Mitarbeiter$$

Die Arbeitsproduktivität je Mitarbeiter ist gestiegen.

Dies sagt aber noch nichts darüber aus, ob der Bildungsstand der Bevölkerung gestiegen ist oder die Lehre gut war. Insoweit ist die verwendete Output Größe zumindest diskussionswürdig.

8c. Der Kostendeckungsgrad gibt Auskunft darüber, welcher Anteil der Kosten durch Einnahmen gedeckt ist. Er wird als

$$Kostendeckungsgrad = \frac{Einnahmen}{Gesamtkosten}$$

berechnet.

Im vorliegenden Fall beträgt er:

$$Kostendeckungsgrad\ Vorjahr = \frac{312.000\ €}{820.000\ €} = 0{,}38 = 38\ \%$$

$$Kostendeckungsgrad\ Berichtsjahr = \frac{295.200\ €}{649.500\ €} = 0{,}45 = 45\ \%$$

Im Vergleich der Jahre (Periodenvergleich) ist zu erkennen, dass er gestiegen ist. Ob es sich um einen angemessenen Wert handelt, könnte nur durch Quervergleich mit einer anderen ähnlichen VHS festgestellt werden.

8d. Der Kostendeckungsgrad ist keine geeignete Größe, um die VHS zu steuern. Für eine geeignete Steuerung müssten Zielgrößen (Outcome), wie bspw. „Analphabeten Quote senken!“ oder „es sollen mit dem Angebot 10 % der Einwohner erreicht werden“ formuliert werden. Mit dem Kostendeckungsgrad wird ein Formalziel gemessen, was für eine VHS gegenüber einem Sachziel nachrangig sein sollte.

9. Im vorliegenden Fall errechnet sich der Gewinn für die kommunale Gärtnerei als:

$Erlöse - Kosten$ = 155.000 € – 140.000 € = 15.000 €

Für die private Gärtnerei ergibt sich ebenfalls:

$Erlöse - Kosten$ = 170.000 € – 155.000 € = 15.000 €

Beide Gärtnereien weisen den gleichen Gewinn auf.

Bei der Frage nach der Rentabilität muss der erzielte wertmäßige Output ins Verhältnis zum eingesetzten Kapital gesetzt werden. Es ist ferner zwischen Gesamtkapital- und Eigenkapitalrentabilität unterschieden werden.

Zunächst die Rechnung für die Eigenkapitalrentabilität der kommunalen Gärtnerei:

$$Eigenkapitalrentabilität\ in\ \% = \frac{Gewinn}{eingesetztem\ Eigenkapital} * 100$$

$$Eigenkapitalrentabilität\ in\ \% = \frac{15.000\ €}{210.000\ €} * 100$$

$$Eigenkapitalrentabilität\ in\ \% = 7{,}143\ \%$$

Jetzt die Rechnung für die private Gärtnerei:

$$Eigenkapitalrentabilität\ in\ \% = \frac{15.000\ €}{90.000\ €} * 100$$

$$Eigenkapitalrentabilität\ in\ \% = 16{,}666\ \%$$

Zwar weisen beide Gärtnereien den gleichen Gewinn auf, doch ist dazu bei der privaten Gärtnerei ein geringerer Einsatz an Eigenkapital nötig. Dies führt zu einer höheren Verzinsung = höhere Rentabilität.

Um die Gesamtkapitalrentabilität zu ermitteln, müssen die jeweiligen Fremdkapitalzinsen errechnet werden. Aus der Tabelle kann entnommen werden, dass für das Fremdkapital 10 % Zinsen zu zahlen sind.

$$Zinsen\ kommunal = 90.000\ € * 10\ \% = 9.000\ €$$

$$Zinsen\ privat = 210.000\ € * 10\ \% = 21.000\ €$$

Nunmehr kann die Gesamtkapitalrentabilität berechnet werden:

$$Gesamtkapitalrentabilität\ kommunal = \frac{Gewinn + Zinsen}{Gesamtkapital} * 100$$

$$Gesamtkapitalrentabilität\ kommunal = \frac{15.000\ € + 9.000\ €}{210.000\ € + 90.000\ €} * 100 = 8\ \%$$

$$Gesamtkapitalrentabilität\ privat = \frac{15.000\ € + 21.000\ €}{90.000\ € + 210.000\ €} * 100 = 13\ \%$$

In beiden Fällen beträgt der Gewinn 15.000 € und das insgesamt eingesetzt Kapital 300.000 €. Bei der Kommune wird aber ein insgesamt geringerer wertmäßiger Output (15.000 € + 9.000 €) mit dem eingesetzten Kapital erwirtschaftet als bei der privaten Gärtnerei (15.000 € + 21.000 €). Deshalb ist die Verzinsung des Gesamtkapitals bei der privaten Gärtnerei höher.

2 Modell eines Produktionsbetriebs

2.1 Der Transformationsprozess

Um Leistungen erstellen zu können, sind verschiedene Einsatz- (Input-) Güter nötig, die Produktionsfaktoren genannt werden. Die Bereitstellung dieser Güter und Dienstleistungen erfolgt im Rahmen der Beschaffung. An die Beschaffung schließt sich dann ein Umwandlungsprozess an, durch den aus den eingesetzten Gütern und Dienstleistungen andere (Output-) Güter und Leistungen entstehen. Dieser Prozess wird als betrieblicher **Leistungs**- und **Transformationsprozess** bezeichnet. An den Transformationsprozess schließt sich der Vorgang der Verwertung der hergestellten Produkte und Leistungen an, was als Absatz bezeichnet wird. Vereinfachend kann dieser gesamte Ablauf wie in Abb. 11 dargestellt werden.

Abb. 11: Produktion als betriebliche Hauptfunktion[1]

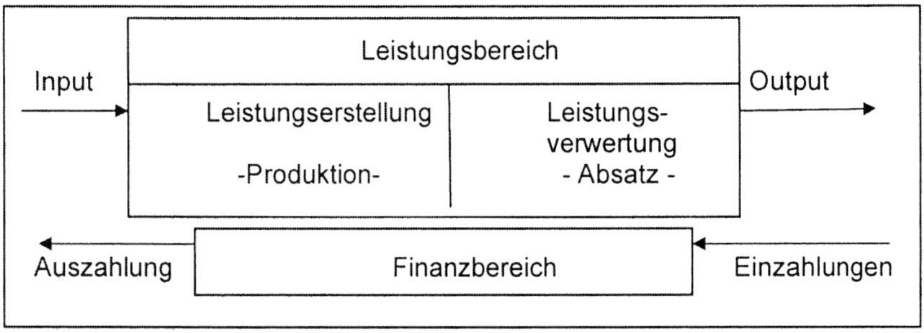

Ein solcher Transformationsprozess ist immer ein produktiver Prozess. Dies bedeutet allerdings nicht, dass er auf die Herstellung von Gütern wie Kraftfahrzeuge, Stahl, Computer o.ä. beschränkt wäre. Er umfasst vielmehr auch die Bereitstellung von Dienstleistungen durch Handelsbetriebe, Transportunternehmen, Banken etc.. Mit den so produzierten Leistungen sichert der Betrieb seinen Fortbestand, indem er sie an andere Wirtschaftseinheiten (Betriebe und Haushalte) gegen ein Entgelt abgibt, das die Kosten deckt und möglichst einen Gewinnaufschlag beinhaltet.

Um den Produktionsablauf möglichst störungsfrei und unabhängig von Schwankungen auf dem Beschaffungs- und Absatzmarkt zu gestalten, werden jeweils Lager vor oder nach den Transformationsprozess (Produktion) geschaltet.

---

1 Wöhe, G. et al., a.a.O., S. 463.

Abb. 12: Güterfluss im Betriebsprozess mit Lager

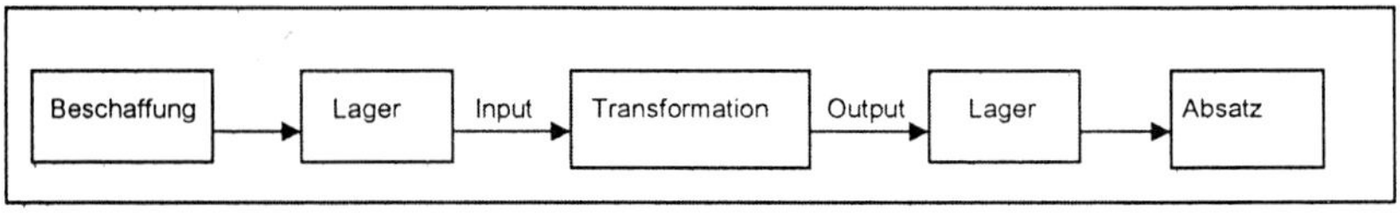

Der Produktionsbereich selbst ist mit anderen betrieblichen Bereichen verknüpft und Entscheidungen strahlen auf weitere Betriebsbereiche aus. So sind mit dem Produktionsbereich die Bereiche Beschaffung, Transport, Lagerhaltung und Fertigung verknüpft.

Abb. 13: Teilbereiche der Produktion[1]

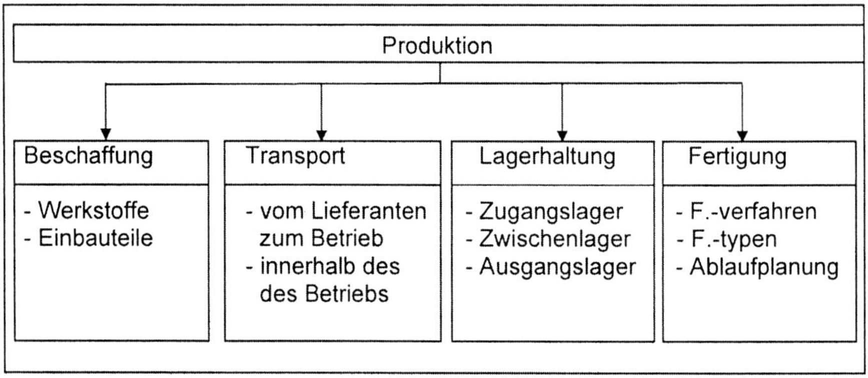

In einer Verwaltung werden Papier, Strom, Kommunikationsleistungen u.ä. als Werkstoffe verbraucht. Der Bereich Transport bezieht sich auf den Transport der Werkstoffe von außen in die Verwaltung, außerdem muss ein innerbetrieblicher Transport für den Aktentransport oder den internen Informationsfluss organisiert werden. Die Lagerhaltung spielt nur eine untergeordnete Rolle, da hier nicht viel materieller Wert gelagert wird. Allerdings muss auf die Datensicherheit geachtet werden. In der Fertigung wird im Rahmen der Aufbau- Ablauforganisation der Fluss durch die verschiedenen Fertigungsstufen organisiert.

Die Herstellung von Gütern und Dienstleistungen dient den Betrieben als Einkommensquelle: Die Differenz zwischen dem erwirtschafteten Ertrag und dem Wert der eingesetzten Güter steht zur Verteilung an die am Leistungsprozess Beteiligten zur Verfügung. Dies sind Arbeitnehmer und Kapitalgeber, aber auch der Staat, der Infrastrukturleistungen zur Verfügung stellt und so ebenfalls Voraussetzungen für die betriebliche Tätigkeit schafft. Man bezeichnet diese Differenz als betriebliche Wertschöpfung. Die nachstehende Abbildung verdeutlicht diesen Zusammenhang.

1 Wöhe, G. et al., a.a.O., S. 264.

Abb. 14: Betriebliche Wertschöpfung

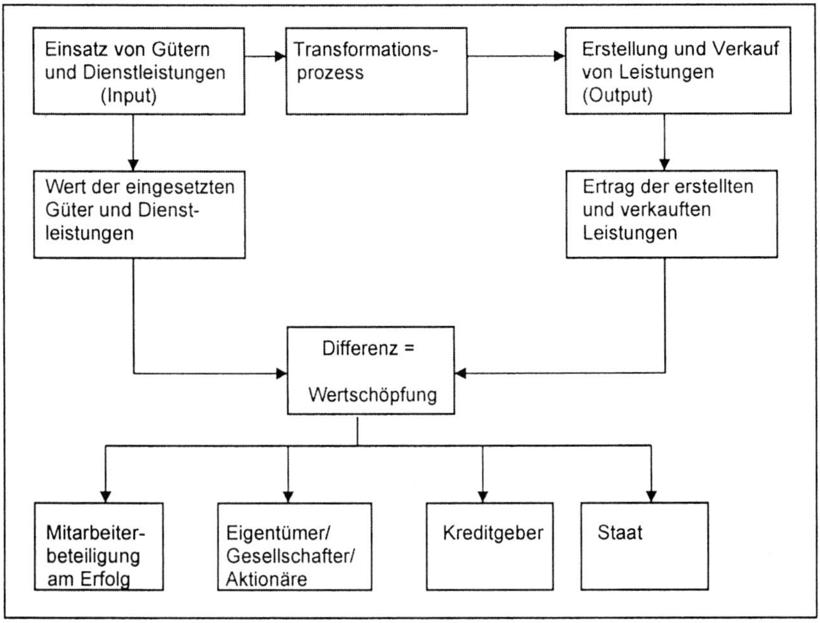

Von dem so erzielten Einkommen erhalten die Mitarbeiter in Form der Lohnzahlungen einen fest garantierten Anteil, auch die Fremdkapitalgeber besitzen einen vertraglichen Anspruch auf Kapitalrückzahlung und Verzinsung. Reicht die Wertschöpfung nicht aus, um diese Ansprüche zu decken, entsteht ein Verlust. Übersteigt die Wertschöpfung Löhne und Fremdkapital-Bedienung, erhalten die Eigenkapitalgeber die Gewinne und der Staat die gewinnabhängigen Steuern.

2.2 Die betrieblichen Produktionsfaktoren

Konkret müssen zur Erzeugung der betrieblichen Leistung Materialien, Sachgüter, Räumlichkeiten mit menschlicher Arbeit kombiniert werden, damit Güter oder Dienstleistungen erzeugt werden können. Man denke z.B. nur an eine Schreinerei, in der Mitarbeiter auf Maschinen Holz zuschneiden, verleimen, verschrauben, hobeln, um einen Tisch herzustellen. Abstrakt gesprochen bedeutet dies, dass **Produktionsfaktoren** miteinander kombiniert werden müssen.

Die Produktionsfaktoren werden in Elementarfaktoren und dispositive Faktoren eingeteilt.

Die **Elementarfaktoren** stellen den sachlichen Input des Betriebes (Werkstoffe, Betriebsmittel) sowie die ausführende, also unmittelbar auf die Gütererstellung bezogenen menschlichen Arbeitsleistungen dar.

Als **dispositive Faktoren** werden die Tätigkeiten verstanden, die auf die Leitung und Koordination betrieblicher Vorgänge gerichtet sind.

Abb. 15: Das System der betrieblichen Produktionsfaktoren

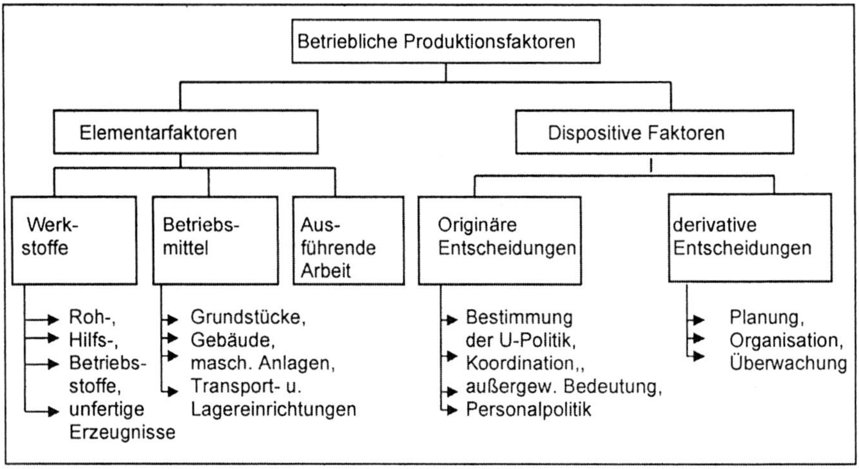

Die Elementarfaktoren

Werkstoffe als Elementarfaktor sind vor allem für Sachleistungsbetriebe von Bedeutung. Man versteht hierunter alle Roh-, Hilfs- und Betriebsstoffe sowie Halb- und Zwischenfabrikate, die als Ausgangs- und Grundstoffe für die Herstellung der neuen Erzeugnisse benötigt werden. Diese Faktoren werden mit Ausnahme der Betriebsstoffe nach der Transformation Bestandteil des neuen Produkts.

- *Rohstoffe* sind solche Stoffe, die als Hauptbestandteile in die Fertigfabrikate eingehen.

- *Hilfsstoffe* gehen zwar ebenfalls als Bestandteile in die Fertigfabrikate ein, spielen jedoch wertmäßig bzw. mengenmäßig nur eine geringe Rolle und werden daher in der Regel nicht getrennt erfasst (z.B. Lacke bei der Möbelproduktion).

- *Betriebsstoffe* sind für den Fertigungsprozess erforderlich, werden dort aber auch verbraucht und gehen nicht in das Endprodukt ein (z.B. Energie).

- Als *unfertige Erzeugnisse* bezeichnet man Werkstücke, die sich noch im Produktionsprozess befinden bzw. in einem Zwischenlager auf Fertigstellung warten (z.B. Baugruppen).

Werkstoffe sind für den Betrieb von Bedeutung, weil sie Kapital binden, das erst bei der Marktverwertung, also dem Verkauf der Endprodukte, wieder freigesetzt werden kann. Dies spielt bei Bestellungen eine Rolle.[1] Unter fertigungstechnischen Gesichtspunkten stellt sich die Frage nach der Ergiebigkeit der Werkstoffe. Werkstoffverluste treten vor allem durch Bearbeitungsfehler (Ausschuss) oder mangelhafte Materialausnutzung (z.B. Verschnitt) auf, so dass auch hier ein Optimierungsbedarf besteht.

Zu den **Betriebsmitteln** zählt die gesamte technische Ausstattung, derer sich der Betrieb zur Durchführung des Betriebsprozesses bedient. Hierzu gehören Grundstücke und Gebäude, Maschinen und maschinelle Anlagen, aber auch innerbetriebliche Transport- und Lagereinrichtungen.

Bei den **Grundstücken** ist neben der Größe vor allem die Lage von Einfluss, hier wird über den Standort des Betriebs entschieden.

Gebäude können umso wirtschaftlicher genutzt werden, je besser sie den Anforderungen des Leistungsprozesses entsprechen. Wichtige Eigenschaften sind z.B. Raumanordnung, technische Ausstattung oder Statik.

Maschinen und maschinelle Anlagen werden von der Art der Fertigungsverfahren und der jeweils eingesetzten Technik geprägt. Ihre Leistungsfähigkeit hängt neben der Modernität und der Betriebsfähigkeit auch vom Grad der Abnutzung ab. Die Lebensdauer von Maschinen kann durch Abnutzung und Verschleiß bedingt sein (technische Nutzungsdauer). Unter der wirtschaftlichen Nutzungsdauer versteht man im Unterschied hierzu die Zeitspanne, in der es sinnvoll ist, die Maschine zu nutzen. Aufgrund des technischen Fortschritts ist sie häufig kürzer als die technische Nutzungsdauer. Hier sei als Beispiel die Entwicklung auf dem Computermarkt genannt. Geräte, die durchaus technisch in Ordnung sind, können wirtschaftlich nicht mehr genutzt werden, weil neuere Programme erhöhte Anforderungen an die Technik stellen.

Transport- und Lagereinrichtungen dienen der innerbetrieblichen Logistik und sind je nach Wirtschaftszweig von unterschiedlicher Bedeutung. Die Innentransporte der Eisenindustrie haben z.B. einen Anteil an den gesamten Betriebskosten von mehr als 20%.

Die Eignung der Betriebsmittel für die Leistungserstellung hängt von der jeweils vorhandenen Kapazität in quantitativer und qualitativer Hinsicht sowie von der betriebstechnischen Elastizität ab.

Im Hinblick auf die **quantitative Kapazität** ist es wünschenswert, dass Aggregate bei ihrem technisch günstigsten Wirkungsgrad (Optimalkapazität) eingesetzt werden, weil hier der Verschleiß am geringsten und der Betriebsmittelverbrauch am günstigsten sind.

Die **qualitative Kapazität** bezeichnet die Güte und Präzision, mit der Betriebsmittel Arbeitsgänge ausführen können. Unternutzung wie Überbeanspruchung führen zu negativen Kostenentwicklungen.

---

[1] Siehe Kapitel 6.1 „Beschaffung".

Die **betriebliche Elastizität** von Betriebsmitteln ist umso höher, je universeller Maschinen einsetzbar sind. Spezialmaschinen besitzen üblicherweise einen höheren technischen Wirkungsgrad, so dass eine hohe Elastizität nur dann anzustreben ist, wenn häufig fertigungstechnische Umstellungen erfolgen.

Ausführende Arbeitsleistungen stehen in unmittelbarem Zusammenhang mit der Leistungserstellung oder anderen betrieblichen Funktionen. Die Ergiebigkeit der Arbeitsleistungen hängt dabei von den subjektiven und objektiven Leistungsbedingungen sowie vom Arbeitsentgelt bzw. der Entgeltfestsetzung ab.

- Zu den *subjektiven Leistungsbedingungen* zählen die physische Konstitution, der individuelle Erfahrungshintergrund für die jeweilige Arbeit und die Leistungsbereitschaft.
- Die *objektiven Arbeitsbedingungen* stehen in engem Zusammenhang mit Arbeitsverfahren, Arbeitstechniken und Arbeitsplatz. Z.B. lässt sich durch eine ergonomische Gestaltung von Arbeitsplätzen und Betriebsmitteln die Leistungsfähigkeit der Mitarbeiter erheblich steigern. Grundlage der Arbeitsgestaltung sind arbeitspsychologische und arbeitsphysiologische Erkenntnisse, die im Rahmen von Arbeitsstudien gewonnen werden. Mit arbeitswissenschaftlichen Untersuchungen befasst sich in Deutschland der REFA-Verband für Arbeitsstudien und Betriebsorganisation. Bei diesen Untersuchungen steht nicht nur die Erhöhung der Effizienz von Arbeitsabläufen, sondern auch deren menschengerechte Gestaltung im Mittelpunkt des Interesses.
- Vom subjektiven Leistungswillen hängt es ab, in welchem Ausmaß Mitarbeiter ihr Leistungspotential produktiv umsetzen. Die persönliche Leistungsbereitschaft wird durch bestimmte *Leistungsanreize* ausgelöst. Hierzu gehören im Bereich der ausführenden Arbeit z.B. Einflussmöglichkeiten auf den Arbeitsprozess (etwa bei der Bestimmung von Arbeitsmethoden, Arbeitszeit und Arbeitstempo), vor allem aber eine leistungsgerechte Entlohnung. Der Umfang der Arbeitsleistung bemisst sich nach Qualität und Menge. Arbeitsbewertungsmethoden dienen dazu, diese Leistungen soweit wie möglich zu objektivieren, um eine Staffelung der Arbeitsentgelte (z.B. Akkordlohn, Prämienlohn) zu ermöglichen.

Wie die Elementarfaktoren zählen die **dispositiven Faktoren** zu den betriebswirtschaftlichen Produktionsfaktoren. Im Gegensatz zu den ausführenden Arbeitsleistungen sind die dispositiven Tätigkeiten auf die Lenkung und Leitung betrieblicher Vorgänge („Disposition über die Elementarfaktoren") und das Vorbereiten und Treffen unternehmerischer Entscheidungen gerichtet. Die Leistungsfähigkeit des dispositiven Faktors beeinflusst insofern in hohem Maße die Qualität und Effizienz der unternehmerischen Leistungsprozesse.

Die Personen, die mit dispositiven Aufgaben betraut sind, stellen in ihrer Gesamtheit das Management des Unternehmens dar. Es werden verschiedene Managementebenen unterschieden, wobei die oberste Führungsabteilung als Topmanagement (z.B. Vorstand, Geschäftsführer), die mittelbare Führungsebene als Middle Management (z.B. Bereichsleiter), die untere Führungsschicht als Lower Management (z.B. Werksmeister) bezeichnet wird. Mit steigender Managementebene nimmt die Zahl der ausführenden Tätigkeiten ab: Während ein Werksmeister neben der Disposition über Betriebsablauf und Personaleinsatz noch einen Teil der Arbeiten selbst erledigt (als „Elementarfaktor"), sind die Aktivitäten der obersten Managementebene auf Leitungsaufgaben beschränkt.

Abb. 16: Managementpyramide

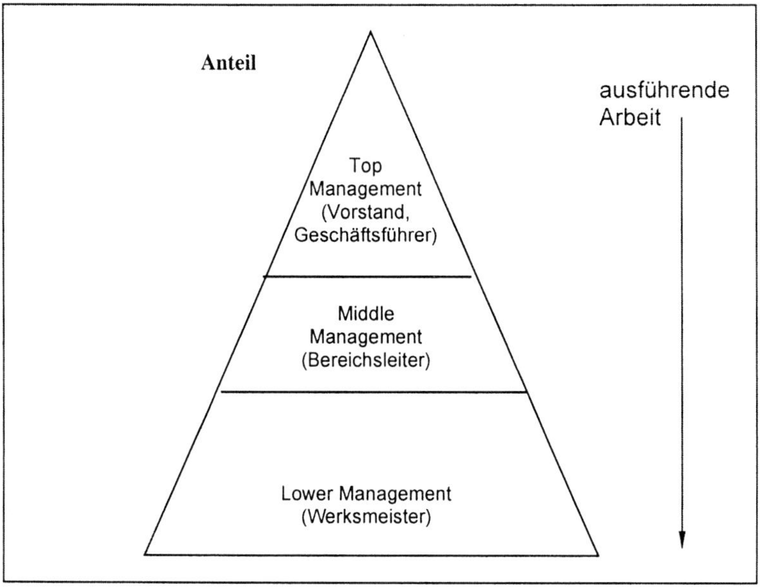

Die verschiedenen Managementebenen werden als Pyramide dargestellt, die ausdrückt, dass es mehr Stellen im Lower Management als im Top Management gibt. Im gleichen Maße, wie die Stellenzahl steigt, steigt auch mit sinkender hierarchischer Ebene der Anteil ausführender Arbeit.

Dispositive Arbeitsleistungen werden weiterhin danach unterschieden, ob ihrem Rahmen originäre Führungsentscheidungen zu treffen sind, oder lediglich solche, die sich aus bestimmten Vorgaben ableiten lassen, d.h. sich im Rahmen vorgegebener Richtlinien bewegen (derivative Entscheidungen).

Originäre Entscheidungen

Originäre Entscheidungen sind von grundlegender Bedeutung für den Bestand des Unternehmens. Typisch für sie ist, dass sie aus Kenntnis der betrieblichen Gesamtzusammenhänge (d.h. auf oberster Ebene) getroffen werden müssen, ein hohes Maß an Unvorhersehbarkeit beinhalten und nicht an untere Instanzen delegierbar sind. Als wichtige Entscheidungen in diesem Sinne sind vor allem zu nennen:

Bestimmung der Unternehmenspolitik
Hierzu zählen neben der Vorgabe der anzustrebenden Unternehmensziele (vgl. 3.1.) solche Entscheidungen, die für die langfristige Unternehmenssteuerung von Bedeutung sind. Dies können z.B. Entscheidungen über den Erwerb von Beteiligungen, die Wahl neuer Standorte, aber auch die Einführung neuer Produkte bzw. Produktionsverfahren oder der Eintritt in neue Absatzmärkte sein.

Koordination der wesentlichen betrieblichen Teilbereiche
Die Qualität der betrieblichen Leistungsprozesse hängt wesentlich davon ab, wie gut es gelingt, die Funktionsebenen des Unternehmens (Beschaffung, Produktion, Absatz, Administration) aufeinander abzustimmen. Die Koordinationsfunktion besteht deshalb darin, ein in sich geschlossenes Zielsystem zu schaffen, in dem alle Teilziele auf das Gesamtziel abgestimmt sind.

Geschäftliche Maßnahmen von außergewöhnlicher Bedeutung
Durch die Vorgabe von Richtlinien für Unternehmenspolitik und die betrieblichen Funktionsbereiche werden viele Entscheidungen auf nachgeordnete Instanzen verlagert. Alle Entscheidungen, die aufgrund ihrer Bedeutsamkeit über diesen Rahmen hinausgehen, werden von der obersten Unternehmensleitung getroffen.

Bestimmung der Grundsätze der Personalpolitik
Zu den Führungsentscheidungen im Rahmen der Personalpolitik zählt zunächst die Aufstellung von Führungsgrundsätzen und ihre praktische Durchsetzung. Darüber hinaus ist die Besetzung von Führungspositionen, die Lohn-, Gehalts- und Sozialpolitik sowie die Aus- und Weiterbildung Bestandteil der Unternehmenspolitik.

Derivative Entscheidungen

Derivative Entscheidungen leiten sich aus den originären ab und sind auf dafür spezialisierte Instanzen (i.d.R. Fachabteilungen) delegierbar. Es handelt sich dabei um Planungs-, Organisations- und Kontrollaufgaben.

Planung
Die Planung befasst sich mit der Umsetzung von originären Entscheidungen in einen detaillierten Plan, der für das künftige Vorgehen eine konkrete Handlungsgrundlage liefert. Dabei hängt die Qualität der Planung vor allem vom Grad ihrer Geschlossenheit und Vollständigkeit ab. Die operative Planungsaufgabe ist typischerweise auf einen Zeitraum von bis zu einem Jahr ausgerichtet. Sie ist wegen der Vielzahl der zu berücksichtigenden Funktionsbereiche (z.B. Absatzplan, Produktionsplan), die in eine Gesamtplanung (z.B. Finanzplan, Ergebnisplan) zu integrieren sind, sehr komplex. Dagegen erstreckt sich die strategische Planung meist auf einen Zeitraum von fünf bis zehn Jahren. Sie umfasst weniger die konkreten Maßnahmen, sondern die Analyse der Stärken und Schwächen des Unternehmens sowie die von außen einwirkenden Risiken und Chancen. Im Vordergrund der strategischen Planung stehen die Erfolgspotentiale der Unternehmen.

Organisation
Zur Realisierung der Planung ist eine Verteilung von Aufgaben, eine Koordination zwischen den betrieblichen Bereichen erforderlich. Dies darzustellen, ist Aufgabe der betrieblichen Organisation, die damit der Realisierung der Planung dient. Dabei hat die Aufbauorganisation die Funktion, eine klare Verteilung und Abgrenzung der betrieblichen Aufgaben zu schaffen. Sie regelt die Zuständigkeiten und Verantwortlichkeiten von Stellen und Abteilungen etc. und das betriebliche Kommunikationsgefüge. Demgegenüber beschäftigt sich die Ablauforganisation mit der Gestaltung und Ordnung von Betriebsabläufen und -prozessen.

Kontrolle
Die Kontrollentscheidungen befassen sich mit der Überprüfung von Betriebsabläufen, um festzustellen, ob die Realisation mit der Planung übereinstimmt. Dabei wird häufig zwischen Kontrolle im engeren Sinne und Überwachung unterschieden. Typisch für die Kontrolle im engeren Sinne ist, dass sie zeitnah, d.h. parallel zum Betriebsprozess durchgeführt wird. Sie kann sich auf technische und kaufmännische Vorgänge beziehen. Die Überwachung (auch Revision) prüft dagegen sporadisch und auf die Vergangenheit gerichtet. Die Überwachung erfolgt durch spezielle Abteilungen („Interne Revision"), die Prüfergebnisse können sich auf alle betrieblichen Abläufe beziehen. Das Aufgabengebiet des Controlling (englisch: to control = steuern) ist demgegenüber weiter gefasst als die Kontrolle. Vor allem wird versucht, Abweichungen nicht nur vergangenheitsbezogen festzustellen, sondern sie mit Hilfe von („Frühwarn"-) Indikatoren möglichst frühzeitig aufzuspüren und ggf. gegenzusteuern.

2.3 Betrieblicher Leistungs- und Entscheidungsprozess

Wird das bislang Gesagte in ein Modell übertragen, wird deutlich, dass es gilt in einem Betrieb zwischen

- Leistungsfluss,
- Geldfluss und
- Informationsfluss

zu unterscheiden.

Der Leistungsfluss bezieht sich auf den Produktionsprozess. Leistungen und Produkte werden dadurch erzeugt, dass Produktionsfaktoren beschafft, in bestimmter Weise und Reihenfolge kombiniert werden und die erzeugten Leistungen am Absatzmarkt veräußert werden.

In Gegenrichtung verläuft der Geldfluss. Durch den Verkauf von Produkten und Leistungen werden Geldmittel eingenommen, die zur Bezahlung der Produktionsfaktoren dienen.

Das bereits bekannte Grundmodell des Betriebs kann um die Geldströme erweitert werden. Sie verlaufen dem Güter-/Leistungsstrom entgegen. Güter und Leistungen durchlaufen den Betrieb von der Beschaffung zum Absatz. Die Geldströme verlaufen umgekehrt. Geld wird durch den Verkauf der Waren und Dienstleistungen auf der Absatzseite eingenommen und wird zum Kauf von Produktionsfaktoren auf der Beschaffungsseite wieder ausgegeben. Die Einnahme und Auszahlung überwacht und koordiniert der Finanzbereich.

Üblicherweise werden die Roh-, Hilfs- und Betriebsstofflager direkt dem Beschaffungsbereich zugeordnet. Die Lager mit Fertigerzeugnissen werden dem Absatzbereich zugerechnet. In den folgenden Darstellungen werden sie deshalb nicht mehr gesondert dargestellt.

Abb. 17: Güter- und Geldströme in einem Betrieb

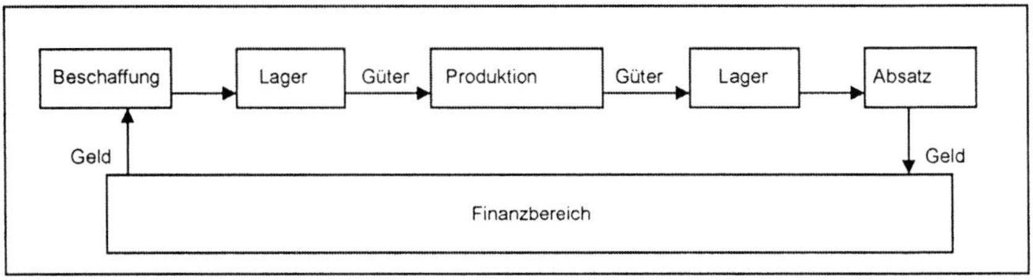

Der Bereich Beschaffung kümmert sich in der Regel nicht um die Beschaffung von Personal und Kapital. Die Beschaffung von Personal obliegt wegen seiner Besonderheit der Leitung. Um die Beschaffung von Kapital (z.B. Aufnahme von Krediten) kümmert sich der Finanzbereich.

Der Informationsfluss gehört zum Bereich des dispositiven Produktionsfaktors und dient der Koordination und Kontrolle. Beispielsweise muss die Finanzbuchhaltung wissen, an welchen Kunden Produkte verkauft wurden, um Rechnungen schreiben und den Zahlungseingang überwachen zu können. Die Beschaffungsabteilung muss über das geplante Produktionsprogramm Bescheid wissen, um rechtzeitig die benötigten Produktionsfaktoren bereitzustellen. Von der Beschaffung muss dann wieder die Finanzabteilung Kenntnis haben, um die Rechnungen der Lieferanten rechtzeitig begleichen zu können.

Das Modell wird komplexer. Die folgende Abbildung entlehnt die Gegebenheiten auf der Leitungsebene einer Aktiengesellschaft, die über eine Hauptversammlung (Versammlung der Aktionäre), einen Aufsichtsrat und zur Geschäftsführung über einen Vorstand verfügt.

Die Leitungsebene versorgt sich von außen mit Informationen beispielsweise über die Konkurrenz oder Gesetzesänderungen. Sie gibt ständig eine Darstellung des Unternehmens nach außen, besonders deutlich wird dies bei Presseerklärungen oder der jährlich stattfindenden Hauptversammlung.

Die Hauptversammlung wählt Mitglieder des Aufsichtsrats, ein anderer Teil der Mitglieder wird durch die Belegschaft gewählt (unternehmerische Mitbestimmung). Der Aufsichtsrat bestellt und kontrolliert den Vorstand, der aus mehreren Personen besteht. Meist hat der Vorstand die Arbeit in einer Geschäftsverteilung unter sich aufgeteilt, so dass ein bestimmtes Vorstandsmitglied mit Personalfragen betraut ist, ein anderes mit den Fragen eines bestimmten Produktbereichs.

Unterhalb der Leitungsebene arbeitet die Ausführungsebene. Was den Güterstrom betrifft, wird in die Funktionsbereiche Beschaffung, Produktion und Absatz unterschieden.

Der Bereich **Beschaffung** ist für die Bereitstellung aller Produktionsfaktoren (außer Personal) verantwortlich, die nicht selbst erstellt werden. Sein Ziel ist es, die Liefer- und Leistungsfähigkeit des Betriebes hinsichtlich der quantitativen, qualitativen, örtlichen und zeitlichen Verfügbarkeit von Roh-, Hilfs- und Betriebsstoffen sowie Fremdleistungen sicherzustellen. Die Beschaffung muss aus Wirtschaftlichkeitsgründen kostengünstig erfolgen.

Im Funktionsbereich **Produktion** findet der eigentliche Wertschöpfungsvorgang statt. In diesem Bereich werden Produktionsfaktoren kombiniert, mit dem Ziel, effizient und qualitativ hochwertig die Fertigerzeugnisse oder Leistungen zu erstellen. Mit diesem Bereich befassen sich produktionstheoretische Ansätze, die immer das Ziel haben, möglichst kostengünstig zu produzieren. Zu den weit verbreiteten Fragestellung gehört die Entscheidung, mit welchen Produkten ein Engpass belegt werden soll. Viele Betriebe stehen vor der Frage, welche von mehreren Produkten produziert werden sollen. Sei es, dass die Produktion einzelner Produkte nicht wirtschaftlich stattfinden kann, sei es, dass die Maschinenkapazität nicht ausreicht, um alle Produkte gleichermaßen zu produzieren.

Der Funktionsbereich **Absatz** schließlich befasst sich mit der zielgerichteten Verwertung der erstellten Produkte und Leistungen durch Abgabe an Dritte. Dazu gehört die systematische Beobachtung des Marktes und der Einsatz des absatzpolitischen Instrumentariums zur Förderung des Absatzes. In den Verantwortungsbereich dieses betrieblichen Funktionsbereichs gehört die Beobachtung der Konkurrenz, eine angemessene Preisgestaltung, die Zusammenstellung des Produkt- oder Leistungsprogramms sowie das Kommunikationsverhalten.

Der Bereich **Finanzen** ist zuständig für die Kapitalbeschaffung und Kapitaldisposition. Sein Ziel ist die Sicherung der Liquidität, Beschaffung von kostengünstigem Kapital, die zinsbringende Anlage von nicht benötigten liquiden Mitteln sowie die Überwachung der Aus- und Einzahlungen.

Zwischen allen Ebenen und Bereichen des Unternehmens muss ein reger Informationsaustausch herrschen. Beispielsweise muss der Bereich Finanzen über die getätigten Beschaffungen und Absatzvorgänge Informationen erhalten, um die Zahlungstermine sowohl bei Ausgaben als auch bei Einnahmen überwachen zu können.

Abb. 18: Funktionsmodell einer Aktiengesellschaft[1]

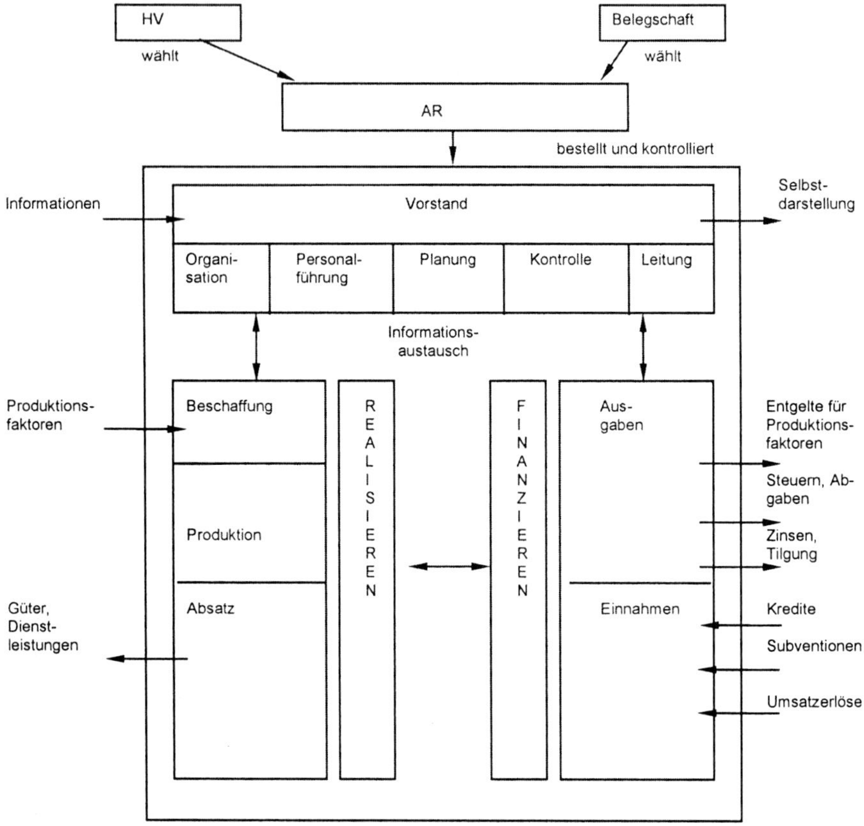

Veränderungen auf dem Absatzmarkt haben sofort Einfluss auf die Produktion und wirken bis in den Beschaffungsbereich hinein. Wird ein bestimmtes Produkt nicht mehr im bislang gewohnten Umfang nachgefragt, kann möglicherweise in der Produktion auf den freiwerdenden Kapazitäten ein anderes Produkt hergestellt werden, was sich sofort auf die Roh-, Hilfs- und Betriebsstoffbeschaffung auswirkt.

Die Betriebsleitung ist wegen sich ständig wandelnder Umwelteinflüsse kontinuierlich gefordert, Entscheidungen zu treffen. Dazu sind Informationen aus allen betrieblichen Bereichen nötig.

---

[1] Vgl. Rau, Thomas, Betriebswirtschaftslehre für Städte und Gemeinden, 2. Aufl. München 2007, S. 58.

2.4 Besonderheiten des öffentlichen Betriebs

Gegenüber einem sachgüterherstellenden Betrieb weisen die öffentlichen Betriebe, dies schließt den reinen Verwaltungsbetrieb ein, einige Besonderheiten auf. Dabei ist zu unterscheiden in solche, die daher rühren, dass es sich um einen Dienstleistungsbetrieb handelt, und in solche, die daher rühren, dass für den öffentlichen Bereich darüber hinaus noch Besonderheiten zu beachten sind.

Bei Dienstleistungen allgemein gelten folgende Besonderheiten:

1. Die erzeugte Leistung ist **immateriell**. Als Beispiele führe man sich eine Autoreparatur vor Augen. Zwar werden dabei Teile eingebaut, doch die eigentliche Leistung besteht darin, dass das Fahrzeug wieder gebrauchstüchtig oder sicher gemacht wird. Auch eine Beratungsleistung bei einem Rechtsanwalt, Arzt, bei einer Versicherung oder bei einer Bank ist immaterieller Art. Die Leistung eines Softwareherstellers ist deutlich immateriell, denn keiner wird behaupten, das hergestellte Produkt sei die CD. Sie ist nur Träger der Software. Genauso, wie eine Fahrkarte nur verdeutlicht, dass der Besitzer für eine bestimmte Leistung bezahlt hat. Die Verkehrsleistung ist der Transport der Person oder eines Gegenstandes von A nach B. Insofern stellt die Verwaltung mit ihren Bescheiden, Auskünften und Schreiben Dienstleistungen her. Gleiches gilt beispielsweise für die Aufrechterhaltung des Rechtssystems, der inneren Sicherheit, der äußeren Sicherheit, der Ver- und Entsorgung, des Schulwesens oder des Gesundheitswesens.

2. Aufgrund ihrer Immaterialität können Dienstleistungen nicht in einem Schaufenster oder auf Messen **ausgestellt** werden. Dies schränkt die Möglichkeiten des Anbieters dem Kunden seine Leistungen zu präsentieren ein. Er kann dies nur verbal oder mit allgemeingültigen Bildern beispielhaft tun. Die ganz konkrete Leistung kann nicht ausgestellt werden. Die Mund-zu-Mund Propaganda spielt eine entscheidende Rolle.

3. Die Immaterialität bringt auch mit sich, dass Dienstleistungen **nicht gelagert** werden können. Eine Produktion von Dienstleistungen auf Lager, um Nachfragespitzen besser abfangen zu können, ist nicht möglich. Nachfrageschwankungen, die bei Sachgütern durch den Auf- oder Abbau von Lagern ausgeglichen werden, wirken sich bei Dienstleistungen sofort auf die Produktion aus. Es ist sofort einleuchtend, dass ein Anwalt nicht jetzt schon mal Prozesse vorbereiten kann, deren Parteien erst in einigen Monaten auf ihn zukommen werden. Dieser Gedanke ist auch auf die öffentliche Verwaltung übertragbar, auch dort können beispielsweise nicht Baugenehmigungen erteilt werden für Anträge, die erst noch kommen werden.

4. Aus (3) wird sehr deutlich, dass bei allen Dienstleistungen die Mitwirkung des Abnehmers notwendig ist. Bei Reparaturen muss der Abnehmer Zugang zum Objekt verschaffen, beim Anwalt muss er Informationen liefern, über die nur er verfügt, beim Arzt muss er sich Zeit nehmen. Betriebswirtschaftlich wird vom **externen Produktionsfaktor** gesprochen. Die Produktion kann nur unter Verbrauch des externen Produktionsfaktors geschehen, allerdings gehen die Kosten des externen Produktionsfaktors nicht in die Preiskalkulation des Dienstleisters ein.

5. Aus (3) und (4) ergibt sich, dass der **Zeitpunkt** der Produktion und des Absatzes zusammenfallen (uno-acto-Prinzip).

6. Anders als bei Sachgütern ist die **Qualität** bei Dienstleistungen schwer messbar. Auf diesem Bereich werden große Anstrengungen auch in der Forschung unternommen, aber der Leser versuche einmal selbst Qualitätsmerkmale für die von Dozenten erteilte Lehre zu entwickeln. Letztlich müsste der Grad und die Haltbarkeit des vermittelten Wissens gemessen werden. Dabei spielt dann wiederum auch die Qualität des externen Produktionsfaktors eine Rolle, bei gleicher Präsentation der Lehre gibt es Personen, die das Wissen schneller aufnehmen und als Transferleistungen anwenden können als andere.

In der Kommunalverwaltung kommen weitere Besonderheiten, die den Verwaltungsbetrieb auch von privaten Dienstleistern abgrenzen, hinzu.

1. Die Kommunalverwaltung finanziert sich zu einem erheblichen Teil aus Steuern und Zuweisungen. Steuern sind zwangsweise erhobene Abgaben, die ohne eine direkt zugeordnete Gegenleistung fällig sind. Zuweisungen werden vom Land an die Kommunen im Rahmen von Gesetzen gezahlt (z.B. kommunaler Finanzausgleich).

2. Der Produktionsfaktor Arbeit untergliedert sich in die Untergruppen Beamte, Angestellte und Arbeiter. Die Beamten finden sich nur in öffentlichen Betrieben. Dazu muss der Betrieb „Dienstherreneigenschaft“[1] haben. Dies hat Einfluss auf die personalwirtschaftliche einzusetzenden Instrumente.

3. Bei vielen Produkten und Leistungen ist die Kommunalverwaltung Monopolanbieter. Ein Bürger kann sein Kraftfahrzeug nicht bei einer x-beliebigen Kommune anmelden. Auch beispielsweise seine Personaldokumente muss er sich von seiner Heimatkommune ausstellen lassen.

4. In vielen Fällen sieht sich der Bürger einem Anschluss- und Benutzungszwang ausgesetzt (§ 9 GO NRW). Kaum jemand kann sich dem Anschluss an das öffentliche Kanalnetz entziehen. Kindern ist es auch nur schwerlich und in Ausnahmefällen möglich, sich der Schulpflicht zu entziehen.

5. Die Palette der von den Kommunen erzeugten Leistungen ist äußerst heterogen. Sie erstreckt sich von der Einrichtung von Märkten, über das Schulwesen, die Sozialverwaltung, das Gesundheitswesen, die Bauverwaltung, den Straßenbau bis hin zu kulturellen Einrichtungen wie Theater oder Stadtfesten sowie dem Angebot an Sportplätzen und Grünanlagen. Die Nutzung von economies of scope (Synergieeffekte) ist nahezu ausgeschlossen.

6. In vielen Fällen handelt es sich um Informationsverarbeitung, deshalb wird die Kommunalverwaltung auch manchmal als Informationsverarbeitungsbetrieb bezeichnet.

7. Viele der von den Kommunen erzeugen Leistungen sind durch Gesetze oder Ratsbeschlüsse geregelt. Damit ist die Kommune als Produzent nicht frei in der Gestaltung ihrer Produkt- und Leistungspalette.

---

[1] Nach § 2 Beamtenstatusgesetz.

8. Die Leistungen der Kommune werden in vielen Fällen nicht zu Marktpreisen abgegeben. Es gibt:

   - Die unentgeltliche Abgabe wie z.B. beim Schulwesen oder im Falle der inneren Sicherheit und der Rechtssicherheit. Diese Leistungen werden über Steuereinnahmen finanziert.

   - Die Abgabe zu administrativ festgesetzten Entgelten. Beispielsweise wird ein Pass oder ein Personalausweis (außer dem ersten) bundesweit überall zur gleichen Gebühr ausgestellt.

   - Die Abgabe zu Entgelten, die nicht kostendeckend sind, weil andere als betriebswirtschaftliche Ziele im Vordergrund stehen.

   - Die Abgabe zu kostendeckenden Entgelten wie bspw. bei der Straßenreinigung, der Abwasserbeseitigung oder der Müllentsorgung, wobei die Bürger keine Wahlfreiheit des Herstellers haben. Die Preisbildung geschieht hierbei aber nicht unter Marktbedingungen sondern unter Einhaltung gesetzlicher Vorschriften (KAG).

Abb. 19: Funktionsmodell des Verwaltungsbetriebs[1]

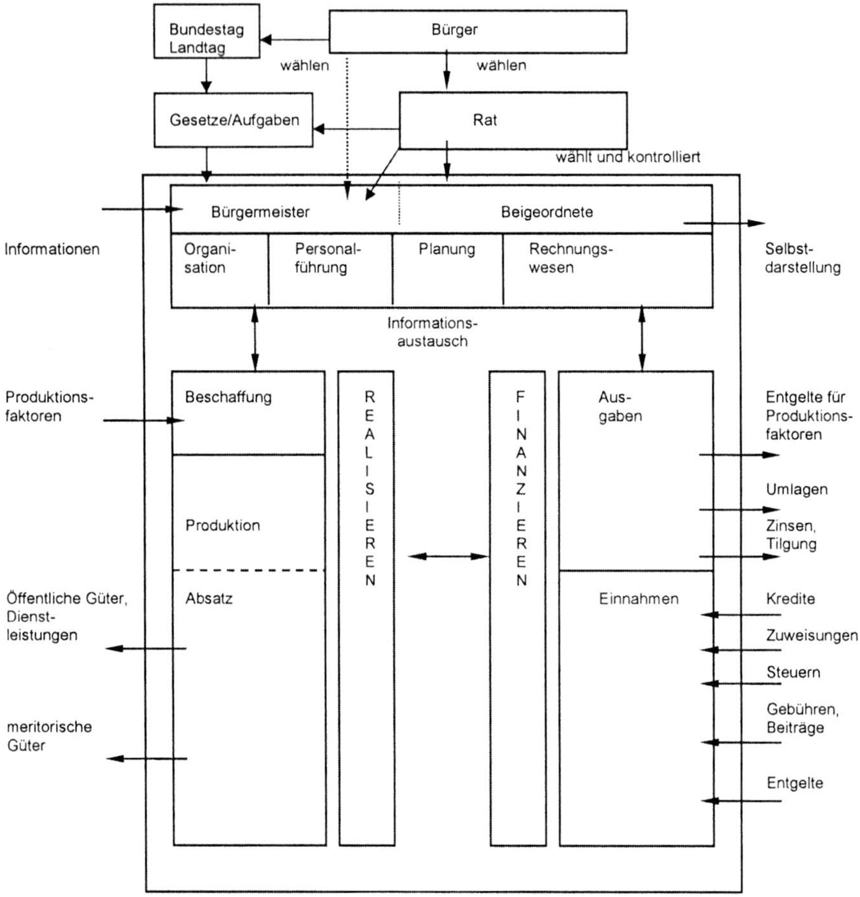

9. Der Stadtrat hat Einfluss bis ins Detail. Dies ist durch die „Allzuständigkeit des Rats" in der Gemeindeordnung (§ 41 Abs. 1 GO NRW) so festgelegt und gewollt. Ein Geschäftsführer einer GmbH oder der Vorstand einer AG kann viel unabhängiger von seinen Kontrollgremien handeln. Die politischen Entscheidungsprozesse in der Verwaltung benötigen viel mehr Zeit als Entscheidungsprozesse in einem erwerbswirtschaftlichen Betrieb.

10. Die Kommunalverwaltung unterliegt keinem Bestandsrisiko. Im Gegensatz zu einem erwerbswirtschaftlichen Betrieb, der seine Existenz gefährdet, wenn er die falschen Produkte produziert oder wenn er versucht zu hohe Preise für seine Produkte zu nehmen, ist die Kommune nicht in ihrer Existenz gefährdet, wenn sie betriebswirtschaftliche Fehlentscheidungen trifft.

---

1 Vgl. Rau, Thomas, a.a.O., S. 62.

Unter Berücksichtigung einiger dieser Besonderheiten muss das Funktionsmodell eines Betriebs für die Verwaltung etwas modifiziert werden.

Auf der Ausgabenseite kommen als neue Ausgabenart die Umlagen hinzu. Umlagen zahlen die kreisangehörigen Kommunen beispielsweise für die Kreisverwaltung oder für Zweckverbände. Auf der Einnahmeseite tauchen als neue Einnahmearten die Zuweisungen, die Steuern und die Gebühren auf.

Die Besetzung der Steuerungs- und Leitungsebene unterscheidet sich natürlich ebenfalls von der Besetzung dieser Ebene einer AG. Aufgrund der demokratischen Vorstellung, dass die Macht vom Volk ausgeht, wählen die Bürger einer Gemeinde den Bürgermeister (§ 65 Abs. 1 GO NRW) für die Dauer von 6 Jahren, der Rat wählt die Beigeordneten (§ 41 Abs. 1 Ziff. c GO NRW). Bürgermeister, Beigeordnete und Kämmerer bilden zusammen den Verwaltungsvorstand (§ 70 GO NRW). Wie bei einem Vorstand einer AG obliegen dem Vorstand die Aufgaben des dispositiven Produktionsfaktors, namentlich Organisationsfragen, Planungsfragen, Kontrolle und Personalfragen (§ 70 GO NRW). Gemäß § 55 GO NRW übt der Rat eine Kontrollfunktion der Verwaltung aus.

2.5 Übungsfragen

1. Nennen und erklären Sie die betrieblichen Produktionsfaktoren. Stützen Sie Ihre Beschreibung mit selbstgewählten Beispielen.

2. Skizzieren Sie die Grundstruktur und den Aufbau des betrieblichen Leistungs- und Finanzprozesses.

3. Erläutern Sie Besonderheiten des öffentlichen Betriebs im Vergleich zu einem privaten Sachgüterhersteller und zu einem privaten Dienstleister.

4. Vermitteln Sie einen Überblick über die von Gutenberg vorgeschlagene Einteilung der Produktionsfaktoren. Überprüfen Sie dabei, ob diese in der Kommunalverwaltung vorkommen. Erklären Sie darüber hinaus, was unter dem externen Produktionsfaktor verstanden wird und welche Bedeutung er für Dienstleister hat.

Lösungsvorschläge:

1. Üblicherweise wird in vier betriebliche Produktionsfaktoren eingeteilt:

   - Ausführende Arbeit,
   - Werkstoffe,
   - Betriebsmittel,
   - dispositiver Faktor.

   Bei Dienstleistungsbetrieben kommt bei der Produktion noch der „externe Produktionsfaktor" hinzu. Bei der ausführenden Arbeit handelt es sich um den Teil des tatsächlichen Produktionsvorgangs, der von Menschen ausgeführt wird. Dabei bedient sich der Mensch der Betriebsmittel, also Gebäuden,

Werkzeugen, Maschinen und Telekommunikationsanlagen. Dazu zählen auch immaterielle Betriebsmittel wie z.B. Patente oder Lizenzen (Software). Beim Produktionsvorgang werden Werkstoffe verbraucht. Dies können Rohstoffe wie bei einer chemischen Produktion, Hilfsstoffe z.B. Schmiermittel oder Betriebsstoffe wie z.B. der Energieverbrauch oder Telekommunikationsleistungen sein. Der dispositive Faktor beschreibt den Vorgang des Planens, Organisierens, Lenken, Leitens und Kontrollierens. Diese Funktion ist beim oberen und mittleren Management angesiedelt. Der dispositive Faktor selbst könnte noch in seine originären und derivativen Teile zerlegt werden.

2. Der betriebliche Leistungsprozess kann in die Bereiche Beschaffung, Produktion mit ihren Teilbereichen und Absatz gegliedert werden. Dabei durchlaufen Werkstoffe die Bereiche in der genannten Reihenfolge. Der betriebliche Finanzprozess verläuft in der umgekehrten Richtung. Die verkauften Leistungen führen zu Einzahlungen, die zur Bezahlung der unterschiedlichen Produktionsfaktoren benutzt werden.

3. Hier seien nur kurz und stichwortartig die wesentlichen Unterschiede tabellarisch aufgelistet:

Tab. 3: Unterschiede zwischen verschiedenen Betriebstypen

Merkmal	Privater Sachgüterhersteller	Privater Dienstleister	Öffentlicher Betrieb
Betriebsziel	Oberstes Betriebsziel ist das Überleben des Betriebs, daraus werden Unterziele wie Gewinnmaximierung, Erzielung einer vorgegebenen Rentabilität oder Marktanteilserzielung abgeleitet		In vielen Fällen Gemeinwohlmaximierung, Ausnahme Erwerbsbetriebe.
Produkt/Leistung	Produkte und Leistungen werden autonom bestimmt		Produkte und Leistungen vielfach durch Rechtsnormen und Ratsbeschlüsse vorgegeben.
Produktion	Sachgüterproduktion	Dienstleistungen	Meist Dienstleistungen.
Preisbildung	Preisbildung geschieht am Markt unter Wettbewerbsbedingungen		Teilweise unentgeltliche Leistungsabgabe, teilweise vorgegebene Preise, kein Wettbewerb.
Finanzierung	Finanzieren sich durch Markterlöse.		Durch Steuern, Abgaben, Gebühren.
Produktpalette	Meist so gewählt, dass ein Sortiment entsteht, bei dem der Hersteller besondere Vorteile ausnutzen kann.		Sehr heterogen, von der Abfallentsorgung, Asylgewährung über die Schulbildung bis zur Sozialhilfe.
Marktstellung	Stehen im Wettbewerb		Meist Monopolanbieter, z.T. mit Anschluss- und Benutzungszwang.
Geschäftsführung	Je nach Rechtsform, Eigentümer, Geschäftsführer oder Vorstand.		Der Rat, bei Eigenbetrieben der Werksleiter.
Rechtsnormen	Zivilrecht, BGB, HGB, AktG, GmbHG.		Öffentliches Recht, z.B. GO, KAG, GemHVO, EigBetrVO, KUV, GkG
Faktor Arbeit	Arbeiter und Angestellte		Arbeiter, Angestellte und Beamte
Bestandsrisiko	Ja		nein

4. Die Einteilung in Produktionsfaktoren ist unter (1) bereits besprochen:

   - Betriebsmittel
   - Werkstoffe
   - (ausführende) Arbeit
   - Dispositiver Faktor, der sich wiederum in einen originären Teil und einen dispositiven Teil zerlegen lässt.

In einer Kommunalverwaltung kommen alle Produktionsfaktoren vor. So arbeiten dort Menschen, sie verwenden Betriebsmittel, indem sie PCs mit Software ausgestattet verwenden und in einem Gebäude sitzen. Oder die Menschen sind auf der Straße oder auf Grünflächen tätig, wo sie Maschinen bedienen. Die Palette der verwendeten Werkstoffe erstreckt sich vom Papier, über Asphalt, Streugut bis zu Blumenzwiebeln oder verbrauchter Energie sowie Kommunikationsleistungen. Der dispositive Faktor äußert sich in Arbeitsabläufen (Ablauforganisation) und hierarchischen Strukturen (Aufbauorganisation).

Bei Dienstleistungen kommt zu den genannten vier Produktionsfaktoren noch der externe Faktor hinzu. Der externe Faktor ist der Kunde/Bürger, der von der Verwaltung eine Leistung verlangt. Er muss mitwirken, indem er Informationen für seine gewünschte Leistung (z.B. Personalausweis oder Baugenehmigung) zur Verfügung stellt. Gleiches gilt für andere Dienstleistungen, bspw. Versicherungen o.Ä..

3 Betriebswirtschaftliche Unterschiede zwischen privaten und öffentlichen (kommunalen) Betrieben

3.1 Unterschiedliche Aufgabenstellungen, Ziele und Güter

Um wirtschaftlich handeln zu können, ist es notwendig, ein Ziel vorzugeben. Private Haushalte richten ihr Handeln, wenn sie rational handeln, an dem Ziel aus, mit gegebenem Einkommen den maximalen Nutzen zu erzielen, wobei der Nutzen bei Haushalten vom Konsum von Gütern und Dienstleistungen abhängt.

Private erwerbswirtschaftliche Betriebe stellen marktfähige Güter und Dienstleistungen her, um langfristig Gewinnmaximierung zu erzielen. Dieses Oberziel kann in unterschiedliche Unterziele herunter gebrochen werden. Die folgende Tabelle gibt einige gängige Unternehmensziele wieder:

Tab. 4: Zusammenstellung gängiger Unternehmensziele

Ziel	Konkretisierung
Rentabilitätsziele	- Maximierung des Gewinns, - Maximale Eigen-/Gesamtkapitalrentabilität, - Erhöhung der Umsatzrendite
Finanzielle Ziele	- Verbesserung der Liquidität, - Stärkung der Eigenkapitalbasis, - Steigerung des Unternehmenswertes
Marktstellungsziele	- Erhöhung des Umsatzvolumens, - Vergrößerung des Marktanteils, - Etablierung neuer Märkte
Soziale Ziele in Bezug auf die Mitarbeiter	- Sicherheit der Arbeitsplätze und Pensionen, - Erhöhung der Arbeitszufriedenheit, - Förderung von sozialer Entwicklung und sozialer Integration
Macht- und Prestigeziele	- Wahrung der Unabhängigkeit, - Politischer und gesellschaftlicher Einfluss, - Fortführung von Unternehmenstraditionen

Im Gegensatz dazu verfolgen die öffentlichen Betriebe und die Verwaltungsbetriebe in der Regel gemeinwirtschaftliche Ziele, wie sie in der folgenden Tabelle beispielhaft zusammengestellt sind.

Tab. 5: Gängige Ziele öffentlicher Betriebe und Verwaltungsbetriebe

Ziel	Konkretisierung
Versorgungsziel	Versorgung der Bevölkerung mit lebensnotwendigen Sach- und Dienstleistungen,
Soziale Ziele	Versorgung der Bevölkerung mit sozialen Einrichtungen wie Altenheimen, Krankenhäusern, Schulen, Kultureinrichtungen
Wettbewerbsziele	Verhinderung privater Angebotsmonopole durch eigene Angebote

Besonders betont werden muss, dass die Ziele „SMART" sein müssen. SMART ist ein Kunstwort, das sich aus den Anfangsbuchstaben der Eigenschaften eines Ziels zusammensetzt.

Tab. 6: Ziele müssen SMART sein

Buchstabe bzw. Wort	Bedeutung
Spezifisch	Ziele müssen so präzise wie möglich sein, nicht vage.
Messbar	Ziele müssen messbar sein, z.B. durch eine Kennzahl.
Akzeptiert	Kann auch als angemessen verstanden werden, vor allem der Empfänger muss einverstanden sein.
Realistisch	Ziele müssen erreicht werden können, Utopien werden nicht akzeptiert.
Terminiert	Klare Terminvorgabe für ein Ziel.

Dabei stellt sich die Frage, ob eine Verwaltung und öffentliche Betriebe überhaupt notwendig sind oder ob die Produktion dieser Güter und Dienstleistungen nicht auch privaten Betrieben überlassen werden könnte.

Die Rechtfertigung einer öffentlichen Produktion besteht darin, dass die Produktion nicht dem Markt überlassen werden soll oder kann. Dafür gibt es dreierlei Gründe.

Es gibt Güter und Leistungen, die nicht von privaten Betrieben hergestellt werden, weil, wenn sie einmal erzeugt werden, niemand von ihrem Konsum ausgeschlossen werden kann. Dabei sei zum Beispiel an saubere Luft oder äußere Sicherheit gedacht. Wenn die Bundesrepublik ihren Bürgern Schutz und Sicherheit durch internationale Verträge, Grenzkontrolle oder die Bundeswehr gewährt, kann niemand von dem Konsum dieser Leistung ausgeschlossen werden. Alle gesetzlichen Maßnahmen, die zur Verbesserung der Luftqualität führen, kommen allen Bürgern ohne Ausnahme zugute. Wenn niemand vom Konsum ausgeschlossen werden kann, ist auch kein Individuum bereit, seine Nutzeneinschätzung, die sich in einer Zahlungsbereitschaft niederschlagen würde, offen zu legen. Somit kann sich kein Marktpreis für diese Güter und Leistungen, die **Kollektivgüter** genannt werden, bilden. Da ein privater Produzent an diesen Gütern und Dienstleistungen nichts verdienen kann, werden sie nicht erzeugt. Auch die öffentliche Hand kann für diese Art der Güter keinen individuell zurechenbaren Preis erheben, diese Leistungen werden über Steuern finanziert.

Bei einer weiteren Gruppe von Leistungen ist eine private Produktion und ein privates Angebot denkbar, aber in diesen Fällen werden die Leistungen nicht im wünschenswerten Umfang hergestellt. Zu denken ist hierbei an das Schul- oder Gesundheitswesen. Natürlich ist es möglich, die Schulbildung durch private Schulen durchführen zu lassen. Doch bekanntlich würde das dazu führen, dass sich nur wohlhabende Familien eine Schulbildung für ihre Kinder leisten könnten. Diese Situation war im Mittelalter verbreitet, da nur Kinder wohlhabender Eltern in Klosterschulen geschickt wurden oder durch Privatlehrer zu Hause unterrichtet wurden. Diese Art der Güter und Dienstleistungen wird **meritorische Güter** genannt.

Bei einer weiteren Gruppe von Gütern und Dienstleistungen ist ebenfalls eine private Produktion und ein privates Angebot denkbar. Die Produktionskosten, insbesondere die hohen Investitionsausgaben machen aber nur die Produktion durch einen Produzenten in einer Region denkbar (**natürliche Monopole**). Die Markteintrittsschranken sind in diesen Fällen sehr hoch. Diese Situation trifft für alle netz- und leitungsgebundenen Produkte zu. Zunächst muss ein Leitungsnetz eingerichtet werden, was hohe Investitionsausgaben bedeutet. Danach ist der Eigentümer dieses Netzes in der betreffenden Region im Vorteil gegenüber Konkurrenten, denn er hat bereits ein Netz errichtet und bestimmt die Preise. Diese Situation traf auf die Errichtung der Eisenbahnnetze, Telekommunikationsnetze, Energieversorgungsnetze und Abwassernetze zu. Zur Verhinderung privater Monopole, die mit der Gefahr sozial nicht verträglicher Preise und der Abhängigkeit von diesem Monopolisten verbunden sind, hat die öffentliche Hand diese Leistungen hergestellt.

Eine Lösung, wie Wettbewerb bei leitungsgebundenen Leistungen erzeugt werden kann, ist derzeit auf dem Telekommunikationsmarkt, dem Elektrizitätsmarkt sowie dem Gasmarkt zu beobachten. Es wird in Leistungserzeugung und Netzbetrieb unterschieden. Der Netzbetreiber wird gezwungen, auch andere Produzenten auf seinem Netz gegen Zahlung von Nutzungspreisen zu dulden. Dann kann auch beispielsweise französischer Strom durch deutsche Netze bis zum Konsumenten geleitet werden.

Beeinflussung des Zielbildungsprozesses

Der Zielbildungsprozess von Betrieben wird beeinflusst durch die Interessen der verschiedenen Personen, die im Unternehmen tätig sind, sowie weiteren externen Anspruchsgruppen, die ein Interesse daran haben, dass ihre Ziele durchgesetzt werden. Diese Gruppen tragen in unterschiedlicher Weise zur Gestaltung der Unternehmensziele bei.

Zunächst sind die internen Anspruchsgruppen zu erwähnen, die Einfluss auf die Zielbildung nehmen. Da gibt es das Management, das nach hohem Einkommen, das vielleicht auch noch erfolgsabhängig ist, strebt. Diese Gruppe sucht darüber hinaus nach Prestige und möchte eigenen Ideen verwirklichen. In der Maslow'schen Bedürfnispyramide[1] sind alle niedrigen Stufen für diese Gruppe bereits erfüllt. Für die Belegschaft sind die oberen Stufen der Bedürfnispyramide nicht erreichbar. Ihre Wünsche und damit ihr Einfluss auf die Betriebsziele wird dominiert von Sicherheitsbedürfnissen, sie möchten sichere Arbeitsplätze, gute Arbeitsbedingungen und eine angemessene Altersversorgung. Diese Interessen werden bei Tarifverhandlungen, über den Betriebsrat und in direkten Verhandlungen mit dem Management vorgetragen.

Andere Ziele verfolgen die **Kapitalgeber**. Die **Eigenkapitalgeber** erwarten hohe Gewinne, die auch ausgeschüttet werden, denn sie leben möglicherweise von dem, was der Betrieb abwirft. Da die Eigenkapitalgeber das Unternehmensrisiko tragen, erwarten sie eine Verzinsung ihrer Einlage, die über einer risikolosen Kapitalanlage z.B. bei einer Bank hinausgeht.

Im Konflikt dazu steht das Ziel, das Überleben des Betriebs langfristig zu sichern. Dazu ist es sinnvoll, nicht den vollen Jahreserfolg auszuschütten, denn dann steht er dem Betrieb für Investitionen nicht mehr zu Verfügung. Bleibt der Erfolg, wenigstens zum Teil im Betrieb, führt das bei rationaler Verwendung zu einer Steigerung des Betriebswerts. Dies kann bei späterer Veräußerung des Betriebs oder der Betriebsanteile von Vorteil sein. Bei all dem erwarten die Eigenkapitalgeber, dass sie Einfluss auf die Betriebsführung haben.

1 Siehe z.B. Schierenbeck, Henner und Wöhle, Claudia B. Grundzüge der Betriebswirtschaftslehre, 19. Auflage München 2016, S. 72f..

Abb. 20: Gruppen mit Einfluss auf die Zielbildung

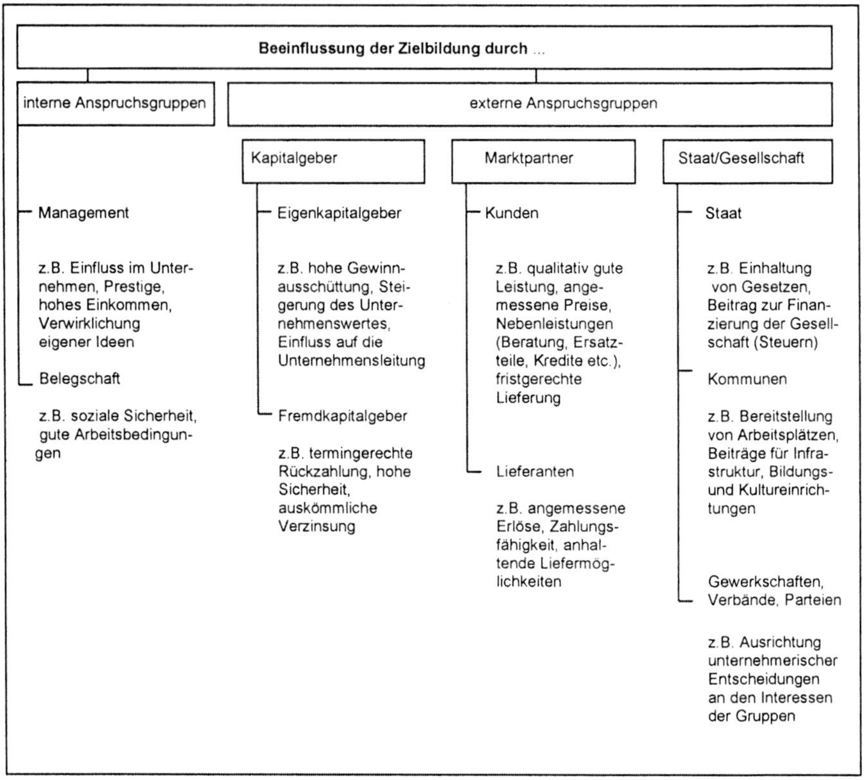

Die Interessenlage der **Fremdkapitalgeber** ist anders. Fremdkapitalgeber erwarten pünktliche Zahlung des fest vereinbarten Zinses und verlässliche Rückzahlung des zur Verfügung gestellten Kapitals am Ende der vereinbarten Laufzeit.

Auch die **Marktpartner** haben eigene Interessen. Die **Kunden** erwarten eine hohe Qualität der hergestellten Produkte zu akzeptablen Preisen. Zu der Qualität gehört auch die fristgerechte Lieferung der zugesagten Leistungen. Sie haben auch ein Interesse an der Existenz des Betriebs, denn sie möchten sichergehen, dass sie auch in der Zukunft Ersatzteile oder neue Teile erwerben können. Sollte der Markt auf Seiten der Anbieter sehr eng sein, haben die Kunden ein Interesse daran, möglichst viele Anbieter zu erhalten, sonst laufen sie Gefahr, in Abhängigkeit von einem einzelnen Produzenten zu geraten.

Die **Lieferanten** ihrerseits erwarten fristgerechte Zahlungen und dauerhafte Geschäftsbeziehungen zu angemessenen Preisen.

Als letzte Gruppe, die Einfluss auf die Betriebszielbildung hat, ist der **Staat/die Gesellschaft** schlechthin zu nennen. Der Staat hat ein Interesse an der Einhaltung von Gesetzen und am Beitrag zur Finanzierung der Gesellschaft (Steuern). Diese Aussage gilt auch für die Kommunen, die ein Teil des Staats sind. Gewerkschaften, Parteien und Verbände haben eigene Gruppenvorstellungen, die sie versuchen in den Betrieben durchzusetzen, hier sei nur beispielhaft die Arbeitszeitverkürzung oder die unternehmerische Mitbestimmung genannt.

3.2 Unterschiede und Gemeinsamkeiten in der Finanzierung

In der betriebswirtschaftlichen Literatur hat sich für den Begriff **Finanzierung** keine einheitliche Definition gebildet.[1]

Zur Finanzierung gehören alle Vorgänge der Beschaffung und Bereitstellung von Kapital für eine Investition.[2] Dabei muss Kapital nicht unbedingt in Form von Geld besorgt werden, Kapital kann auch in Form von Sacheinlagen in einen Betrieb eingebracht werden. Es spielt keine Rolle, ob der Eigentümer eines Betriebes Geld in die Betriebskasse einzahlt, damit der Betrieb davon eine Maschine kaufen kann, oder ob er ohne den Umweg über die Geldeinzahlung gleich die Maschine in den Betrieb einbringt.

Die Finanzierungsvorgänge schlagen sich auf der Passivseite der Bilanz nieder, aus der ersichtlich wird, welches Kapital als Haftungskapital (Eigenkapital) und welches als Gläubigerkapital (Fremdkapital) zur Verfügung gestellt wurde.

Eine weite Auslegung des Begriffes Finanzierung dehnt die Definition einerseits auch auf Absatz- und Umsatzvorgänge aus, andererseits schließt er auch finanztechnische Vorgänge wie z.B. Gründung, Fusion, Umwandlung, Sanierung und Liquidation ein. Hier wird die weite Begriffsdefinition benutzt.

Handelt es sich bei der Finanzierung um die Beschaffung finanzieller Mittel, so ist unter dem Begriff **Investition** deren Verwendung zu verstehen. Finanzierung und Investition sind untrennbar miteinander verbunden, denn eine Mittelverwendung hat das Vorhandensein und damit die Beschaffung der Mittel zur Voraussetzung.

Bilanziell gesehen schlägt sich die Finanzierung im **Kapitalbereich** der Passivseite nieder. Dort werden die Kapitalbeträge getrennt nach ihrer rechtlichen Form (Eigenkapital = EK, Fremdkapital = FK) ausgewiesen. Aus dem **Investitionsbereich** der Aktivseite kann man erkennen, welche Verwendung die Kapitalbeträge zum Zeitpunkt der Bilanzerstellung gefunden hatten.

---

1 Zum Finanzierungsbegriff vgl. insbesondere Grochla, E., Finanzierung, Begriff der, Handwörterbuch der Finanzwirtschaft, herausgegeben von H.E. Büschgen, Stuttgart 1976, Sp. 413 ff.

2 Vgl. Wöhe et al., a.a.O., S. 465.

Abb. 21: Grobschema einer Bilanz

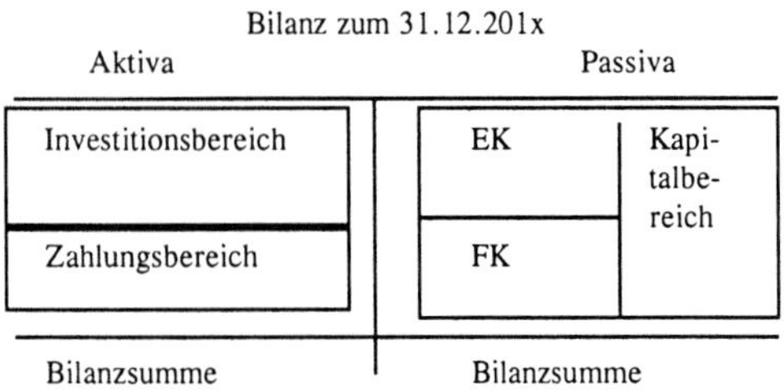

Der Investitionsbereich besteht aus dem Sachvermögen (Grundstücke, Gebäude, Maschinen und maschinelle Anlage), dem Finanzvermögen (Wertpapiere, Beteiligungen) und dem immateriellen Vermögen (gekaufte Patente und Lizenzen). Unter dem Zahlungsbereich sind im Wesentlichen die Bankguthaben und Kassenbestände zu verstehen.

Die Finanzierungs- und Investitionsvorgänge, die in einem Betrieb auftreten, lassen sich gut an Hand des betrieblichen Umsatzprozesses erklären.[1]

In Phase I beschafft sich der Betrieb Kapital. In der Regel zahlt der Eigentümer Geld in die Kasse oder auf ein Bankkonto ein. Eine andere Möglichkeit stellt die Aufnahme eines Kredites dar. Beides führt zu einer Erhöhung der Bestände im Zahlungsbereich der Bilanz.

Abb. 22: Phasenschema des betrieblichen Umsatzprozesses

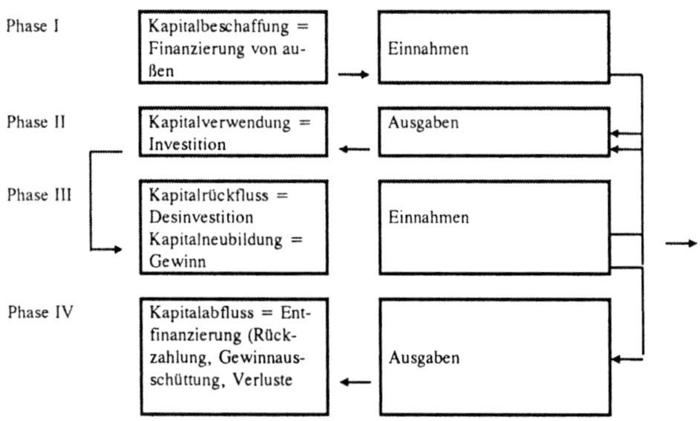

[1] Vgl. Wöhe, Günter, Einführung in die Allgemeine Betriebswirtschaftslehre, 17. Auflage, München 1990, S. 751ff., in neueren Auflagen ist dieses Phasenschema nicht mehr enthalten

Bilanz
zum 31.12.201x
in €

Aktiva		Passiva	
Zahlungsbereich		**Kapitalbereich**	
Kasse	150.000,00	Eigenkapital	100.000,00
		langfr. Verbindl.	50.000,00
Bilanzsumme	150.000,00	Bilanzsumme	150.000,00

In Phase II werden die Zahlungsmittel zur Beschaffung von Vermögen benutzt (Investition). Der Betrieb gibt das Geld aus, um ein Gebäude (60.000,00 €), eine Maschine (50.000,00 €) und Rohstoffe (20.000,00 €) zu kaufen. Die Bezahlung geschieht vom Bankkonto.

Im Kapitalbereich der Bilanz verändert sich nichts, auf der Aktivseite entsteht der Investitionsbereich und der Zahlungsbereich wird kleiner (**Aktivtausch**).

Bilanz
zum 31.12.200x
in €

Aktiva		Passiva	
Investitionsbereich		**Kapitalbereich**	
Gebäude	60.000,00		
Maschinen	50.000,00	Eigenkapital	100.000,00
Rohstoffe	20.000,00		
		langfr. Verbindl.	50.000,00
Zahlungsbereich			
Kasse	20.000,00		
Bilanzsumme	150.000,00	Bilanzsumme	150.000,00

Im Rahmen des Produktionsprozesses werden Fertigerzeugnisse hergestellt, dies geschieht durch Verbrauch an Sachgütern und Dienstleistungen. Dabei tritt eine Umschichtung im Investitionsbereich der Bilanz und eine Verkürzung im Zahlungsbereich ein (Zahlung von Lohn, Gehalt). Der Herstellungswert der Fertigerzeugnisse ist gleich dem Verbrauch an Produktionsfaktoren, es handelt sich also um einen reinen Transformationsprozess. Ein Gewinn oder Verlust tritt nicht ein.

Herstellungswert der Fertigerzeugnisse (FE) in €:

Rohstoffe	1.500,00
Abschreibung auf	
Gebäude	100,00
Maschinen	400,00
Löhne	2.000,00
Wert FE	4.000,00

Bilanz
zum 31.12.201x

Aktiva	in €	Passiva	
Investitionsbereich		**Kapitalbereich**	
Gebäude	59.900,00		
Maschinen	49.600,00	Eigenkapital	100.000,00
Rohstoffe	18.500,00		
Fertige Erzeugnisse	4.000,00		
		langfr. Verbindl.	50.000,00
Zahlungsbereich			
Kasse	18.000,00		
Bilanzsumme	150.000,00	Bilanzsumme	150.000,00

In Phase III werden die Fertigerzeugnisse am Absatzmarkt zu 4.500,00 € verkauft. Es kommt zu einer Einzahlung auf das Bankkonto in dieser Höhe. Die in den Fertigerzeugnisse gebundenen Abschreibungen und Löhne (Wert 4.000,00 €) werden in Zahlungsmittel umgewandelt (**Desinvestition = Kapitalrückfluss**). Die Geldmittel stehen für neue Investitionen zur Verfügung. Darüber hinaus ist ein Gewinn in Höhe von 500,00 € entstanden, der dem Eigenkapital gutgeschrieben wird (**Kapitalneubildung**). Wird dieser Gewinn nicht entnommen, so ist eine Kapitalbeschaffung über den Umsatzprozess erfolgt (**Innenfinanzierung**).

Bilanz
zum 31.12.200x

Aktiva	in €	Passiva	
Investitionsbereich		**Kapitalbereich**	
Gebäude	59.900,00		
Maschinen	49.600,00	Eigenkapital	100.500,00
Rohstoffe	18.500,00		
Fertige Erzeugnisse			
		langfr. Verbindl.	50.000,00
Zahlungsbereich			
Kasse	22.500,00		
Bilanzsumme	150.500,00	Bilanzsumme	150.500,00

In Phase IV (Kapitalabfluss) entnimmt der Eigentümer einen Teil seines Gewinns (= 400,00 €) und zahlt einen Teil seiner langfristigen Verbindlichkeiten zurück (= 10.000,00 €). In Anlehnung an den Begriff Desinvestition wird dieser Vorgang mit **Entfinanzierung** bezeichnet. Zahlungsbereich und Kapitalbereich nehmen ab (**Bilanzverkürzung**).

Bilanz
zum 31.12.200x
Aktiva in € Passiva

Investitionsbereich		**Kapitalbereich**	
Gebäude	59.900,00		
Maschinen	49.600,00	Eigenkapital	100.100,00
Rohstoffe	18.500,00		
Fertige Erzeugnisse			
		langfr. Verbindl.	40.000,00
Zahlungsbereich			
Kasse	12.100,00		
Bilanzsumme	140.100,00	Bilanzsumme	140.100,00

Wie aus dem Beispiel zu sehen ist, gibt es verschiedene Arten, wie sich ein Betrieb finanzieren kann. Zur besseren Besprechung werden folgende Kriterien zur Systematisierung benutzt:

- Die Herkunft des Kapitals (Außenfinanzierung - Innenfinanzierung),
- die Rechtsstellung der Kapitalgeber (Eigenfinanzierung - Fremdfinanzierung),
- der Einfluss auf den Vermögens- und Kapitalbereich (Bilanzverlängerung, -verkürzung, Aktiv- oder Passivtausch),
- die Dauer der Kapitalbereitstellung (unbefristet - langfristig - mittelfristig - kurzfristig),
- der Anlass der Finanzierung (Gründung - Kapitalerhöhung - Fusions- Umwandlung - Sanierung).

Auf die drei zuletzt genannten Finanzierungsunterscheidungen wird nicht näher eingegangen: Die Systematisierung nach dem Einfluss auf den Vermögens- und Kapitalbereich ist zum Teil schon im Beispiel angesprochen worden und bringt keine besonderen Erkenntnisse. Die zeitliche Unterscheidung spricht für sich selbst und zum Anlass der Finanzierung wird auf das Kapitel zu den Rechtsformen eines Betriebs verwiesen.[1]

Bei wichtigen Fragen unterscheidet sich die Finanzwirtschaft der Gemeinden von der Finanzwirtschaft eines Unternehmens, in anderen Bereichen bestehen Gemeinsamkeiten.

Gemeinsamkeit besteht hinsichtlich der Beachtung des Betriebsmerkmals „finanzielles Gleichgewicht". Sowohl Unternehmen als auch Gemeinden haben darauf zu achten, dass sie stets in der Lage sind, ihren Verbindlichkeiten nachzukommen. In der unternehmerischen Finanzwirtschaft gibt es Abteilungen, die auf die Kontenstände und die zu erwartenden Auszahlungen achten. Sie legen ggf. Geld, das momentan nicht gebraucht wird, auf Monatskonten an, um noch einige Zinsen zu verdienen, bis das Geld benötigt wird. Umgekehrt verhandeln sie mit Kreditgebern, wenn finanzielle Engpässe abzusehen sind.

---

1 Weitere Einzelheiten zur Finanzierung werden in Kapitel 6.4 besprochen.

In den Gemeinden hat dies ebenso zu geschehen.

Allerdings gibt es auch einen gewichtigen Unterschied zum Unternehmen. Die Kommune hat eine Haushaltssatzung zu erlassen (§ 78 GO NRW). Diese Haushaltssatzung besteht

- aus dem Haushaltsplan,
- aus dem Gesamtbetrag der Kredite für Investitionen
- aus dem Höchstbetrag der Kredite zur Liquiditätssicherung,
- aus den Steuersätzen.

Durch die Beschlussfassung seitens des Rats wird diese Haushaltssatzung rechtsverbindlich. Sie stellt den politischen Willen des Rats dar. Veränderungen des Haushaltsplans, die sich aus veränderten Umweltbedingungen ergeben, z.B. sinkende Steuereinnahmen, erheblich steigende Sozialleistungen, Ausgaben für nicht veranschlagte Baumaßnahmen bedürfen einer erneuten Meinungsbildung und Beschlussfassung im Rat (§ 81 GO NRW). Dies verlangsamt den Anpassungsprozess und reduziert die Flexibilität der Gemeinden im Vergleich zur Privatwirtschaft.

Der Haushaltsplan umfasst nach § 79 GO NRW alle im Haushaltsjahr voraussichtlich

- anfallenden Erträge und eingehenden Einzahlungen,
- entstehenden Aufwendungen und zu leistenden Auszahlungen,
- notwendigen Verpflichtungsermächtigungen.

Er ist in einen Ergebnisplan, einen Finanzplan und Teilpläne zu gliedern.

Ein weiterer Unterschied zum privatwirtschaftlichen Bereich ist beim Einnahmewesen zu finden. Oben wurde geschildert, dass Einnahmen bei einem Unternehmen von den Eigentümern kommen können, aus Krediten herrühren oder aus Umsatzprozessen durch den Verkauf von Erzeugnissen stammen. Eine Gemeinde hat andere Quellen der Einnahmen. Sie bezieht ihre Einnahmen (§ 77 Abs. 2 GO NRW)

- aus speziellen Entgelten für von ihr erbrachte Leistungen,
- im Übrigen aus Steuern,
- und sonstigen Finanzmitteln

Krediten dürfen nur aufgenommen werden, wenn eine andere Finanzierung nicht möglich oder wirtschaftlich unzweckmäßig wäre. Nach § 78 Abs. 2 GO NRW ist in Kredite für Investitionen und solchen zur Liquiditätssicherung zu unterscheiden.

Die speziellen Entgelte können durchaus mit den aus Umsatzprozessen herrührenden Einnahmen in der Privatwirtschaft gleichgesetzt werden, wobei allerdings die unterschiedlichen Zielsetzungen und die unterschiedliche Entscheidungsfreiheit bei der Preisbildung nicht außer Acht gelassen werden dürfen.

Die Steuern sind Zwangseinnahmen ohne spezielle Gegenleistung. Eine derartige Einnahmeart hat ein Privatunternehmen nicht. Die Höhe der Steuern richtet sich nach Rechtsnormen.

Die Kreditgrenze bei privaten Unternehmen wird durch den Verschuldungsgrad begrenzt. Fremdkapitalgeber haben eine Vorstellung davon, ab welchem Verhältnis zum Eigenkapital ihre Mittel einem nicht mehr durch den Zins abgedeckten Risiko ausgesetzt sind. Ab dieser Grenze gibt es keine Kredite mehr von seriösen Stellen. Bezüglich der Kreditkonditionen muss noch gesagt werden, dass die Kommunen über ihre Sparkassen einen Zugang zum Kapitalmarkt zu günstigen Konditionen haben. Kommunen ist in § 75 Abs. 7 GO NRW verboten, sich zu überschulden. Eine Überschuldung liegt vor, wenn nach der Bilanz das Eigenkapital aufgebraucht ist.

Ein weiterer Unterschied zur Privatwirtschaft besteht in der Zweckbindung von Krediten. Mit Ausnahme der Kredite zur Liquiditätssicherung dürfen Kredite nach § 86 Abs. 1 GO NRW nur für Investitionen und zur Umschuldung aufgenommen werden. Dies bedeutet allerdings nicht, dass immer eine direkte Verbindung zwischen einer Investition und einem Kredit hergestellt wird. Es gilt jedoch, dass die Summe der neu aufgenommenen Kredite (Neuverschuldung) nicht höher sein darf als die Summe der Bruttoinvestitionen.

Im Gegensatz zur Privatwirtschaft, bei der die erzielbaren Einnahmen die Höhe des Aufwands und damit einen Großteil der Ausgaben bestimmt, bestimmen sich in der öffentlichen Verwaltung die Einnahmen nach den notwendigen Aufgaben und den damit verbundenen Ausgaben. § 77 GO NRW bestimmt, dass die Gemeinde „die zur Erfüllung ihrer Aufgaben erforderlichen Einnahmen .... zu beschaffen“ hat.

In Tabelle 7 werden die Hauptunterschiede in der Finanzierung zwischen Privatwirtschaft und öffentlicher Verwaltung stichwortartig zusammengefasst.[1]

---

[1] Vgl. Fritze, Christian, Mutschler, Klaus, Stockel-Veltmann, Christoph, Kommunales Finanzmanagement NRW, 8. Auflage Witten 2020, S. 5

Tab. 7: Unterschiede in der Finanzierung zwischen öffentlicher Verwaltung und Privatwirtschaft

Öffentliche Verwaltung	Privatwirtschaft
<u>Bindung an Haushaltsplan</u>	<u>Anpassung an die Marktlage</u>
Der Haushaltsplan ist bindend. Abweichungen vom beschlossenen Haushaltsplan bedürfen einer Nachtragssatzung oder eines Beschlusses des Rates zur Genehmigung überplanmäßiger und außerplanmäßiger Ausgaben	Es werden zwar Jahrespläne aufgestellt, von ihnen kann aber nach Notwendigkeit abgewichen werden. Eine ständige Anpassung an veränderte Marktlagen ist ohne weiteres möglich.
<u>Zwangseinnahmen</u>	<u>Einnahmen aus Markterlösen</u>
Die wesentlichen Einnahmen beruhen auf Zwang, wobei die Steuern den größten Teil ausmachen. In diese Rubrik gehören auch die Gebühren und Beiträge	Um Einnahmen zu erzielen müssen Produkte oder Leistungen am Markt unter Konkurrenzbedingungen verkauft werden.
<u>Vorrangigkeit der Ausgaben</u>	<u>Vorrangigkeit der Einnahmen</u>
Die Einnahmen richten sich nach den erforderlichen Ausgaben (Bedarfsdeckungsprinzip).	Die Ausgaben richten sich nach den erzielten oder erzielbaren Einnahmen.
<u>Kreditaufnahme rechtlich geregelt</u>	<u>Kreditaufnahme durch Verschuldungsgrad begrenzt</u>
Kredite dürfen nur für Investitionen, Investitionsfördermaßnahmen oder zur Umschuldung aufgenommen werden.	Die Kreditaufnahme wird durch den Verschuldungsgrad begrenzt. Zunächst steigen wegen steigendem Risiko für den Fremdkapitalgeber die Zinsen, danach gibt es selbst zu erhöhten Zinsen keine Kredite mehr.

3.3 Übersicht über Unterschiede und Gemeinsamkeiten zwischen öffentlicher Verwaltung und Privatwirtschaft

An dieser Stelle werden in der folgenden Übersicht die bereits besprochenen Unterschiede und Gemeinsamkeiten zwischen öffentlicher Verwaltung und Privatwirtschaft stichwortartig zusammengestellt.

Tab. 8: Unterschiede und Gemeinsamkeiten zwischen öffentlicher Verwaltung und Privatwirtschaft

Privatwirtschaft	Öffentlicher Betrieb und Verwaltungsbetrieb
Zielbestimmung	Zielbestimmung
Bestimmt Ziele selbst.	Fremdbestimmte Ziele durch: - Rat - Gesetze
Gewinnmaximierung im Wettbewerb	Gemeinwohlmaximierung
Rentabilität = hohe Verzinsung des EK	Angemessene Rentabilität (§ 6 KAG NRW)
Produktionsprogramm	Produktionsprogramm
Konzentration auf passende Produkte	Produktpalette weitgehend vorgegeben
Preisbildung	Preisbildung
Am Markt	- vorgegeben (Gebühren), - subventioniert (Theater), - entgeltlos (Schule), - nicht angemessen (Grundbucheinträge), - Monopolist (Abnahmezwang)
Finanzierung	Finanzierung
- Suche nach optimalem Verhältnis EK:FK - Situationsabhängig Innen - Aussen - Grenzen der Kreditwürdigkeit	Reihenfolge vorgeschrieben (§ 77 Abs. 2 GO NRW): 1. Spezielle Entgelte, 2. Steuern, Kommunen fast immer kreditwürdig

3.4 Übungsfragen

1. Welche Gruppen haben Einfluss auf den betrieblichen Zielbildungsprozess? Erläutern Sie auch deren Interessenlage.

2. Nennen Sie einige gebräuchliche Unternehmensziele, nennen Sie einige gängige Ziele öffentlicher Betriebe und der öffentlichen Verwaltung.

3. Für eine städtische Musikschule wird als einziges Betriebsziel „Erzielung einer Eigenkapitalrentabilität von 15 %" in den Haushaltsplan aufgenommen. Zurzeit erreicht die städtische Musikschule bestenfalls Kostendeckung.
   Private Musikschulen erreichen 5%.

   Prüfen Sie, ob das Ziel SMART ist und ob ein derartiges Ziel zu den üblichen Zielen einer Verwaltung gehört.

4. Erklären Sie die folgenden Begriffe und geben Sie Beispiele:

   - Außenfinanzierung,
   - Innenfinanzierung,
   - Finanzierung durch Vermögensumschichtung,
   - Finanzierung durch Eigenkapital,
   - Finanzierung durch Fremdkapital,
   - Kapitalzufluss,
   - Kapitalabfluss.

5. Nennen und erläutern Sie die Unterschiede in der Finanzierung zwischen öffentlicher Verwaltung und Privatwirtschaft

Lösungsvorschläge:

1. Grundsätzlich gilt es zwischen internen und externen Gruppen mit Einfluss auf die Zielbildung zu unterscheiden. Zu den internen Gruppen, die Einfluss auf die Zielbildung des Betriebs nehmen, gehören das Management und die Belegschaft. Das Management strebt nach Macht, Einfluss, Ansehen, Verwirklichung eigener Ideen und Einkommensmaximierung. Die Belegschaft hat ein Interesse an sicheren Arbeitsplätzen, guten Arbeitsbedingungen und angemessenem Einkommen.

   Zu den externen Gruppen, die Einfluss auf die betriebliche Zielbildung nehmen, gehören die Kapitalgeber, die Marktpartner, der Staat sowie die Gesellschaft. Bei den Kapitalgebern haben die Eigenkapitalgeber ein Interesse an hohen Gewinnausschüttungen, hohen Aktienkursen sowie einem hohen Unternehmenswert. Die Fremdkapitalgeber haben ein Interesse an verlässlichen Zahlungen von Zinsen und Tilgung sowie an einer angemessenen Verzinsung ihres Kapitals.

   Auf Seiten der Marktpartner gilt es zwischen Lieferanten und Kunden zu unterscheiden. Die Kunden sind an angemessenen Preisen bei hoher Qualität, an fortdauernder Bezugsmöglichkeit sowie gewissen Nebenleistungen (z.B. Ersatzteile, Beratung) interessiert. Kunden sind immer daran interessiert, dass es für sie einen zweiten Lieferanten gibt, damit sie nicht von einem einzigen Hersteller abhängig sind. Die Lieferanten möchten sichere Zahlungen und fortdauernde Liefermöglichkeiten zu angemessenen Preisen.

   Der Staat (Bund, Länder, Gemeinden) möchte hohe Steuereinnahmen und viele Arbeitsplätze. Ferner besteht er auf der Einhaltung von Gesetzen und Vorschriften.

   Gewerkschaften, Parteien und Verbände möchten, dass die Betriebe die Belange und Wünsche ihrer Mitglieder beachten.

2. Vom obersten Unternehmensziel eines langfristigen Betriebserhalts, der den Eigenkapitalgebern ein gutes Leben ermöglicht, lassen sich mehrere Ziele ableiten:

   - Die Rentabilitätsziele, die darauf gerichtet sind, den Gewinn zu maximieren.
   - Die Marktstellungsziele, die darauf gerichtet sind, einen großen oder ausreichenden Marktanteil zu erreichen oder zu erhalten.
   - die finanziellen Ziele, die auf die finanzielle Situation des Unternehmens gerichtet sind. Hierbei geht es um die Sicherung der Liquiditätsposition sowie des Erreichens einer optimalen Zusammensetzung des Kapitals.
   - Die sozialen Ziele, die sichere Arbeitsplätze und Arbeitsbedingungen zum Gegenstand haben. Die Mitarbeiter sollen mit ihrem Arbeitsplatz zufrieden sein.
   - Die Macht- und Prestigeziele haben die Sicherung der Macht- und Einflussposition zum Gegenstand.

   In erster Linie sind die öffentliche Verwaltung und öffentliche Betriebe der Gemeinwohlmaximierung verpflichtet. Daraus lassen sich einige konkrete Ziele ableiten:

   - Da ist das Ziel der Versorgung der Bevölkerung mit lebenswichtigen Gütern und Dienstleistungen zu nennen.
   - Dazu gehört die Versorgung der Bevölkerung mit sozialen Einrichtungen, wie beispielsweise Krankenhäusern, Altenheimen, Kultureinrichtungen, Rettungseinrichtungen.
   - Es ist Ziel der öffentlichen Verwaltung, private Monopole zu verhindern (Wettbewerbsziel).

3.

Spezifisch	Die Zielformulierung ist spezifisch. Sie bezieht sich eindeutig auf die Musikschule und auf die Eigenkapitalrentabilität, die nummerisch vorgegeben wird.
Messbar	Die Maßgröße ist die Kennziffer Eigenkapitalrentabilität.
Akzeptiert	Hier ist fraglich, ob die Vorgabe von der Leitung der Musikschule akzeptiert wird. Im Vergleich mit den privaten Musikschulen scheint das Ziel auch übertrieben.
Realistisch	Das Ziel scheint unrealistisch. Die Musikschule erreicht z.Zt. nur Kostendeckung, da bleibt für eine Eigenkapitalrentabilität kein Raum.
Terminiert	Der HH Plan bezieht sich auf ein bestimmtes Jahr, somit kann die Terminiertheit bejaht werden.

   Ziel einer städtischen Musikschule sollte auch nicht eine höchstmögliche Verzinsung des eingesetzten Kapitals sein sondern eine breite musikalische Bildung der Bevölkerung. Somit ist das Ziel einer hohen Verzinsung nicht erstrebenswert.

4. Bei der **Außenfinanzierung** wird einem Betrieb von außen zusätzliches Kapital zugeführt, das nicht aus dem Umsatzprozess oder einem Verkauf von Vermögen herrührt. Nach der Rechtsstellung kann es sich sowohl um Eigen- als auch Fremdkapital handeln. In der Bilanz schlägt sich ein Außenfinanzierungs-

vorgang als Bilanzverlängerung/Aktiv-Passiv-Mehrung (Erhöhung der Bilanzsumme) nieder.

Typische Beispiele für Außenfinanzierung mit Eigenkapital sind:

- Erhöhung des Eigenkapitals durch Geld- oder Sacheinlage,
- Aufnahme eines neuen Gesellschafters,
- Ausgabe neuer, zusätzlicher Aktien.

Typische Beispiele für Außenfinanzierung mit Fremdkapital sind:

- Aufnahme eines Kredits,
- Ausgabe einer Obligation,
- Lieferantenkredit.

Bei **Innenfinanzierung** handelt es sich um die Schaffung oder Freisetzung von Kapital durch Umsatzvorgänge. Eine eindeutige Zuordnung zum Eigen- oder Fremdkapital ist in den Fällen, in denen es sich um den Vorgang der Vermögensumschichtung handelt, nicht möglich. Typische Beispiele sind:

- Verkauf von Produkten oder Leistungen (Vermögensumschichtung),
- Verkauf von Vermögen (Vermögensumschichtung),
- Erwirtschaftung eines Gewinns (Eigenkapital),
- Aufbau einer Pensionsrückstellung (Fremdkapital).

Der Vorgang der **Vermögensumschichtung** gehört zur Innenfinanzierung. Gebundenes Kapital wird durch einen Verkaufsvorgang freigesetzt und steht zur Verwendung für andere Zwecke zur Verfügung.

Die Unterscheidung in **Eigenkapital-** oder **Fremdkapitalfinanzierung** knüpft an der Rechtsstellung der Kapitalgeber an.

Eigenkapitalsteht einem Betrieb langfristig, zinslos zur Verfügung. Dafür hat der Eigenkapitalgeber ein Anrecht auf den Gewinn und normalerweise auf die Geschäftsführung. Er muss allerdings auch einen eventuellen Verlust tragen, was seine Eigenkapitalposition schwächt. Eigenkapitalfinanzierung kann als Außenfinanzierung in Form von Einlagen oder als Innenfinanzierung in Form des Gewinns auftreten.

Fremdkapital (z.B. Kredite, auch Lieferantenkredite) haben einen Anspruch auf Zinszahlungen und einen fest vereinbarten Rückzahlungstermin. Die Zinsen müssen auch in Zeiten schlechten Betriebserfolgs bezahlt werden. Fremdkapitalgeber haben (normalerweise) keinen Einfluss auf die Geschäftspolitik. Fremdkapitalfinanzierung kann als Außenfinanzierung in Form von Krediten auftreten, allerdings auch als Innenfinanzierung in Form des Aufbaus von Rückstellungen (z.B. Pensionsrückstellungen).

Ein **Kapitalabfluss**schlägt sich in der Bilanz als Sinken der Bilanzsumme (Bilanzverkürzung, Aktiv-Passiv-Minderung) nieder. Ein Kapitalabfluss liegt bei z.B. Kredittilgungen, Gewinnauszahlungen oder einem Verlust vor. Dem entsprechend schlägt sich ein **Kapitalzufluss** als Erhöhung der Bilanzsumme

(Bilanzverlängerung/Aktiv-Passiv-Mehrung) nieder. Ein Kapitalzufluss liegt bei der Entstehung eines Gewinns, bei Kreditaufnahmen, die nicht der Ablösung bestehender Kredite dienen, vor.

5. Die Privatwirtschaft muss sich langfristig über Umsatzerlöse, die am Markt unter Wettbewerbsbedingungen erzielt werden, finanzieren. Es werden Ergebnispläne aufgestellt, die jedoch keinen bindenden Charakter haben und jederzeit den veränderten Marktgegebenheiten angepasst werden können. Viele Ausgaben richten sich nach den Einnahmen. Steigen die Einnahmen, entstehen Spielräume für höhere Lohnzahlungen oder Investitionen. Kredite können bis zu einem bestimmten Verschuldungsgrad aufgenommen werden. Wegen des steigenden Risikos werden zunächst die Kreditgeber höhere Zinsen verlangen. Später gibt es selbst zu hohen Zinsen keine Kredite mehr. Der Verschuldungsgrad wird in der Regel aus der Bilanz abgeleitet. Als Faustregel gilt, dass der Fremdkapitalanteil nicht mehr als das Doppelte des Eigenkapitalanteils betragen darf.

   Die öffentliche Verwaltung finanziert sich zum großen Teil über Zwangseinnahmen, das können Verwaltungsgebühren, spezielle Leistungsentgelte, Abgaben oder Steuern sein. Die Höhe der Einnahmen richtet sich nach der Höhe der Ausgaben, steigen die Ausgaben wird vielfach die Erhöhung der Zwangseinnahmen von den demokratisch zuständigen Gremien beschlossen. Geplante Einnahmen und Ausgaben sind im Haushaltsplan niedergelegt, der von den demokratischen Gremien beschlossen wird, damit bindend ist und eine politische Willenserklärung darstellt. Eine Anpassung ist nur unter Einschaltung der zuständigen Gremien in einem langdauernden Prozess möglich. Die Höhe der jährlichen Kreditaufnahme ist durch die Höhe der Investitionstätigkeit begrenzt, da Kredite nur für Investitionen aufgenommen werden dürfen.

4 Organisationsformen öffentlicher (kommunaler) Betriebe[1]

4.1 Konzernstruktur

Kommunen müssen die Aufgaben, die sie für die Allgemeinheit zur Verfügung stellen, nicht unbedingt selbst erledigen. Sie können sich dazu auch anderer Organisationsformen bedienen. Bedienen sie sich zur Erledigung eigens gegründeter untergeordneter Organisationen, entsteht ein Konzern.

Unter dem Begriff Konzern wird nach § 18 Abs. 1 AktG die Zusammenfassung einer Unternehmensgruppe unter einer einheitlichen, herrschenden Leitung verstanden. Die zur Gruppe gehörigen Unternehmen heißen Konzernunternehmen, das herrschende Unternehmen wird als Konzernmutter bezeichnet. Logischerweise werden die untergeordneten Unternehmen als Konzerntöchter benannt.

Diese Begrifflichkeiten können auch auf den kommunalen Bereich übertragen werden, denn viele Kommunen bedienen sich zur Erledigung ihrer Aufgaben untergeordneter Betriebe. Die Bezeichnung Konzern kann auch benutzt werden, wenn die Konzernunternehmen nicht unbedingt nach dem erwerbswirtschaftlichen Prinzip handeln sondern streng genommen nur Betriebe und keine Unternehmen sind.

Dieser Konzern kann mehrstufig sein, d.h. eine Konzerntochter kann selbst Konzerntöchter haben. Innerhalb des großen Konzerns treten Teilkonzerne auf. In Abbildung 23 hat Konzerntochter 2 selbst mehrere Töchter, Konzerntochter 2.1 bis Konzerntochter 2.n.

Abb. 23: Konzernstruktur

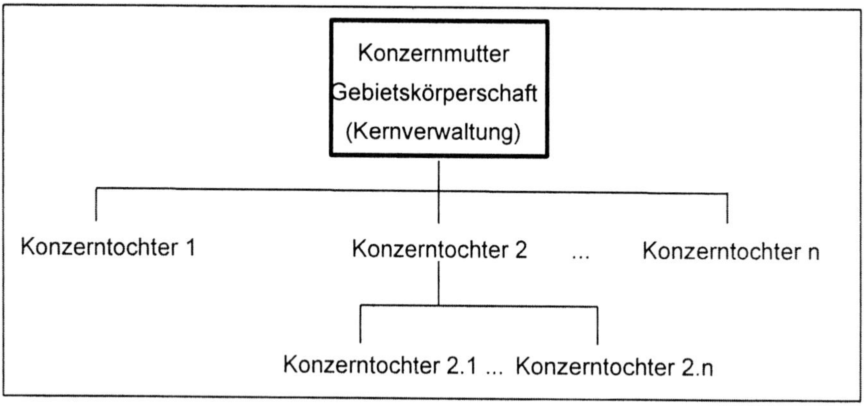

[1] Eine ausführliche Darstellung der Aufbaustruktur der deutschen Verwaltungsgliederung inkl. der Struktur von Bund und Ländern findet sich z.B. bei Barthel, Thomas, Öffentliche Betriebswirtschaftslehre, Stuttgart 2016.

Nicht zum Konzern zählen Betriebe, auf die kein beherrschender Einfluss ausgeübt werden kann. Dies ist beispielsweise dann der Fall, wenn es nicht in einem Beherrschungsvertrag geregelt ist oder wenn keine Stimmrechtsmehrheit besteht.[1]

Die Konzerntöchter können in unterschiedlichen Organisationsformen auftreten. Einige Formen und die Entscheidungsgründe für eine bestimmte Ausformung werden im Folgenden besprochen.

4.2 Übersicht und Entscheidungsgründe

Die Wahl der Rechtsform, also die Wahl einer Organisationsform unter rechtlichen Gesichtspunkten für einen Betrieb, stellt eine strategische Entscheidung dar. Die Rechtsform eines Betriebs kann nicht ständig gewechselt werden, zum einen ist es rechtlich z.T. nicht möglich, zum anderen ist es wegen der damit verbundenen Kosten nicht ökonomisch. Die Überführung eines Betriebs von einer Rechtsform in eine andere wird als Umwandlung bezeichnet.

Wegen der langfristigen Wirkung der Rechtsformentscheidung bedarf es eines rationalen Abwägens vieler Faktoren. In der Regel sind folgende Aspekte zu bedenken:[2]

- Die Gründungsbedingungen,
- die Rechtsgestaltung, insbesondere die Haftung,
- die Leitungsbefugnisse (Vertretung nach außen, Geschäftsführung, Mitbestimmung),
- die Gewinn- und Verlustbeteiligung, sowie Entnahmerechte,
- die Finanzierungsmöglichkeiten mit Eigen- und Fremdkapital,
- die Flexibilität bei der Änderung von Beteiligungsverhältnissen und bei Eintritt und Ausscheiden von Gesellschaftern,
- die Steuerbelastung,
- die gesetzlichen Vorschriften über Umfang, Inhalt, Prüfung, Offenlegung des Jahresabschlusses,
- Mitbestimmungsvorschriften,
- die Aufwendungen der Rechtsform (z.B. Gründungs- und Kapitalerhöhungskosten, besondere Aufwendungen der Rechnungslegung),
- Rechnungslegungsvorschriften,
- Imagewirkung der Rechtsform.

Für öffentliche Betriebe kommen noch einige Aspekte hinzu:

- der Grad der rechtlichen Selbstständigkeit,
- der Aspekt der Kontroll- und Einflussmöglichkeiten seitens Verwaltung und Rat,
- die Beteiligungsmöglichkeiten Dritter.

---

1 Siehe dazu § 290 Abs. 2 HGB.

2 Vgl. Wöhe, et al., a.a.O., S. 207 f..

Von dieser langen Liste der Einflussfaktoren auf die Rechtsformwahl werden im Folgenden aber nur einige ausgesucht und besprochen.

Der Grad der **rechtlichen Selbstständigkeit** ist das Kriterium der üblichen Einteilung bei öffentlichen Betrieben.

Die folgende Abbildung gibt einen Überblick über gängige Organisationsformen.

Betriebswirtschaftlich können **Ämter** (Fachbereiche, Fachdienste) als Betriebe verstanden werden. Sie sind in die Verwaltungshierarchie sowie Aufsicht eingegliedert und unterliegen den Ratsbeschlüssen. Rechnungsmäßig unterliegen sie den Vorschriften der kommunalen Haushaltsführung und damit dem Haushaltsplan. Ihre Ausgaben, Einnahmen, ihre Erträge und Aufwendungen sind in Teilplänen des kommunalen Rechnungssystems und damit im Haushaltsplan wiedergegeben.

Regiebetriebe sind organisatorisch ebenso wie die Ämter Bestandteil der hierarchischen Behördengliederung. Im Allgemeinen werden mit diesem Begriff Teile der Verwaltung belegt, die wie Druckereien der Verwaltung interne Dienste erbringen. Zu den Regiebetrieben gehören aber auch Schwimmbäder, die als Teile eines Bäderamts Dienstleistungen für externe Abnehmer erzeugen.

Abb. 24: Organisationsformen öffentlicher Betriebe

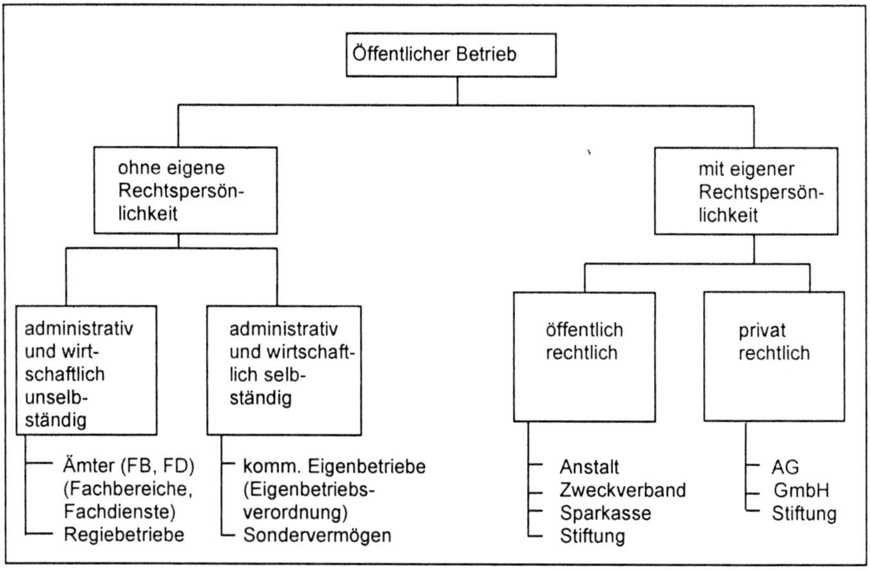

Als Begriff in der Systematisierung öffentlicher Betriebe tauchen auch die **kostenrechnende Einrichtung** auf. Dieser Begriff folgt nicht der oben benutzten Unterscheidung nach dem Grad der rechtlichen Selbstständigkeit. Bei kostenrechnenden Einrichtungen handelt es sich um solche, die in der Regel ganz oder teilweise aus Entgelten finanziert werden; es geht um Abwasserbeseitigung, Abfallbeseitigung,

Straßenreinigung, Wochenmärkte, Friedhöfe und den Rettungsdienst. Der Begriff der kostenrechnenden Einrichtung stützt sich auf Finanzierungsüberlegungen und passt nicht in die obige Systematik.

Der Begriff der **Betriebe gewerblicher Art** passt ebenfalls nicht in die oben benutzte Systematik. Er stammt aus dem Steuerrecht. Nach § 4 KStG handelt es sich bei Betrieben gewerblicher Art, um Einrichtungen von juristischen Personen des öffentlichen Rechts, die einer nachhaltigen wirtschaftlichen Tätigkeit zur Erzielung von Einnahmen nachgehen.

Neben den administrativ und organisatorisch unselbstständigen Organisationseinheiten gibt es administrativ und organisatorisch selbstständige Organisationsformen.

Dazu zählt der **Eigenbetrieb**, der § 114 GO NRW und der Eigenbetriebsverordnung NRW (EigVO NRW) unterliegt.[1] Die laufende Betriebsführung obliegt einer Betriebsleitung (§ 2 Abs. 1 EigVO NRW), die auch aus mehreren Personen bestehen kann. Die Zuständigkeiten des Rats sollen so weit wie möglich einem Betriebsausschuss übertragen werden.

Das Rechnungswesen des Eigenbetriebs ist vom städtischen Rechnungswesen getrennt. Es wird die kaufmännische doppelte Buchführung benutzt, die den handelsrechtlichen Grundsätzen oder den Grundsätzen für das Neue Kommunale Finanzmanagement genügen muss (§ 19 Abs. 2 EigVO NRW). Jedes Jahr muss vor Beginn eines Wirtschaftsjahrs ein Wirtschaftsplan aufgestellt werden (§ 14 Abs. 1 EigVO NRW), der aus Erfolgsplan, Vermögensplan und Stellenübersicht besteht.

Da dem Eigenbetrieb die rechtliche Selbstständigkeit fehlt, bleibt das Vermögen kommunales Eigentum und das Personal bleibt Personal des Trägers.

In vielen Städten sind im Rahmen der Verwaltungsmodernisierung Eigenbetriebe entstanden. Als Beispiele sind z.B. die Hagener Entsorgungsbetriebe (HEB) oder die Technischen Betriebe Schwelm (TBS) zu nennen.

Alle bislang besprochenen Organisationsformen sind bezüglich der Haftung dadurch gekennzeichnet, dass, da sie keine eigene Rechtspersönlichkeit besitzen, die Gemeinde als Träger in vollem Umfang auch für die wirtschaftlichen Risiken haftet.

Die **Anstalt** öffentlichen Rechts ist in NRW auf kommunaler Ebene eine relative neue Organisationsform. Sie beruht auf § 114a GO NRW und der Verordnung über kommunale Unternehmen (KUV NRW).[2] In der Anstaltssatzung, die der Rat beschließt, wird u.a. der Name der Anstalt, die Aufgaben und die Höhe des Stammkapitals geregelt. Die Anstalt hat einen Vorstand, der von einem Verwaltungsrat kontrolliert wird. Dem Vorstand obliegt die Geschäftsführung. Die Anstalt benutzt die kaufmännische Buchführung, die sich in ihren Rechnungslegungsvorschriften ans HGB anlehnt, als Rechnungssystem. Aufgrund ihrer öffentlich rechtlichen Kon-

---

[1] Das Eigenbetriebsrecht ist länderweise geregelt. Auf Landesebene gibt es in NRW den Landesbetrieb.

[2] Neben den Anstalten nach § 114a GO gibt es Anstalten aufgrund eines speziellen Gesetzes, z.B. Sparkassengesetz oder WDR-Gesetz.

struktion hat die Anstalt Dienstherrenfähigkeit und kann Beamte beschäftigen. Nach § 114a Abs. 5 GO NRW haftet die Gemeinde in Fällen, in denen das Vermögen der Anstalt nicht zur Befriedigung der Gläubiger ausreicht, uneingeschränkt für die Verbindlichkeiten der Anstalt. Beispiele für Anstalten sind die „Bottroper Entsorgung und Stadtreinigung" kurz „BEST", die sich mit der Abfallwirtschaft und Stadtreinigung befasst, sowie der Stadtbetrieb Wetter (Ruhr), der ebenfalls die Abfall- und Abwasserentsorgung zum Gegenstand hat.

Das **Gesetz über kommunale Gemeinschaftsarbeit**[1] (GKG NRW) regelt verschiedene Formen der kommunalen Zusammenarbeit, von der Arbeitsgemeinschaft (§§ 2 und 3) über den Zweckverband (§§4 ff.) bis zum gemeinsamen Kommunalunternehmen in der Form der Anstalt des öffentlichen Rechts (§§ 27 und 28).

Interessant und weit verbreitet im kommunalen Bereich sind **Zweckverbände.** Dabei schließen sich Kommunen zu einem Verband zusammen, der eine gemeinsame Aufgabe erfüllt. Dies ist manchmal ökonomisch und rechtlich sinnvoller als es alleine zu versuchen. Zweckverbände sind die häufigste Form interkommunaler Zusammenarbeit. Sie werden u.a. durch Umlagen seitens der beteiligten Kommunen finanziert.

Mitglieder eines Zweckverbands können neben juristischen Personen des öffentlichen Rechts auch natürliche Personen oder juristische Personen des Privatrechts sein (§ 4 Abs. 2 GkG NRW).

Der Zweckverband verfügt über eine Satzung (§ 7 GkG NW), die von der Aufsichtsbehörde genehmigt werden muss (§ 10 Abs. 1 GkG NW). Der Inhalt der Satzung ist in § 9 GkG NW geregelt.

Die Organe des Zweckverbands (§ 14 GkG) sind die Verbandsversammlung und der/die Verbandsvorsteher/in.

Zusammensetzung und Aufgaben der Verbandsversammlung sind in § 15 GkG NW geregelt, die Aufgaben des/der Verbandsvorsteher/in ergeben sich aus § 16 GkG NW.

Die VHS Ennepe-Ruhr-Süd beispielsweise ist das öffentlich-rechtliche Weiterbildungszentrum der Städte Breckerfeld, Ennepetal, Gevelsberg, Schwelm und Sprockhövel. Sie erfüllt die im Weiterbildungsgesetz des Landes NRW gesetzten Ziele und erfüllt einen Bildungsauftrag.

Der Wupperverband übernimmt auf Basis des Wupperverbandsgesetzes u.a. die Aufgaben, Abwässer zu reinigen und Klärschlamm zu entsorgen.

Dem Regionalverband Ruhr (RVR) auf Basis des Gesetzes über den Regionalverband Ruhr gehören Bochum, Bottrop, Dortmund, Duisburg, Ennepe-Ruhr-Kreis, Essen, Gelsenkirchen, Hagen, Hamm, Herne, Mülheim an der Ruhr, Oberhausen, Kreis Recklinghausen, Kreis Unna und der Kreis Wesel an. Der RVR ist für das

---

[1] Diese Form der Zusammenarbeit ist länderweise geregelt. In anderen Bundesländern heißt es „Gesetz über kommunale Zusammenarbeit".

Marketing des Ruhrgebiets sowie Umwelt- und Freizeitförderung, wie der Emscher Landschaftspark oder die Route der Industriekultur, zuständig.

Führen mehrere Gemeinden oder Kreise zur gemeinschaftlichen Aufgabenerledigung eine Anstalt des öffentlichen Rechts nach § 27 GkG NRW in gemeinsamer Trägerschaft, so wird dies als „gemeinsames Kommunalunternehmen" bezeichnet.

An den meisten der bislang vorgestellten Organisationsformen kann sich ein privater Dritter nicht beteiligen. Diese Frage ist besonders dann von Bedeutung, wenn eine Stadt bestrebt ist, unternehmerisches Know-how, das nur bei privaten Unternehmen vorhanden ist, in die Aktivitäten ihrer Betriebe einzubinden. Eine institutionalisierte Einbindung, aus der sich auch Rechte und Pflichten ableiten lassen, ist bei den rechtlich unselbstständigen Organisationsformen nicht möglich.

In jüngerer Zeit findet sich vermehrt die Erledigung öffentlicher Aufgaben in Form von **öffentlich-privaten Partnerschaften** (ÖPP, bzw. public-private-partnership, ppp). Dabei arbeiten öffentliche Verwaltung und private Unternehmen zusammen. Ein bekanntes Beispiel für eine Zusammenarbeit zwischen öffentlicher Hand und einem privaten Unternehmen ist Toll-Collect GmbH. Die GmbH wurde vom Verkehrsministerium beauftragt, das System zur Erhebung der LKW Maut auf den bundesdeutschen Autobahnen zu entwickeln, das System zu betreiben und das Inkasso vorzunehmen.

Nicht alle Aufgaben der öffentlichen Hand sind geeignet im Wege dieser Zusammenarbeit erledigt zu werden. So sind Aufgaben der **Eingriffsverwaltung** für die Zusammenarbeit wenig geeignet (Ausnahme Hauptuntersuchung für Kraftfahrzeuge). Hingegen sind Aufgaben der **Leistungsverwaltung** durchaus geeignet, sofern die staatlichen Einfluss-, Kontroll- und Steuerungs- sowie Fortführungsmöglichkeiten gewahrt bleiben.

ÖPP bewegt sich zwischen Eigenerledigung, die Erledigung wird durch die öffentliche Hand selbst vollbracht, und materieller Privatisierung, die öffentliche Hand hat sich vollständig aus der Erledigung zurückgezogen.

Eine öffentlich-private Partnerschaft kann als „eine langfristige, vertraglich geregelte Zusammenarbeit zwischen öffentlicher Hand und Privatwirtschaft über den gesamten Lebenszyklus öffentlicher Infrastrukturprojekte mit dem Ziel, diese wirtschaftlich zu realisieren"[1], verstanden werden.

Die gebräuchlichsten Modelle sind:

- Erwerbermodell
- Inhabermodell
- Leasingmodell
- Mietmodell

---

[1] Public Private Partnership - Wirtschaftlichkeitsuntersuchungen bei PPP Projekten, April 2007, abrufbar unter https://www.bmi.bund.de/SharedDocs/downloads/DE/publikationen/themen/bauen/leitfaden-wirtschaftlichkeitsuntersuchungen-ppp.pdf;jsessionid=21FA46E340BD91DD479747B1D9B8332A.1_cid295?__blob=publicationFile&v=2, abgerufen am 01.07.2021.

- Contractingmodell
- Konzessionsmodell
- Gesellschaftsmodell

Beim **Erwerbermodell** (auch **B**uild-**O**perate-**T**ransfer bezeichnet) übernimmt der Privat auf einem in seinem Besitz stehenden Grundstück Planung, Bau, Finanzierung und Betrieb eines Gebäudes. Zum Vertragsende geht die Immobilie in staatlichen Besitz über.

Das **Inhabermodell** (**B**uild-**T**ransfer-**O**perate)unterscheidet sich vom Erwerbermodell nur dahingehend, dass das Grundstück in öffentlichem Besitz steht.

Beim **Leasingmodell** (**B**uild-**O**perate-**O**wn) besteht keine Verpflichtung die Immobilie zu übergeben, die öffentliche Hand hat nur eine Kaufoption.

Das **Mietmodell** entspricht im Wesentlichen dem Leasingmodell allerdings ohne im Vorfeld fixierte Kaufoption.

Das **Contractingmodell** bezieht sich auf den (Ein)Bau und den Betrieb von technischen Anlagen in einem öffentlichen Gebäude.

Beim **Konzessionsmodell** erbringt der Private Leistungen für Dritte und erhält das Recht, seine Kosten über Gebühren zu finanzieren. Der Vertragsgegenstand kann ein Bau oder eine Dienstleistung sein.

Bei den sogenannten **Gesellschaftsmodellen** werden öffentliche Aufgaben auf eine Objektgesellschaft übertragen, an der der öffentliche Partner neben einem oder mehreren privaten Partnern beteiligt ist. Oftmals hat der öffentliche Partner die Stimmenmehrheit.

Selbstverständlich versprechen sich alle Akteure Vorteile an ÖPP, nicht zu vernachlässigen sind jedoch auch die Risiken, die mit einer Partnerschaft verbunden sind.

In der folgenden Abbildung sind die Vorteile und die Risiken sowohl für die Verwaltung und die privaten Teilnehmer an einer ÖPP skizziert.

Der öffentlichen Verwaltung geht es um Haushaltsentlastung, privates Kapital wird zur Aufgabenerledigung herangezogen. Die privaten Unternehmen erwarten natürlich einen finanziellen Gewinn von der Beteiligung an ÖPP und ein Eindringen in neue Geschäftsfelder.

Durch die Nutzung privater Ressourcen sollen Economies of Scale (Größenvorteile) und Scope (Synergieeffekte) erschlossen werden. Möglicherweise hat aber der private Partner Informationsvorteile gegenüber der Verwaltung, die er ausnutzen wird. Auf der anderen Seite läuft der Privat Gefahr, nicht über politische Vorgänge informiert zu werden.

Die Verwaltung wird von Organisationserfordernissen und Prozessen entlastet, verliert dabei aber die Steuerungsmöglichkeit. Versucht die Verwaltung hingegen die Vorgänge zu dominieren, engt sie die Handlungsmöglichkeiten des Privaten ein.

Zwischen Verwaltung und Privatem entsteht Machtrivalität. Die Verwaltung wird argwöhnisch auf die Dominanz des öffentlichen Interesses achten, was die Freiheit des Privaten beschneidet. Auf lange Dauer kann das gesamte Projekt unkalkulierbar werden.

Für beide Parteien eröffnet ÖPP die Möglichkeit eines Imagegewinns. Die Verwaltung signalisiert die Öffnung zur Privatwirtschaft, die Privatwirtschaft stellt sich als engagiert und Träger öffentlicher Verantwortung dar.

Tab. 9: Vorteile und Risiken von öPP[1]

	Verwaltung		Privat	
	Vorteil	Risiko	Vorteil	Risiko
Geld	Finanzierungsentlastung		Akquisition, Gewinn,	
Information/ Know-How	Nutzung privater Ressourcen	Informationsasymetrie	Beteiligung an Nutzung von Ressourcen der Verwaltung	Informationelle Unterlegenheit
Handlungsspielräume	Organisations- und Prozessentlastung	Verlust der eigenen Steuerungsfähigkeit	Beeinflussbarkeit der Ergebnisse	Fehlende Handlungsautonomie
Sektorale Eigenrationalität	Nutzung privatwirtschaftlichen Gewinn und Effizienzdenkens	Unterliegen des öffentlichen Interesses/ Abbau demokratischer Kontrolle	Zugang zu spezifischen Handlungsmöglichkeiten der Verwaltung	Durchsetzung des öffentlichen Interesses/fehlende Kalkulierbarkeit
Image	Gewinn		Gewinn	

Nach einigen Jahren der Euphorie macht sich mittlerweile zunehmend Skepsis breit.

Zum einen musste die öffentliche Verwaltung für einige Investitionsvorhaben zwar nicht in bestimmten Jahren hohe Kredite aufnehmen, dafür wurden die finanziellen Lasten jedoch in die Zukunft verschoben, denn über Jahre hinweg müssen Aufwendungen an die privaten Unternehmen bezahlt werden.

1 Ziekow, Jan, Verankerung verwaltungsverfahrensrechtlicher Kooperationsverhältnisse, in: Ziekow, Jan (Hrsg.), Public Private Partnership, Speyerer Forschungsberichte 229, Speyer 2003, S. 37; abrufbar unter https://dopus.uni-speyer.de/files/232/FB-229.pdf, abgerufen am 12.07.2021.

Auch traten die erhofften Effizienzgewinne auf Seiten der privaten Unternehmen nicht ein[1]. So stellte sich beim Ausbau der A1 zwischen Bremen und Hamburg heraus, dass die Finanzierung über das öPP keinen Vorteil sondern einen Nachteil brachte. Beim Warnow-Tunnel in Rostock und beim Trave-Tunnel in Lübeck ergab sich im Nachhinein, dass die Kalkulation der Investoren, die Entscheidungsgrundlage war, geschönt war.

Auch das frühere Vorzeigeprojekt Toll Collect, ein privates Unternehmen zum Eintreiben der LKW Maut von Autobahnen, wurde 2019 verstaatlicht, weil sich herausstellte, dass der Betrieb in Eigenregie des Bundes kostengünstiger ist.[2]

4.3 Regiebetrieb, Eigenbetrieb, Anstalt, GmbH, AG und GmbH und Co. KG

In den folgenden Ausführungen wird sich auf die Organisationsformen des Regiebetriebs, des Eigenbetriebs, der GmbH und der AG beschränkt, da sie im kommunalen Bereich weit verbreitet sind.

Da nicht alle Aspekte, die bei einer Rechtsformwahl von Bedeutung sind, besprochen werden können, soll sich auf folgende beschränkt werden:

- Der Grad der rechtlichen Selbstständigkeit,
- die Gründungsbedingungen (Mindestkapital),
- rechtliche Grundlagen,
- die Leitungsbefugnisse (Geschäftsführung),
- Kontrollorgane,
- Vorherrschendes Rechnungswesen,
- Flexibilität bei der Beteiligung Dritter,
- Personalwesen.

Wie bereits beschrieben handelt es sich bei einem **Regiebetrieb** um einen Teil der Verwaltung, bspw. ein Amt, das rechtlich und organisatorisch unselbstständig ist. Es verfolgt in der Regel gemeinwirtschaftliche Ziele und unterliegt den Vorschriften der gemeindlichen Haushaltsvorschriften. Zur Gründung ist kein Mindestkapital notwendig. Bezüglich Leitung und Kontrolle entspricht es einem normalen Amt und ist damit Ratsbeschlüssen unterworfen. Das Rechnungswesen wird vom jeweiligen Landesrecht vorgeschrieben. Im Personalbereich gilt das öffentliche Dienstrecht und die Stellenzahl ist im allgemeinen Stellenplan verankert. Eine Beteiligung Dritter ist bei dieser Organisationsform nicht möglich.

Der **Eigenbetrieb** ist rechtlich unselbstständig, organisatorisch jedoch selbstständig, er verfügt nämlich über einen eigenen Stellenplan und beschränkte Personalwirtschaft. Rechtliche Grundlage ist § 114 GO NRW und die Eigenbetriebsverordnung NRW. Zur Gründung ist kein Mindestkapital nötig. Der Eigenbetrieb wird von

---

1 Vgl. https://www.planradar.com/de/ppp-projekte/; abgerufen am 12.7.2021.

2 Vgl. https://www.spiegel.de/wirtschaft/soziales/privatisierung-abgesagt-bund-behaelt-toll-collect-a-1248182.html

einer Betriebsleitung geleitet. Der Rat der Gemeinde bildet einen Betriebsausschuss, der Beschlüsse, die dem Gemeinderat vorbehalten sind, vorberät. Er ist eine Art Kontrollorgan. Das Rechnungswesen des Eigenbetriebs umfasst den Wirtschaftsplan, die Buchführung, den Jahresabschluss, den Jahresbericht und die Selbstkostenrechnung, wobei die Buchführung meist nach den Regeln der kaufmännischen Buchführung geführt wird. An die Stelle des Haushaltsplans tritt der Wirtschaftsplan, der wiederum aus Erfolgsplan, Finanzplan und der Stellenübersicht besteht. Im Erfolgsplan werden alle voraussehbaren Erträge und Aufwendungen gegenübergestellt, also vor allem Erträge aus dem Absatz von Leistungen und die dazu notwendigen Aufwendungen, also der in Geldeinheiten bewertete Ressourcenverbrauch. Der Finanzplan enthält alle voraussehbaren Einnahmen und Ausgaben, also auch Ausgaben für Investitionen. In der Stellenübersicht werden alle tariflich Beschäftigten aufgeführt, die beim Eigenbetrieb beschäftigten Beamten werden im Stellenplan der Gemeinde geführt, werden aber in der Stellenübersicht des Eigenbetriebs nachrichtlich genannt. Aus Sicht des Rechnungswesens handelt es sich um einen sogenannten Nettobetrieb, denn der Eigenbetrieb führt ein eigenes Rechnungswesen und nur sein Ergebnis (Saldo aus Erträgen wird im Haushaltsplan der Gemeinde ausgewiesen. Eine Beteiligung Dritter ist nicht möglich.

Die **Anstalt** öffentlichen Rechts, die seit dem Jahr 2000 in NRW durch § 114a GO NRW im kommunalen Bereich möglich ist, ist rechtlich und organisatorisch selbstständig. Über die GO hinaus regelt eine Kommunalunternehmensverordnung (KUV NRW) weitere Einzelheiten. Organe der Anstalt sind der Vorstand und der Verwaltungsrat. Die Anstalt wird vom Vorstand in eigener Verantwortung geleitet. Der Verwaltungsrat ist das Überwachungs- und Kontrollorgan. Von der Funktion ist der Verwaltungsrat mit dem Aufsichtsrat einer Aktiengesellschaft vergleichbar. In § 114a GO NRW wird geregelt, dass die Anstalt einen Jahresabschluss, einen Lagebericht, einen Wirtschaftsplan und einen Finanzplan aufzustellen hat. Die Bücher werden nach den Regeln der kaufmännischen Buchführung geführt. Eine Mindestkapitalausstattung ist nicht vorgeschrieben. Die Anstalt besitzt Dienstherrenfähigkeit, d.h., sie kann Beamte ernennen, was sie vom Eigenbetrieb unterscheidet. Sie kann nur von einer Gemeinde gegründet und betrieben werden, eine Beteiligung Dritter ist ausgeschlossen.

Von den oben geschilderten Organisationsformen öffentlich-rechtlicher Art unterscheiden sich die Organisationsformen privatrechtlicher Art. Dazu zählen die GmbH und die AG. Beide sind rechtlich und organisatorisch selbstständig. Sie unterliegen dem Privatrecht, dabei besonders zu beachten sind die Vorschriften des HGB und des GmbHGes. bzw. des Aktiengesetzes.

Gesellschaft mit begrenzter Haftung (GmbH)
Die Rechtsnorm, die die GmbH regelt ist das Gesetz betreffend die Gesellschaft mit begrenzter Haftung (GmbHGes).

Eine GmbH kann durch eine oder mehrere, auch juristische Personen gegründet werden (§1 GmbHGes). Sie verfügt über einen Gesellschaftsvertrag (§ 3 Abs. 1 GmbHGes), der

- die Firma und den Sitz der Gesellschaft ausweist,
- den Gegenstand des Unternehmens nennt, also den Zweck und die Tätigkeit,
- den Betrag des Stammkapitals sowie
- die Zahl und die jeweiligen Einlagen der Gesellschafter dokumentiert.
-

Zur Gründung einer GmbH ist ein Mindestkapital von 25.000 € nötig (§ 5 Abs. 1 GmbHGes), was als Stammkapital bezeichnet wird.

Das Stammkapital muss nicht unbedingt in bar aufgebracht werden, es kann auch durch andere Maßnahmen, z.B. durch eine Sacheinlage, z.B. Vermögensgegenstände, aufgebracht werden. Dies muss im Gesellschaftsvertrag festgehalten werden.

Die GmbH wird durch mindestens zwei Organe geleitet:

- Der oder die **Geschäftsführer** (§ 6 Abs. 1, § 35 GmbHGes) sowie
- Die **Gesellschafterversammlung** (§§ 45 ff. GmbHGes).

Durch Gesellschaftsvertrag kann bestimmt werden, dass ein **Aufsichtsrat** zu bilden ist (§ 52 Abs. 1 GmbHGes), was sich für eine Kommune empfiehlt, um sich genügend Einfluss auf die GmbH zu sichern; denn nach § 108 Abs. 1 Ziff. 6 muss die Gemeinde über einen „angemessenen Einfluss" verfügen. Es genügt jedoch nicht, nur einen Aufsichtsrat zu bilden, der Gemeinde muss nach § 113 Abs. 3 GO NRW auch das Recht zustehen, Mitglieder in den Aufsichtsrat zu entsenden.

Der oder die Geschäftsführer können in ihren Geschäftsführungsfreiheiten durch den Gesellschaftsvertrag oder die Beschlüsse der Gesellschafterversammlung beschränkt werden (§ 37 Abs. 1 GmbHGes).

Die Rechte der Gesellschafterversammlung richtet sich nach dem Gesellschaftsvertrag (§ 45 Abs. 1 GmbHGes). Sollten keine speziellen Regelungen getroffen worden sein, gilt § 46 GmbHGes. Danach gehören u.a. die Bestellung, Abberufung und Entlastung von Geschäftsführern, die Prüfung und Überwachung der Geschäftsführung sowie die Feststellung des Jahresabschlusses und die Verwendung des Ergebnisses zu den Aufgaben der Gesellschafterversammlung.

Aktiengesellschaft (AG)
Rechtsgrundlage der AG ist das Aktiengesetz (AktG).

Eine AG kann durch eine oder mehrere Personen gegründet werden, welche die Aktien gegen Einlage übernehmen. Ebenso wie die GmbH verfügt die AG über einen Gesellschaftsvertrag, der hier allerdings Satzung genannt wird (§ 2 AktG).
Zur Gründung einer AG ist ein Mindestkapital von 50.000 € nötig (§ 7 AktG). Dieses Kapital wird als Grundkapital bezeichnet.

Ebenso wie bei der GmbH muss das Kapital nicht unbedingt durch Einzahlungen aufgebracht werden. Es können auch Sacheinlagen oder Sachübernahmen vorgenommen werden (§ 27 AktG). Hierfür gelten gesonderte Regelungen.

Die AG wird durch drei Organe geleitet:

- **Vorstand** (§§ 76 ff. AktG),
- **Aufsichtsrat** (§§ 95 ff. AktG) sowie
- **Hauptversammlung** (§§ 118 ff. AktG)

Der **Vorstand**, der aus einer oder mehreren Personen besteht, leitet die Aktiengesellschaft in eigener Verantwortung (§ 76 Abs. 1 AktG). Er ist somit nicht weisungsabhängig, was ihm mehr Freiheiten gewährt als der Geschäftsführung der GmbH. Der Vorstand wird höchstens für fünf Jahre bestellt und kann nur, wenn wichtige Gründe vorliegen, vom Aufsichtsrat abberufen werden (§ 84 Abs. 1 und Abs. 3 AktG).

Die Mitglieder des **Aufsichtsrats** werden für vier Jahre von der Hauptversammlung gewählt (§ 101 Abs. 1 AktG). Ihre Wahlperiode beträgt höchstens vier Jahre (§ 102 Abs. 1 AktG). Der Aufsichtsrat hat die Geschäftsführung zu überwachen, dafür hat er das Recht, die Bücher und Vermögensgegenstände in Augenschein zu nehmen oder Sachverständige einzuschalten.

Wenn die Situation es erfordert, muss der Aufsichtsrat eine außerordentliche Hauptversammlung einberufen (§ 111 Abs. 4 AktG).

Eine besondere Aufgabe des Aufsichtsrats besteht in der Prüfung des vom Vorstand vorgelegten Jahresabschlusses der Gesellschaft. Über das Ergebnis der Prüfung ist der Hauptversammlung schriftlich zu berichten (§ 171 AktG).

Die **Hauptversammlung** ist die Versammlung aller Aktionäre. Zu ihren Aufgaben gehören (§ 119 AktG):

- Die Bestellung der Mitglieder des Aufsichtsrats
- die Verwendung des Bilanzgewinns
- die Entlastung der Mitglieder des Vorstands und des Aufsichtsrats
- die Bestellung der Abschlussprüfer oder von Sonderprüfern
- Satzungsänderungen
- Maßnahmen der Kapitalbeschaffung oder Kapitalherabsetzung
- die Auflösung der Gesellschaft

Die Gründung einer AG durch eine Kommune unterliegt den Einschränkungen durch § 108 Abs. 4 GO NRW, was dazu führt, dass diese Organisationsformen nur gegründet werden darf, wenn der öffentliche Zweck nicht ebenso gut in einer anderen Rechtsform erfüllt werden kann.

Bei beiden vorgestellten Organisationsformen werden die Bücher nach den Regeln der kaufmännischen Buchführung (Doppik) geführt. Sie unterliegen nicht dem kommunalen Haushaltsrecht sondern den Rechnungslegungsvorschriften des HGB, der jeweiligen Spezialgesetze und evtl. dem Publikationsgesetz. Dies kann zu von der Kernverwaltung abweichenden Wirtschaftsjahren, Bewertungsvorschriften und Kontenplänen führen, was besonders bei der Erstellung eines Konzernabschlusses zu Schwierigkeiten führt.

Aufgrund ihrer privatrechtlichen Gestaltung können sie keine Beamte ernennen, die Beschäftigung von Beamten in einer AG oder GmbH ist nur über Umwege möglich. Die Beteiligung Dritter ist an der GmbH durch die Ausgestaltung des Gesellschaftsvertrags und die Übernahme von Gesellschaftsanteilen möglich, bei der AG ist eine Beteiligung durch den Erwerb von Aktien möglich.

Einige der gemachten Ausführungen werden in der Übersicht auf der folgenden Seite verdichtet.

Tab. 10: **Betriebswirtschaftliche Besonderheiten ausgewählter Rechtsformen des öffentlichen Betriebes**

Merkmal	**öffentlich-rechtlich**			**privat-rechtlich**	
	Reiner Regiebetrieb	**Eigenbetrieb**	**Anstalt des öffentlichen Rechts**	**GmbH**	**AG**
Organisatorisch: Rechtlich:	unselbstständig unselbstständig	selbstständig unselbstständig	selbstständig selbstständig	selbstständig selbstständig	selbstständig selbstständig
rechtliche Grundlage	Keine Regelung, Begriff aus der Organisationslehre	§ 114 GO EigVO	§ 114a GO KUV	HGB GmbHGes	HGB AktGes
Mindestkapital	-	§ 9 EigVO: „angemessene Eigenkapitalausstattung"	§ 9 KUV: „angemessenes Stammkapital"	25.000 €	50.000 €
Beispiele	Abfallentsorgung, Badeanstalten, Bestattungswesen, Marktwesen, Entwässerung, Straßenreinigung, Rettungsdienste	kleinere Stadtwerke, kleinere Krankenhäuser	Grünpflege, Abwasserentsorgung	größere Stadtwerke, Messebetriebe, größere Kreiskrankenhäuser, Stadtmarketinggesellschaften	Verkehrsbetriebe Stromversorgungsunternehmen
Leitung	wie andere Verwaltungsbereiche	Betriebsleitung	Vorstand	Geschäftsführer	Vorstand
Kontrolle	Gemeinderat	Betriebsausschuss/ Gemeinderat	Verwaltungsrat	Gesellschafterversammlung AR fakultativ	Aufsichtsrat Hauptversammlung
Rechnungswesen	NKF	Wirtschaftsplan Doppik nach NKF oder HGB	Jahresabschluss, Wirtschaftsplan, Erfolgsplan, Finanzplan, Doppik nach HGB	Kaufmännische doppelte Buchführung nach HGB	Kaufmännische doppelte Buchführung nach HGB
Personalwesen	ÖDR, Personalvertretungen LPV	ÖDR, Personalvertretungen LPV	ÖDR, Personalvertretung, LPV	Tarifverträge bzw. eigene Verträge Betriebsräte gem. Betriebsverfassungsgesetz Mitbestimmungsgesetz	Tarifverträge bzw. eigene Verträge Betriebsräte gem. Betriebsverfassungsgesetz Mitbestimmungsgesetz
	eingebunden in allgemeinen Stellenplan	eigener Stellenplan und beschränkte Personalwirtschaft	Eigene Personalwirtschaft	eigene Personalwirtschaft	eigene Personalwirtschaft
Beteiligung Dritter	nein	nein	Nein, Erweiterung, § 27 GkG	ja	ja

GmbH und Co. KG

Bei der GmbH und Co. KG handelt es sich um eine gesellschaftsrechtliche Mischform zwischen Personen- und Kapitalgesellschaft.

Bei der **KG** handelt es sich um eine Personengesellschaft. Sie setzt sich aus zwei unterschiedlichen Gesellschaftertypen zusammen. Zum einen gibt es den oder die Komplementäre, die mit ihrem persönlichen Vermögen unbegrenzt haften. Zum anderen gibt es die Kommanditisten, deren Haftung auf ihre Einlage begrenzt ist (§ 161 HGB).

Abb. 25: GmbH und Co. KG

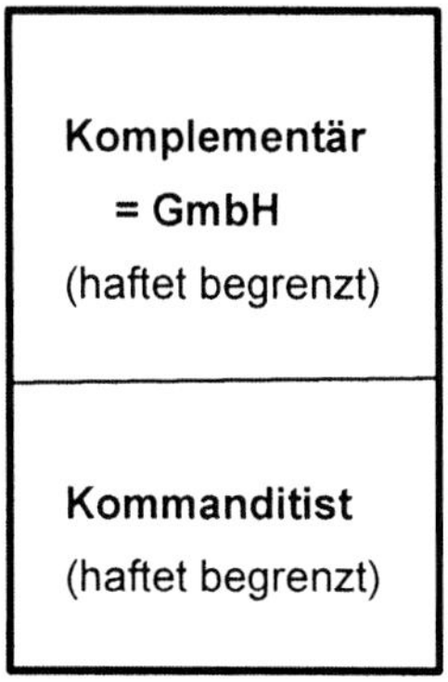

Dadurch, dass der an sich unbegrenzt haftende Komplementär eine GmbH ist, wird die Haftung begrenzt. Insoweit ist diese Mischform für Kommunen geeignet.

4.4 Übungsfragen

1. Vergleichen Sie einen Regiebetrieb, einen Eigenbetrieb, eine Anstalt des öffentlichen Rechts und eine GmbH unter folgenden Aspekten miteinander:
   - Rechtliche Eigenständigkeit,
   - Organisatorische Eigenständigkeit,
   - Leitungsorgane,
   - Aufsichtsorgane,
   - Einflussmöglichkeit des Rats,
   - Beteiligungsmöglichkeit Dritter.

2. Vergleichen Sie folgende Betriebsformen anhand von fünf Merkmalen. Dabei sind die Rechtsgrundlage, die Ausstattung mit Mindestkapital und die Gestaltung des Rechnungssystems Pflichtmerkmale, zwei Merkmale können Sie selbst wählen.

- Regiebetrieb,
- Eigengesellschaft,
- Eigenbetrieb,
- Kommunale Anstalt des öffentlichen Rechts,
- GmbH

3. Mehrere kleine Gemeinden überlegen, ob sie im Rahmen von „shared services" ihren Einkauf gemeinsam abwickeln sollen. Als Organisationsformen stehen der Zweckverband, die Anstalt des öffentlichen Rechts oder die GmbH zur Diskussion.

   a) Nennen Sie Gründe, die für oder gegen eine derartige Einkaufsgemeinschaft sprechen.
   b) Wäre die Gründung eines Zweckverbandes zulässig?
   c) Wäre die Gründung einer Anstalt des öffentlichen Rechts zulässig?
   d) Wäre die Gründung einer GmbH zulässig?

4. Wie lauten die Bezeichnungen der Gesellschaftsorgane bei einer Anstalt des öffentlichen Rechts?

   a) Betriebsleitung und Verwaltungsrat?
   b) Vorstand und Verwaltungsrat?
   c) Vorstand und Aufsichtsrat?

5. Wie lauten die Bezeichnungen der Gesellschaftsorgane bei der GmbH?

   a) Aufsichtsrat, Werkleitung, Gesellschafterversammlung?
   b) Vorstand, Gesellschafterversammlung, Aufsichtsrat?
   c) Geschäftsführung, Aufsichtsrat, Gesellschafterversammlung?

6. Wie lauten die Bezeichnungen der Gesellschaftsorgane bei der AG?

   a) Vorstand, Aufsichtsrat, Hauptversammlung?
   b) Geschäftsführung, Hauptversammlung, Verwaltungsrat?
   c) Gesellschafterversammlung, Vorstand, Verwaltungsrat?

7. Wie hoch muss das Mindestkapital für eine GmbH sein?

   a) 10.000 €?
   b) 20.000 €?
   c) 25.000 €?
   d) 50.000 €?

8. Wie hoch ist das Mindestkapital bei einer AöR?

   a) 10.000 €?
   b) 20.000 €?
   c) 25.000 €?
   d) 50.000 €?
   e) Nicht geregelt, es soll „angemessen" sein.

9. Welche Variante enthält nur richtige Aussagen?

   a) Der Aufsichtsrat einer GmbH ist fakultativ. Die Geschäftsführung besteht immer aus mehreren Personen. Die Gesellschafter stellen den Jahresabschluss fest.
   b) Der Aufsichtsrat einer GmbH ist Pflicht. Die Geschäftsführung kann aus einer Person bestehen. Die Gesellschafter können den Vorstand entlassen.
   c) Der Aufsichtsrat einer GmbH ist fakultativ. Die Geschäftsführung kann aus einer oder mehreren Personen bestehen. Die Gesellschafter stellen den Jahresabschluss fest.

Lösungsvorschläge:

1. Der Vergleich lässt sich kurz und übersichtlich in Form einer Tabelle machen:

Tab. 11: Vergleich unterschiedlicher Organisationsformen

Merkmal\ Betriebsart	Regiebetrieb	Eigenbetrieb	Anstalt	GmbH
Rechtliche Eigenständigkeit	unselbstständig	unselbstständig	selbstständig	Selbstständig
Organisatorische Eigenständigkeit	unselbstständig	selbstständig	selbstständig	Selbstständig
Leitungsorgan	Wie andere Verwaltungsbereiche z.B. Amtsleiter	Werkleitung	Vorstand	Geschäftsführer
Aufsichtsorgan	Wie andere Verwaltungsbereiche, z.B. Dezernent	Rat/ Werksausschuss	Verwaltungsrat	Fakultativer Aufsichtsrat
Einflussmöglichkeit des Rats	Groß	Über Werksausschuss	Über Verwaltungsrat	Kaum, allenfalls über Aufsichtsrat oder Gesellschafterversammlung
Beteiligungsmöglichkeit Dritter	keine	keine	Nach GkG möglich	als Gesellschafter

2. Zur Beantwortung wird auf S. 67 verwiesen.

3 a) Für eine Einkaufsgemeinschaft sprechen Economies of scale. Durch die Zusammenfassung der Aktivitäten werden sich vermutlich die Bestellvolumina erhöhen und damit können Rabatte oder Jahresboni ausgehandelt werden.

Ebenfalls dafür sprechen „Economies of scope". Zum Beispiel wäre es nur notwendig einen Rahmenvertrag auszuhandeln und nicht mehrere. Bei den Einkäufern und den Lieferanten wird sich eine Lernkurve ergeben, da die Häufigkeit von bestimmten Bestellungen bei einer Bündelung höher ist als wenn jede Kommune hin und wieder selbst bestellt. Nachteilig könnte die Entfernung und Entfremdung von der Stelle mit dem Bedarf sein, denn es könnte das Wissen um Besonderheiten fehlen.

Die Gründung einer gemeinsamen Servicestelle unterliegt auch nicht den Vorschriften über die wirtschaftliche Betätigung (§ 107 f. GO), denn es wird von den Gemeinden keinerlei Leistung an einen Markt oder dritte Abnehmer abgegeben. Hingegen werden Güter und Leistungen gemeinsam beschafft. Außerdem nimmt § 107 Abs. 2 Ziff. 5 Einrichtungen, die ausschließlich der Deckung des Eigenbedarfs von Gemeinden und Gemeindeverbänden aus der Definition von wirtschaftlicher Betätigung aus.

b) Besondere Einschränkungen formuliert das GkG nicht. Allerdings wird dem Zweckverband eine gewisse Schwerfälligkeit nachgesagt. Meist ist er umlagenfinanziert, was bei Veränderungen immer eine Sitzung der Verbandsversammlung verlangt (§ 15,5 GkG).

c) Es ist kein rechtlicher Grund ersichtlich, warum es nicht zulässig wäre. Die Frage ist nur, ob die AöR nicht übertrieben wäre.

d) Die GmbH gehört zu den privatrechtlichen Organisationsformen. Damit unterliegt sie § 108 GO. Zulässig wäre sie, es stellt sich aber die Frage, ob die Gründung und der spätere Betrieb nicht zu aufwendig ist. Für die Gründung einer GmbH spräche die Möglichkeit, auch private Dritte einzubeziehen, dafür liegen aber in der Fragestellung keine Anhaltspunkte vor.

Richtige Lösungen:

4b), 5c), 6a), 7c), 8e), 9c)

5 Planungs- und Entscheidungsprozesse in der öffentlichen (kommunalen) Verwaltung

5.1 Begriff und Definition

Damit die Betriebsleitung ihre Ziele erreichen kann, bedarf es einer **Planung**; denn die gesetzten Ziele können in der Regel auf verschiedene Art und Weise erreicht werden. Es müssen also Entscheidungen getroffen werden, die Auswirkungen auf zukünftige Entwicklungen haben. Planung kann in fünf Teilprozesse zerlegt werden:[1]

- Zielbildung,
- Problemanalyse,
- Alternativensuche,
- Prognose und
- Bewertung.

Über die **Zielbildung** wurde bereits weiter oben gesprochen.[2]

Zur Planung gehört eine **Problemanalyse**. Sie besteht in einer Informationssammlung. Der Ist-Zustand ist zu erheben, Prognosen wichtiger Faktoren sind anzufertigen und die zu erwartenden Entwicklungen sind zu schätzen. Die Abweichungen zwischen Ziel und erwartetem Zustand werden deutlich. Ohne diese Informationen kann keine Betriebsleitung eine Entscheidung fällen.

Danach schließt sich die Phase der **Alternativensuche** an. Aus den ermittelten Abweichungen zwischen den gewünschten Zielen und den erwarteten Eintrittszuständen entsteht Handlungsdruck. Da die gewünschten Ziele auf unterschiedlichen Wegen erreicht werden können, bedarf es einer systematischen Erarbeitung von Alternativen. Alternative Handlungsmöglichkeiten, die geeignet erscheinen, die erkannten Probleme zu lösen, werden erfasst und konkretisiert. Ihre zukünftigen Auswirkungen werden in der **Prognosephase** geschätzt. Es handelt sich um das Abschätzen der Konsequenzen der verschiedenen Alternativen hinsichtlich ihrer Zielwirksamkeit. Die gefundenen Auswirkungen müssen abschließend noch **bewertet** werden.

Planung ist also ein systematisch-methodischer Prozess der Erkenntnis und Lösung von Zukunftsproblemen. Aufgrund der Tatsache, dass Planung sich mit der Zukunft beschäftigt, ist sie immer durch eine unvollkommene Informationslage gekennzeichnet.[3]

---

1 Vgl. Schierenbeck, H et al., a.a.O., S. 116.

2 Siehe Kapitel 3.1..

3 Vgl. Schuster, a.a.O., S. 67.

Merkmale der Planung[1]

Planung bezieht sich auf die **Zukunft**. Dabei kann je nach Zeithorizont zwischen kurzfristiger, operativer Planung, die eine Zeitspanne von 1 – 2 Jahren abdeckt, einer mittelfristigen Planung von 2 bis 5 Jahren und strategischer Planung ab 5 Jahren unterschieden werden.

Planung ist deshalb notwendig, damit nicht rein emotional nach Bauchgefühl geführt und entschieden wird sondern **rational**. Manche Entscheidungen von Führungskräften erscheinen wie aus dem „hohlen Bauch" gemacht. Es ist dabei jedoch zu bedenken, dass diese Personen meist über ein hohes Maß an Erfahrung verfügen. Einem Außenstehenden mag es wie eine rein emotionale Entscheidung vorkommen, eine genauere Analyse wird jedoch hervorbringen, dass die Entscheidung vor dem Hintergrund der Erfahrung erfolgt war, also hat zwar explizit keine dokumentierte, überprüfbare Dokumentation stattgefunden, nichts desto trotz erfolgte eine rationale, abwägende Entscheidung.

Eine Planung hat **Gestaltungscharakter**. Durch den Planungsvorgang wird die Denkweise der an der Planung beteiligten Personen beeinflusst. Außerdem will der oder die Planende die Zukunft gestalten. Die dazu gehörige Fragestellung könnte lauten: Was müsste geschehen, damit ein gewünschtes Ereignis eintritt? Daraus wird der zu beschreitende Pfad entwickelt. Dies geht über eine reine Prognose ohne Gestaltung hinaus.

Die Planung hat **Prozesscharakter.** Zum einen läuft die Planung in den oben dargestellten Prozessstufen ab, zum anderen wiederholen sich die Vorgänge immer wieder in Form des oben geschilderten Grundmodells.

Als letztes soll der mehrstufige **Denk- und Informationscharakter** der Planung betont werden. Durch Kommunikationsprozesse werde Informationen gesammelt, analysiert, bewertet, gespeichert und verarbeitet. Alle an der Planung beteiligten verschaffen sich ein immer dichter werdendes Bild der Zukunft mit den verbundenen Chancen und Risiken.

Funktionen der Planung

Ein Planungsvorgang ist eine **Führungsaufgabe** und dient dazu, eine komplexe und unbekannte Zukunft **nachvollziehbar**, **strukturiert** und **rational** zu beschreiben und eine diesbezügliche **Entscheidung vorzubereiten**. Dabei werden die **Annahmen**, auf denen die Planung oder einzelne Teile bestehen, erhoben und dokumentiert. Beispielsweise wird für den Haushaltsplan eine bestimmte Entwicklung der Konjunktur unterstellt, was bestimmte (Gewerbe-)Steuereinnahmen impliziert.

Insofern liefert die Planung Informationen für eine zukünftige **Soll-Ist Analyse**, indem die eingetretenen Ereignisse an den formulierten Sollgrößen gemessen werden. Bei Abweichungen können ggf. Gegensteuerungsmaßnahmen eingeleitet werden, um das Ziel nicht zu gefährden.

---

1 Vgl. zum Folgenden Schierenbeck, H. et al., a.a.O., S. 119.

Entwickelt sich die Konjunktur im Beispiel nicht so wie angenommen, werden die (Gewerbe-)Steuereinnahmen hinter den Erwartungen zurückbleiben. Nun kann von Seiten einer Kommune die Gesamtkonjunktur nicht beeinflusst werden, aber als Folge müssen vielleicht einige geplante Veranstaltungen abgesagt werden, damit der Haushaltsausgleich nicht gefährdet wird.

Im Gesamtbetrieb müssen auch die einzelnen, unabhängig voneinander erstellten Teilpläne **koordiniert** werden, damit sie sich nicht gegenseitig aufheben oder verhindern.

Planung hat ferner eine **Motivationsfunktion**. Viele Mitarbeiterinnen und Mitarbeiter eines Betriebs müssen an der Planung beteiligt werden. Sie erhalten dabei Einblicke in die Zusammenhänge innerhalb des Betriebs und in die Abhängigkeiten von entscheidenden, u.U. nicht vom Betrieb zu beeinflussenden Faktoren. Die Kenntnis des Zusammenwirkens der betrieblichen Abläufe vermittelt den Personen einen Eindruck über den von Ihnen individuell zu erbringenden Teil zum Gelingen des Plans.

Aufgrund der Analyse der Zukunft, der Formulierung von entscheidenden Prämissen sowie der Durchdringung von Chancen und Risiken eröffnet die Planung auch **Flexibilisierungsmöglichkeiten**. Dies wird umgangssprachlich mit „Plan B" beschrieben. Sollte ein für das Gelingen des ursprünglichen Plans notwendiger Meilenstein nicht erreicht werden, so kann aufgrund der zusammengetragenen Informationen sofort eine andere Lösungsmöglichkeit angewandt werden.

Wenn die Verwaltung aufgrund des demografischen Wandels die Schließung einer Schule vorschlägt, so hat sie zur Entscheidungsvorbereitung mehrere Alternativen durchdacht und eine bestimmte Vorgehensweise dem Rat vorgeschlagen. Stimmt der Rat der vorgeschlagenen Variante nicht zu, entschließt er sich bestimmt für eine andere Variante, die die Verwaltung auch bereits durchgeplant hat.

5.2 Managementzyklus

Die Tätigkeit des dispositiven Faktors kann man sich modellhaft als Kreis vorstellen, weshalb auch vom **Managementzyklus oder –kreis** gesprochen wird. Zunächst werden die **Ziele** vorgegeben, es schließt sich die Phase der **Planung** wie oben beschrieben an. In der Phase der **Entscheidung** wird eine der in der Planungsphase erarbeiteten Alternativen für verbindlich erklärt, die dann **durchgeführt** wird. Da die Planung wegen ihres zukunftsbezogenen Charakters unsicher ist, entstehen in der Phase der Durchführung Abweichungen zwischen gewünschten und tatsächlich eingetretenen Zuständen. Diese gilt es zu erfassen, zu bewerten und ggf. gegenzusteuern. Dies geschieht in der Phase der **Kontrolle**, was auch wiederum Auswirkungen auf neue Zielsetzungen hat. Somit ist der Kreis geschlossen.

Abb. 26: Der Managementzyklus

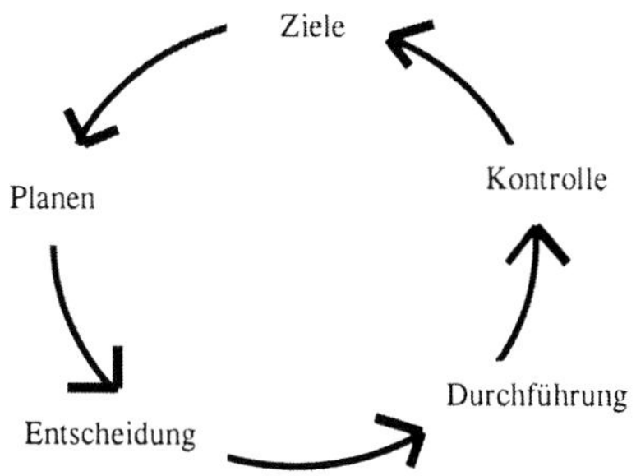

Die einzelnen Phasen müssen nicht immer zeitlich in der gezeigten Reihenfolge ablaufen. Es bestehen zwischen den einzelnen Phasen Interdependenzen. Zeigt sich beispielsweise bereits während der Planungsphase, dass die Zielvorgaben unrealistisch sind, kann sofort innerhalb des Kreises eine Stufe zurückgegangen werden und die Zielvorgaben können korrigiert werden. Eine wichtige Voraussetzung, damit der Managementzyklus gut funktioniert, ist eine dichte Kommunikation, da zwischen den einzelnen Phasen Informationen ausgetauscht und weitergegeben werden und im heutigen arbeitsteiligen Leben die einzelnen Phasen nicht unbedingt von einer einzigen Person durchgeführt werden.

In der folgenden Abbildung wird der Managementprozess (-zyklus) in Phasenstruktur detaillierter mit den verschiedenen Interdependenzen und Informationsströmen dargestellt. Es handelt sich um einen Grundablauf, ein Modell.

Abb. 27: Der Managementprozess in Phasenstruktur[1]

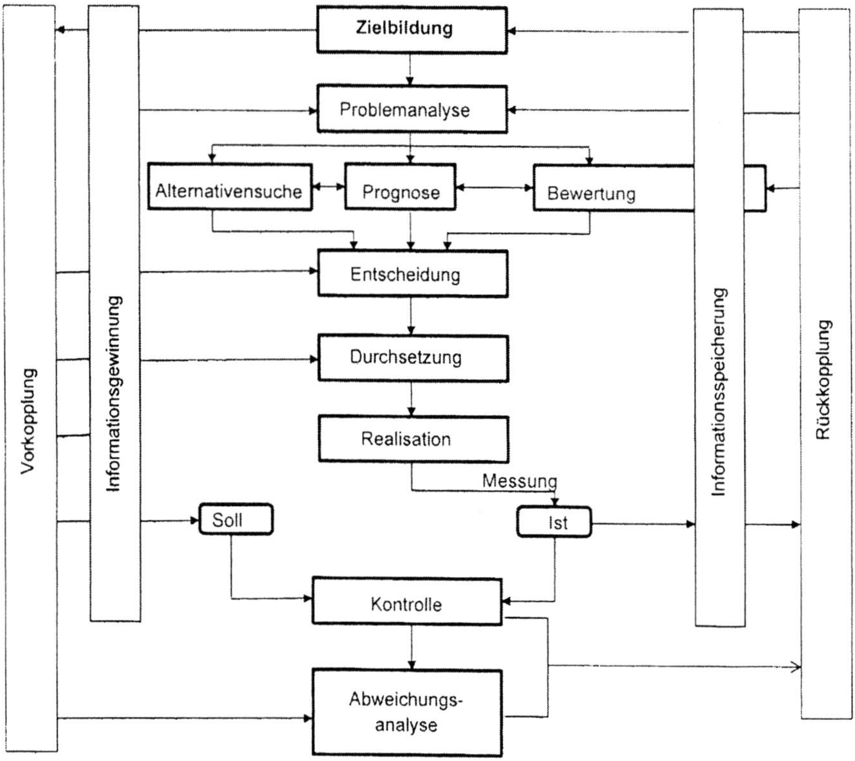

5.3 Planungsarten, -zeiträume und –hierarchien

In der betrieblichen Praxis ist zwischen folgenden Planungsarten zu unterscheiden:

- Operative und strategische Planung,
- starre und rollierende Planung,
- progressive und retrograde Planung.

Das Hauptunterscheidungsmerkmal zwischen **operativer** und **strategischer** Planung ist der Zeithorizont der Planung.

Mit strategischer Planung wird ein langfristiger Zeithorizont verknüpft. Die Planung reicht weit in die Zukunft und kann wegen der damit verknüpften Unsicherheit nur einen groben Detaillierungsgrad erreichen. Diese Art der Planung beschäftigt die

[1] Schierenbeck, H.et al., a.a.O., S. 115.

Betriebsführung. Hierbei geht es um Fragen wie: Produkt-Markt-Kombinationen sowie Stärken und Schwächen des Betriebs.

Die operative Planung baut auf der strategischen Planung auf, da sie innerhalb der langfristigen Planung die kurzfristigen, detaillierten Ziele und Maßnahmen ausarbeitet. Alle betrieblichen Hierarchiestufen werden in die Planung einbezogen, da sie unmittelbar betroffen sind und Informationen liefern müssen. Typische Planungsergebnisse sind der Erfolgsplan (kommendes Jahresergebnis), der Wirtschaftsplan, der Finanzplan, der Stellenplan, der Haushaltsplan.

Tab. 12: Strategische und operative Planung

Merkmal	Operative Planung	Mittelfristige Planung (taktisch)	Strategische Planung
Hierarchische Stufe	Alle Ebenen einbezogen, Schwerpunkt bei mittlerer Führungsebene	Mittlere bis oberste Führungsebene	Schwerpunkte bei der obersten Führungsebene
Zeithorizont	Kurzfristig (1 - 2 Jahre)	Mittelfristig (2 – 5 Jahre	Langfristig (> 5 Jahre)
Grad der Unsicherheit	Niedrig	Mittel	hoch
Detaillierungsgrad	Hoch	Mittel	niedrig
Typische Beispiele	Erfolgsplan, Wirtschaftsplan, Finanzplan, Stellenplan, Haushaltsplan	Mittelfristige Finanzplanung im NKF	Produkt-Markt-Kombinationen (Geschäftsfelder), Stärke-Schwäche-Analyse

Der Unterschied zwischen einer **starren** und einer **rollenden** Planung besteht darin, ob Veränderungen, die im Laufe der Umsetzung der Planung bekannt werden, und ein besserer Informationsstand, der im Verlauf der Umsetzung entsteht, in die Planung eingebracht werden und diese verändern. Der Gedankengang sei anhand eines Beispiels verdeutlicht.

Abb. 28: Konzept der rollenden Planung

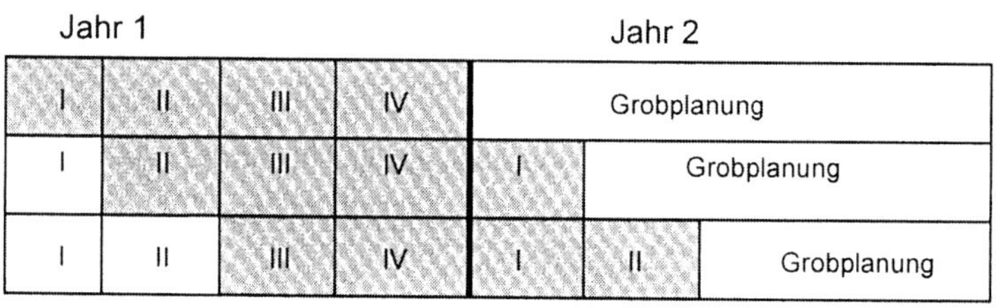

Ein Betrieb erstellt im Rahmen der operativen Planung einen Erfolgsplan, der einen Planungszeitraum von zwei Jahren umfasst. Das erste Jahr wird sehr detailliert geplant, das Folgejahr aufgrund der unsicheren Informationslage nur grob. Nach Abschluss des ersten Quartals des ersten Jahres, liegen Informationen vor, die eine genauere Planung des zweiten und dritten Quartals des ersten Jahres gestatten, der Jahresplan wird insoweit verändert und die neuen Erkenntnisse fließen ein. Gleichzeitig ist man zeitlich näher an das erste Quartal des Folgejahres gerückt und sieht sich in der Lage, die vorliegende Grobplanung zu verfeinern. Es kann somit ein neuer Jahresplan, der die Quartale II, III und IV des ersten Planjahres umfasst sowie das erste Quartal des Folgejahres beinhaltet, erstellt werden. Nach Ende des II. Quartals, werden alle weiteren geplanten Quartale verfeinert, soweit dies auf verbesserter Informationslage möglich ist, sowie das II. Quartal des Folgejahres detailliert geplant. Auf diese Weise verfügt der Betrieb immer über einen Jahresplan, wobei neue Erkenntnisse immer einfließen.

Der Vorteil einer derartigen rollenden Planung besteht darin, dass mit zunehmendem zeitlichem Fortschritt die Unsicherheit der Zukunft für das nächste Quartal abnimmt und es damit genauer geplant werden kann. Die entstehenden Abweichungen zwischen Plan und Realität sind nicht so groß wie bei einem Jahresplan, der trotz steigendem Kenntnisstand nicht verändert wird.

Je nachdem von welcher Unternehmensebene die Pläne der vor- oder nachgelagerten Planungsebene abgeleitet werden, wird in

- retrograde (Top-down Planung)
- progressive (Bottom-up Planung) oder
- Gegenstromplanung

unterschieden.

Bei der **Top-down** Planung (Abb. 29) gibt die Betriebsführung einen globalen Rahmenplan vor, der auf den folgenden tieferen Hierarchieebenen jeweils konkretisiert wird. Der Vorteil dieses Planungsverfahrens besteht darin, dass die Zielsetzungen der Teilpläne in hohem Maß der Zielsetzung des Gesamtbetriebs entspricht. Es besteht allerdings die Gefahr, dass den jeweils nachgelagerten Ebenen Planungsdaten vorgegeben werden, die diese nicht erfüllen können. Die unteren Planungsebenen korrigieren eventuell die unrealistischen Vorgaben nicht, sondern konstruieren ihrerseits Teilpläne, die die vorgegebenen Plandaten erfüllen, von denen sie jedoch von vorneherein wissen, dass sie unrealistisch sind. Die unteren Planungsebenen haben dann das Gefühl „verplant" zu werden und identifizieren sich auch nicht mit den Plandaten.

Abb. 29: Top-down Planung

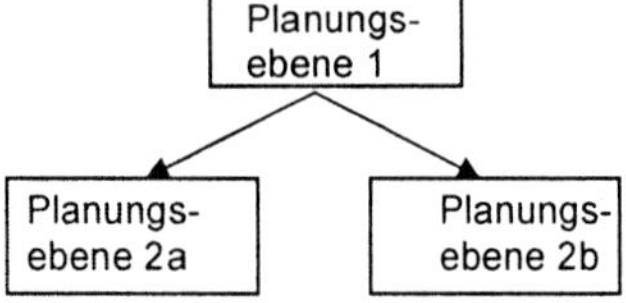

Abb. 30: Bottom-up Planung

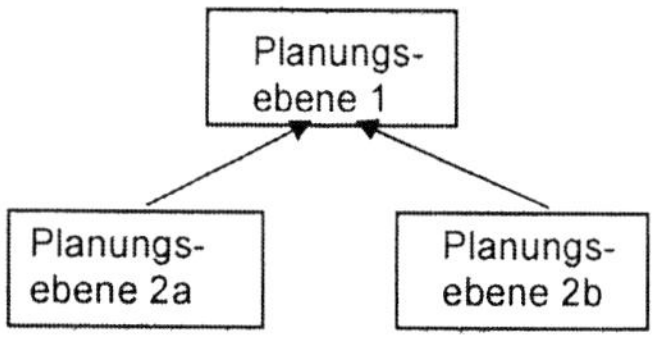

Abb. 31: Gegenstromplanung

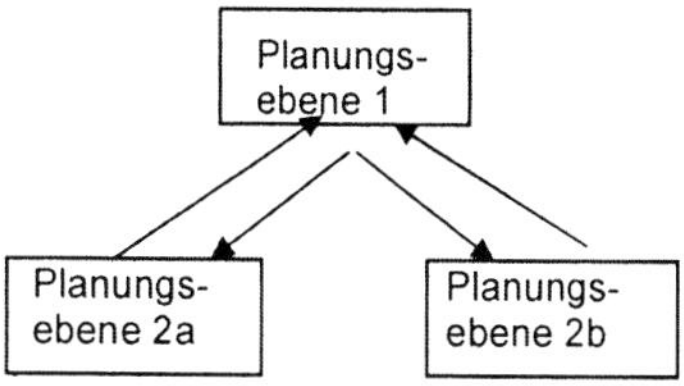

Die **Bottom-up** Planung (Abb. 30) beschreitet den umgekehrten Weg. Sie beginnt auf den unteren Ebenen und die Plandaten werden nach oben weitergereicht und zusammengefasst. Dieses Verfahren hat den Vorteil, dass die unteren Planungsebenen sich mit ihren Plänen identifizieren und ihr Fachwissen direkt einbringen. Allerdings können sich die einzelnen Teilpläne widersprechen und die Teilpläne können sich im Sinne eines Gesamtplans nicht optimal ergänzen.

Die Nachteile der genannten Verfahren werden beim **Gegenstromverfahren** (Abb. 31) vermieden. Zunächst gibt die Betriebsleitung einen globalen Rahmenplan vor, der in den unteren Ebenen konkretisiert oder verändert wird. Sind alle Plandaten auf den unteren Ebenen zusammengetragen, werden sie wieder nach oben gereicht, zusammengefasst und auf ihre Wirkung auf den Gesamtplan analysiert. Werden Abweichungen festgestellt, müssen in einzelnen Planungskreisen die Abweichungen aufgelöst werden.

In sachlicher Hinsicht muss bei einer Unternehmensplanung in folgender Reihenfolge vorgegangen werden:

- Absatzplanung,
- Produktionsplanung mit Bezügen zur Investitionsplanung und zur Werkstoffplanung
- Instandhaltungsplanung
- Finanzplanung

Im Rahmen der Absatzplanung werden zunächst das Sortiment und die voraussichtlich abzusetzenden Mengen mit Preisen geplant. Aus diesem Absatzplan lässt sich das Produktionsprogramm und daran gekoppelt das notwendig zu beschaffende Werkstoffprogramm entwickeln. Damit die technische Ausrüstung störungsfrei läuft muss das Instandhaltungsprogramm aufgestellt werden. Dazu gehört auch eine notwendige größere Umrüstung auf ggf. neue Produktlinien, wofür sich sommerliche Werksferien anbieten.

Aus dem Absatzprogramm ergibt sich der Umsatz, aus dem Produktionsprogramm die Kosten, die für das gewählte Produktionsprogramm notwendig sind. Damit zusammen hängt auch das Investitionsprogramm. Alles zusammen muss im Finanzplan zusammengeführt werden, was als Ziel eine kostengünstige Finanzierung hat.

In der Praxis werden diese unterschiedlichen Planungen mehrfach durchlaufen, bis sie aufeinander abgestimmt sind. Mit jedem Durchlauf werden die Pläne präziser und die Interdependenzen plausibler berücksichtigt.

Produktion und Umwelt

In den letzten Jahrzehnten ist besonders deutlich geworden, dass die Ressourcen der Erde, Rohstoffe, saubere Luft und sauberes Wasser, nicht unendlich vorhanden sind. Bei jeder Produktion muss sich der Verantwortliche klar darüber sein, dass ein Unternehmen nicht isoliert handeln kann, sondern immer Bezüge zur Umwelt aufweist. Gerade die öffentliche Verwaltung, die der gesellschaftlichen Wohlfahrt verpflichtet ist, muss Umweltschutzgedanken in ihre Planung einfließen lassen.

Aus der Volkswirtschaftslehre sind die externen Effekte bekannt,[1] die als positive oder negative Effekte (= gesellschaftlicher Nutzen bzw. gesellschaftliche Kosten) auftreten können.

Die Berücksichtigung im Unternehmensplan kann über vier verschiedene Betrachtungsweisen geschehen:

1. Der Unternehmer fühlt sich aus moralischen oder ethischen Gründen der Umwelt oder der Einhaltung von Menschenrechten verpflichtet. Die Einhaltung der genannten Ziele ist dann eine Nebenbedingung seines langfristigen Unternehmensziels, sei es langfristige Gewinnmaximierung oder nachhaltiges Überleben des Unternehmens.
2. Das Ziel „Umweltschutz" wird als gesondertes Ziel in das Unternehmenszielbündel aufgenommen und ist dann ein konkurrierendes Ziel.
3. Es werden nur die gesetzlichen Vorgaben berücksichtigt, dann käme es darauf an, dass gesellschaftlich alle relevanten Ziele in Abgaben oder Steuern berücksichtigt sind.
4. Zukünftige Umweltauflagen werden antizipiert und der Unternehmer berücksichtigt diese bereits bei der laufenden Produktion. Damit sichert er voraussichtlich das nachhaltige Überleben.

Es soll nicht verschwiegen werden, dass hohe Umweltschutzauflagen auch zur Abwanderung der Produktion in solchen Ländern beiträgt, in denen der Umweltschutzgedanke nicht so ausgeprägt ist wie am ursprünglichen Ort der Produktion.

---

[1] Es handelt sich um Effekte, die bei einer Transaktion zwischen zwei Parteien bei Dritten, Unbeteiligten entstehen.

5.4 Übungsfragen

1. Erklären Sie den Managementzyklus und versuchen Sie ihn mit Beispielen aus der öffentlichen Verwaltung zu konkretisieren.

2. Wo sehen Sie Unterschiede zwischen strategischer und operativer Planung?

3. Erläutern Sie, welche Interdependenzen zwischen einzelnen betrieblichen Teilplänen auftreten.

4. Erklären Sie die Planungsarten: Top-down und Bottom-up. Was sind die Vor- und Nachteile der Top-Down Planung? Der Bottom-up Planung? Wie können sie überwunden werden?

5. Nennen und erläutern Sie kurz die Funktionen der Planung.

6. Wie werden in einem Betrieb über mehrere Hierarchieebenen hinweg die Einzel- und der Gesamtplan koordiniert?

Lösungsvorschläge:

1. Der Managementzyklus ist ein Erklärungsmodell, er eignet sich nicht als Entscheidungsmodell. Es wird versucht, Tätigkeiten des Managements, die in der Praxis zu beobachten sind, zu analysieren und zu erkennen, ob es sich ständig wiederholende Tätigkeiten gibt, die in einer bestimmten Reihenfolge ablaufen.

   Der Managementzyklus beginnt mit der Zielsetzung. Die oberste Managementebene gibt bestimmte Ziele vor, das können Rentabilitätsziele oder in der Verwaltung Versorgungsziele sein. Daran schließt sich die Phase der Planung an, in der mehrere Alternativen geplant werden, denn oftmals sind Ziele auf unterschiedlichen Wegen zu erreichen. Aus dem Verwaltungsbereich können hier die Arbeiten zur Erstellung des Haushaltsplans als Beispiel herangezogen werden. Die Diskussionen in den Ausschüssen und die Diskussion im Gemeinderat können durchaus noch Änderungen herbeiführen. An die Planung schließt sich die Phase der Entscheidung an, in der eine Alternative für verbindlich erklärt wird. Im Verwaltungsbereich bedeutet dies, die Haushaltssatzung wird vom Rat verabschiedet. Damit wird ein bestimmter Haushaltsplan für gültig erklärt. Auf die Phase der Entscheidung folgt die Phase der Durchführung. Auf die Verwaltung übertragen bedeutet dies, dass ein Jahr lang nach den Vorgaben des Haushaltsplans gewirtschaftet wird. Die Stadtkasse verbucht alle Vorfälle auf den Haushaltsstellen und überwacht, dass nicht mehr Geld als genehmigt ausgegeben wird. Damit ist bereits die letzte Phase des Managementzyklus integriert, die Phase der Kontrolle. Zusätzlich wird am Ende des Jahres ein Jahresabschluss erstellt, der dem Rat zur Vervollständigung des Kreislaufes zugeleitet wird.

2. Strategische und operative Planung unterscheiden sich in ihrem Zeithorizont. Bei der strategischen Planung handelt es sich um eine langfristige Planung, wohingegen es sich bei der operativen Planung um eine kurzfristige Planung handelt, meist um ein Jahr. Da die strategische Planung weit in die Zukunft greift, ist ihr Unsicherheitsgrad hoch und sie kann nur grobe Details liefern. Die

operative Planung mit ihrem kurzen Zeithorizont wird mit hohem Detaillierungsgrad ausgeführt und ist ziemlich sicher, da ein Jahr recht gut zu überblicken ist. Der Schwerpunkt der Arbeitsbelastung liegt bei der strategischen Planung bei der höchsten Managementebene, dagegen sind bei der operativen Planung alle Ebenen über Top-down oder Bottom-up Verfahren eingebunden. Typische Beispiele für strategische Planungsinstrumente sind die Portfolio-Analyse oder das Lebenszykluskonzept. Als typisches Beispiel für die operative Planung ist die gemeindliche Haushaltsplanung zu nennen.

3. Die Absatzplanung ist Ausgangspunkt der betrieblichen Planung. Sie beeinflusst in Folge die Produktionsplanung, die Werkstoffplanung, die Instandhaltungsplanung, die Investitionsplanung, die Personalplanung und die Finanzplanung.

   Die Absatzplanung legt den anzustrebenden Umsatz fest. Um die notwendigen Mengen zu produzieren bedarf es bestimmter Werkstoffe, die in ausreichender Menge und Qualität zur Verfügung stehen müssen. Für eine bestimmte Absatzmenge und ein bestimmtes Sortiment müssen die Fertigungskapazitäten vorhanden und in gutem Zustand sein. Damit die Maschinen bedient werden können, muss das passende Personal vorhanden sein. Sollten die vorhandenen Fertigungskapazitäten nicht ausreichen, nicht geeignet oder veraltet sein, so müssen Investitionen vorgenommen werden, die Kapital binden. Also muss auch der Finanzplan auf den geplanten Umsatz ausgerichtet sein. Im Finanzplan müssen auch die Kosten für Werkstoffe und Personal berücksichtigt werden.

4. Bei der Top-Down Planung gibt die Betriebsführung einen Rahmenplan vor, aus dem sich die tieferen Managementebenen ihre Teilpläne ableiten müssen. Diese Planungsart hat den Vorteil, dass alle Teilpläne sich zu einem sinnvollen Gesamtplan ergänzen. Der Nachteil ist, dass die tieferen Managementebenen sich nicht mit den Plänen identifizieren, da sie von der obersten Leitungsebene vorgegeben wurden und nicht unbedingt realistisch und realisierbar sein müssen.

   Bei der Bottom-up Methode planen die niederen Managementebenen ihre Teilpläne, die auf den jeweils höheren Ebenen zusammengefasst und wiederum nach oben weitergeleitet werden. Diese Planungsmethode hat den Vorteil, dass die unteren Ebenen ihre Sachkenntnisse einbringen und realistische Pläne abliefern, mit denen sie sich identifizieren. Der Nachteil ist, dass die einzelnen Teilpläne sich nicht zwangsläufig zu einem harmonischen Gesamtplan ergänzen.

   Die Vorteile der genannten Planungsarten bleiben erhalten und die Nachteile werden vermieden, wenn nach dem sogenannten Gegenstromverfahren vorgegangen wird. Zunächst wird ein globaler Rahmenplan vorgegeben (Top-Down), der auf den niedrigeren Ebenen konkretisiert und ggf. abgeändert wird. Diese Pläne laufen wieder durch alle Hierarchieebenen nach oben. Abweichungen werden deutlich und ggf. werden die Teilpläne zur Überarbeitung wieder nach unten gegeben oder der Rahmenplan wird abgeändert.

5. Planung ist eine Führungsaufgabe. Planung zwingt zum strukturierten rationalen Handeln. Wird die Planung z.B. in Protokollen festgehalten, ist sie später nachvollziehbar und liefert Vorgaben für Soll-Ist-Vergleiche mit sich anschließenden Analysen, aus denen ggf. Gegensteuerungsmaßnahmen im Rahmen eines Controllings abgeleitet werden.

   Da viele Mitarbeiter in die Planung eingebunden werden, ist damit zu rechnen, dass die Planung auch eine Motivationsfunktion hat. Die Beteiligten der Planung erkennen ihren eigenen Beitrag am Gesamtwerk und werden sich einsetzen, diese Erwartung zu erfüllen.

   Da beim Planungsvorgang auch Risiken und Chancen untersucht werden und es werden mehrere Alternativen gegeneinander abgewogen bevor eine Alternative für verbindlich erklärt wird, stehen später Unterlagen zur Verfügung, die eine flexible Haltung auf Umweltveränderungen erlauben.

6. Über mehrere Hierarchieebenen hinweg muss sichergestellt sein, dass die Einzelpläne mit einem Gesamtplan koordiniert werden. Die Top-down Planung (retrograde Planung) stellt dies sicher, indem die Betriebsspitze Vorgaben macht. Der Nachteil dabei ist, dass die unteren Hierarchieebenen sich in den sie betreffenden Teilplänen nicht wiederfinden.

   Die Bottom-up Planung (progressive Planung) besteht aus Einzelplänen, die auf den jeweils höheren Hierarchieebenen zusammengeführt werden. Die Gefahr dabei ist, dass die Teilpläne sich nicht harmonisch zu einem Gesamtplan zusammenführen lassen. Ein großer, vereinender Leitgedanke fehlt.

   Das Gegenstromverfahren vereint Top-down und Bottom-up dadurch, dass Gesamtplan und Teilpläne mehrfach den Planungszyklus durchlaufen. Wenn dies mehrfach geschieht erlangt der Plan den Charakter eines totalen Simultanplans. Ein tatsächlicher totaler Simultanplan ist aufgrund der Schwierigkeiten bei der simultanen Beschaffung der notwendigen Informationen nicht praktikabel.

6 Ausgewählte betriebliche Funktionsbereiche

6.1 Beschaffung

6.1.1 Gegenstand und Ziele der Beschaffungswirtschaft

Der betriebliche Wertschöpfungsprozess beginnt mit Beschaffungsvorgängen. Voraussetzung für Produktions- bzw. Leistungsprozesse ist zu allererst die Bereitstellung der Produktionsfaktoren, also von Betriebsmitteln, Werkstoffen, Arbeitskräften und natürlich auch von finanziellen Mitteln. Diese Bereiche der Beschaffung unterscheiden sich erheblich voneinander und werden daher von unterschiedlichen betrieblichen Funktionsbereichen wahrgenommen.

Gegenstand der Beschaffungswirtschaft

Die Bereitstellung des Produktionsfaktors Arbeit, also die Auswahl und Einstellung von Mitarbeitern, ist Aufgabe der Personalwirtschaft. Die Auswahl und Bereitstellung von finanziellen Mitteln ist Aufgabe der Finanzwirtschaft.

Bei der Beschaffung von Betriebmitteln handelt es sich häufig um sehr teure Objekte wie Grundstücke, Gebäude, Maschinen etc.. Außerdem hat die Beschaffung dieser Güter häufig eine hohe strategische Bedeutung für die Betriebe. Die Vorteilhaftigkeitsprüfung spielt daher eine wichtige Rolle, sie erfolgt im Rahmen der Investitionsplanung. Die Entscheidung behält sich die Führungsebene vor.

Diese drei Bereiche bleiben bei der Behandlung der Beschaffung ausgeklammert, Gegenstand der Beschaffungswirtschaft sind also vor allem die Werkstoffe, d.h. im einzelnen Rohstoffe, Hilfsstoffe, Betriebsstoffe, Fremdleistungen sowie unfertige und fertige Erzeugnisse. Da sich die Aufgaben der Beschaffung vor allem auf die Planung und Steuerung des betrieblichen Materialbereichs erstrecken, spricht man auch häufig (synonym) von Materialwirtschaft.

Ziele der Beschaffungswirtschaft

Da die Beschaffung am Anfang des Wertschöpfungsprozesses steht, hat sie einen erheblichen Einfluss auf die Leistungsfähigkeit der nachgelagerten betrieblichen Leistungsprozesse. Die Erreichung der Zielvorgaben in diesem Bereich steht daher in direktem Zusammenhang mit dem Erfolg des Gesamtunternehmens. Wesentliche Forderungen, die an den Beschaffungsbereich gestellt werden, sind:

- Sicherung der Lieferfähigkeit
  Die erforderlichen Materialien müssen zur rechten Zeit am richtigen Ort in der richtigen Menge und Qualität bereitgestellt werden. Das Risiko, dass es zu Produktionsunterbrechungen aus Materialmangel kommt, sollte so gering wie möglich sein.

- Flexibilität
  Im Rahmen von Leistungsprozessen kommt es immer wieder auch zu unvorhergesehenen kurzfristigen Änderungen in den Anforderungen hinsichtlich Menge, Art oder Qualität der Materialien (z.B. bei Produktionssteigerungen, Produktionsumstellungen). Hierauf muss ebenso flexibel reagiert werden wie etwa auf Lieferverzögerungen.

- Sicherung der Qualität
  Güte und Beschaffenheit der eingesetzten Materialien haben einen wesentlichen Einfluss auf die Qualität der Endprodukte. In vielen Bereichen werden Produktqualitäten und Absatzchancen sogar weitgehend von den verwendeten Materialien bestimmt.

- Kostengünstigkeit
  Endprodukte sollen aus naheliegenden Gründen kostengünstig gefertigt werden. Dies erfordert zum einen, vorgegebene Qualitäten so günstig wie möglich zu beschaffen, zum anderen müssen auch die Kosten im Beschaffungsbereich selbst gering gehalten werden, z.B. die Kosten für die Lagerung und Finanzierung der Materialvorräte. Auch die Beschränkung von Beschaffungsrisiken spielt eine Rolle.

- Liquidität
  Der mit der Beschaffung von Maschinen oder Gebäuden verbundene Kapitaleinsatz verursacht nicht nur (Finanzierungs-) Kosten, sondern erhöht auch die Liquiditätsbeanspruchung, dabei muss das finanzielle Gleichgewicht aufrecht erhalten bleiben.

Es ist offensichtlich, dass zwischen diesen genannten Ziele auch Zielkonflikte auftreten können: Reduziert man etwa im Sinne der Kostengünstigkeit die Aufwendungen im Materialbereich (z.B. durch Verringerung der Lagerbestände), steigt auf der anderen Seite das Risiko, dass der aktuelle Bedarf nicht mehr gedeckt werden kann. Umgekehrt lässt sich die Sicherung der Lieferfähigkeit natürlich am besten dadurch erhöhen, dass man zusätzliche („Sicherheits-„)Bestände der benötigten Werkstoffe vorhält. Diese zusätzliche Sicherheit würde dann mit überproportional steigenden Aufwendungen erkauft. Weitere Konflikte bestehen z.B. zwischen den Zielen Kostengünstigkeit und Sicherung der Qualität, d.h. hier wäre die Frage zu beantworten, wie viel mehr Qualität Kostensteigerungen in bestimmten Größenordnungen rechtfertigen kann etc.. Diese Beispiele zeigen, dass es bei der Beschaffung häufig eher darum geht, Zielkompromisse zu finden als Einzelziele zu maximieren.

Wenn man daran geht, die genannten Beschaffungsziele umzusetzen, benötigt man zunächst eine Reihe von Informationen. Die Frage, welche Gütermengen in welchen Qualitäten benötigt werden, wird im Rahmen der **Bedarfsmengenplanung** beantwortet. Die Durchführung der Beschaffung obliegt dann dem Einkauf.

Bei der Bedarfsmengenplanung ist zunächst von Interesse, ob der Bedarfsplan direkt auf einem Absatzplan basiert (z. B. bei Handelsbetriebe) oder ob - wie bei Fertigungsbetriebe - aus dem Absatzplan zunächst ein Produktionsplan abgeleitet wird.

Grundlage der Materialbedarfsermittlung bei Fertigungsunternehmen sind Produktionsprogramm und Stücklisten: Aus dem Produktionsplan geht hervor, welche Produkte wann in welchen Mengen gefertigt werden sollen. Die Informationen darüber, welche Materialien bzw. Einzelteile für jedes Produkt benötigt werden, liefern entsprechende Aufstellungen, die man als Stücklisten bezeichnet. Durch Multiplikation von Stückliste und Produktionsplan ergibt sich dann der Materialbedarf. Das Beispiel in Abb. 32 verdeutlicht diesen Zusammenhang.

Abb. 32: Programmorientierte Materialbedarfsermittlung

Material/ Einzelteil	P 1 Menge	P 2 Menge
Ma	10	2
Mb	12	2
ET 1	-	10
ET 2	5	-

Stückliste

Produkt t	Okt.	Nov.	Dez.
P 1	100	100	80
P 2	20	80	100

Produktionsplan

Material/ Einzelteil	Okt.	Nov.	Dez.
Ma	1040	1160	1000
Mb	1600	2800	2960
ET 1	200	800	1000
ET 2	500	500	400

Materialbedarf

Legende:
Ma = Materiala,
Mb = Material b,
ET 1 = Einzelteil 1,
ET 2 = Einzelteil 2,
P1 = Produkt1,
P2 = Produkt2.

Aus der Stückliste lässt sich erkennen, dass zur Herstellung eines Teils P1 10 Teile Material a, 12 Teile Material b und 5 Teile des Einzelteils 2 benötigt werden. Unter Verwendung des Produktionsplans, der die für die einzelnen Monate geplanten Produktionsmengen von P1 und P2 ausweist, lässt sich der Materialbedarf für die einzelnen Monate errechnen, z.B. werden im Oktober 1.040 Stück Material a benötigt. Dies ergibt sich daraus, dass zur Herstellung von 100 Stück P1 1.000 Stück Ma nötig sind. Hinzu kommen die zur Herstellung von 20 Stück P2 notwendigen 40 Stück Ma.

Deutlich wird weiterhin, dass der Aufwand für die Bedarfsmengenplanung sehr stark steigt, wenn das Produktionsprogramm sehr differenziert ist. Hier kann eine Standardisierung nach dem Baukastenprinzip bis zu einem gewissen Grad Abhilfe schaffen.

Sieht man von den (seltenen) Fällen ab, in denen die Bedarfsermittlung erst nach Vorliegen von Kundenaufträgen erfolgt (z. B. im Großanlagenbau, Schiffsbau), so muss die Materialermittlung verbrauchsorientiert durchgeführt werden. Man prognostiziert in diesen Fällen den zukünftigen Materialbedarf auf Basis von Vergangenheitswerten, also etwa des bisherigen Materialverbrauchs. Dabei wird meist unterstellt, dass die bisherigen Verbrauchswerte auch für die Zukunft Gültigkeit haben werden. Möglich ist allerdings auch, erkennbare Trends über statistische Bewertungsverfahren in die Prognose einzubeziehen.

6.1.2 Einkauf

Zuständig für die Durchführung der Beschaffung ist der Einkauf. Beim Einkauf geht es um die Frage, welcher Artikel, wann, in welchen Mengen, von wem, zu welchen Konditionen bezogen wird. Er umfasst als betriebliche Funktion alle Tätigkeiten, die mit der Beschaffung der betriebsnotwendigen Materialien und Dienstleistungen zu tun haben. Dies sind im Wesentlichen:

- Einholung von Angeboten und Durchführung von Angebotsvergleichen,
- Auswahl der Lieferanten,
- Abwicklung des Bestellprozesses.

Die **Angebotseinholung** umfasst Anfragen bei potentiellen Lieferanten, über Lieferantenkarteien, Bezugsquellenverzeichnisse o. ä. Der Vergleich der unterschiedlichen Angebote erfolgt vor allem hinsichtlich der Kriterien Preis, Zahlungsbedingungen, Qualität, Liefertermin usw.

Die **Auswahl der Lieferanten** ist nicht allein von den einzelnen Angebotsstellungen abhängig. Leistungsfähige Lieferanten, mit denen stabile Geschäftsbeziehungen bestehen, sind wichtige Erfolgsfaktoren für Betriebe. Deshalb spielen für die Beurteilung von Lieferanten neben den Lieferkonditionen weitere Kriterien, vor allem Zuverlässigkeit und Leistungsfähigkeit eine Rolle. Wichtig können auch Erwägungen sein, die mit der Marktkonstellation zu tun haben (z. B. Vermeidung von Abhängigkeiten).

Die Zuverlässigkeit von Lieferanten lässt sich am besten auf der Grundlage interner Statistiken beurteilen. Diese können Aufschluss geben über die Einhaltung von Terminen und Qualitätsstandards, die Vollständigkeit von Lieferungen, das Verhalten bei Reklamationen usw.

Wesentliche Kriterien für die Einschätzung der Leistungsfähigkeit sind insbesondere Größe und Know-how. In manchen Branchen ist zudem die eigenständige technische Weiterentwicklung der zu liefernden Produkte erfolgskritisch (z.B. in der Automobilindustrie), in jedem Fall sollte die langfristige Lieferfähigkeit gesichert sein.

Zu den **Lieferkonditionen** zählen neben dem Preis vor allem Rabatte (v.a. bezogen auf die Menge pro Lieferung) und Boni (bezogen auf Abnahmemengen je Zeitraum, z.B. pro Jahr). Verglichen werden müssen außerdem die Zahlungsbedingungen, u.a. die Einräumung von Zahlungszielen („Lieferantenkredit") und Kaufpreisabschlägen bei Barzahlung („Skonto"). Der Lieferantenkredit spielt in bestimmten Branchen (z.B. Bauwirtschaft) als Finanzierungsinstrument eine bedeutende Rolle.

Zur Abwicklung des Bestellprozesses gehört die Führung der Einkaufsverhandlungen, die Konkretisierung der Vertragsbedingungen und schließlich die Auftragserteilung. Inhalte der Vereinbarung bzw. des Auftrags sind die Spezialisierung von Mengen, Qualitäten und Preisen, die Festlegung von Lieferterminen, Zahlungsbedingungen etc. Wichtig ist auch, Konsequenzen in die Vereinbarung aufzunehmen, die bei Nichteinhaltung des Vertrages wirksam werden (z.B. Konventionalstrafen). Die wichtigen Positionen einer Bestellung werden noch einmal zusammengefasst.

Abb. 33: Wichtige Positionen einer Bestellung

- Beschaffenheit der Ware (Bezeichnung, Qualitätsangaben etc.),
- Liefermenge,
- Preise (inkl. Nebenleistungen),
- Liefertermin,
- Lieferort,
- Nebenleistungen der Lieferung (z.B. Versicherung),
- Transport- und Verpackungskosten,
- Zahlungsbedingungen (Anzahlung, Raten, Fälligkeiten, Währung, Zahlungsort, Skonto),
- Weitere Vereinbarungen (Garantie, Konventionalstrafen, Einweisung, Rücktritt).

Der Einkauf ist mit der Auftragserteilung allerdings noch nicht erledigt. Hieran schließt sich die Bestellüberwachung an, es wird geprüft, ob die Waren oder Leistungen zu den vereinbarten Zeitpunkten eintreffen, ob die Qualitäten und Mengen den Absprachen entsprechen, die gestellten Rechnungen mit den gelieferten Waren übereinstimmen etc.. Sofern im Rahmen dieser Überwachungstätigkeiten Abweichungen auftreten, sind entsprechende Reklamationen einzuleiten.

6.1.3 Besonderheiten der Beschaffung im öffentlichen Bereich

Die Beschaffungsstellen, die sowohl Werkstoffe als auch Betriebsmittel beschaffen, können **zentral** oder **dezentral** organisiert sein. Eine Spedition, die Niederlassungen über die ganze Bundesrepublik verteilt unterhält, wird die Beschaffung von Treib- und Schmierstoffen, Materialien für die jeweiligen Werkstätten den örtlichen Niederlassungen übertragen. Es besteht die Möglichkeit, auf zentraler Ebene **Rahmenverträge** mit bestimmten, auch bundesweit agierenden Lieferanten abzuschließen. Die Beschaffung der Betriebsmittel, also der Kraftwagen, wird zentral organisiert sein, um eine Vereinheitlichung des Fuhrparks sicherzustellen und um mit zusammengefasster Nachfragemacht verhandeln zu können. Letzteres stärkt ganz deutlich die Verhandlungsposition gegenüber den Anbietern.

Bei Reiseveranstaltern, ein typischer privatwirtschaftlicher Dienstleistungsbetrieb, muss die Beschaffung der Hotels und der Transportmöglichkeiten zentral organisiert sein, wenngleich die einzelnen Einkäufer verstreut über den Globus tätig werden. Aber nicht jedes örtliche Reisebüro kauft seine eigenen Hotelkapazitäten weltweit ein. Dies kann auch nicht sein, da die Reiseveranstalter (z.B., TUI, ITS) bundesweit ein einheitliches Angebot aufweisen wollen.

Von öffentlichen Verwaltungsbetrieben wird ein breites Spektrum an Gütern oder Dienstleistungen eingekauft. Dies reicht vom Büromaterial über Streumitteln für den Winterdienst, Straßenschilder, Straßenmarkierungsarbeiten, Computer bis zu Bauleistungen und Grundstücken mit und ohne Gebäude.

Eine Auswertung der Gesamtfinanzrechnung des Jahresabschlusses 2017 der Stadt Dortmund ergab folgendes Bild:[1]

Ausgewählte Auszahlungsarten	**In Mio. €**
Auszahlungen für Sach- und Dienstleistungen	464,773
sonstige Auszahlungen	207,470
Auszahlungen für Baumaßnahmen	43,228
Auszahlungen für den Erwerb von Grundstücken und Gebäuden	38,558
Auszahlungen für Erwerb von beweglichem Anlagevermögen	26,677
sonstige Investitionsauszahlungen	2,417

Für den laufenden Betrieb wird die höchste Summe ausgegeben, gefolgt von der Summe der sonstigen Auszahlungen. In diesen beiden Bereichen gibt es wertmäßig enorme Beschaffungsvorgänge. Leider ist eine detailliertere Auswertung für diese Auszahlungsarten nicht möglich.

Danach folgen die Auszahlungen für Baumaßnahmen, den Erwerb von Grundstücken und Gebäuden, den Erwerb von beweglichem Anlagevermögen, sowie sonstige Investitionsauszahlungen.

Eine weitere Analyse der Auszahlungen für Baumaßnahmen zeigte Folgendes:

Ausgewählte Produktbereiche		In Mio €
Produktbereich 12	Verkehrsflächen und –anlagen	20,735
Produktbereich 01	Innere Verwaltung	19,345
Produktbereich 03	Schulträgeraufgaben	9,239
Produktbereich 06	Kinder-,Jugend- und Familienhilfe	4,051
Produktbereich 09	Geoinformationen	3,599
Produktbereich 15	Wirtschaft und Tourismus	1,032
Produktbereich 08	Sportförderung	0,906
Produktbereich 10	Bauen und Wohnen	0,636
Produktbereich 13	Natur- und Landschaftspflege	0,358
Produktbereich 02	Sicherheit und Ordnung	0,159

Bei den Auszahlungen für die Baumaßnahmen im Bereich der Verkehrsflächen handelt es sich um Straßenbauleistungen. Bei den Baumaßnahmen im Produktbereich 03 handelt es sich um Gebäudebau, der zum Hochbau gehört.

Grundlegende Unterschiede zwischen den Beschaffungsstellen privatwirtschaftlicher Dienstleister und öffentlicher Dienstleister, die im öffentlichen Bereich Vergabestellen heißen, bestehen aufgrund folgender Besonderheiten:

1 Entnommen aus Jahresabschluss der Stadt Dortmund 2017 https://www.dortmund.de/media/p/lokalpolitik/haushalt/haushalt_pdf/jahresabschluesse/Jahresabschluss_2017_Stadt_Dortmund.pdf, abgerufen am 07.07.2019.

- Die öffentliche Beschaffungsstelle ist oft Nachfragemonopolist,
- sie verfolgt wirtschaftspolitische Nebenziele,
- sie unterliegt rechtlichen Normierungen.

Für viele Güter und Dienstleistungen ist die öffentliche Hand der **einzige oder der wertmäßig bedeutendste Nachfrager**. Beispiele hierfür sind:

- Tiefbauleistungen (z.B. Kanäle, Straßen),
- Straßenschilder,
- Straßenmarkierungen,
- Straßenbeleuchtungen,
- Lichtzeichenanlagen und ihre Steuerungen,
- Schulmöbel,
- Müllverbrennungsanlagen,
- Uniformen,
- Spezialfahrzeuge für die Entsorgung,
- Spezialfahrzeuge für das Rettungswesen.

Diese Nachfragemacht führt bei den Anbietern zu Abhängigkeiten und führt zwangsläufig auf Seiten der Anbieter zu dem Versuch, der Nachfragemacht durch abgestimmte Verhaltensweisen entgegenzutreten oder auf andere Art und Weise, sich einen Auftrag zu sichern.

Bei den Beschaffungsentscheidungen werden oftmals **wirtschaftspolitische oder umweltpolitische Nebenziele** verfolgt. Dies sind die Gründe dafür, dass Stadtverwaltungen z.B. Fahrzeuge erwerben, die mit alternativen Kraftstoffen (z.B. Rapsöl oder Elektrizität) betankt werden. Oder es werden die lokalen mittelständischen Unternehmen bevorzugt berücksichtigt aus Gründen der lokalen Wirtschaftsförderung.

Die **rechtliche Normierung** des Beschaffungsvorganges kann in folgende Punkte untergliedert werden:

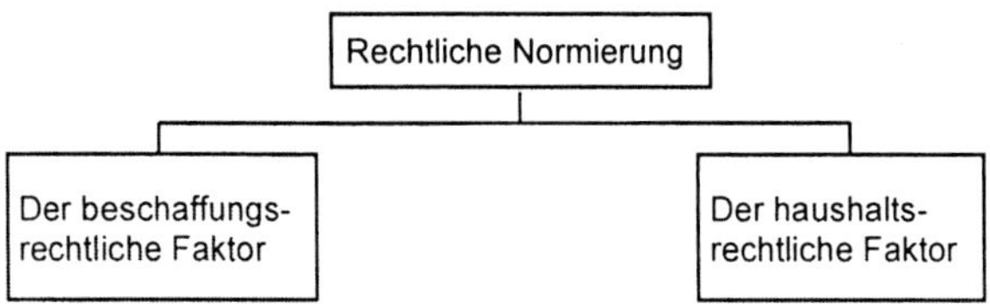

Der beschaffungsrechtliche Faktor

Zunächst wird der **beschaffungsrechtliche Faktor** behandelt.

Generelle Regeln für das öffentliche Beschaffungswesen finden sich im 4. Teil des GWB. Generalnorm für öffentliche Auftraggeber ist § 97 Abs. 1 GWB, nach dem Waren, Bau- und Dienstleistungen im Wege des Wettbewerbs und eines transparenten Verfahrens zu beschaffen sind. Im 4. Teil des GWB ist auch das Verfahren zur Nachprüfung der Auftragsvergaben geregelt (§§ 155 ff.).

In § 106 GWB wird auf die Richtlinie 2014/24/EU des Europäischen Parlaments und des Rates vom 26. Februar 2014 mit ihren Schwellenwerten verwiesen.

Die Schwellenwerte ohne Umsatzsteuer betragen seit dem 1.1.2020:

- für Bauaufträge 5.350.000 €,
- Für Liefer- und Dienstleistungsaufträge im Sektorenbereiche (Trinkwasser- oder Energieversorgung, Verkehrsbereich): 428.000 €.
- für sonstige Liefer- und Dienstleistungsaufträge 214.000 €,

Für Aufträge oberhalb der genannten Schwellenwerte finden sich weitere Regelungen in der Verordnung über die Vergabe öffentlicher Aufträge (VgV). § 2 VgV verweist für Bauaufträge auf Teil A Abschnitt 2 der Vergabe- und Vertragsordnung für Bauleistungen (VOB/A).

Warenlieferungen sind hier nicht geregelt.

Nach § 119 GWB wird in vier Verfahrensarten unterschieden:

- Offenes Verfahren,
- Nicht offenes Verfahren/beschränkte Ausschreibung,
- Verhandlungsverfahren und
- Wettbewerblicher Dialog
- Innovationspartnerschaft.

Unterhalb der EU-Schwellenwerte gilt die Unterschwellenvergabeordnung (UVgO).

Zur Konkretisierung hat das Ministerium für Heimat, Kommunales, Bau und Gleichstellung den Runderlass 304-48.07.01/01-169/18 vom 28.8.2018 herausgegeben. Bemerkenswert sind folgende Regelungen:

- **Auftragswert bis 5.000 €: Direktauftrag möglich (Ziffern 4.2 und 5.2)**
  Bauleistungen und Öffentliche Liefer- und Dienstleistungsaufträge bis zu einem voraussichtlichen Auftragswert von 5.000 € (ohne Umsatzsteuer) können unter Berücksichtigung der Haushaltsgrundsätze der Wirtschaftlichkeit und Sparsamkeit ohne die Durchführung eines Vergabeverfahrens vergeben werden (Direktauftrag).

- **Auftragswert bis 25.000 €: Kommunikation mittels E-Mail (Ziffer 7)**
  Wenn der geschätzte Auftragswert 25.000 € (netto) nicht überschreitet oder eine Beschränkte Ausschreibung oder eine Verhandlungsvergabe (ohne Teilnahmewettbewerb) durchgeführt wird und der Auftraggeber deshalb gemäß § 38 Abs. 4 UVgO nicht zur Akzeptanz oder Vorgabe elektronischer Teilnahmeanträge oder Angebote verpflichtet ist, können Vergabeverfahren mittels E-Mail abgewickelt werden. In diesen Fällen kommen § 7 Absatz 4, §§ 39 und 40 der UVgO und §§ 11a und 14 der Vergabe- und Vertragsordnung für Bauleistungen Teil A nicht zur Anwendung.

Zu den einzelnen Verfahrensarten:

Bei dem **offenen Verfahren/öffentliche Ausschreibung** wird eine unbeschränkte Zahl von Unternehmern zur Abgabe eines Angebots aufgefordert. Dies geschieht durch Veröffentlichung in der Zeitung. Die Öffentliche Ausschreibung stellt die allgemeine Form der Vergabe dar. Von ihr darf abgewichen werden, sofern die Eigenart der Leistung oder besondere Umstände eine Abweichung rechtfertigen.

Beim **nicht offenen Verfahren** ist noch zwischen der **Beschränkten Ausschreibung** mit Teilnahmewettbewerb und ohne Teilnahmewettbewerb zu unterscheiden. Dabei wird eine beschränkte Anzahl von Unternehmern aufgefordert, für eine bestimmte Bauleistung ein Angebot abzugeben.

Verhandlungsvergabe (UVgO) bzw. Freihändige Vergabe (VOB): Vergabe eines Auftrages ohne förmliches Verfahren u. a., wenn wegen der Besonderheit der Bauleistung nur ein bestimmtes Unternehmen in Frage kommt (§ 12 UVgO (mit oder ohne Teilnahmewettbewerb), § 3 Abs. 3 VOB/A).
Zur Wahl der Verfahrensart ist § 8 UVgO bzw. § 3 a VOB/A zu beachten.

Beim **wettbewerblichen Dialog** eröffnet der öffentliche Auftraggeber nach einem Teilnahmewettbewerb mit den ausgewählten Unternehmen einen Dialog. Dieses Verfahren gibt es nur oberhalb der EU-Schwellenwerte.

Die **Innovationspartnerschaft**, bei der noch nicht am Markt verfügbare Liefer-, Bau- oder Dienstleistungen entwickelt werden, wird wohl für Kommunen nicht in Frage kommen.

Bei der **Öffentlichen Ausschreibung** können interessierte Anbieter gegen kostendeckende Gebühren eine **Leistungsbeschreibung** anfordern. Innerhalb einer **Angebotsfrist** (> 10 Tage) muss die Leistungsbeschreibung vom Anbieter um die Preise ergänzt und an die Vergabestelle zurückgeschickt werden. Bis zum **Eröffnungstermin** sind alle eingehenden Angebote, die besonders gekennzeichnet sein müssen, ungeöffnet unter Verschluss zu halten. Über den Eröffnungstermin ist ein Protokoll zu fertigen. Danach erfolgt die Prüfung und Wertung der Angebote. Es folgt die Ermittlung des wirtschaftlichsten Angebots und der Zuschlag. Der Zuschlag muss innerhalb der **Zuschlagsfrist**, die in der Regel nicht mehr als 30 Tage ab Eröffnungstermin betragen soll, erfolgen. Während dieser Zeit ist ein Anbieter an sein Angebot gebunden (**Bindefrist**), d.h. er darf in dieser Zeit z.B. seine Preise nicht verändern.

Das Verfahren bei der Beschränkten Ausschreibung ist identisch mit dem Verfahren der Öffentlichen Ausschreibung.

Es soll besonders betont werden, dass die Vergabegrundsätze nur für Beschaffungen anzuwenden sind. Manchmal wird irrtümlich auch behauptet, Gegenstände oder Leistungen, die die Gemeinde abgeben will, müssten nach der Vergabeordnung behandelt werden. Dem ist nicht so.

Abb. 34: Beispiel einer Ausschreibung

AUSSCHREIBUNG der Stadt Irgendwo

Objekt: Ausbau Felsen- und Vereinsstraße, 1. Bauabschnitt-Vereinsstraße

Die Hauptpositionen umfassen etwa folgende Leistungen:

ca. 300 m^3 Bodenaushub,
ca. 650 m^2 Asphalt aufnehmen und entsorgen,
ca. 700 t Mineralgemisch 0/45 mm liefern und einbauen,
ca. 750 m^2 Pflaster liefern und versetzen,
ca. 100 m Bordsteine liefern und versetzen,
ca. 100 m Entwässerungsrinne liefern und einbauen,
ca. 120 m Kabelgraben für Beleuchtung herstellen.

Ausführungsfrist: 14. KW bis 20. KW 2021

Ablauf der Zuschlags- und Bindungsfrist: 19.03.2021

Abholung der Angebotsunterlagen: In der Zeit ab dem 01.02.2021 im Fachbereich Bauwesen der Stadt Irgendwo, 99999 Irgendwo, Kanzlerstraße 21 (Altbau), Zimmer 161, 1. OG, von Montags bis Freitags 9.00 Uhr bis 12.00 Uhr zum Preis von 25,00 € zuzüglich 2,00 € Porto.

Submission: 19.02.2021, 11.00 Uhr

Vollständiger Text in Subreport, Ibau und bi.

Der Bürgermeister:
i.A.
Musterfrau

Bei privaten Unternehmen, dabei kommt es nicht darauf an, ob es sich um einen Dienstleister oder ein Sachgüter produzierendes Unternehmen handelt, gibt es im Beschaffungsbereich derartige Rechtsnormen nicht. Wohl gibt es interne Organisationsanweisungen, die in der Regel wertabhängig die Einholung einer bestimmten Anzahl von Angeboten vorschreiben.

Der haushaltsrechtliche Faktor

Nach § 75 Abs. 1 GO NRW hat die Gemeinde ihre Haushaltswirtschaft so zu planen und so zu führen, dass die stetige Erfüllung ihrer Aufgaben gesichert ist. Ferner muss sie nach § 75 Abs. 1 Satz 2 GO NRW den Erfordernissen des gesamtwirtschaftlichen Gleichgewichtes Rechnung tragen. Diese Vorschriften haben auch auf kommunale Beschaffungsstellen ihre Auswirkungen. So sollte der gemeindliche Haushaltsplan antizyklisch wirken. In Zeiten hoher Beschäftigung sollten sich die Gemeinden mit Beschaffungen zurückhalten, in Zeiten niedriger Beschäftigung sollten sie hingegen eine verstärkte Beschaffungspolitik aufweisen. Dies stellt eine Zielvorgabe dar, die fast nicht erreichbar ist. Die Gemeinden haben viele Aufgaben, die unabhängig von der Konjunktur erfüllt werden müssen.

Es kommt noch hinzu, dass die Einnahmen der Gemeinden mit der Konjunktur schwanken. In Zeiten eines Aufschwungs oder eines Booms sprudeln die Steuereinnahmen, hingegen sind sie schwach in Zeiten einer Rezession. Gerade in Zeiten der Rezession, in denen vor allem Bauaufträge vergeben werden könnten, um antizyklisch zu handeln, fehlt den Gemeinden das Geld dazu.

Für Beschaffungsstellen privater Dienstleister existieren keine Vorschriften, sich antizyklisch zur Konjunktur zu verhalten. Im Gegenteil, die Konjunktur wird durch die privaten Unternehmen nachhaltig bestimmt.

Allenfalls bestimmte Effekte, die mit den Konjunkturschwankungen einhergehen, z.B. steigende oder sinkende Zinsen, Löhne oder Preise, beeinflussen das Beschaffungsverhalten von privaten Unternehmen.

6.1.4 Vorratswirtschaft

Die Fragen der Vorratswirtschaft stehen in engem Zusammenhang mit den Beschaffungszielen von Betrieben und deren Gewichtung. Die Vorratshaltung stellt einen Puffer zwischen Beschaffung und Verwendung von Einsatzgütern dar. Sie überbrückt Unterschiede durch Lagerung, z.B. wenn der geplante Bedarf an Werkstoffen vom tatsächlichen Bedarf abweicht.

Unter ökonomischen Gesichtspunkten erfüllt die Lagerhaltung mehrere wichtige Funktionen:

- Die **Sicherung** der Verfügbarkeit der erforderlichen Güter hat in aller Regel die höchste Priorität. Je unbedingter sie zu gewährleisten ist und je höher die Unsicherheiten bei der Bedarfsmengenplanung sind, desto umfassender sind die Anforderungen an die Lagerhaltung.
- Bei unregelmäßigem Materialabfluss in der Fertigung oder bei saisonalen Schwankungen kommt der Lagerhaltung eine **Ausgleichsfunktion** zu.
- Von **Spekulationsfunktion** spricht man, wenn bei steigenden Preisen durch erhöhte Bezugsmengen Preisvorteile realisiert werden.

Die Hauptnutzung der Lagerhaltung besteht in der Risikovorsorge und in der Optimierung der Beschaffungspreise. Dass ein solcher Nutzen nicht ohne Aufwand zu erzielen ist, versteht sich. Mit der Lagerhaltung sind auch vielfältige Kosten verbunden.

Arten von Bestellverfahren

Um den Lagerbestand sinnvoll planen zu können, muss die Einkaufsabteilung rechtzeitig informiert sein. Zwischen der Bestellung von Werkstoffen und deren Verfügbarkeit liegt ein bestimmter Zeitraum (Beschaffungszeitraum), in dem der Bedarf ebenfalls gedeckt werden muss. Würde die Bestellung neuer Werkstoffe erst nach völligem Lagerabbau ausgelöst, könnte der Bedarf in der Zeit zwischen Bestellauslösung und Verfügbarkeit nicht gedeckt werden. Zu beantworten ist daher die Frage, wann bzw. unter welchen Voraussetzungen eine Auffüllung der Vorräte erfolgen soll. In der Praxis haben sich verschiedene Verfahren zur Auslösung von Bestellungen entwickelt: Das Bestellrhythmusverfahren und das Bestellpunktverfahren.

Bestellrhythmusverfahren

Beim Bestellrhythmusverfahren werden jeweils nach Ablauf einer festgelegten Periode die Bestände überprüft (z. B. monatlich) und bis zu einem bestimmten Sollbestand aufgefüllt. Die Bestellmenge variiert dabei in Abhängigkeit vom jeweiligen Lagerbestand, Abbildung 35 verdeutlicht diesen Zusammenhang.

Abb. 35: Bestellrhythmusverfahren

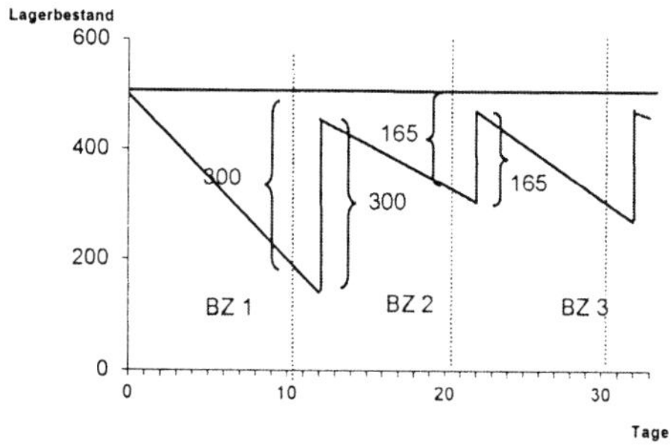

In Abbildung 35 beträgt der Bestellrhythmus 10 Tage. Nach Ablauf dieser Zeitspanne wird der Bestand des jeweiligen Materials (z. B. Kopierpapier) überprüft und auf den Sollbestand von 500 Mengeneinheiten aufgefüllt, d. h. zum Bestellzeitpunkt 1 (BZ 1) wird eine Menge von 300 geordert. Da zwischen Bestellung und Lieferung eine gewisse Zeit (Beschaffungszeit) vergeht (2 Tage in Abbildung 35), in der ein weiterer Verbrauch erfolgt, wird der Sollbestand durch die erfolgende Lieferung nicht ganz erreicht.

Das Bestellrhythmusverfahren ist organisatorisch einfach umzusetzen, es eignet sich vor allem für Materialien, bei denen keine extremen Verbrauchsschwankungen auftreten. In der Praxis verbreiteter ist allerdings das Bestellpunktverfahren.

Bestellpunktverfahren

Im Gegensatz zum Bestellrhythmusverfahren geht das Bestellpunktverfahren nicht von festen Bestellrhythmen, sondern von festen Bestellmengen aus. Die Lagerauffüllung wird dann veranlasst, wenn die Vorräte auf einen kritischen Bestand (Meldebestand) abgesunken sind. Dieser Meldebestand ist so bemessen, dass er zur Überbrückung der Beschaffungszeit ausreicht, die für Bearbeitung der Bestellung, Lieferzeit des Lieferanten, Warenübernahme etc. erforderlich ist. Abbildung 36 liefert ein Beispiel für das Bestellpunktverfahren.

Abb. 36: Bestellpunktverfahren

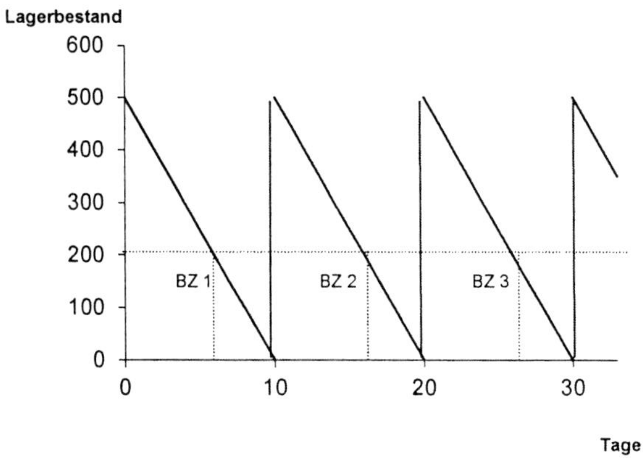

In Abbildung 36 sind zu Beginn des Betrachtungszeitraums 500 Mengeneinheiten eines bestimmten Materials vorhanden. Dieser Vorrat sinkt kontinuierlich ab (um 50 ME pro Tag in Abbildung 36), so dass am Ende des 10. Tages ein vollständiger Bestandsabbau erfolgt wäre, wenn die Lagerauffüllung unterbliebe. Der Zeitpunkt, zu dem die Bestellung durchgeführt werden sollte, hängt ab von der Beschaffungszeit. Beträgt sie, wie im Beispiel unterstellt, 4 Tage, so muss die Nachschuborder spätestens am 6. Tag abgegeben werden. Der Meldebestand von 200 Mengeneinheiten ergibt sich als Produkt aus Verbrauchsgeschwindigkeit (50 ME pro Tag) und Beschaffungszeit (4 Tage).

$$\text{Meldebestand} = \text{Verbrauch pro Tag} * \text{Beschaffungszeit}$$

Verglichen mit dem Bestellrhythmusverfahren ist das Bestellpunktverfahren mit einem höheren administrativen Aufwand verbunden, weil bei jeder Lagerbewegung der Meldebestand zu kontrollieren ist. Soweit die Lagerverwaltung DV- technisch erfolgt, dürfte der zusätzliche Aufwand allerdings gering sein.

Mindestbestand

Unabhängig vom Modus der Bestelldurchführung stellt sich die Frage, was geschieht, wenn die realen Entwicklungen von den in den Verfahren unterstellten Entwicklungen abweichen. Beispielsweise ist es denkbar, dass ein Lieferant seine Mengenzusagen nicht einhalten kann oder in Verzug gerät. Andererseits kann es aber auch zu Mehrverbrauchen bestimmter Materialien kommen, wenn ein unvorhergesehener Nachfrageanstieg Produktionssteigerungen notwendig macht. Wenn auch in diesen Fällen ein störungsfreier Ablauf des Betriebsprozesses sichergestellt werden soll, darf ein bestimmter Mindestbestand („eiserner Bestand") im normalen Geschäftsbetrieb nicht unterschritten werden. Welche Auswirkungen das Vorhalten eines Mindestbestandes hat zeigt Abb. 37.

Der Mindestbestand ermöglicht bei Verzögerungen in der Belieferung im Beispiel der Abbildung 37 eine Zeitreserve (C), die 4 Tage beträgt. Dabei ist unterstellt, dass der tägliche Verbrauch konstant bleibt und auch entsprechend geschätzt wurde. Am Tage 6 wird der (erhöhte) Meldebestand erreicht. Der Lieferant benötigt 4 Tage um zu liefern. Im Normalfall liefert er somit am Tage 10. Könnte er nicht am Tage 10 liefern, wäre immer noch ein Lagerbestand vorhanden, der bei konstantem Lagerabgang noch bis zum Tage 14 reichen würde (gestrichelte Linie).

Abb. 37: Mindestbestand

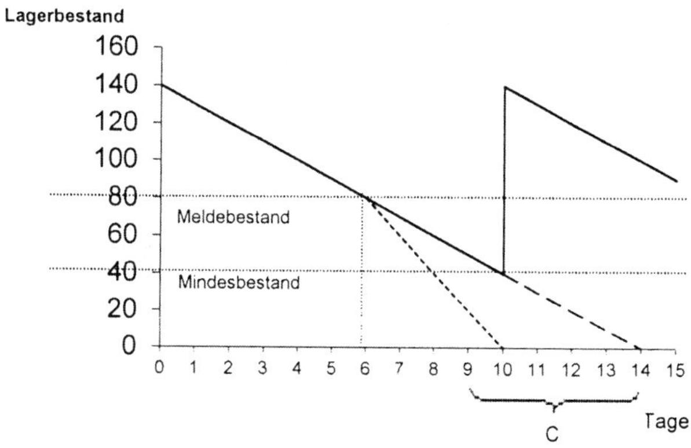

Auch für den Fall, dass nach der Bestellung eine unvorhergesehene Verbrauchssteigerung eintritt, ist Vorsorge getroffen. Selbst bei erhöhtem Verbrauch (steilere gepunktete Linie) würde der Lagervorrat bis zum Tage 10 ausreichen, allerdings darf dann keine Lieferverzögerung hinzukommen.

Grundsätzlich ist die Risikovorsorge natürlich umso umfassender, je höher die Reservemenge für den Mindestbestand bemessen wird. Allerdings verursachen diese zusätzlichen Mengen auch Kosten (z.B. Kapitalbindung) und können deshalb nicht beliebig hoch gewählt werden. Weiterhin muss man sich vergegenwärtigen, dass der Mindestbestand im normalen Geschäftsbetrieb nicht benötigt wird, weil in vielen

Fällen das Material von mehr als einem Lieferanten bezogen werden kann. Damit ist das Risiko, dass benötigtes Material nicht rechtzeitig bezogen werden kann, gering.

Planung der Bestellmenge

Bei der Bemessung der Mengen, die pro Bestellvorgang zu ordern sind, kann man sich prinzipiell an der maximalen Lagerkapazität orientieren. Dies hat allerdings einen hohen Durchschnittsbestand des Lagers (mit entsprechenden Kosten, vgl. oben) zur Folge. Durch häufigere Bestellungen mit geringeren Zugangsmengen lässt sich der Durchschnittsbestand des Lagers reduzieren, wie Abbildung 38 zeigt.

Abb. 38: Zusammenhang zwischen Bestellrhythmus und durchschnittlichem Lagerbestand

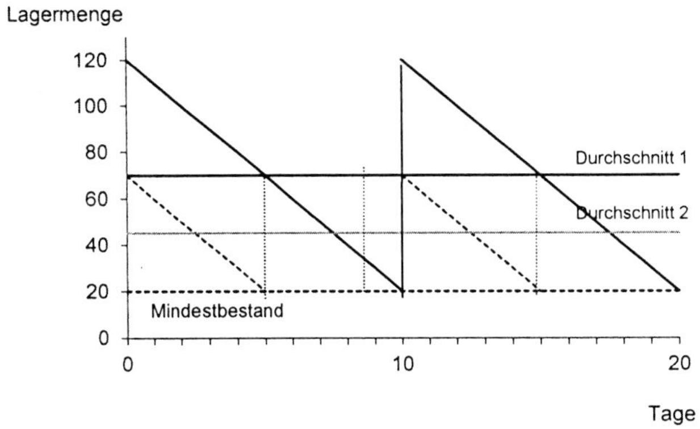

Die Anfangsmenge 1 betrage 120 Stück, der Mindestbestand ist auf 20 Stück festgelegt, bei einem konstanten Verbrauch von 10 Stück am Tag, muss so bestellt werden, dass am Tag 10 eine Lieferung von 100 Stück erfolgt. Der durchschnittliche Lagerbestand bei dieser Bestellmenge beträgt:

$$\text{durchschn.Lagerbestand} = \frac{\text{Anfangsbestand} + \text{Endbestand}}{2}$$

$$\text{durchschn.Lagerbestand} = \frac{120 + 20}{2}$$

$$\text{durchschn.Lagerbestand} = 70$$

Der alternative Bestellrhythmus beginnt bei 70 Stück auf Lager. Bei gleichem konstantem Verbrauch wie im obigen Beispiel müssen für den Tag 5 50 Stück bestellt werden, damit der Mindestbestand nicht unterschritten wird. Es errechnet sich ein durchschnittlicher Lagerbestand in Höhe von 45 Stück.

Mit dem höheren Bestellrhythmus fallen andererseits auch zusätzliche Arbeiten und damit verbundene Kosten an. Die Aufgabe der Bestellmengenplanung besteht insofern darin, diejenige Bestellmenge je Bestellvorgang zu ermitteln, die unter Abwägung der zu berücksichtigenden Kostenkomponenten an vorteilhaftesten ist. Dabei sind zwei unterschiedliche Aspekte zu berücksichtigen:

1. Wenn große Mengen bestellt werden, lassen sich häufig Preisvorteile durch Mengenrabatte erzielen. Außerdem verteilen sich die mit jeder Bestellung verbundenen Grundkosten auf mehr Artikel, d.h. die bestellfixen Kosten pro Stück nehmen mit zunehmender Auftragsgröße ab. Zu diesen Kosten gehören z.B. die Bestelldurchführung und die Bestellüberwachung im Einkauf, die Rechnungsprüfung und die Wareneingangskontrolle. Außerdem sind die Transportkosten, die auf jeden Artikel entfallen, bei größeren Mengen meist geringer als bei kleinen Mengen. Im Ergebnis heißt dies, dass die unmittelbar mit der Bestellung verbundenen Kosten pro Stück mit größer werdender Menge sinken.
2. Wie in Abbildung 38 gezeigt, nimmt allerdings auch der durchschnittliche Lagerbestand mit zunehmender Bestellmenge zu. Dies erhöht die Wahrscheinlichkeit der Beschädigung, des Verderbs, der technischen und/oder modemäßigen Veralterung. Außerdem beansprucht jeder gelagerte Artikel im Durchschnitt den Lagerplatz länger. Damit sind wiederum höhere Lagerkosten (Raumbedarf, Energie, Überwachung, Verwaltung etc.) verbunden. Auch die Kapitalbindung steigt in Abhängigkeit von der Menge, so dass höhere Zinskosten anfallen. Die Kosten für die Aufbewahrung pro Artikel entwickeln sich also gegenläufig zu den Bestellkosten, sie steigen mit größer werdender Bestellmenge.

Dieser Zusammenhang wird in Abbildung 39 verdeutlicht.

Abb. 39: Ableitung der optimalen Bestellmenge

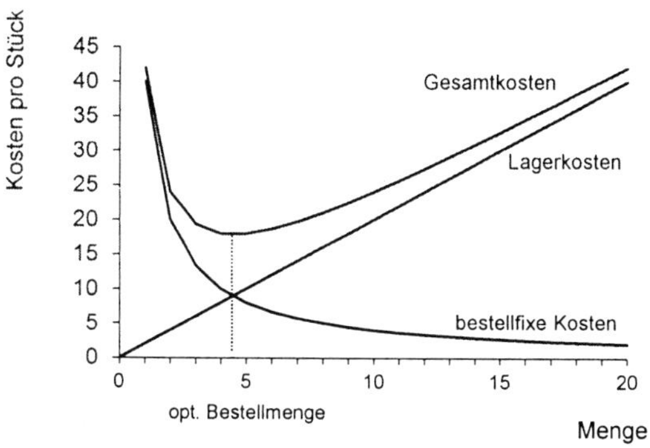

Die optimale Bestellmenge ergibt sich in Abbildung 39 dort, wo die Summe aus Bestellkosten pro Stück und Aufbewahrungskosten pro Stück am geringsten ist.

Unter bestimmten Rahmenbedingungen und Voraussetzungen kann auch eine Formel zur Ermittlung der optimalen Bestellmenge abgeleitet werden.

Die gesamten Lager- und Beschaffungskosten pro Jahr setzen sich zusammen aus:

$$K = \underbrace{\frac{y}{2}}_{\text{durchschn. Lagerbestand}} \quad * \quad \underbrace{C_l}_{\text{Lagerkostensatz}} \quad + \quad \underbrace{\frac{C_b}{y}}_{\text{bestellfixe Kosten}} * B$$

Mit
y = Bestellmenge
B = Jahresbedarf
C_l = Lagerkostensatz
C_b = bestellfixe Kosten

Mit

C_l = Einstandspreis * (Zinssatz + Lagerkostensatz)

Wird diese Gleichung nach y differenziert und die erste Ableitung gleich null gesetzt und nach y aufgelöst, erhält man:

$$y_{opt} = \sqrt{\frac{2 B C_b}{C_l}}$$

Oder in Worten ausgedrückt:

$$\text{optimaleBestellmenge} = \sqrt{\frac{2 \cdot \text{Jahresbedarf} \cdot \text{bestellfixeKosten}}{\text{Einstandspreis} \cdot (\text{Zinssatz} + \text{Lagerkostensatz})}}$$

Das Modell arbeitet mit einer Reihe von Prämissen, die in der Realität häufig nicht gegeben sind:

1. Konstante Lagerabgangsgeschwindigkeit,
2. konstante Einstandspreise (z.B. keine Mengenrabatte),
3. konstante Kosten,
4. keine Lagerrestriktionen,
5. keine Finanzierungsrestriktionen,
6. frei wählbare Anlieferungszeitpunkte.

In praktischen Entscheidungssituationen können allerdings weitere Überlegungen eine Rolle spielen, so z. B. die künftig erwartete Preisentwicklung. Wird mit stark steigenden Preisen gerechnet (z. B. auf Rohstoffmärkten), ist es leicht denkbar, dass vermiedene Preissteigerungen zusätzliche Lagerkosten überkompensieren und eine hohe Bevorratung sinnvoll erscheinen lassen. Vergleichbare Überlegungen lassen sich bei Bezug gegen Fremdwährungen hinsichtlich der Wechselkursentwicklung anstellen. Sich abzeichnende Lieferengpässe (z. B. durch Streiks) können die Bestellmengendisposition ebenso relativieren wie mögliche Absatzschwierigkeiten bei den eigenen Produkten (die eine zurückhaltende Bevorratung nahe legen würden).

6.1.5 Übungsaufgaben

1. In einer Stadtverwaltung beträgt der Verbrauch an Formularen für Ordnungswidrigkeiten pro Tag 15 Stück. Der Lieferant hat zugesagt, binnen 4 Tagen nach Bestellung zu liefern.

   a) Wie hoch muss der Meldebestand sein?
   b) Wie hoch muss der Meldebestand sein, wenn über die Lieferzeit hinaus Vorsorge für eine ungeplante Lieferverzögerung von zwei Tagen getroffen werden soll? Wie wird eine derartige Menge genannt und welche Auswirkungen hat sie für den Betrieb?
   c) Nennen und erläutern Sie die Faktoren, die Einfluss auf den Meldebestand haben.

2. In einem Amt werden täglich 2.000 Formulare für Ordnungswidrigkeiten verbraucht. Die Bestellmenge beträgt 60.000 Stück, der Meldebestand 10.000 Stück.

   a) In welchen zeitlichen Abständen erfolgt der Einkauf?
   b) Auf wie viel Tage beläuft sich die normale Beschaffungszeit?
   c) Es ist damit zu rechnen, dass sich der Verbrauch pro Tag auf 2.500 Stück erhöhen wird. Ermitteln Sie den neuen Meldebestand.
   d) Welche Lagermaßnahme dient dazu, Vorsorge für eine Lieferverzögerung zu treffen? Welche betriebswirtschaftlichen Auswirkungen hat diese Maßnahme?

3. Für eine größere Schule sollen Sie im Rahmen der Budgetierung die Beschaffung von Lehr- und Unterrichtsmitteln regeln. Auf Grund der Erfahrungen der letzten Jahre kann für das kommende Jahr mit einem Bedarf an Fotokopierpapier von 18 Millionen Blatt Papier gerechnet werden. Das Fotokopierpapier kostet 5 € je 1000 Blatt und ist in den Losgrößen zu 1 Mio. Blatt, 3 Mio. Blatt, 6 Mio. Blatt, 9 Mio. Blatt, 12 Mio. Blatt, 15 Mio. Blatt und 18 Mio. Blatt lieferbar. Mengenrabatt wird nicht gewährt. Für jede Anlieferung berechnet der Lieferant pauschal 70,-- €. Die Zins- und Lagerkosten belaufen sich - auf 12 Monate gerechnet - auf 8% des Wertes der durchschnittlich gelagerten Ware. Ermitteln Sie die optimale Bestellmenge und berechnen Sie die Gesamtkosten der jeweiligen Bestellmengen. (Unterstellen Sie, dass Preis und Bestellkosten konstant sind, ein kontinuierlicher Lagerabgang erfolgt und Fehlmengenkosten nicht anfallen.)

4. Sie sind im Schulamt mit der Beschaffung von Kopierpapier für die Schulen betraut. Der Jahresbedarf beläuft sich auf 150.000 Blatt Papier. Der Kaufpreis beträgt 0,05 € pro Blatt. Pro Bestellvorgang fallen nach einer Untersuchung des Kostenrechners 100 € Kosten an. An Zinskosten fallen 6 %, an Lagerkosten fallen 2 % an.

   a) Aus welchen Kosten setzen sich die Gesamtkosten pro Jahr des Kopierpapiers zusammen?
   b) Wie lautet die Formel zur Ermittlung der optimalen Bestellmenge?
   c) Überprüfen Sie Ihr Ergebnis, indem Sie die Gesamtkosten für folgende Bestellmengen errechnen: 70.000, 75.000, 80.000, 85.000, 90.000, 95.000.

5. Warum kommt der Vorratswirtschaft bei einigen Dienstleistern nicht die Bedeutung zu, die sie bei Sachgüter herstellenden Betrieben hat?

6. Auf welche Vorräte (Bestände) muss ein öffentlicher Verwaltungsbetrieb besonders achten? Begründen Sie kurz Ihre Aussage.

7. Nennen Sie Besonderheiten, die die Beschaffungsstellen öffentlicher Dienstleister von denen privater Dienstleister unterscheiden.

8. Nennen Sie Beispiele, in denen die öffentlichen Betriebe Nachfragemonopolist oder marktbeherrschender Nachfrager sind.

9. Welche Vergabearten kennt die VOB?

10. Schildern Sie den Ablauf einer Beschaffungsentscheidung über Bauleistungen.

11. Legen Sie dar, was Ziel und Gegenstand des Vergaberechts ist.

12. Welche Vergabeprinzipien kennen Sie?

13. Erläutern Sie, welche Arten der Vergabeverfahren wie zu differenzieren sind.

14. Wann können Vergabeverfahren mittels E-Mail abgewickelt werden?

Lösungsvorschläge:

1. a) Meldebestand = Verbrauch pro Tag * Lieferzeit

   = 15 * 4

   Wenn bei einem Bestand von 60 eine neue Bestellung ausgelöst wird und der Lieferant nach 4 Tagen liefert, kommt die Lieferung genau dann, wenn das Lager leer ist. Es entsteht keine Produktionsunterbrechung. Es besteht die Gefahr, dass bei einer Lieferverzögerung die Produktion unterbrochen wird, weil keine Formulare mehr vorhanden sind.

   b) Es muss Vorsorge für eine Lieferzeit von 6 Tagen getroffen werden. Dann steigt der Meldebestand um 30 Stück auf 90 Stück. Dieser Sicherheitsbestand wird „Eiserner Bestand“ genannt und erhöht die Kapital- und Lagerkosten, die mit dem Vorrat verbunden sind.

   c) Der Meldebestand ist abhängig:

   - vom Verbrauch (= Lagerabgangsgeschwindigkeit),
   - von der Beschaffungszeit,
   - von dem Risiko, dass sich der Verbrauch und/oder die Beschaffungszeit ändert.

2. a) Bei konstantem Verbrauch von 2.000 Stück pro Tag muss bei einer Liefermenge von 60.000 Stück alle 30 Tage eine Bestellung ausgelöst werden.

   b) Mangels anderer Angaben ist zu unterstellen, dass die 10.000 Stück Meldebestand nur die normale Beschaffungszeit abdecken, also noch keine Vorsorge für Lieferverzögerungen beinhalten.

$$\text{Meldebestand} = \text{Verbrauch pro Tag} \cdot \text{Beschaffungszeit}$$

Nach Umformung ergibt sich:

$$\text{Beschaffungszeit} = \frac{10.000}{2.000}$$

$$\text{Beschaffungszeit} = 5\,\text{Tage}$$

   c) Wenn sich der Verbrauch pro Tag erhöht und die Beschaffungszeit weiterhin 5 Tage beträgt, muss sich der Meldebestand auf 12.500 erhöhen.

   d) Die notwendige Lagermaßnahme ist die Einrichtung eines „eisernen Bestandes". Diese Maßnahme hebt den durchschnittlichen Lagerbestand auf ein höheres Niveau im Vergleich zum Niveau ohne eisernen Bestand. Ein höherer durchschnittlicher Lagerbestand bedeutet höhere Kapitalbindung und höherer Raumbedarf. Beides bedeutet für einen Betrieb Kosten, die natürlich nicht ins Unendliche ausgedehnt werden dürfen. Aus diesem Grunde stehen die Ziele Produktionssicherheit aufgrund ausreichenden Lagers und Kostenbegrenzung in Konkurrenz.

3. Die Formel zur Ermittlung der optimalen Bestellmenge lautet:

$$\boxed{y_{opt} = \sqrt{\frac{2 B C_b}{C_l}}}$$

oder in Worten

$$\boxed{\text{optimaleBestellmenge} = \sqrt{\frac{2 \cdot \text{Jahresbedarf} \cdot \text{bestellfixeKosten}}{\text{Einstandspreis} \cdot (\text{Zinssatz} + \text{Lagerkostensatz})}}}$$

Die angegebenen Werte werden eingesetzt und die Formel ausgerechnet:

$$\text{optimale Bestellmenge} = \sqrt{\frac{2 \cdot 18.000.000 \cdot 70}{0{,}005 \cdot 0{,}08}}$$

$$\text{optimale Bestellmenge} = \sqrt{\frac{2.520.000.000}{0{,}0004}}$$

$$\text{optimale Bestellmenge} = \sqrt{\frac{2.520.000.000}{0,0004}}$$

$$\text{optimale Bestellmenge} = \sqrt{6.300.000.000.000}$$

$$\text{optimale Bestellmenge} = 2.509.980 \text{ Blatt}$$

Da die nächstliegende Bestellmenge 3,0 Mio. Blatt beträgt, werden 3 Mio. Blatt bestellt.

Die jährlichen Gesamtkosten bei den alternativen Bestellmengen setzen sich wie folgt zusammen:

Gesamtkosten (K) = unmittelbare Beschaffungskosten (K_u)
+ mittelbare Beschaffungskosten (K_m)
+ Lagerkosten (K_l)

Die Entwicklung der Gesamtkosten lässt sich am besten mittels einer Tabelle darstellen:

Tab. 13: Kosten bei unterschiedlichen Bestellmengen

Bestellmenge	1.000.000	3.000.000	6.000.000	9.000.000	12.000.000	15.000.000
K_u	90.000	90.000	90.000	90.000	90.000	90.000
K_m	1260	420	210	140	105	84
K_l	200	600	1200	1800	2400	3000
Gesamtkosten	91.460	91.020	91.410	91.940	92.505	93.084

Es ist deutlich erkennbar, dass die Gesamtkosten pro Jahr bei einer Bestellmenge von 3,0 Mio. Blatt ein Minimum erreichen.

4. a) Gesamtkosten (K) = unmittelbare Beschaffungskosten (K_u)
+ mittelbare Beschaffungskosten (K_m)
+ Lagerkosten (K_l)

$$K_u = \text{Jahresbedarf} \cdot {*}\text{Preis}$$

$$K_m = \frac{\textit{Fixe Bestellkosten}}{\textit{Bestellmenge eines Bestellvorganges}} \cdot {*}\textit{Jahresbedarf}$$

$$K_l = \frac{\textit{Bestellmeng eines Bestellvorganges} \cdot \text{Preis}}{2} \cdot {*}\textit{Zins} - \textit{und Lagerkostensatz}$$

b) Die Formel lautet:

$$\text{optimale Bestellmenge} = \sqrt{\frac{2 \cdot \text{Jahresbedarf} \cdot \text{bestellfixe Kosten}}{\text{Einstandspreis} \cdot (\text{Zinssatz} + \text{Lagerkostensatz})}}$$

c) Die Entwicklung lässt sich am besten mittels einer Tabelle zeigen:

Tab. 14: Optimale Bestellmenge

Bestellmenge	70.000	75.000	80.000	85.000	90.000	95.000
Ku	7.500	7.500	7.500	7.500	7.500	7.500
Km	214,29	200	187,5	176,47	166,67	157,89
Kl	140	150	160	170	180	190
Gesamtkosten	7.854	7.850	7.848	7.846	7.847	7.848

Die Kosten weisen ein flaches Minimum zwischen 85.000 und 90.000 Blatt auf. Die optimale Bestellmenge beträgt laut Formel 86.602 Blatt.

5. Im Gegensatz zu einem Sachgüterhersteller benötigt die öffentliche Verwaltung als Dienstleister keine großen Mengen an wertvollen Rohstoffen. Damit sind eventuell anfallende Lager- und Zinskosten, die vom Wert der gelagerten Waren abhängen, vernachlässigbar gering. Auf der Seite der Fertigerzeugnisse gibt es bei der öffentlichen Verwaltung kaum Vorräte, da Dienstleistungen aufgrund ihrer Eigenart nicht lagerfähig sind.

6. Wie unter 5. ausgeführt gibt es bei der öffentlichen Verwaltung keine materiell wertvollen Vorräte. Einige Vorräte der Verwaltung sind jedoch deshalb wertvoll, weil sie nur unter bestimmten Voraussetzungen zu erlangen sind oder gewährt werden. So ist z.B. auf Dienstsiegel, Plaketten in Zusammenhang mit der Kfz Meldung, offizielle Briefbögen oder Unterlagen in Zusammenhang mit dem Einwohnermeldewesen besonders sorgfältig zu achten. Diese Unterlagen finden Interesse bei Personen, die damit nicht legal umgehen wollen. Ferner ist an alle Datenbestände zu denken. Sie sind allein schon aus datenschutzrechtlicher Sicht besonders sorgfältig zu überwachen.

7. Der Beschaffungsvorgang öffentlicher Stellen ist sehr verrechtlicht. Es sind beschaffungsrechtliche und haushaltsrechtliche Vorschriften zu beachten. Bei einem Beschaffungsvorgang muss zunächst geprüft werden, ob im Haushaltsplan dafür Geld vorgesehen ist. Wenn dies der Fall ist, kann eine öffentliche Ausschreibung stattfinden (Regelfall). Bei Überschreitung bestimmter Wertgrenzen ist die Ausschreibung europaweit vorzunehmen.

8. Hier können nur einige Beispiele genannt werden:

- Straßenschilder,
- Straßenmarkierungen,
- Schulmöbel,
- Straßenbauarbeiten,
- militärisches Gerät.

9. Die VOB kennt folgende Vergabearten:

- die Öffentliche Ausschreibung,
- die Beschränkte Ausschreibung,
- die Freihändige Vergabe.

Die **öffentliche Ausschreibung** stellt die generelle Form dar, von der nur in Ausnahmefällen abgewichen werden darf. Sie richtet sich an einen unbeschränkten Kreis von Anbietern. Sie wird durch Veröffentlichung in den lokalen Zeitungen bzw. in speziellen Ausschreibungszeitungen bekannt gemacht.

Von ihr darf nur abgewichen werden, wenn eine erste öffentliche Ausschreibung kein annehmbares Ergebnis erbracht hat, wenn eine öffentliche Ausschreibung einen nicht vertretbaren Aufwand darstellt oder wenn die öffentliche Ausschreibung unzweckmäßig ist.

Von der öffentlichen Ausschreibung unterscheidet sich die **beschränkte Ausschreibung** dadurch, dass eine beschränkte Auswahl an Unternehmen mit der Aufforderung, sich an einer Ausschreibung zu beteiligen, angeschrieben wird. Sie ist dann geeignet, wenn z.B. nur ein begrenzter Kreis von Anbietern aufgrund speziell notwendiger Fachkenntnisse in Frage kommt.

Die **freihändige Vergabe** schließlich ist die absolute Ausnahme. Sie kommt zur Anwendung, wenn die Leistung besonders dringend benötigt wird, sich eine kleinere Leistung nicht von einer größeren trennen lässt oder wenn Geheimhaltungsinteressen eine öffentliche Ausschreibung nicht geraten erscheinen lassen. Darüber hinaus kann freihändig vergeben werden, wenn die benötigte Leistung sich nicht erschöpfend beschreiben lässt oder wenn aufgrund besonderer Umstände (Patente, Lizenzen) nur ein Unternehmer in Frage kommt.

10. Nach der Prüfung, ob Geld im Haushalt bereitsteht, wird ein unbegrenzter Anbieterkreis z.B. durch Veröffentlichung aufgefordert, sich die nähere Leistungsbeschreibung anzufordern. Diese Leistungsbeschreibung, die die Massen enthält (z.B. 100 m^3 Aushub), ist eine Planungsleistung der Verwaltung. Innerhalb einer Angebotsfrist können nun Interessenten ihr Angebot bei der Verwaltung mit einem Vermerk, dass es sich um ein Angebot zur Ausschreibung XX handelt, bei der Verwaltung abgeben. Erst zum Eröffnungstermin werden unter Protokollführung alle eingegangenen Angebote eröffnet. Es erfolgt die Prüfung der Angebote und innerhalb der Zuschlagsfrist die Vergabe des Auftrags.

11. Das Vergaberecht umfasst alle Gesetze und Regelungen, die die öffentliche Hand beim Einkauf von Gütern und Leistungen zu beachten hat. Vorrangiges Ziel des Vergaberechts ist es, durch die wirtschaftliche Verwendung von Haushaltsmitteln den Beschaffungsbedarf der öffentlichen Hand zu decken. Auftraggeber sind dabei nicht nur öffentliche Einrichtungen, sondern können auch solche Unternehmen sein, die dem Vergaberecht unterliegen – zum Beispiel bestimmte Energie- oder Verkehrsunternehmen. Das Ziel der wirtschaftlichen Beschaffung soll durch transparenten und fairen Wettbewerb (Gebote der Gleichbehandlung, Nichtdiskriminierung und Transparenz) sichergestellt werden, damit Steuergelder sparsam und sachgerecht verwendet werden und gleichzeitig die Unternehmen am Markt - insbesondere die kleinen und mittleren Unternehmen - angesprochen werden sollen. Außerdem soll verhindert werden, dass der Staat als großer Nachfrager auf dem Markt seine Marktstärke missbraucht. Ein weiteres Ziel ist die Öffnung der öffentlichen Beschaffungsmärkte in der EU durch transparente und nicht diskriminierende Verfahren für alle potenziellen europäischen Bewerber um öffentliche Aufträge.

12. Um das Ziel der wirtschaftlichen Beschaffung durch einen transparenten und fairen Wettbewerb sicherzustellen sind die Gebote der Gleichbehandlung, der Nichtdiskriminierung und der Transparenz als Vergabeprinzipien zu beachten.

13. Folgende Arten der Vergabeverfahren sind zu differenzieren:

    1. Öffentliche Ausschreibung: Aufforderung einer unbeschränkten Zahl von Unternehmen zur Abgabe eines Angebotes = allgemeine Form der Vergabe (§ 9 UVgO, § 3 Abs. 1 VOB/A).
    2. Beschränkte Ausschreibung: Aufforderung einer beschränkten Zahl von Unternehmen zur Abgabe eines Angebotes = Form der Vergabe, wenn Eigenart der Leistung dies rechtfertigt (§ 10 UVgO (mit Teilnahmewettbewerb), § 11 UVgO (ohne Teilnahmewettbewerb), § 3 Abs. 2 VOB/A).
    3. Verhandlungsvergabe (UVgO) bzw. Freihändige Vergabe (VOB): Vergabe eines Auftrages ohne förmliches Verfahren u. a., wenn wegen der Besonderheit der Bauleistung nur ein bestimmtes Unternehmen in Frage kommt (§ 12 UVgO (mit oder ohne Teilnahmewettbewerb), § 3 Abs. 3 VOB/A).
       Zur Wahl der Verfahrensart ist § 8 UVgO bzw. § 3 a VOB/A zu beachten.

14. Wenn der geschätzte Auftragswert 25.000 € (netto, ohne Mehrwertsteuer) nicht überschreitet oder eine Beschränkte Ausschreibung oder eine Verhandlungsvergabe (ohne Teilnahmewettbewerb) durchgeführt wird und der Auftraggeber deshalb gemäß § 38 Abs. 4 UVgO nicht zur Akzeptanz oder Vorgabe elektronischer Teilnahmeanträge oder Angebote verpflichtet ist, können Vergabeverfahren mittels E-Mail abgewickelt werden. In diesen Fällen kommen § 7 Absatz 4, §§ 39 und 40 der UVgO und §§ 11a und 14 der Vergabe- und Vertragsordnung für Bauleistungen Teil A nicht zur Anwendung.

6.1.6 Material- und Artikelanalyse

Die Ermittlung optimaler Bestellmengen ist mit erheblichem Planungs- und Organisationsaufwand verbunden. Er hängt nicht nur von der Zahl der zu bestellenden Artikel ab, sondern auch von der Art und vom Umfang der Lager.

Dieser Aufwand sollte natürlich den Nutzen nicht übersteigen, der aus derartigen Optimierungsmaßnahmen resultieren kann. Sinnvoll ist es deshalb, solche Aktivitäten auf Artikel mit hoher Wichtigkeit bzw. hohem Wert zu konzentrieren und Artikel mit geringerer Bedeutung nach standardisierten Prozeduren abzuwickeln. Hierzu ist eine Klassifikation der Artikel nach ihrer Wert- und Mengenstruktur erforderlich.

ABC-Analyse

Die ABC-Analyse ermöglicht eine solche Klassifikation. Sie basiert auf der Erfahrung, dass ein Großteil des Gesamtwertes der lagermäßig zu verwaltenden Materialien durch wenige Artikel repräsentiert wird. Erfahrungsgemäß machen 10 bis 20% der Positionen 70 bis 80% dieses Wertes aus, so dass die Mehrzahl der Artikel nur einen geringen Anteil am Gesamtwert hat. Man differenziert die Materialien nach drei Kategorien:

A-Güter: Alle Materialien bzw. Artikel, die bis zu rund 70% des Gesamtwertes darstellen.
B-Güter: Alle Materialien bzw. Artikel, die weitere rund 20% des Gesamtwertes darstellen.
C-Güter: Alle Materialien bzw. Artikel, die die restlichen rund 10% des Gesamtwertes darstellen.

Die Abbildung 40 verdeutlicht eine solche Materialklassifikation.

Abb. 40: ABC-Analyse

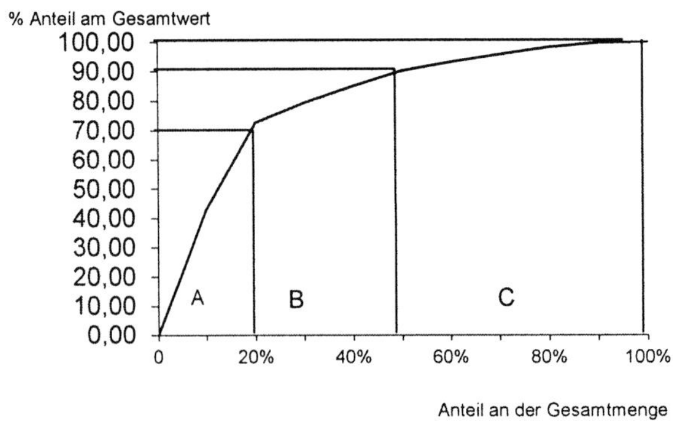

Zur Ermittlung der Datengrundlage für die Analyse sind folgende Schritte erforderlich:

(1) Erfassung aller Materialien bzw. Artikel hinsichtlich Menge und Preis.
(2) Ermittlung des Wertes jeder Position (Menge * Preis).
(3) Rangordnung der Artikel nach ihrem Wert.
(4) Ermittlung des prozentualen Anteils am Gesamtwert für jeden Artikel.
(5) Kumulierung der prozentualen Anteile am Gesamtwert.
(6) Einteilung der Artikel in die Klassen A,B und C.

Das folgende Beispiel verdeutlicht, wie die graphische Klassifikation zustande kommt:

Tab. 15: Lagerartikel zur ABC Analyse

Artikel	Bedarf	Preis pro ME (€)	Wert (€)
1	1.200,00	2,00	2.400,00
2	40.000,00	0,75	30.000,00
3	4.000,00	4,00	16.000,00
4	200,00	800,00	160.000,00
5	15.000,00	0,50	7.500,00
6	24.000,00	0,55	13.200,00
7	12.000,00	3,00	36.000,00
8	7.000,00	4,00	28.000,00
9	46.000,00	0,30	13.800,00
10	33.000,00	7,00	231.000,00

Tab. 16: ABC-Analyse

Rang	Artikel	Wert	Wert in %	kum. Wert in %	Klasse
1	10	231.000,00	42,94	42,94	A
2	4	160.000,00	29,75	72,69	A
3	7	36.000,00	6,69	79,38	B
4	2	30.000,00	5,58	84,96	B
5	8	28.000,00	5,21	90,17	B
6	3	16.000,00	2,97	93,14	C
7	9	13.800,00	2,57	95,71	C
8	6	13.200,00	2,45	98,16	C
9	5	7.500,00	1,39	99,55	C
10	1	2.400,00	0,45	100,00	C
	Gesamt	537.900,00			

Die wesentliche Erkenntnis der ABC-Analyse liegt in der Identifikation der A-Güter. Auf sie sollte sich die Planungs-, Dispositions- und Verhandlungsaktivitäten vor allem konzentrieren. Hier haben Rationalisierungsmaßnahmen das höchste Kostensenkungspotential, auch wirken sich Konditionenverbesserungen im Einkauf überproportional auf den Erfolg aus. B-Güter besitzen einen mittleren Stellenwert und sollten deshalb nur bedingt Gegenstand detaillierter Planungs- und Dispositionsaktivitäten sein. C-Güter sind wegen ihres geringen Wertanteils nicht differenziert zu planen, sondern routinemäßig zu verwalten. Aufgrund ihres hohen Anteils an der Gesamtmenge würde der Aufwand den Nutzen hier übersteigen.

6.1.7 Produktionssynchrone Beschaffung

Hohe Kapitalbindungs- und Lagerhaltungskosten, aber auch kürzer werdende Produktionszyklen und eine hohe Zahl von Produktvarianten setzen einer wirtschaftlichen Lagerhaltung vielfach Grenzen. In einigen Branchen begegnen Unternehmen diesen Problemen mit dem Übergang auf eine produktionssynchrone Beschaffung. Dieses auch „Just in Time"-Management (JIT) genannte Konzept sieht vor, dass benötigte Materialien genau in den Mengen und zu dem Zeitpunkt angeliefert werden, dass sie direkt im Produktionsprozess verarbeitet werden können. Die Lagerhaltung wird dadurch weitgehend entbehrlich.

Für den Einsatz der produktionssynchronen Beschaffung müssen bestimmte Voraussetzungen erfüllt sein:

Zulieferbetriebe müssen sich organisatorisch wie fertigungstechnisch sehr weitgehend auf die Abnehmer einstellen. Dies betrifft z. B. die informationstechnische Abwicklung von Bestellvorgängen, die nicht zu Zeitverlusten führen sollte (z. B. durch direkte Datenübertragung) oder die Ausrichtung der Produktionsplanung auf die Anforderungen eines Abnehmers.

- Um Termin- und Mengenvorgaben erfüllen zu können, sind beim Zulieferer ggf. Investitionen zur Erhöhung der Kapazität oder zur Rationalisierung von Fertigungsprozessen erforderlich. Diese werden naheliegenderweise nur durchgeführt,

- wenn eine langfristige Zusammenarbeit durch entsprechende Lieferverträge vereinbart wird.

- Auch der Standortfrage kommt bei der produktionssynchronen Beschaffung eine wichtige Bedeutung zu. Da Liefertermine exakt eingehalten werden müssen (andernfalls werden hohe Konventionalstrafen fällig), bleibt Zulieferern zur Begrenzung des Transportrisikos praktisch keine andere Wahl, als sich in der Nähe der Weiterverarbeiter anzusiedeln, mit denen sie ein hohes Geschäftsvolumen abwickeln.

- Da die angelieferten Materialien meist direkt in die Produktion eingesteuert werden - also keine gesonderte Materialprüfung beim Abnehmer erfolgt - ist die Einhaltung der Lieferqualität eminent wichtig. Der Lieferant ist daher für die Sicherung der Qualität zuständig, wobei die Standards i. d. R. der Weiterverarbeiter vorgibt, der zudem ggf. Qualitätsstichproben ("Audits") beim Zulieferer vornimmt. Dieses Problem trat z.B. bei einem Automobilhersteller auf, dessen Zulieferer für Türschlösser schlechte Qualität ablieferte und deshalb die gesamte Produktion gestoppt werden musste.

Es liegt nahe, dass eine solch enge Verzahnung der Aktivitäten die Zahl der Lieferanten aus Sicht des Abnehmers begrenzt. Typisch für die produktionssynchrone Beschaffung ist daher die Beschränkung auf einige wenige Zulieferer, mit denen dann entsprechend langfristige Geschäftsbeziehungen angestrebt werden ("Lean Supplying" bzw. "Single Sourcing").

6.1.8 Übungsaufgaben

1. Fachdienst „Technischer Betrieb“

Für die Arbeiten des Fachdienstes „Technischer Betrieb“ einer Kommune wurden im Durchschnitt der letzten Jahre an Baumaterialien und Winterdienstbedarf die nachfolgenden Positionen benötigt.

150 Tonnen Sand zu 33,70 € je Tonne,
100 Tonnen Beton (Trockenmischung) zu 7,00 € je 50 Kilo-Sack,
750 Tonnen Mischgut zu 31,50 € je Tonne,
125 Betonrohre, 150 cm lang, zu 30,90 € je lfd. Meter,
800 Gehwegplatten, 50 cm x 50 cm, zu 16,25 je Quadratmeter,
250 Quadratmeter Pflastersteine zu 16,70 € je Quadratmeter,
460 Tonnen Auftausalz zu 148,00 € je Tonne,
280 Tonnen Granulat zu 18,60 € je Tonne,
75 Säcke Zement zu 4,55 € je Sack.

1) Erstellen Sie eine ABC-Analyse für die zu beschaffenden Materialien.
2) Erläutern Sie am vorliegenden Beispiel den Zweck einer solchen Analyse für den Funktionsbereich der Beschaffung.
3) Beschreiben Sie kurz die Vergabeverfahren für öffentliche Bestellungen sowie die mit der Anwendung der Vergabeverfahren verbundenen Ziele.
4) Prüfen Sie, ob im vorliegenden Fall von Seiten der Lieferer für die zu beschaffenden Materialien mit Preisabsprachen zu rechnen ist.
5) In welche Komponenten lassen sich die Gesamtkosten der Beschaffung zerlegen und wie verhalten sich diese Kosten mit zunehmender Bestellmenge?
6) Diskutieren Sie, ob und ggf. in welchem Umfang eine Lagerhaltung für die obigen Materialien möglich und notwendig ist.

2. Finanzrechnung der Stadt P.

In der Finanzrechnung der kreisangehörigen Stadt P. finden sich folgende Informationen:

Einnahmen	Summe in Mio. €
Steuern und Abgaben	784
Zuwendungen und allgemeine Umlagen	420
Sonstige Transfereinzahlungen	87
Öffentlich-rechtliche Leistungsentgelte	356
Privatrechtliche Leistungsentgelte	34
Kostenerstattungen und Kostenumlagen	58
Sonstige Einzahlungen	89
Zinsen und sonstige Finanzeinzahlungen	5

Der Kreis X. als Aufsichtsbehörde hat die kreisangehörige Stadt P., die ein Haushaltssicherungskonzept vorlegen muss, aufgefordert, die Gebühren für Abwasser und Abfall (sind enthalten in öffentlich-rechtlichen Leistungsentgelten) zu überprüfen.

1) Wie relevant sind die öffentlich-rechtlichen Leistungsentgelte? Fertigen Sie dazu eine ABC-Analyse an.

2) Erläutern Sie den Zweck bzw. die Ziele, die mit einer solchen Analyse verfolgt werden, anhand der von Ihnen ermittelten Ergebnisse.

Lösungsvorschläge:

1. Fachdienst „Technischer Betrieb“

1) Das Ergebnis der ABC-Analyse ergibt sich aus der folgenden Tabelle

Tab. 17: Lösung der ABC-Analyse

Bezeichnung	Prozentanteil	kum. Anteil	Klasse
Salz	52,6%	52,6%	A
Mineralgemisch	18,2%	70,8%	A
Beton	10,8%	81,6%	B
Rohre	4,5%	86,1%	B
Granulat	4,0%	90,1%	B
Sand	3,9%	94,0%	C
Steine	3,2%	97,2%	C
Platten	2,5%	99,7%	C
Zement	0,3%	100,0%	C

(Rundungsabweichungen möglich)

2) Mit Hilfe der ABC-Analyse wird im vorliegenden Fall der Jahresbedarf an Materialien für den Fachdienst „Technischer Betrieb“ nach dem Anteil am Gesamtwert der Materialien geordnet. Daraus werden Prioritäten für die Behandlung der Materialien abgeleitet. Setzt man die Grenze für die Klasseneinteilung wie oben angegeben, ergibt sich die oben angeführte Verteilung. Damit sind die Positionen Salz und Mineralgemisch als A-Teile zu betrachten. Diese A-Teile rechtfertigen einen höheren planerischen und organisatorischen Aufwand bei der Beschaffung, als es für die drei B-Positionen (aufwendige organisatorische Behandlung nur im Einzelfall) und für die verbleibenden vier C-Positionen zu empfehlen ist. Konkret würde sich dieser höhere planerische und organisatorische Aufwand für die A-Materialien auf Preisvergleiche und Preisverhandlungen, auf Liefermengen, Lieferfristen und Liefertermine sowie auf sonstige Rahmenvereinbarungen z.B. zur Rabattgewährung etc. erstrecken.

Im vorliegenden Fall wäre es durchaus auch sinnvoll, die Grenzen der Kategorien bei A=80%, B=15% und C=5% festzulegen. In diesem Fall würden die Betonrohre zusätzlich zu den A-Materialien und das Granulat zu den B-Materialien zu zählen sein.

3) Ziel der Vergaberegeln ist es

- Güter preisgünstig zu beschaffen,
- Wettbewerb zu erhalten bzw. zu fördern,
- Missbrauch von Marktmacht durch den Staat zu verhindern.

Für die Angebotseinholung und die Auftragsvergabe kommen drei Formen in Betracht.

a) Die öffentliche Ausschreibung, die bei größeren Aufträgen durchzuführen ist und den Regelfall der Beschaffung darstellen soll.
b) Die beschränkte Ausschreibung, die durchzuführen ist,
   - bei weniger umfangreichen Aufträgen,
   - wenn eine öffentliche Ausschreibung kein befriedigendes Ergebnis gebracht hat,
   - bei einem begrenzten Bieterkreis,
   - und wenn Geheimhaltungsgründe eine öffentliche Ausschreibung verbieten.
c) Die freihändige Vergabe bei
   - kleineren Auftragssummen
   - und Dringlichkeit.

4) Preisabsprachen von Seiten der Lieferer gegenüber der öffentlichen Hand werden umso wahrscheinlicher, je exklusiver die öffentliche Nachfrage und je geringer der potentielle Lieferantenkreis ist. Insbesondere beim öffentlichen Nachfragemonopol und einem relativ kleinen Bieterkreis, wie es regelmäßig z.B. bei Straßenbaumaßnahmen oder Tiefbaumaßnahmen gegeben ist, ist die Gefahr einer Bildung von sog. Submissionskartellen zu beachten.

Im vorliegenden Fall handelt es sich weitgehend um Güter, die nicht nur von der öffentlichen Hand, sondern von vielen privaten Wirtschaftssubjekten gekauft werden. Damit profitiert die grundsätzlich eher unelastische Nachfrage der öffentlichen Hand von der Elastizität der privaten Nachfrage. Es entsteht ein Wettbewerbspreis. Auf Grund der Preistransparenz für die oben aufgeführten Güter kann auch gegenüber der öffentlichen Hand kein überhöhter Preis durchgesetzt werden. Die Gefahr von Preisabsprachen ist damit grundsätzlich nicht gegeben.

5) Die Gesamtkosten der Beschaffung setzen sich zusammen aus

- Beschaffungskosten im engeren Sinn
  a) unmittelbare Beschaffungskosten (Preis x Menge)
  b) mittelbare Beschaffungskosten (bestellfixe Kosten)
- Lagerkosten
  a) Raumkosten
  b) Vorratshaltungskosten (Kosten zur Pflege und Erhaltung der Vorräte)
  c) Zinskosten
- Fehlmengenkosten (Preisdifferenzen, Konventionalstrafen und sonstige Kosten wie z.B. entgangene Gewinne).

Die unmittelbaren Beschaffungs(stück)kosten bleiben konstant, bzw. sinken mit zunehmender Bestellmenge, wenn mengenabhängige Rabatte oder günstigere Liefer- und Zahlungsbedingungen gewährt werden. Die mittelbaren Beschaffungskosten sind absolut zunächst von der Höhe der Bestellmenge weitgehend unabhängig. Bezogen auf die Stückkosten sinken sie mit zunehmender Bestellmenge. Hinzu kommt aber, dass mit zunehmender Bestellmenge pro Bestellung, die Anzahl der Bestellungen pro Periode zurückgeht. Auch die bestellfixen Kosten pro Periode werden dadurch mit zunehmender Bestellmenge geringer. Die Lagerkosten steigen mit zunehmender Bestellmenge. Die Gefahr des Auftretens von Fehlmengenkosten sinkt tendenziell mit zunehmender Bestellmenge.

Die Minimierung der Beschaffungskosten im engeren Sinn und der Fehlmengenkosten spricht für hohe, die Minimierung der Lagerkosten spricht für niedrige Bestellmengen.

6) Eine Lagerhaltung ist grundsätzlich bei allen materiellen Gütern möglich. Bei den oben angeführten Materialien handelt es sich um RHB-Stoffe, also um Werkstoffe die als Produktionsfaktor für die Leistungserstellung des Bauhofes notwendig sind. Die Notwendigkeit einer „Vorlagerung" dieser Materialien ergibt sich

- zur Sicherung einer kontinuierlichen Produktion
- zur Überbrückung von Lieferungsschwankungen und Lieferungsstörungen
- sowie aus Wirtschaftlichkeitsgründen, sofern für größere Abnahmemengen günstigere Preise erzielt werden können bzw. Mindermengenkosten den Bezugspreis erhöhen würden.

Bei der Leistungserstellung des Bauhofes handelt es sich um keinen Produktionsprozess, bei dem eine kontinuierliche, gleichbleibende Zufuhr der oben genannten RHB-Stoffe in den Produktionsprozess, wie es etwa bei einer Fließfertigung der Fall wäre, gefordert ist. Vielmehr ist die Produktion weitestgehend als Baustellenfertigung zu beschreiben und erstreckt sich auf das unregelmäßige Ausbessern und Beseitigen von Schäden, auf das Instandsetzen von Anlagen oder auf den Streudienst im Winter bei Eis oder Schneefall. Aus Gründen einer kontinuierlichen Produktion wird demnach keine Lagerhaltung notwendig.

Um beurteilen zu können, ob eine Lagerhaltung zur Überbrückung von Lieferungsschwankungen und Lieferungsstörungen notwendig wird ist zu prüfen, ob

a) Dringlichkeit eine sofortige Produktionsaufnahme erfordert und

b) Lieferungsschwankungen und Lieferungsstörungen ausgeschlossen werden können oder nicht.

Wenn keine Dringlichkeit bei der Leistungserstellung gegen ist, könnte der Produktionsprozess warten, bis die notwendigen Materialien angeliefert sind. Hierzu zählt z.B. das Ausbessern oder Erneuern von beschädigten Gehwegplatten oder Pflastersteinen.

Andere Leistungen aber, insbesondere der Winterdienst, erfordern eine unmittelbare Aufnahme der Produktionstätigkeit und demnach auch eine sofortige Verfügbarkeit der RHB-Stoffe. Aber auch diese Forderung würde nicht zwingend eine Lagerhaltung des Bauhofes erfordern. Könnten z.B. die Streufahrzeuge des Bauhofes das Streusalz und das Granulat im Sinne eines Just-in-time-Konzeptes bei einem Lieferanten im erreichbaren Umkreis zu jeder Zeit und in jeder benötigten Menge aufnehmen, würde eine eigene Lagerhaltung nicht notwendig werden. Allerdings würde damit das Problem der Lagerhaltung an den Lieferanten weitergegeben und von diesem als Kostenfaktor in der Preisgestaltung berücksichtigt werden müssen. Weiterhin bleibt zu berücksichtigen, dass in einem solchen Fall Lieferungsschwankungen und Lieferungsstörungen nur noch indirekt über die Lagerhaltung des Lieferanten aufgefangen werden können. Aus diesem Grunde müssen besondere Forderungen an die Lagerhaltung des Lieferanten gestellt werden. Ein weiterer Faktor, den der Lieferant bei der Preisgestaltung berücksichtigen wird.

Für die Frage, ob eine Lagerhaltung aus Wirtschaftlichkeitsgründen sinnvoll ist, ist zunächst hervorzuheben, dass jede Lagerhaltung Kosten verursacht. Der Aufbau eines Lagers ist demnach nur sinnvoll, wenn den Kosten der eigenen Lagerhaltung höhere Einsparungen durch Mengenrabatte bei den unmittelbaren Bezugspreisen gegengerechnet werden können. Für die privatwirtschaftliche, industrielle Massenfertigung mit kontinuierlichem Einfluss der RHB-Stoffe in den Produktionsprozess z.B. ist ein solcher Sachverhalt sehr oft nicht gegeben, weshalb dann im Sinne des Just-in-time-Konzeptes auf eine Lagerung der RHB-Stoffe verzichtet wird. Das Ausfallrisiko wird dann vertraglich auf den Zulieferer übertragen. Dieser verfügt zudem in der Regel nicht über die notwendige Verhandlungsstärke, die zusätzlichen Kostenfaktoren in der Preisgestaltung weitergeben zu können. Im vorliegenden Fall dagegen ist zu vermuten, dass der Zulieferer aufgrund der öffentlichen Leistungserstellungspflicht über die Verhandlungsstärke verfügt, ihm zusätzlich entstehende Kosten an die Kommune weitergeben zu können. Damit bliebe zu prüfen, ob die eigene Lagerhaltung günstiger ist, als die Finanzierung der Lagerhaltung des Lieferanten über dessen Preise.

Weiterhin ist eine Lagerhaltung aus Wirtschaftlichkeitsgründen auch dann sinnvoll, wenn sehr oft geringfügige Produktionsmaßnahmen durchzuführen sind und eine direkte Anlieferung der RHB-Stoffe durch den Lieferanten nur mit sog. Mindermengenzuschlägen erfolgt. Zu prüfen wäre dann, ob die Kosten der Lagerhaltung geringer sind, als die Mindermengenzuschläge des Lieferanten. Ein solcher Sachverhalt ist für viele Tätigkeiten des Bauhofes zu vermuten.

2. Finanzrechnung der Stadt P.

1) Die Relevanz der öffentlich-rechtlichen Leistungsentgelte lässt sich mit Hilfe einer ABC-Analyse ermitteln.

1. Schritt: Einzelpunkte ordnen nach der absoluten Höhe der Einzahlungen.

Einnahmen	**Summe in Mio. €**
Steuern und Abgaben	784
Zuwendungen und allgemeine Umlagen	420
Öffentlich-rechtliche Leistungsentgelte	356
Sonstige Einzahlungen	89
Sonstige Transfereinzahlungen	87
Kostenerstattungen und Kostenumlagen	58
Privatrechtliche Leistungsentgelte	34
Zinsen und sonstige Finanzeinzahlungen	5

2. Schritt: Relative Anteile an den Gesamteinzahlungen und die Kumulation der relativen Anteile ermitteln.

Einnahmen	**Summe in Mio. €**	**Relativer Anteil** (z. B. 784: 1.833 x 100 = 42,77 %)	**Kumulation der relativen Anteile** (z. B. (784 + 420) : 1.833 x 100 = 65,68 %)
Steuern und Abgaben	784	42,77 %	42,77 %
Zuwendungen und allgemeine Umlagen	420	22,91 %	65,68 %
Öffentlich-rechtliche Leistungsentgelte	356	19,42 %	85,11 %
Sonstige Einzahlungen	89	4,86 %	89,96 %
Sonstige Transfereinzahlungen	87	4,75 %	94,71 %
Kostenerstattungen und Kostenumlagen	58	3,16 %	97,87 %
Privatrechtliche Leistungsentgelte	34	1,86 %	99,73 %
Zinsen und sonstige Finanzeinzahlungen	5	0,27 %	100,00 %
	1.833		

3. Schritt: Klassen A (bis ca. 70 %), B (weitere 20 %), C (Rest) zuordnen.

Einnahmen	**Summe in Mio. €**	**Relativer Anteil** (z. B. 784: 1.833 x 100 = 42,77 %)	**Kumulation der relativen Anteile** (z. B. (784 + 420) : 1.833 x 100 = 65,68 %)	**Typ**
Steuern und Abgaben	784	42,77 %	42,77 %	**A**
Zuwendungen und allgemeine Umlagen	420	22,91 %	65,68 %	**A**
Öffentlich-rechtliche Leistungsentgelte	356	19,42 %	85,11 %	**B**
Sonstige Einzahlungen	89	4,86 %	89,96 %	**B**
Sonstige Transfereinzahlungen	87	4,75 %	94,71 %	**B**
Kostenerstattungen und Kostenumlagen	58	3,16 %	97,87 %	**C**
Privatrechtliche Leistungsentgelte	34	1,86 %	99,73 %	**C**
Zinsen und sonstige Finanzeinzahlungen	5	0,27 %	100,00 %	**C**
	1.833			

Die Grenzen der Kategorisierung können individuelle festgelegt werden. Eine andere, auch vertretbare Variante wäre diese: A bis 88 %, B weitere 10 %, C für den Rest.

Einnahmen	**Summe in Mio. €**	**Relativer Anteil** (z. B. 784: 1.833 x 100 = 42,77 %)	**Kumulation der relativen Anteile** (z. B. (784 + 420) : 1.833 x 100 = 65,68 %)	**Typ**
Steuern und Abgaben	784	42,77 %	42,77 %	**A**
Zuwendungen und allgemeine Umlagen	420	22,91 %	65,68 %	**A**
Öffentlich-rechtliche Leistungsentgelte	356	19,42 %	85,11 %	**A**
Sonstige Einzahlungen	89	4,86 %	89,96 %	**B**
Sonstige Transfereinzahlungen	87	4,75 %	94,71 %	**B**
Kostenerstattungen und Kostenumlagen	58	3,16 %	97,87 %	**B**
Privatrechtliche Leistungsentgelte	34	1,86 %	99,73 %	**C**
Zinsen und sonstige Finanzeinzahlungen	5	0,27 %	100,00 %	**C**
	1.833			

Als Ergebnis ist festzuhalten, dass die öffentlich-rechtlichen Leistungsentgelte drittwichtigste Einnahmequelle sind und je nach Kategorisierung entweder schon Typ B oder (noch) Typ A.

2) Erläutern Sie den Zweck bzw. die Ziele, die mit einer solchen Analyse verfolgt werden, anhand der von Ihnen ermittelten Ergebnisse.

Mit Hilfe der ABC-Analyse werden im vorliegenden Sachverhalt werden die Einnahmequellen der Stadt P. nach deren Anteil am Gesamtwert geordnet. Daraus können Prioritäten für die Generierung von Einnahmen abgeleitet erkannt und abgeleitet werden. Die Grenzen für A-, B- und C-Einnahmequellen können begründet unterschiedlich festgelegt werden. Für A-Einnahmequellen ergibt sich ein höherer planerischer und organisatorischer Aufwand.

6.2 Produktion

6.2.1 Gegenstand der Produktion

Bei der Produktion handelt es sich um den Kernbereich eines Betriebes. Er ist zwischen den Funktionsbereichen Beschaffung und Absatz notwendig, da sonst keine Leistungen oder Güter erzeugt würden. Der Funktionsbereich Produktion ist die wertschöpfende Phase, im Rahmen eines Transformationsprozesses werden das Kapital, das in Betriebsmitteln gebunden ist, und Werkstoffe in Fertigerzeugnisse umgewandelt.

Grundsätzlich ist jede Kombination von Produktionsfaktoren, die zu einer Wertschöpfung führt, auch als Produktion anzusehen, also z. B. auch die Leistungserstellung von Handels- und Dienstleistungsunternehmen. Produktion als betriebliche Leistungserstellung kann sich sowohl auf materielle wie auf immaterielle Güter richten.

Abb. 41: Materielle und immaterielle Güter als Gegenstand der Leistungserstellung

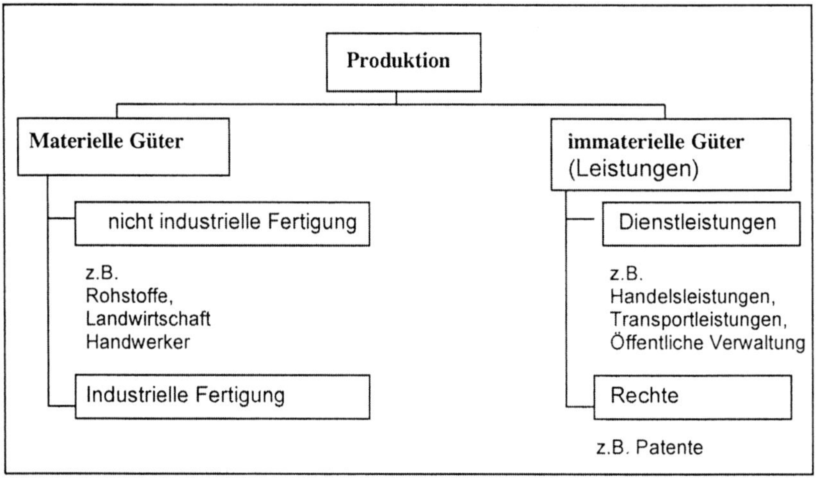

6.2.2 Ziele der Produktion

Die im Produktionsbereich zu verfolgenden Ziele leiten sich unmittelbar aus den Betriebszielen ab. Die Rendite von Betrieben ist direkt von der Effizienz der betrieblichen Leistungsprozesse abhängig, anders ausgedrückt, vom Verhältnis der eingesetzten Produktionsfaktoren und der erzielten Leistungen.

Das Produktivitätsstreben als Hauptziel dominierte lange die Entwicklung in der Fertigungswirtschaft. Durch die Ausnutzung des Spezialisierungseffekts im Rahmen immer stärkerer Arbeitsteilung wurden hohe Produktivitätsfortschritte realisiert. Gegenwärtig sind auch andere Ziele in den Vordergrund gerückt:

- Die Erhöhung der fertigungstechnischen Flexibilität soll dazu beitragen, dass Betriebe schneller auf Änderungen der Marktanforderungen reagieren können. Dies kann z.B. durch eine Verkürzung der Durchlaufzeiten, also der Zeit zwischen Produktionsbeginn und Fertigstellung eines Produktes, erreicht werden. Hierbei spielt der Computereinsatz eine wichtige Rolle.

- Die Verbesserung der Arbeitsqualität zielt vor allem darauf ab, bestimmte Probleme abzumildern, die im Zuge der industriellen Massenproduktion auftreten. Hierzu zählen z.B. ein geringes Engagement der Beschäftigten aufgrund der eintönigen Arbeit. Hierfür ist die Umsetzung arbeitswissenschaftlicher Erkenntnisse und alternativer Konzepte der Arbeitsorganisation erforderlich.

Das Ziel hoher Produktivität ist auch bei Dienstleistungsbetrieben zu verfolgen und schlägt sich sofort in hoher Wirtschaftlichkeit nieder. Es ist ein Unterschied, ob in einem öffentlichen Verwaltungsbetrieb ein Bescheid unter Einsatz von 8 Personenstunden erstellt wird, oder ob nur 5 Personenstunden für den gleichen Bescheid notwendig sind. Bei Produktivität muss auch der **Abfallprozentsatz** berücksichtigt werden. Es ist ganz klar, dass ein Sachgüter produzierendes Unternehmen, das einen Abfallprozentsatz von 15% des Rohstoffes aufweist, seine Fertigerzeugnisse teurer verkaufen muss als ein anderes Unternehmen, das nur einen Abfallprozentsatz von 7 % hat. Das gleiche gilt für die öffentliche Verwaltung. Wenn ein Gutachten, ein Bescheid oder ein anderes beliebiges Schriftstück mehrmals zur Überarbeitung vorgelegt wird, weil es unvollständig oder fehlerhaft war, werden dabei mehr Ressourcen verbraucht, als wenn es nach erster Bearbeitung gleich fertig ist.

Die **Qualität** einer Verwaltungsleistung äußert sich in der **Bearbeitungsgeschwindigkeit**, der **Rechtmäßigkeit** und der **Verständlichkeit**. Schnell bearbeitete Vorgänge ersparen viele Nachfragen und Suchvorgänge, was den Sachbearbeitern Zeit und Raum lässt, andere anstehende Vorgänge zu bearbeiten.

Ein Verwaltungsvorgang muss **rechtmäßig** sein, sonst legen die vom Vorgang Betroffenen Rechtsmittel ein. Unter betriebswirtschaftlichen Gesichtspunkten betrachtet bedeutet dies einen zusätzlichen Ressourcenverbrauch, denn der Widerspruch muss bearbeitet und beschieden werden. Dabei werden weitere Personen und Stellen in die Bearbeitung mit einbezogen, was einen zusätzlichen Verbrauch an Produktionsfaktoren bedeutet, der ohne Widerspruch nicht angefallen wäre.

Ein Verwaltungsvorgang, der **verständlich** ist, erspart ebenfalls viele Widerstände seitens der Kunden, da diese sonst nachfragen, weitere Stellen bemühen und ggf. Rechtsmittel einlegen, weil sie den Vorgang nicht verstanden haben. Wäre der Verwaltungsvorgang sofort verständlich, wären Rückfragen und möglicherweise Rechtsmittel unterblieben.

6.2.3 Festlegung des Fertigungsprogramms

Die Festlegung des **Fertigungsprogramms** befasst sich mit der Frage, welche Arten von Produkten in welchen Mengen hergestellt werden sollen. Sie wird durch zwei Problembereiche erschwert. Zum einen muss geklärt werden, wie sich das Fertigungsprogramm nach Umfang und Inhalt (z. B. Typen und Varianten von Erzeugnissen) zusammensetzen sollte (**Sortimentsplanung**). Zum anderen treten regelmäßig zeitliche Diskrepanzen zwischen Leistungserstellung und Leistungsverwertung auf (z. B. saisonale Absatzschwankungen bei gleichmäßiger Produktion). Dies machteine mengenmäßige Abstimmung von Fertigung und Absatz erforderlich (**Produktionsmengenplanung**).

6.2.4 Sortimentsplanung

Der wichtigste Bestimmungsfaktor für die Festlegung des **Sortiments**, das in die Fertigung gehen soll, ist in marktwirtschaftlichen Systemen im Allgemeinen der Absatz. Letztlich ist jede Produktion auf den Markt gerichtet und erhält ihre Impulse entsprechend auch von der Nachfrageseite. Andererseits bestehen aber auch aus Sicht der Fertigung bestimmte Ziele (z. B. Wirtschaftlichkeit der Produktion; vgl. 2.3), die zu berücksichtigen sind. Diese gegensätzlichen Interessen bilden ein Spannungsfeld bei der Gestaltung des Sortiments:

- Die absatzorientierten Zielvorstellungen sind darauf gerichtet, sich möglichst weitgehend an differenzierte Bedarfsverhältnisse anzupassen, weil hierdurch die Absatzchancen verbessert werden. Die Absatzplanung legt Wert auf ein möglichst umfassendes Sortiment, das die unterschiedlichsten Kundenwünsche berücksichtigt.

- Die Fertigung strebt demgegenüber eher eine Typenvereinheitlichung als eine Typenvielfalt an. je mehr unterschiedliche Sorten, Varianten und Ausführungen von Artikeln bzw. Typen produziert werden, desto häufiger ist das Umrüsten von Maschinen (mit den entsprechenden Kostenwirkungen) erforderlich. Nicht selten wird auch die Anschaffung von Spezialmaschinen notwendig, die dann lediglich für die Fertigung geringer Stückzahlen einsetzbar sind und nur bedingt wirtschaftlich arbeiten.

Ein Kompromiss zwischen diesen unterschiedlichen Interessen wird häufig in der Anwendung des Baukastenprinzips gesucht. Bei der Planung der Erzeugnisse wird darauf geachtet, dass möglichst viele standardisierte Einzelteile oder Baugruppen (z. B. Motoren im Pkw-Programm) in verschiedenen Produkten Verwendung finden, wodurch die Komplexität des Fertigungsprogramms deutlich reduziert wird. Eine andere, zunehmend praktizierte Variante ist die Reduzierung der Fertigungstiefe durch Verlagerung von Teilen der Produktion auf Zulieferer. Hiermit wird eine Verschlankung der eigenen Produktion erreicht.

6.2.5 Planung der Produktionsmengen

Bei der Planung der Produktionsmengen stellt sich im Rahmen der Aufbauorganisation die Frage der Fertigungsverfahren, was von der Anzahl der zu fertigenden homogenen Stücken abhängt. Üblicherweise wird dabei in vier Fertigungsverfahren unterschieden, wie sie in der folgenden Tabelle aufgelistet sind.

Tabelle 18: Fertigungsverfahren

Art des Verfahrens	Charakteristikum	Beispiel
Einzelfertigung	Einzelne Stücke oder Aufträge	Maßanzug, Einfamilienhaus, Handwerksleistungen
Serienfertigung	Mehrere gleichartige Einheiten verschiedener Produkte auf unterschiedlichen Anlagen, keine Umstellungen nötig	PKW Produktion, LKW Produktion
Sortenfertigung	Mehrere Einheiten verschiedener Produkte auf gleichen Anlagen, Umstellungen nötig	Chemiefaserproduktion, Druckereierzeugnisse
Massenfertigung	Unbegrenzt viele Einheiten eines oder mehrerer Produkte auf gleichen Anlagen	Getränkeproduktion

Viele Dienstleistungen der öffentlichen Verwaltungen sind Einzelfertigungen, die allerdings mit Elementen der Sortenfertigung gekoppelt sind. So stellen beispielsweise die Personalausweise Einzelstücke dar, die jedoch immer wieder auf gleichen Anlagen gefertigt werden.

Bei der Müllabfuhr handelt es sich dann um Sortenfertigung, wenn die gleichen Fahrzeuge und Personen wöchentlich zur Abfuhr von Restmüll eingesetzt werden, monatlich zusätzlich aber zur Abfuhr von Sperrmüll.

Die Herstellung und Bereitstellung von Trinkwasser wäre unter Massenfertigung einzuordnen.

Sofern die Absatzmengen im Zeitablauf als im Wesentlichen konstant angenommen werden können, kann sich die Planung der Produktionskapazität an der Absatzmenge orientieren. Auch die Lagerhaltung kann auf den eisernen Bestand beschränkt werden, da man lediglich für Störfälle gerüstet sein muss, eine weitergehende Lagerung von Fertigerzeugnissen aber nicht erforderlich ist. Dieser einfache Fall der Produktionsmengenplanung ist allerdings nur selten gegeben. Sehr viel häufiger tritt der Fall ein, dass die Verkaufsmengen mehr oder weniger stark schwanken. In diesem Fall bestehen unterschiedliche Möglichkeiten, wie sich der Betrieb der schwankenden Beschäftigungslage anpassen kann.

Für ein Dienstleistungsunternehmen wie die Kommunalverwaltung entstehen insbesondere Schwierigkeiten, da ihre fertigen Dienstleistungen nicht gelagert und bevorratet werden können. Da Nachfrage und Produktion i.d.R. zusammenfallen und zusammenhängen, wirken sich Nachfrageschwankungen unmittelbar auf die Produktion aus.

Eine Änderung der Beschäftigungslage kann zum einen eine Erhöhung bzw. Verminderung z.B. der Fallzahlen in einer Organisationseinheit oder aber die Übernahme von neuen Aufgaben oder aber die Abgabe von Aufgaben sein.

6.2.6 Kostenfunktion

Bei der Produktion werden Produktionsfaktoren verbraucht. Dies bedeutet, dass Kosten entstehen, denn Kosten sind in Geld bewerteter Verbrauch an Produktionsfaktoren. Es gibt zwei unterschiedliche Arten von Kosten, solche, deren Höhe von der produzierten Menge abhängt, variable Kosten, und solche, deren Höhe nicht von der produzierten Menge abhängt, fixe Kosten.

Zu den variablen Kosten gehören bspw. Rohstoffe. Wird eine große Menge an Endprodukte hergestellt, werden auch viele Rohstoffe verbraucht. Werden bspw. viele Neufahrzeuge bei einem Kfz-Hersteller produziert, wird auch viel Blech verbraucht.

Zu den fixen Kosten gehören bspw. Gebäudekosten, denn ob viel oder wenig produziert wird, die Kosten einer Produktionshalle bleiben immer gleich.

Die Gesamtkosten eines Betriebs setzen sich also aus fixen (K_f) und variablen Kosten (K_v) zusammen.

$$K_{ges} = K_f + K_v$$

Aus Vereinfachungsgründen soll von einer linearen Kostenfunktion ausgegangen werden, also einem Gesamtkostenverlauf in Form einer Geraden. Das heißt, je mehr produziert wird, desto höher sind die Gesamtkosten, wobei jede zusätzliche Einheit die gleichen Zusatzkosten (Grenzkosten) verursacht wie die Einheit davor.

Zur Verdeutlichung ein Beispiel:

Die fixen Kosten der Produktion betragen 150 € im Jahr. Pro produziertem Stück fallen 15 € z.B. an Rohstoffkosten an, dann lautet die Gesamtkostenfunktion:

$$K_{ges} = 150 + 15x$$

Wobei x die produzierte Menge ist.

Werden beispielsweise 20 Stück produziert, so belaufen sich die Gesamtkosten auf:

$$K_{ges} = 150\text{ €} + 15\text{ €} * 20$$

$$K_{ges} = 150\text{ €} + 300\text{ €}$$

$$K_{ges} = 450\text{ €}$$

Grafisch sieht die Kostenfunktion wie folgt aus:

Abb. 42: Lineare Kostenfunktion

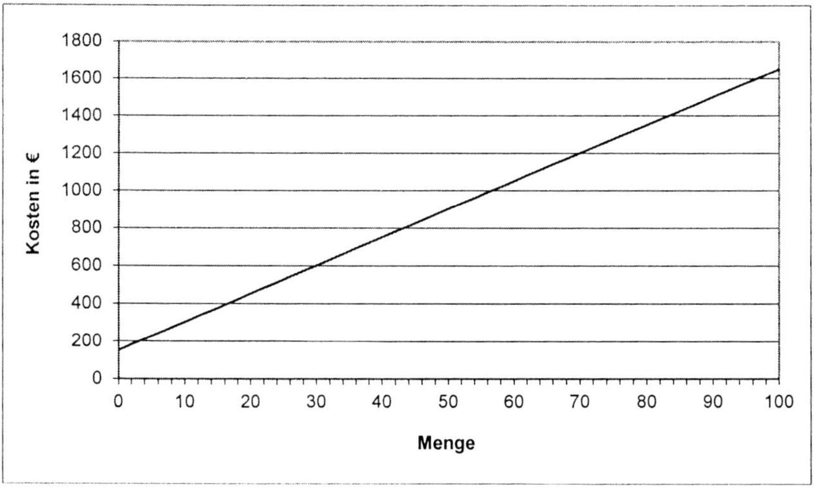

6.2.7 Arten der Anpassung an Schwankungen der Nachfrage

Ausgangslage: Alle Produktionsfaktoren sind ausgelastet, auch der Produktionsfaktor ausführende Arbeit ist ausgelastet. Es wird eine Erhöhung der Beschäftigung (z.B. durch Gesetzesänderung) erwartet.

Entscheidungssituation: Welche Anpassungsmöglichkeiten stehen zur Verfügung und welche Auswirkungen haben sie?

Ausgleich der Beschäftigungsschwankungen durch Lagerauf- und abbau.

Auch wenn diese Anpassungsart für Dienstleistungsbetriebe und damit auch für die öffentliche Verwaltung nicht in Frage kommt, soll sie wegen ihrer grundsätzlichen Bedeutung dennoch besprochen werden.

Diese Art, Beschäftigungsschwankungen aufzufangen und auszugleichen, kommt für Sachgüterhersteller in Frage. Vor allem Sachgüterhersteller, die standardisierte Produkte herstellen. Dabei wird die Produktion konstant durchgefahren. In den Zeiten, in denen der Absatz kleiner ist als die Produktion, werden Lagerbestände an fertigen Erzeugnissen aufgebaut. Wenn dann die Nachfrage steigt und über der laufenden Produktion liegt, werden die Lagerbestände reduziert und der Teil der Nachfrage, der nicht durch die laufende Produktion abgedeckt ist, durch den Lagerabbau befriedigt.

Abb. 43: Lageraufbau und abbau

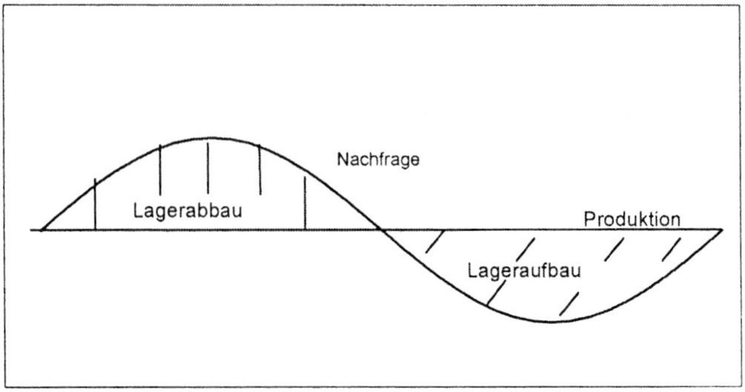

Sinkt dann die Nachfrage später unter die Produktion, werden die Lagerbestände wieder aufgefüllt.

Gerade bei kontinuierlicher Fertigung von Standardgütern, ist diese Art, Nachfrageschwankungen auszugleichen, möglich und geeignet. Zum einen werden keine individualisierten Güter sondern standardisierte Güter nachgefragt, so dass es für den Kunden letztlich keine Rolle spielt, ob er ein Gut erhält, das direkt aus der Produktion kommt oder ein Gut, das bereits einige Zeit auf Lager lag. Es darf allerdings nicht zu Qualitätsunterschieden durch den Lagervorgang kommen, auch dürfen keine Produktveränderungen zwischen gelagerten und gerade erst produzierten Gütern vorliegen.

Zum anderen bedeutet die Konstanz der Fertigung, dass qualitativ gleichmäßig gefertigt werden kann. Umstellungen und Umrüstungen der Maschinen mit möglicherweise dann auftretenden Qualitätseinbußen oder erhöhtem Abfall- und Ausschussanteil entfallen. Rüstzeiten, die zwangsläufig immer nach Produktionsumstellungen anfallen, entstehen nicht.

Selbst in einem Dienstleistungsbetrieb, wie in vielen Bereichen der öffentlichen Verwaltung, wäre es produktionstechnisch und aus Überlegungen der Produktivität wünschenswert, wenn die Mitarbeiter nicht dauernd von einem bearbeiteten Thema zum anderen wechseln müssten. Jeder hat sicherlich selbst schon erfahren, wie unangenehm es ist und welche Zeitverluste entstehen, wenn man dauernd in einem schwierigen Gedankengang gestört wird. Der Gedanke muss dann immer wieder neu aufgenommen werden, was verhindert, dass er zügig zu Ende gebracht wird.

Den produktionsbezogenen Überlegungen stehen die lagerorientierten Überlegungen entgegen. Für die Lager müssen Räumlichkeiten und Personal vorhanden sein. Dies bedeutet automatisch, dass für diese Einrichtungen Kosten anfallen.

Die Bestände in den Lagern binden Kapital, was Zinskosten verursacht.

Bei den Überlegungen, Nachfrageschwankungen durch Lager aufzufangen, müssen also die Kosten ständiger Produktionsanpassungen gegen die Lagerkosten abgewogen werden. Sind die Lagerkosten geringer als die Kosten, die durch Produktionsanpassungen verursacht werden, so ist es empfehlenswert, Lager vorzusehen.

Bei all diesen Überlegungen kommt noch der Aspekt der Lieferfähigkeit hinzu. Überraschende Nachfrageschwankungen können in der Regel nur durch Lager kurzfristig aufgefangen werden. Eine Produktionsanpassung ist meist kurzfristig nicht zu realisieren.

Eine andere Art der Anpassung an veränderte Beschäftigungslagen stellt die **zeitliche Anpassung** dar. Dabei bleibt der Bestand an Produktionsfaktoren konstant, jedoch wird ihr Einsatz zeitlich angepasst. Dies bedeutet bei einer Erhöhung der Beschäftigungslage **Überstunden oder Sonderschichten**, bei einer geringeren Beschäftigungssituation **Kurzarbeit**. Der Vorteil dieser Anpassungsart liegt auf der Hand, sie ist fast sofort realisierbar und kann auch (fast) sofort wieder rückgängig gemacht werden. Ihr Nachteil besteht in den Auswirkungen auf die Kostensituation. Überstunden sind überproportional teuer, deshalb sollte diese Maßnahme nur kurzfristig, wenn absehbar ist, dass es sich um eine Zeit handelt, die nur überbrückt werden soll, angewandt werden. Im Falle der Kurzarbeit muss diese erst beim Arbeitsamt angemeldet werden, was eine Bearbeitungszeit bedingt, und danach werden auch nicht alle Kosten vom Arbeitsamt übernommen.
Handelt es sich um eine nachhaltige Veränderung der Nachfrage, so ist es bei einer dauerhaften Erhöhung der Nachfrage kostenmäßig sinnvoller, den Bestand an Produktionsfaktoren auszuweiten. Im Fall eines Dienstleistungsbetriebs bedeutet dies, eine Erhöhung des Produktionsfaktors Arbeit, also eine Erhöhung der Stellenzahl.

Im Falle eines dauerhaften Rückgangs der Nachfrage, ist an eine Verringerung der Stellen zu denken.

Geht man von einer linearen Kostenfunktion aus, die sich aus fixen und variablen Kosten zusammensetzt, ergibt sich ab der Leistungsmenge, die nur unter Einsatz von Überstunden erzeugt werden kann, eine größere Steigung der Kostenfunktion, da sich die Überstundenzuschläge bemerkbar machen.

Abb. 44: Kostenverlauf bei Überstunden

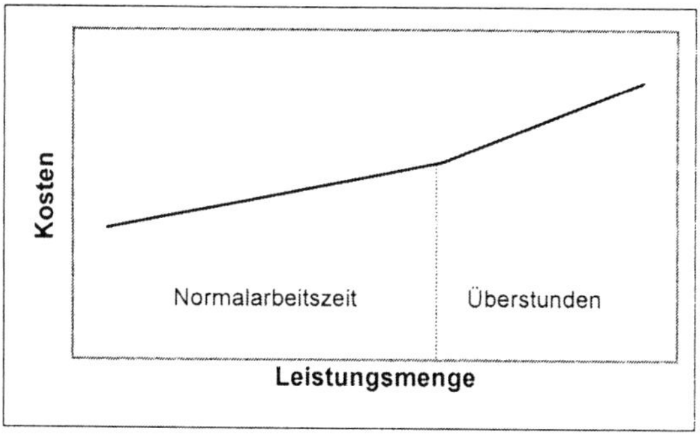

Der zunehmenden Kostenbelastung könnte nur entgangen werden, wenn das Modell eines Jahresarbeitszeitkontos eingerichtet wird. In diesem Fall würden Mitarbeiter in Zeiten erhöhten Arbeitsanfalls ihre tägliche Arbeitszeit ausdehnen, um die Arbeit zu bewältigen. In Zeiten zurückgehenden Arbeitsanfalls könnte die tägliche Arbeitszeit verkürzt werden. Im Laufe eines Jahres würden sich im Idealfall Mehr- und Minderarbeitszeiten ausgleichen. Sollte sich kein Ausgleich einstellen, ist das ein Anzeichen für fehlerhafte Stellenplanung.

In der **Entscheidungssituation** ist zunächst zu prüfen, ob es sich um eine kurzfristige Nachfrageschwankung handelt, der durch eine zeitliche Anpassungsmaßnahme begegnet werden kann.

Bei der **intensitätsmäßigen Anpassung** bleibt der Bestand an Produktionsfaktoren und der zeitliche Einsatz unverändert. Maschinen werden lediglich schneller oder langsamer betrieben. Auch dadurch lässt sich die abgegebene Leistungsmenge variieren. In der Regel führt ein intensitätsmäßig höherer Betrieb bei Sachmitteln zu einer höheren Abnutzung und einem höheren Verschleiß, was wiederum höhere Instandhaltungskosten im Vergleich zur Normalsituation nach sich zieht. Aus diesem Grunde ist die Kostensituation ähnlich der bei einer zeitlichen Anpassung, deshalb eignet sich die intensitätsmäßige Anpassung auch nur für den Ausgleich kurzfristiger Beschäftigungsschwankungen.

Außerdem muss davon ausgegangen werden, dass die Sachmittel bereits mit ihrer kostengünstigsten Intensität betrieben werden. Ein Verlassen dieses Bereichs ist also nicht optimal. Hinzu kommt, dass in vielen Fällen eine Veränderung der Betriebsgeschwindigkeit aus technischen Gründen (abgestimmte Produktion, optimierter Ablauf) nicht in Frage kommt.

Bei der menschlichen Arbeit als Produktionsfaktor ist eine derartige Anpassung kaum vorstellbar. Es besteht bei einer Erhöhung der Intensität, sofern vorher bereits ein optimaler Punkt erreicht wurde, die Gefahr von Qualitätseinbußen durch fehlerhafte Arbeit. Jeder kennt das Problem, dass bei steigendem Arbeitsanfall, der in einer festgelegten Zeit erledigt werden soll, sich bei steigender Arbeitsgeschwindigkeit Fehler einschleichen. Diese Fehler, die vor Vollendung korrigiert werden müssen, stellen die steigenden Kosten der erhöhten Arbeitsgeschwindigkeit dar.

Bei der **quantitativen Anpassung** wird die Menge der Produktionsfaktoren variiert. Zur Erhöhung der Produktion werden zusätzliche Produktionsfaktoren eingesetzt, also wird die Anzahl der eingesetzten Maschinen durch Erweiterungsinvestitionen erhöht, oder es werden zusätzliche Arbeitskräfte eingestellt. Logischerweise müssen zur Reduzierung der Produktion Maschinen stillgelegt und verkauft und Arbeitskräfte freigesetzt werden. Hierbei ist zu beachten, dass die Produktionsfaktoren in der Regel nicht unendlich teilbar sind. Dies bedeutet, dass keine Bruchteile einer Maschine oder Bruchteile einer menschlichen Arbeitskraft erworben und in der Produktion eingesetzt werden können, sondern dies ist immer nur in Sprüngen möglich, d.h. es kann nur eine ganze Maschine neu gekauft werden, die natürlich die Produktionskapazität um einen bestimmten Betrag erhöht. Dieser Betrag ist aber nicht unbedingt der Betrag, der benötigt wird. Das eben Gesagte gilt auch für den menschlichen Produktionsfaktor. Allerdings ist es hierbei denkbar, dass die Produktionskapazität um eine halbe oder eine ganze Stelle erweitert wird. Feinere Abstufungen sind kaum vorstellbar. Wenn jetzt aber die Produktionskapazität um einen bestimmten Betrag durch den Erwerb eines neuen Produktionsfaktors erhöht wird, sind damit bestimmte Kosten verbunden. Diese Kosten treten auf, egal ob der neue Produktionsfaktor voll ausgelastet ist oder nicht. Bei einer zusätzlichen Stelle ist der zusätzlichen Arbeitskraft ein bestimmtes Gehalt oder eine bestimmte Besoldung zu bezahlen, egal ob sie voll ausgelastet ist oder nicht. Es entstehen ab den Leistungsmengen, die nur mit dem zusätzlichen Produktionsfaktor realisiert werden können, Sprünge bei den Fixkosten (**sprungfixe Kosten** oder **intervallfixe Kosten**).

Zur Verdeutlichung wird eine Kostenfunktion[1] dargestellt, bei der nacheinander der Einsatz von vier Produktionsfaktoren (m1, m2, m3, m4) notwendig ist. Mit jedem Produktionsfaktor hängen bestimmte Fixkosten zusammen.

Abb. 45: Sprungfixe Kosten

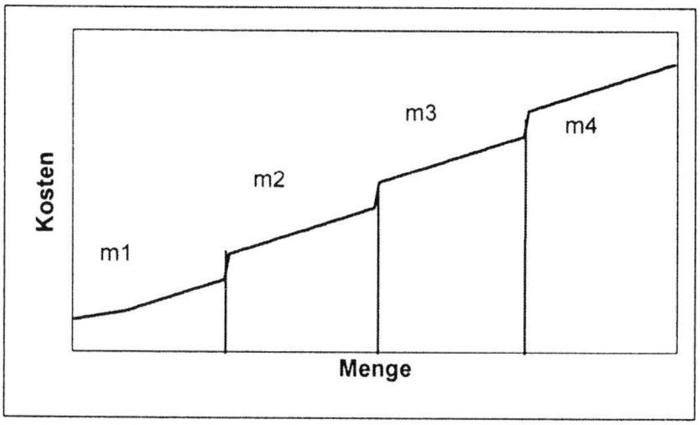

Jeweils bei den Übergängen, an denen der Produktionsfaktorbestand um eine Einheit erweitert wird, steigen die Kosten um den Betrag, der vom zusätzlichen Produktionsfaktor fix verursacht wird. Diese produktionsfaktorbezogenen Fixkosten entstehen, auch wenn dieser Produktionsfaktor nicht voll ausgelastet ist, beispielsweise fallen bei einer vollen zusätzlichen Stelle die vollen Personalkosten an, auch wenn die Stelle nur zur Hälfte durch Arbeit ausgelastet ist. Die für den nicht ausgelasteten Teil entstehenden Kosten werden **Leerkosten** genannt. Wohingegen die Fixkosten, die für den ausgelasteten Teil entstehen, **Nutzkosten** genannt werden.

Besondere Sorgfalt muss also bei Entscheidungen an den Sprungstellen walten, denn wenn der zusätzliche Produktionsfaktor nicht voll ausgelastet ist, sind die Kosten für die letzte zusätzlich produzierte Einheit besonders hoch. Der Anteil an Leerkosten ist dann auch besonders hoch. Mit zunehmender Auslastung sinkt der Leerkostenanteil und der Nutzkostenanteil steigt.

Diese Anpassungsart ist kurzfristig nicht anwendbar sondern sie hat mittelfristige Dimensionen. Eine ständige Veränderung des Mitarbeiterbestands durch Einstellungen und Entlassungen ist wegen gesetzlicher Vorschriften nicht ohne weiteres möglich. Wenn Mitarbeiter eingestellt werden sollen, bedarf es möglicherweise einer Ausschreibung und eines Auswahlverfahrens. Die Arbeitskraft benötigt dann

[1] Vgl. Wöhe, G. et al., a.a.O., S. 290.

eine gewisse Einarbeitungszeit mit Unterstützung seitens der erfahrenen Kollegen, so dass ihre produktive Wirkung sich erst mit einer Zeitverzögerung entfaltet.

Wenn es um eine Anpassung des Mitarbeiterstamms nach unten geht, also um Entlassungen, so besteht die Gefahr, dass gerade die Mitarbeiter den Betrieb verlassen, die Wissensträger sind. Mit ihnen verliert der Betrieb Wissen und Kenntnisse, auf die eigentlich nicht verzichtet werden kann. Bei Beamten kommt darüber hinaus eine Entlassung nicht in Frage, sie können allenfalls auf einen neuen Arbeitsplatz versetzt werden. Dem abgebenden Betriebsteil geht aber auch dabei Wissen verloren.

Vorstellbar ist jedoch der Einsatz von Arbeitskräften mit zeitlich befristeten Arbeitsverträgen, sofern sie möglichst ohne Reibungsverluste in den Arbeitsablauf integriert werden können. Dies wäre dann der Fall, wenn die einzusetzenden Arbeitskräfte bereits Erfahrung auf dem Einsatzgebiet mitbringen, z.B. weil sie bei immer wiederkehrenden Spitzenbelastungen in der Vorperiode bereits im Betrieb eingesetzt waren oder weil sie aus familiären Gründen beurlaubt sind und in Unterbrechung ihrer Beurlaubung eine kurze Nachfragespitze abfangen helfen.

Ohne Veränderung des Produktionsfaktorenbestands kann ebenfalls eine quantitative Anpassung erfolgen, indem verschiedene ausgewählte Maschinen je nach Bedarf an- und wieder abgeschaltet werden. In diesem Fall wird von **selektiver Anpassung** gesprochen.

Üblicherweise existiert ein Maschinenpark, der eine unterschiedliche Altersstruktur aufweist. Diese unterschiedliche Altersstruktur bedingt in vielen Fällen auch eine unterschiedliche Kostenverursachung. Im Maschinenpark wird es somit Maschinen geben, die die geforderte Leistung teurer und andere die sie kostengünstiger produzieren können. Die Maschinen werden nur an- oder abgestellt, sie werden nicht aus dem Betrieb entfernt, also bleiben ihre Fixkosten erhalten, wohingegen es unterschiedliche variable Kosten gibt, je nachdem, welche Maschine angeschaltet ist. Beispielhaft sei hier ein Kostenverlauf wiedergegeben, der sich bei vier Maschinen (m1, m2, m3, m4) mit unterschiedlichen variablen Kosten pro Stück ergibt. Durch die steigenden Stückkosten wird die Gesamtkostenfunktion bei zunehmender Ausbringungsmenge steiler.

Abb. 46: Selektive Anpassung

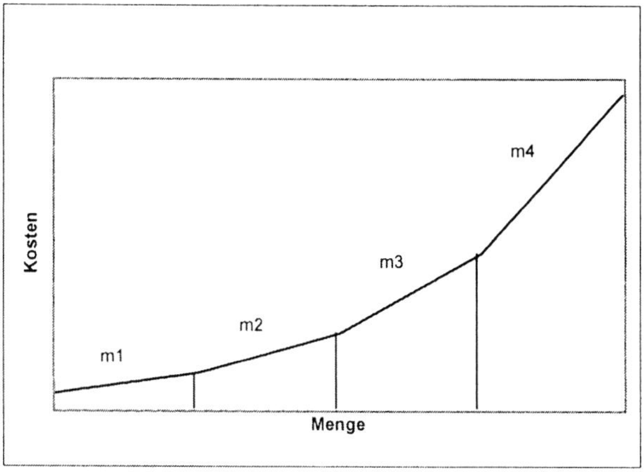

Bei einer derartigen Situation würde zunächst die kostengünstigste Maschine m1 bis zu ihrer Kapazitätsgrenze eingesetzt, danach würde m2 für die zusätzliche Menge eingesetzt bevor die kostenungünstigere m3 hinzugenommen wird. Als letzte Maschine würde die absolut teuerste m4 in Betrieb gehen. Sinkt hingegen die Beschäftigungslage, so würden die Maschinen in umgekehrter Reihenfolge stillgesetzt.

Hier darf noch einmal darauf hingewiesen werden, dass die Fixkosten der jeweiligen Maschinen nicht abgebaut werden, da die Maschinen den Betrieb nicht verlassen. Fixkosten, die abgebaut werden könnten, aber nicht abgebaut werden, werden **remanente Fixkosten** genannt, es handelt sich um Leerkosten.

Eine Übertragung auf die bei der öffentlichen Verwaltung vorherrschende Produktionssituation mit überwiegend menschlichem Produktionsfaktor scheint schwierig. Im Normalfall ist die Verursachung variabler Kosten von Mitarbeiter zu Mitarbeiter nicht nennenswert unterschiedlich, so dass die variablen Kosten nicht als Entscheidungskriterium herangezogen werden können. Außerdem können Menschen nicht wie Maschinen beliebig an- oder abgestellt werden.

Eine letzte Form der Anpassung an sich verändernde Beschäftigungslagen stellt die **qualitative Anpassung** dar. Bei ihr wird das Fertigungsverfahren verändert. Üblicherweise wird diese Art der Anpassung nur benutzt, wenn bei konstantem Bestand an Produktionsfaktoren eine höhere Leistungsmenge produziert werden soll. Durch die Verfahrensoptimierungen wird die Produktivität erhöht, was gleichzeitig eine Erhöhung der Wirtschaftlichkeit bedeutet. Auf die Kostenfunktion könnte sich das so auswirken, dass zum einen beim Übergang vom alten Verfahren zum neuen Verfahren Fixkosten gesenkt werden, was eine Verschiebung der Gesamtkostenfunktion parallel nach unten bedeutet. Dies könnte zum Beispiel dann der Fall sein, wenn Sachbearbeiter, die bislang die Dienste eines Schreibpools in Anspruch nahmen, in Zukunft direkt den Entwurf eines Schriftstücks in einen PC schreiben und dann auch selbst direkt die Korrekturen vornehmen. Dadurch würden die Kosten des

Schreibpools (Personal- und Raumkosten) durch die niedrigeren Fixkosten des PC ersetzt.

Abb. 47: Qualitative Anpassung

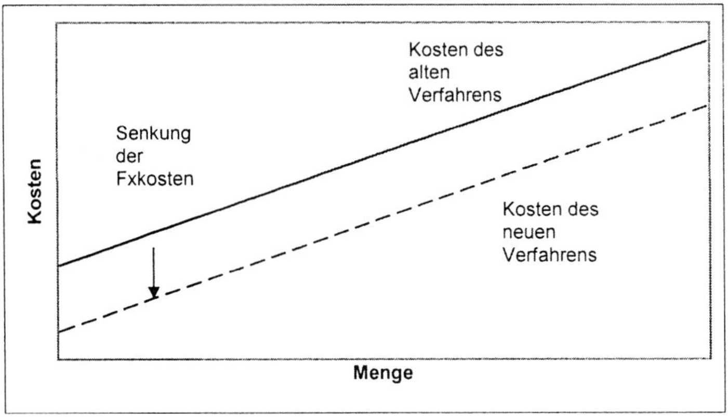

Eine weitere denkbare Möglichkeit der Auswirkungen auf die Kostenfunktion wäre eine Verminderung der variablen Kosten pro Stück beim Übergang vom alten auf ein neues Verfahren bzw. einen neuen Ablauf. Ein ständiger Bearbeiterwechsel bedingt immer wieder aufs Neue Rüstzeiten, weil sich der neue Bearbeiter immer wieder in einen Vorgang einlesen muss. Bleibt hingegen ein Vorgang in einer Hand, entfallen diese Rüstzeiten. Die Inanspruchnahme menschlicher Arbeitszeit bedeutet den Anfall von Kosten. Durch einen geänderten Ablauf wäre eine Beschleunigung des Vorgangs und damit eine Senkung der Kosten denkbar. Eine Reduzierung der variablen Kosten je Leistung schlägt sich in einer Drehung der Gesamtkostenfunktion nieder, ihre Steigung würde beim Übergang vom alten Verfahren auf das neue Verfahren sinken.

6.2.8 Besonderheiten der Produktion in der öffentlichen Verwaltung

Dienstleistungen des öffentlichen Verwaltungsbetriebes können einem einzelnen Bürger gegenüber - also **individuell** - erbracht werden. Sie können allerdings auch darin bestehen, dass der **Allgemeinheit** pauschal Nutzungsmöglichkeiten eingeräumt werden. Beispiele für die Bereitstellung von Nutzungsmöglichkeiten sind Parkanlagen, Sportstätten, Straßen oder ähnliches. Ein privater Dienstleistungsbetrieb wird allenfalls im Auftrag der Kommune oder der öffentlichen Hand Leistungen für die Allgemeinheit erbringen, denn üblicherweise benötigt er einen konkreten Vertragspartner, um seinen Preis einzufordern.

Die öffentliche Verwaltung kann als **Informationsverarbeitungsbetrieb** verstanden werden. In vielen Fälle geht der eigentlichen Dienstleistung ein umfangreicher Informations- und Kommunikationsprozess voraus. Es gilt Daten zu erheben, die Gesetzeslage zu untersuchen oder verschiedene Aspekte zu einem Problem einzubringen. Wenn es sich um standardisierte, immer wiederkehrende Vorgänge handelt, kann die Bearbeitung durch Einsatz der **EDV-Technik** beschleunigt und vereinfacht werden. Dies ist ein Gebiet, auf dem private Dienstleister einen großen Erfahrungsvorsprung gegenüber der öffentlichen Verwaltung haben. Aufgrund des Konkurrenz- und Kostendruckes sind für viele Bereiche bereits vor Jahren Anwendungsprogramme entwickelt worden, die Arbeitserleichterungen darstellen. Als Beispiele seien nur Routenplanungsprogramme für Speditionen, online Buchungssysteme bei Reisebüros, Auftragsbearbeitungs- und Abrechnungssysteme in Kfz-Werkstätten sowie Kalkulationssysteme für Bauunternehmen genannt. Auch Versicherungsvertreter treten schon mit Notebooks auf, um die relevanten Daten gleich zu erfassen und zu verarbeiten.

Verwaltungsbetriebliche Nutzungspotentiale werden beansprucht durch **spezielle Leistungsprozesse** oder **ohne spezielle Leistungsprozesse** (s. Abbildung auf Seite 111). Beide Arten der Leistungserstellung sind mit Kosten verbunden, die jedoch unterschiedlicher Art sind. Es gibt **Kapazitätskosten**, das sind solche, die allein durch die Bereitstellung der notwendigen Produktionskapazitäten anfallen. Sie stellen fixe Kosten dar. Daneben gibt es noch die **Leistungs-** oder **Nutzungskosten,** das sind solche, die von der Nutzung abhängig sind, also handelt es sich dabei um variable Kosten. Bei der Inanspruchnahme der Produktionskapazitäten ohne spezielle Leistungsprozesse überwiegen die Kapazitätskosten, bei der Inanspruchnahme der Produktionskapazitäten aufgrund spezieller Leistungsprozesse können die Leistungskosten einen erheblichen Anteil an den Gesamtkosten ausmachen.

Die Beanspruchung ohne spezielle Leistungsprozesse liegt beispielsweise bei

- Parks,
- Zoos,
- Museen,
- Sport- und Spielanlagen sowie
- Büchereien vor.

Beispiele für private Dienstleistungsunternehmen, die Leistungen anbieten, die in diese Rubrik einzuordnen sind, liegen in Form der Vergnügungs- und Freizeitparks vor.

Öffentliche als auch private Dienstleister auf diesem Gebiet stehen vor den gleichen Problemen. Aufgrund einer vermuteten Nachfrage sind Produktionskapazitäten aufgebaut worden. Diese Produktionskapazitäten bringen eine sehr **hohe** und **langfristige Kapitalbindung** mit sich. Die **Folgekosten**, die zudem in vielen Teilen von der tatsächlichen Inanspruchnahme relativ unabhängig sind, sind sehr hoch. Es kann davon ausgegangen werden, dass eine hohe kostenmäßige Grundlast vorliegt (fixe Kosten, Kapazitätskosten), wohingegen die variablen Kosten im Vergleich in ihrer Bedeutung nachrangig sind.

Technische Geräte müssen ständig überwacht und instand gehalten werden. Aus Sicherheitsgründen muss vorbeugende Instandhaltung betrieben werden, es kann nicht gewartet werden, bis ein Unfall passiert, ehe ein Teil ausgewechselt wird. Dies macht den Betrieb von Einrichtungen dieser Art relativ teuer.

In dieser Sparte der Dienstleistungen muss ständig die **Auslastung** überwacht werden, um prüfen zu können, ob die weitere Vorhaltung dieses Angebots noch sinnvoll ist. Besondere Probleme bereitet eine Anpassung der Produktionskapazität an schwankende Nachfrage. Eine kontinuierliche Anpassung ist nicht möglich. Parks, Schwimmbäder, Freizeitparks können nicht beliebig verkleinert oder vergrößert werden. Sie können **saisonal** geschlossen oder geöffnet werden. Bei dauerhaft niedriger Nachfrage bleibt Städte und Gemeinden nur die Möglichkeit, von mehreren Hallen- oder Freibädern einige zu schließen.

Da die Kosten weitgehend fix sind, liefert jeder Benutzer, der ein Entgelt bezahlt (bspw. im Schwimmbad) einen Deckungsbeitrag und trägt somit zur Reduzierung etwaiger Haushaltsbelastungen bei.

Abb. 48: Arten der Inanspruchnahme der Kapazitäten

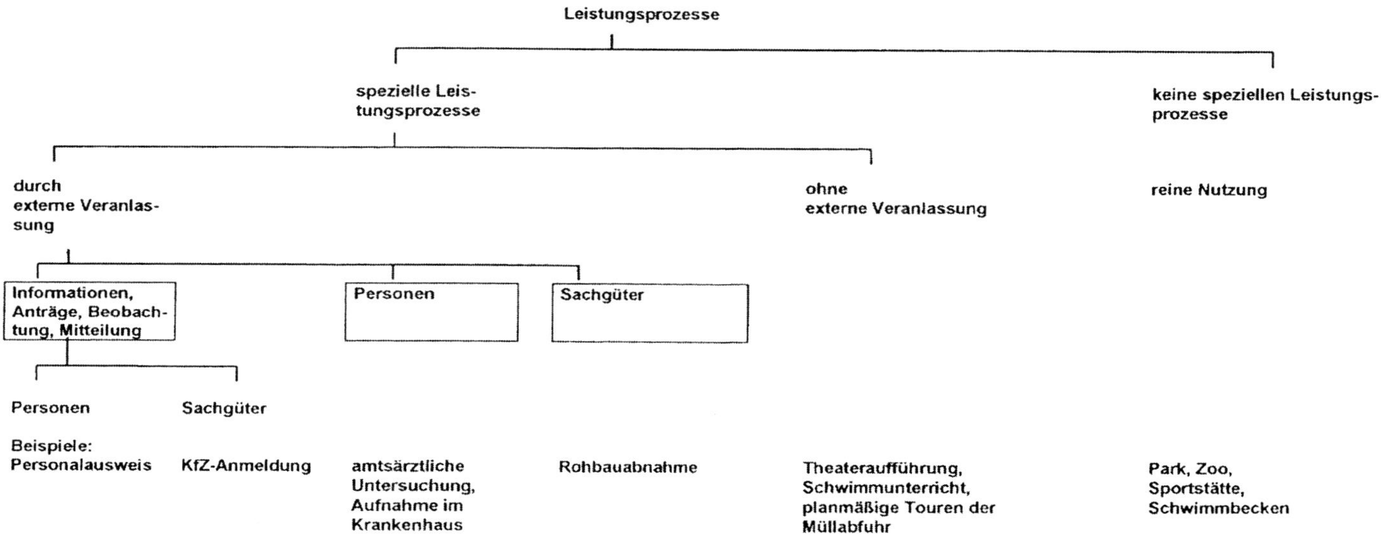

Vgl. Gornas, Jürgen und Beyer, Werner, Betriebswirtschaft in der öffentlichen Verwaltung, Köln 1991, S. 86.

Zu den Fällen spezieller **Leistungsprozesse ohne externe Veranlassung** zählen

- Inszenierungen und Aufführungen im Theaterbereich,
- Schwimmunterricht in den Stadtbädern,
- Kurs- und Ausbildungsangebot,
- planmäßige Touren der Müllabfuhr und der Straßenreinigung,
- planmäßiges Verkehrsangebot im öffentlichen Personennahverkehr.

Im privaten Bereich sind hier Musikkurse, Ausbildungsveranstaltungen, Sportkurse oder die momentan beliebten Musicalaufführungen zu nennen.

Bei diesen Leistungsprozessen liegen zwar spezielle Leistungsprozesse aber keine speziellen Veranlassungen vor. Die Produktion findet in der Regel unabhängig von der Zahl der Nachfrager statt. Es wird eine Produktionskapazität vorgehalten, die aufgrund vermuteter Nachfrage geschaffen wird. Damit die Kosten der Produktion pro Leistungseinheit gering ausfallen, ist eine Inanspruchnahme möglichst an der Leistungsgrenze erwünscht; denn bei hoher Nachfrage tritt pro Leistungseinheit Fixkostendegression ein. Fixkostendegression bedeutet, dass die Fixkosten pro Leistungseinheit mit steigender Produktion sinken. Da die Produktion durch hohe Fixkostenbelastung gekennzeichnet ist, ist es wünschenswert, diese Fixkosten auf möglichst viele Leistungen zu verteilen.

Betriebswirtschaftlich besteht das Problem hierbei darin, eine **Nutzungsuntergrenze** festzulegen. Wenn sich zu wenig Nachfrager für eine Leistung interessieren, findet die Produktion nicht statt. So etwas ist bei Reiseangeboten durchaus denkbar, wenn es z.B. heißt: Der Ausflug (die Veranstaltung) findet ab einer Teilnehmerzahl von 8 statt.

Auf der anderen Seite muss eine mögliche **Nachfragerobergrenze** festgelegt werden, ab der eine zusätzliche Produktion angeboten wird. Oftmals sinkt der Nutzen pro Teilnehmer ab einer bestimmten Teilnehmerzahl deutlich ab. Sei es, dass lange Warteschlangen entstehen oder nicht jeder mehr einen Sitzplatz erhält, oder bei Ausbildungsveranstaltungen die Verständlichkeit des Referenten leidet. Dann ist es sinnvoll, einen Teil der Nachfrage auf eine zweite oder parallele Produktion umzuleiten. Bei den **speziellen Leistungsprozessen mit externer Veranlassung** handelt es sich um Produktionen, die aufgrund von spezifischer Nachfrage stattfinden. Im öffentlichen Bereich sind da beispielhaft zu nennen:

- Anfragen,
- Bescheide,
- amtsärztliche Untersuchungen,
- Ausstellen von Personaldokumenten,
- Kfz-An-/Um-/Abmeldungen,
- Baugenehmigungen und -abnahmen,
- Sperrmüllentsorgung, wenn sie extra bestellt werden muss.

Für diesen Bereich sind als Beispiele privater Dienstleistungsbetriebe Ärzte, Rechtsanwälte, Friseure, Reparaturbetriebe oder Reisebüros zu nennen.

In allen Fällen muss der Nachfrager sich selbst, seine Informationen oder bestimmte Güter für die Produktion zur Verfügung stellen. Dabei ist zu unterscheiden, worauf sich die Dienstleistung bezieht, das können entweder Informationen (bspw. das Ausstellen eines Personalausweises oder die Anmeldung eines Kfz), Personen (z.B. amtsärztliche Untersuchungen) oder Sachgüter (z.B. Rohbauabnahmen) sein. Bei diesen Leistungsprozessen entsteht nicht nur ein Produktionsfaktorenverbrauch bei den Dienstleistungsbetrieben sondern auch bei den Kunden. Die Kunden müssen Zeit mitbringen, müssen das Leistungsobjekt bereitstellen, und müssen Fahrtkosten auf sich nehmen, um zum Ort der Produktion zu gelangen.

Die räumliche Organisation der Verwaltungsleistung bestimmt, ob vermehrt interne oder externe Faktoren verbraucht werden. In zentralen Organisationen werden die internen Wege der Verwaltung gekürzt zu Lasten des externen Faktors, der weite Wege und damit auch Zeitverbrauch in Kauf nehmen muss. Dezentrale Verwaltungen, die im Gemeindegebiet verstreut sind, sind kundennäher und belasten die Bürger nicht so sehr mit Wegezeiten und -kosten. Hingegen ist der Faktorverbrauch innerhalb der Verwaltung höher, da vermehrt Abstimmungsaufwand und Kommunikationsaufwand entsteht. Im Vergleich zu privaten Dienstleistern ist anzumerken, dass diese von sich aus bestrebt sind, eine günstige Lage und Organisationsform aufzubauen, um Kunden gut zu versorgen. Bei der öffentlichen Verwaltung hingegen besteht dieser Druck nicht, da es sich in vielen Fällen um einen Monopolanbieter handelt.

Somit sind wir bei örtlichen Besonderheiten der öffentlichen Verwaltungsleistung. Die Leistungserstellung kann

- **an einem festen Ort**,
- **an wechselnden Orten** oder
- **an festen und wechselnden Orten** geschehen.

Bei den meisten privaten Dienstleistern liegt nur jeweils eine der oben genannten Möglichkeiten vor. Ärzte, Friseure und Reisebüros erbringen ihre Leistungen in der Regel an einem festen Ort, ihrem Geschäftssitz.

Bei Rechtsanwälten, Versicherungsvertretern oder Grundstücksmaklern werden im Laufe der Produktion mehrere Orte aufgesucht. Der Rechtsanwalt berät sich in seiner Kanzlei mit dem Klienten und vertritt ihn in einer weiteren Phase vor Gericht, wobei es durchaus sein kann, dass verschiedene Gerichte aufgesucht werden. Der Versicherungsvertreter sucht seine Kunden in ihrem Zuhause auf und macht dann die Verträge in seinem Büro fertig. Die Schadensbearbeitung findet in vielen Fällen im Versicherungsbüro statt. Grundstücksmakler schließen mit ihren Kunden in ihrem Büro den Maklervertrag ab, suchen dann die angebotenen Grundstücke auf und nehmen später vor dem Notar am Abschluss des Grundstückskaufvertrages teil.

Bei der Produktion von Verwaltungsleistungen an **einem oder mehreren festen Produktionsstandorten** werden immobile Produktionsfaktoren eingesetzt, d.h. die Leistungserstellung findet ausschließlich an festen Orten statt. Einige Beispiele für verwaltungsseitige Leistungen sind:[1]

---

[1] Vgl. ebenda, S. 91 f..

- Veranstaltungsstätten (Museen, Kongresshallen),
- Sport- und Freizeitanlagen (Sport- und Bäderamt oder Jugendamt),
- Wald-, Park- und Gartenanlagen (Grünflächenamt),
- Straßen, Wege, Brücken, Plätze, Kanäle (Tiefbauamt),
- zentrale Stadtbücherei.

Kennzeichen bei dieser Art der Produktion ist, dass hohe Kapitalbeträge auf lange Zeit gebunden werden. Eine Nutzungsänderung ist nur schwerlich möglich. Als Beispiel seien geschlossene Eislaufhallen oder Schwimmbäder angeführt, die auch nach Jahren der Betriebsaufgabe noch keiner neuen Nutzung zugeführt werden konnten.

Büromäßige Leistungen der öffentlichen Verwaltung werden an einem oder mehreren festen Standorten erbracht. Dabei wird Personal als vorherrschender Produktionsfaktor eingesetzt. Der nächste wertmäßig wichtigste Faktor sind die Raumkosten und die Kosten von Datenverarbeitungsanlagen. Die übrigen typischen Bürowerkstoffe (Papier, Schreibutensilien, Kleinmaterial, Energien) verursachen vergleichsweise niedrige Kosten. In der Erstellung büromäßiger Leistungen unterscheidet sich die Verwaltung unter den Aspekten des Produktionsfaktorenverbrauchs nicht von Versicherungsbetrieben oder den reinen Verwaltungen von Industriebetrieben.

Bei der **Produktion an wechselnden Standorten** wird die Dienstleistung dort erbracht, wo sie benötigt wird. Dabei können folgende Gründe unterschieden werden:[1]

- Immobile Leistungsobjekte des Kunden müssen in den verwaltungsbetrieblichen Produktionsprozess eingebracht werden. Dies liegt z.B. bei einer Rohbauabnahme vor.
- Die Produktion bezieht sich auf einen Ortswechsel (z.B. beim öffentlichen Personennahverkehr).
- Eine Serviceleistung, die aus Gründen der Kundenorientierung gewollt ist. Hierzu können Streifengänge der Polizei oder die „rollende Stadtbücherei" gezählt werden.

Bei den Serviceleistungen muss man sich bewusst sein, dass diese Produktion mehr Kosten verursacht als eine Produktion an einem festen Standort.

Bei der **Produktion teilweise an einem oder mehreren festen Standorten verbunden mit einer Produktion an wechselnden Standorten** werden verschiedene Teilleistungen zu einer Gesamtleistung kombiniert. Die Teilleistungen können dann an unterschiedlichen Orten stattfinden, wobei es sich teilweise um Produktion an wechselnden Standorten und teilweise um Produktion an festen Standorten handelt.

[1] Vgl. ebenda, S. 93.

Abb. 49: Standortbetrachtung kommunaler Dienstleistungen

Organisation der kommunalen Dienstleistung

Produktion an einem oder mehreren Standorten		Produktion an wechselnden Standorten	Produktion an z.T. festen und z.T. wechselnden Standorten
Bereitstellen u. Nutzungsmöglichkeit von Anlagen	büromäßige Leistungserstellung	- immobile Leistungserstellung	- in Abhängigkeit von Produktionsstufen
bwl. Frage:	Kennzeichen:	- aufgrund des Aufgabentypus	z.B. Müllsammeln und Deponieren
- Ersatz durch mobile Produktion - Ersatz durch andere Produktionsart	Personal als primärer Produktionsfaktor	- aufgrund bürgernaher Verwaltung	bwl. Frage: Teilprivatisierung

Als Beispiel wird hier die Abfallentsorgung genannt. Diese Gesamtleistung lässt sich in folgende Teilproduktionen zerlegen:

- Müll (graue Tonne) sammeln,
- Müll deponieren,
- Müll verbrennen,
- Sperrmüll einsammeln,
- Wertstoffe (gelber Sack, gelbe Tonne) einsammeln,
- Wertstoffe sortieren,
- Glas und Papier (in Containern) einsammeln,
- Glas und Papier abtransportieren,
- Wertstoffe wiederverwerten,
- Kompostmüll (braune Tonne) sammeln,
- Kompostmüll verarbeiten.

Diese Produktionen sind gegeneinander gut abzugrenzen und eignen sich für die Einführung einer Kostenrechnung, was seit langem geschieht. Die Kostenrechnung ist dann Grundlage der Gebühren (§ 6 KAG NRW).

Da auch private Unternehmen einzelne Produktionsgänge anbieten, besteht eine Vergleichsmöglichkeit für den öffentlichen Verwaltungsbetrieb, ob diese spezielle Teilleistung selbst hergestellt oder doch lieber fremd bezogen werden soll.

6.2.9 Übungsaufgaben

1. Nennen Sie die Hauptziele der Produktion.

2. In welchen Kriterien drückt sich die Qualität einer Verwaltungsleistung aus? Welche Auswirkungen hat eine hohe Qualität auf die Wirtschaftlichkeit?

3. Versuchen Sie eine Systematisierung der Verwaltungsleistungen und gehen Sie auf die unterschiedlichen betriebswirtschaftlichen Problemstellungen ein. Nennen Sie jeweils Beispiele für die verschiedenen Verwaltungsleistungen.

4. Gegeben ist folgende Kostenfunktion:

   $$K(x) = 3x + 300$$

   Berechnen Sie die Kosten für die Mengen x = 10, x= 100 und x= 1.000.

5. Wann ist die Qualität einer Dienstleistung, z. B. eines Bescheides zur Leistung von Sozialhilfe, qualitativ gut?

Lösungsvorschläge:

1. Der Produktionsvorgang stellt den eigentlich wertschöpfenden Vorgang in einem Betrieb dar. Veränderungen bei ihm wirken sich sofort auf die Effizienz des Betriebes aus. Aus diesem Grund ist das Hauptziel in der Produktion eine **hohe Produktivität** zu erreichen. Damit geht eine hohe Wirtschaftlichkeit einher. Daraus werden Unterziele wie etwa geringer Abfallsatz abgeleitet. Ein weiteres Ziel der Produktion muss ein **hohes** und **gleichmäßiges Qualitätsniveau** sein. Damit sind automatisch gute Absatzchancen, geringe Nacharbeitskosten und Garantiekosten verbunden.

   Wegen sich ständig verändernder Marktgegebenheiten und dem Druck sich der wandelnden Nachfrage anzupassen, kommt einer hohen **Fertigungsflexibilität** hohe Bedeutung zu. Im Zuge zunehmender Beachtung der Interessen der Mitarbeiter und zur Erhöhung oder dauerhaften Sicherung einer hohen Motivationslage kommt der **Arbeitsqualität** hohe Priorität bei der Zieleinstufung zu.

2. Es bietet sich an, sich auf einen dreigeteilten Qualitätsbegriff zu stützen. Dabei wird in produktorientierte Qualität, kundenorientierte Qualität und wertorientierte Qualität unterschieden.

   Die **produktorientierte** Qualität beschreibt die Qualität als Bündel von Eigenschaften, das die objektive Gebrauchstauglichkeit bestimmt. Bei einem Sachgut können darunter z.B. Maßtoleranzen im Fertigprodukt verstanden werden, die die Gebrauchstauglichkeit einschränken. Bei einem Softwareprodukt könnten z.B. die Fehlermeldungen pro Einsatzstunde oder die Programmabstürze je Einsatzstunde als Maßgröße für die produktorientierte Qualität definiert werden. Bei einer Verwaltungsleistung kommt die Rechtmäßigkeit als Produktqualität in Frage. Sie wäre zu messen an der Anzahl der Widersprüche gegen Verwaltungsleistungen, denen stattgegeben wird.

Bei der **kundenorientierten** Qualität handelt es sich um die Einschätzung der Qualität durch den Kunden. Dazu zählen in der Kommunalverwaltung die Wartezeiten, die Gestaltung der Öffnungszeiten, die Gestaltung der Warteräume, die Fachkompetenz und die Freundlichkeit der Mitarbeiter. Wartezeiten lassen sich messen und durch Beobachtung aufnehmen. Aussagen zu den Öffnungszeiten, der Gestaltung der Warteräume, der Fachkompetenz und der Freundlichkeit der Mitarbeiter lassen sich nur durch Kundenbefragungen gewinnen.

Bei der **wertorientierten** Qualität stehen die Aspekte des politisch Gewollten und die Finanzierbarkeit im Vordergrund. Dieser Qualitätsaspekt trifft besonders auf die Leistungen zu, die keinem Wettbewerb unterliegen und aus politischen Gründen nicht kostendeckend angeboten werden. Zu denken ist hier z.B. an das Schulwesen. Hier handelt es sich um ein meritorisches Gut. Jeder hat seine eigenen Vorstellungen, was das Schulwesen zu leisten hat. Natürlich kann die Schulbildung durch Einsatz erhöhter finanzieller Mittel gesteigert werden, es gibt aber dafür keinen Selbstregelungsmechanismus, der den finanziellen Einsatz begrenzt. Somit muss politisch entschieden werden, ob die zusätzliche Qualität den zusätzlichen Einsatz rechtfertigt.

Qualität und Wirtschaftlichkeit hängen über die Abfallquote und die Produktion von schlechten Leistungen, die unter zusätzlichen Kosteneinsatz auf das gewünschte Niveau angehoben werden müssen, zusammen. Beispielsweise bedeuten bei der Kommunalverwaltung Widersprüche, bei denen demjenigen, der widerspricht, stattgegeben wird, dass die erste Bearbeitung offensichtlich fehlerhaft war. Dabei wurden Arbeitsstunden und Materialien verbraucht, die zu einer mängelbehafteten Leistung führten.

3. Es gibt verschiedene Ansätze, Verwaltungsleistungen zu systematisieren.

Zum einen ist es möglich, die Verwaltungsleistungen nach dem Ort ihrer Produktion und ihres Absatzes zu unterscheiden in:

- Produktion an einem oder mehreren Standorten,
- Produktion an wechselnden Standorten,
- Produktion an wechselnden und festen Standorten.

Bei einer Produktion an festen Standorten werden immobile Produktionsfaktoren mit festgelegten Arbeitsabläufen eingesetzt. Wenn einmal die Organisation optimiert wurde, kann diese Ablauforganisation bis auf weiteres beibehalten werden. Typische Leistungen sind solche, die büromäßig erbracht werden, dazu zählt z.B. das Meldewesen, Kfz-Anmeldungen u.ä..

Die Kombination fester und wechselnder Produktionsorte wirft deutlich mehr betriebswirtschaftliche Probleme bei der Optimierung des Arbeitsablaufes auf, da die Reihenfolge der Orte in die Produktionsentscheidungen einbezogen werden müssen. Hier entsteht auch die Frage, ob Teile der Gesamtleistung bspw. von privaten Unternehmen erbracht werden sollen. Zu denken ist an die Organisation der Abfallentsorgung.

Eine andere Möglichkeit der Systematisierung unterscheidet in Leistungsprozesse, die mittels spezieller Produktionsvorgänge oder ohne die speziellen Produktionsvorgänge erbracht werden.

Bei den Leistungsprozessen, die ohne spezielle Produktionsvorgänge angeboten werden, handelt es sich um reine Angebote. Sie werden ständig bereitgehalten, die Bürgerinnen und Bürger nehmen sie in Anspruch oder auch nicht. Zu dieser Kategorie gehört das Bereitstellen von Parks, Grünanlagen, Verkehrsflächen, Zoos, Museen usw.. Betriebswirtschaftlich muss hierbei die Nutzung beobachtet werden. Sollte sie unter ein definiertes Maß fallen, muss über die Veränderung oder Einstellung der Produktion nachgedacht werden.

Bei den Leistungen mit speziellen Produktionsvorgängen handelt es sich um Leistungsangebote, die erst im Moment der Nachfrage produziert werden. Im Gegensatz zu den oben beschriebenen Vorgängen ohne spezielle Produktion fällt der Ressourcenverbrauch erst dann an, wenn die Leistung nachgefragt wird. Beispiele dazu sind das Ausstellen von Personaldokumenten, das An-, Ab- oder Ummelden eines Kfz, Bauabnahmen, oder Theateraufführungen.

4. Die Lösung in Tabellenform:

x	K(x)
10	330
100	600
1.000	3.300

5. Die Qualität einer Dienstleistung, z. B. eines Bescheides zur Leistung von Sozialhilfe, ist dann gut, wenn sowohl die Struktur-/Potenzialqualität als auch die Prozessqualität und die Ergebnisqualität als hoch bewertet werden können. Zur Bewertung der Qualität können u. a. folgende Aspekte berücksichtigt werden:[1]

Struktur-/Potenzialqualität	Prozessqualität	Ergebnisqualität
Qualifikation des Personals Ausrüstung des Personals Ausstattung der Büros	Gesamtheit aller Aktivitäten während der Erstellung der Dienstleistung	Gesamtheit aller Änderungen, sofern diese auf die Erstellung zurückführbar sind
Organisatorische Rahmenbedingungen Zugangs- und Nutzungsmöglichkeiten durch Leistungsberechtigte	Reaktionsgeschwindigkeit Ansprechbarkeit Erreichbarkeit Bearbeitungszeit	Rechtsmäßigkeit Verlässlichkeit der Entscheidung Fehlerfreiheit Verständlichkeit

1 Vgl. Zollondz, Hans-Dieter: Grundlagen Qualitätsmanagement, Einführung in Geschichte, Begriffe, Systeme und Konzepte, 3. Auflage, Berlin 2011, Seite 170.

6.3 Absatz

6.3.1 Gegenstand der Absatzwirtschaft

Als Absatz bezeichnet man den Bereich des Betriebsgeschehens, der auf die Verwertung der betrieblichen Leistungen auf dem Markt gerichtet ist. Dabei kann es sich um Güter oder Dienstleistungen handeln.

Mit dem Absatz wird die letzte Phase des betrieblichen Wertschöpfungsprozesses eingeleitet. Durch den Verkauf der im Betrieb erstellten Leistungen werden die im Leistungsprozess gebundenen Mittel zurückgewonnen. Dies ermöglicht zum einen die Verteilung der betrieblichen Wertschöpfung an die am Prozess beteiligten Anspruchsgruppen, zum anderen natürlich auch die Fortsetzung der Leistungserstellung. Der Absatz spielt somit auch eine wichtige Rolle für die Finanzierung von Betrieben, die Gewinnung finanzieller Mittel aus dem Umsatzprozess bezeichnet man als Innenfinanzierung.

Im Zusammenhang mit absatzwirtschaftlichen Aktivitäten werden auch häufig die Begriffe Vertrieb und Verkauf verwendet. Während unter **Vertrieb** und **Absatz** gleichermaßen alle Tätigkeiten subsumiert werden, die auf die Verwertung der erstellten Güter und Dienstleistungen am Markt gerichtet sind, ist der **Verkauf** enger gefasst. Er bezeichnet lediglich die Abgabe von Leistungen gegen Geld und ist insofern Teil des Absatzes. Demgegenüber ist der Begriff **Marketing** weiter als der Absatzbegriff. Er kennzeichnet die Denkhaltung, das Unternehmen in seiner Gesamtheit vom Markt her auszurichten, d. h. an den Erfordernissen des Marktes zu orientieren. Marketing bezieht sich insofern nicht nur auf den Absatzbereich ("Absatzmarketing"), sondern auf praktisch alle Bereiche des Unternehmens (z. B. Beschaffungsmarketing, Personalmarketing).

6.3.2 Aufgaben der Absatzwirtschaft

Eine wichtige Bedeutung für die Absatzfunktion in den Unternehmen hat der Wandel der Märkte, der sich in den letzten Jahren und Jahrzehnten in den Industrieländern fast durchgängig vollzogen hat: Lange Zeit herrschten sogenannte Verkäufermärkte vor, auf denen das Produktangebot zur Deckung der Nachfrage nicht ausreichte. Heutzutage müssen sich Unternehmen dagegen weitgehend auf **Käufermärkten** behaupten, die ein vielfältiges Angebot bereithalten, das die Nachfrage übersteigt. Die Öffnung der Märkte, aber auch der Abschluss der Wiederaufbauphase in der Nachkriegszeit spielen hierbei eine Rolle.

Die Verwertung der erstellten Leistungen stellt sich auf **Verkäufermärkten** nicht sonderlich schwierig dar: Aufgrund des Nachfrageüberhangs, reicht es aus, die erstellten Güter zu verteilen. Probleme treten für die Unternehmen eher in den Bereichen Beschaffung, Produktion, Finanzierung etc. auf. In Phasen, in denen auf Verkäufermärkten agiert wird, stehen Umsatzwachstum und Erschließung neuer Märkte im Vordergrund der Unternehmensinteressen. Zu den eingesetzten Instrumenten gehören vor allem das Instrument des Produktlebenszyklus und die Portfolioanalyse.

Anders sieht die Situation aus, wenn ein Überangebot von Waren und Leistungen es den Abnehmern ermöglicht, jederzeit auf andere Angebote auszuweichen. Die Unternehmen sind gezwungen, sich auf die Kundenwünsche und -bedürfnisse mit ihren Gütern und Leistungen sehr weitgehend einzustellen: Im Gegensatz zur Situation des Verkäufermarktes ist nicht die Produktion, sondern der Markt der Engpass. Entsprechend hoch ist der Stellenwert der Absatzfunktion und des Absatzbereiches. Da genügend Anbieter homogener Güter und Dienstleistungen am Markt sind, ist es schwierig, den eigenen Marktanteil zu erhöhen und Wachstum zu generieren oder den Marktpreis zu beeinflussen. In dieser Situation richtet sich das Augenmerk der Unternehmen eher nach innen. Instrumente in dieser Situation sind die Wertkettenanalyse nach Porter[1] oder für Dienstleister die Prozesskostenrechnung. Dabei geht es entweder um Produktdifferenzierung, so dass das eigene Unternehmen bei seinen Produkten ein Alleinstellungsmerkmal herausstreicht, um sich von der Konkurrenz zu unterscheiden. Oder es geht um einen Kostenvorteil, der dann zu einem niedrigeren Preis im Vergleich zur Konkurrenz führt.

Ein weiterer Handlungsansatz setzt beim Absatz an mit der Kernfrage: Wie lässt sich der Käuferwiderstand überwinden?

Abb. 50: Verkäufermarkt und Käufermarkt[2]

Merkmal	Verkäufermarkt	Käufermarkt
Wirtschaftliches Entwicklungsstadium	Knappheitswirtschaft	Überflussgesellschaft
Verhältnis Angebot zu Nachfrage	Nachfrage > Angebot (Nachfrageüberhang), Nachfrager aktiver als Anbieter	Angebot > Nachfrage (Angebotsüberhang), Anbieter aktiver als Nachfrager
Engpassbereich der Unternehmung	Beschaffung und/oder Produktion	Absatz
Primäre Anstrengung der Unternehmung	Rationelle Erweiterung der Beschaffungs- und Produktionskapazität	Weckung von Nachfrage und Schaffung von Präferenzen für eigenes Angebot

Zwei Aufgabenfelder lassen sich für den Absatzbereich identifizieren: Zum einen müssen Informationen über die Marktsituation gewonnen werden. Zu dieser Einschätzung der Marktlage gehört z.B. die Analyse der potentiellen Kunden oder die Bewertung der Konkurrenzsituation. Auf Basis dieser Informationen können konkrete Absatzziele formuliert werden. In einem zweiten Schritt ist dann zu überlegen, mit Hilfe welcher absatzpolitischen Instrumente man das Marktgeschehen im Sinne der Zielsetzung beeinflussen kann.

---

1 Vgl. Porter, Michael, Wettbewerbsvorteile, 8. Auflage, Frankfurt a.M. 2014.

2 Aus Wöhe, G. et al., a.a.O. S. 358.

Abb. 51: Teilbereiche der Absatzplanung

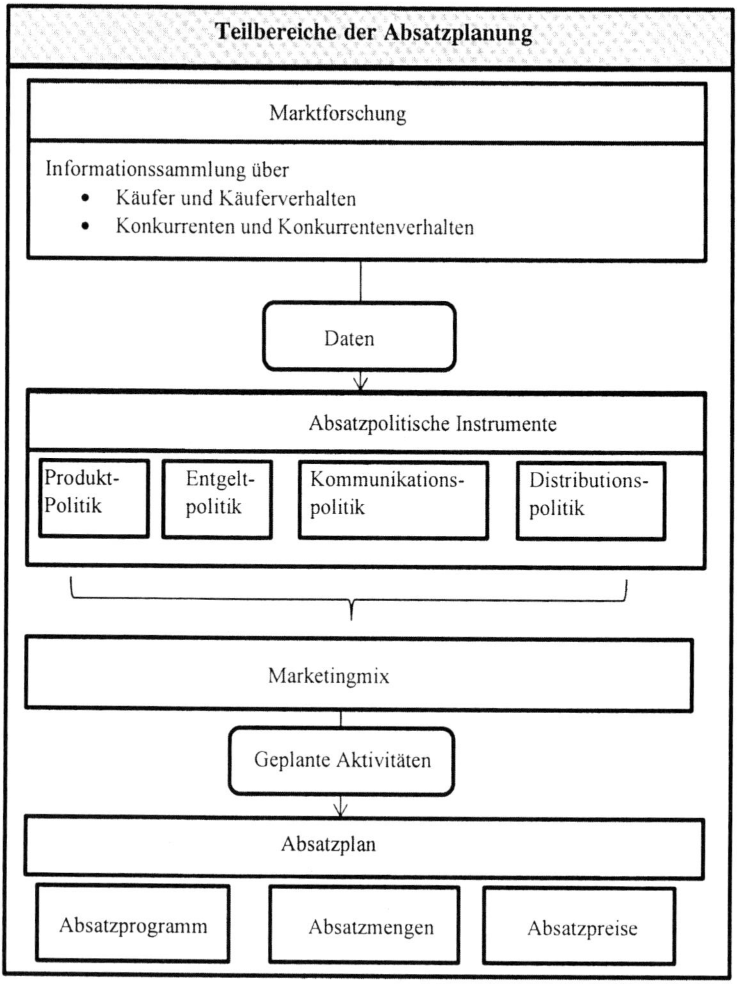

Aus dem Schaubild können die Bezüge zu anderen Wissenschaften gut erkannt werden, z.B. sammelt die Marktforschung Daten, die u.U. mittels sozialwissenschaftlicher Verfahren erhoben werden müssen. Danach werden sie statistisch ausgewertet. Im Rahmen der Kommunikationspolitik kommen psychologische Aspekte zum Tragen.

6.3.3 Marktforschung

Die Erkundung der Marktverhältnisse ist das Aufgabengebiet der Marktforschung. Durch den Einsatz bestimmter Methoden der Informationsgewinnung werden Zustände, Strukturen und Entwicklungen auf einem Markt systematisch erfasst. Wichtige Informationen, die als Grundlage absatzpolitischer Entscheidungen dienen, sind die Marktgrößen Markt- und Absatzpotential, Markt- und Absatzvolumen sowie der Marktanteil.

Das **Marktpotenzial** gibt die maximal mögliche Aufnahmefähigkeit eines Marktes für ein bestimmtes Gut an. Der Anteil, den ein Unternehmen für ein Produkt an diesem Marktpotential höchstens zu erreichen können glaubt, stellt das **Absatzpotenzial** dar. Die Mengen, die von einer Produktart in einem bestimmten Zeitraum (i. d. R. ein Jahr) auf einem abgegrenzten Markt ("Limousinen bis 2 Liter Hubraum") abgesetzt werden, bezeichnet man als **Marktvolumen**. Die Summe der Umsätze, die ein Unternehmen auf diesem Markt tätigt, ist das **Absatzvolumen**. Vielfach werden Markt- und Absatzvolumen nicht auf Basis realisierter, sondern prognostizierter Absatzmengen bestimmt. Der **Marktanteil** eines Unternehmens schließlich wird als Verhältnis von Absatzvolumen zum Marktvolumen berechnet.

6.3.4 Datenerhebung

Beim Erheben von Daten werden grundsätzlich die **Primärerhebung** (Gewinnen neuer Daten) und **Sekundärerhebung** (Aufbereiten vorhandener Daten) unterschieden.

Die Analyse der Marktverhältnisse kann auf dem Wege der Befragung, der Beobachtung und des Experimentes durchgeführt werden. Wie in der folgenden Abbildung veranschaulicht, gehören diese Methoden der Informationsgewinnung zur Primärerhebung.

Abb. 52: Datenerhebung

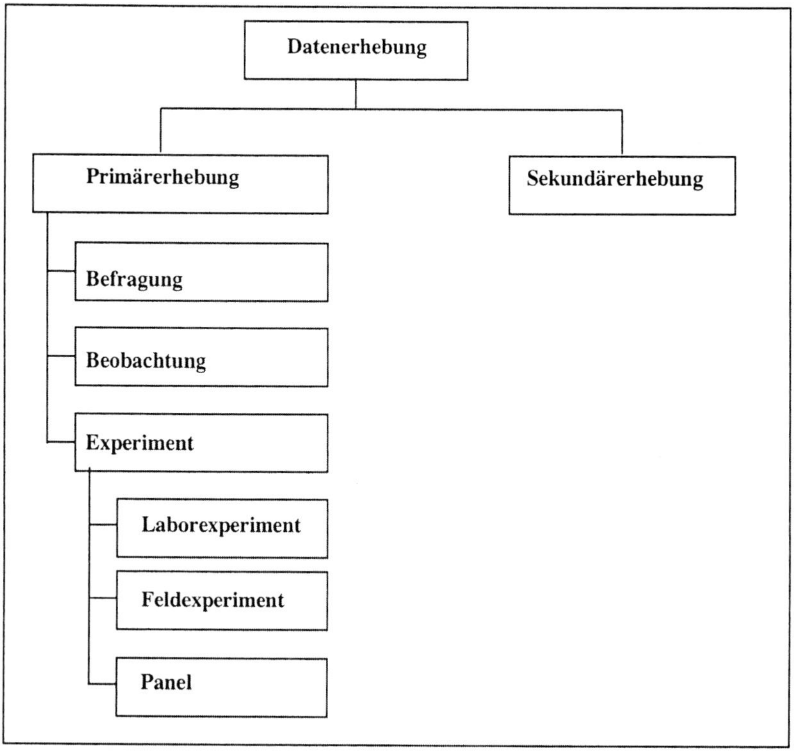

Befragung

Die häufigste Art der Primärerhebung ist die Befragung. Sie lässt sich als persönliches und schriftliches Interview durchführen. Der Vorteil der persönlichen Befragung besteht darin, ggf. nachhaken zu können, wenn Antworten nicht vollständig eindeutig ausfallen. Für die standardisierte schriftliche Befragung spricht, dass der Interviewer die Befragten nicht durch ein bestimmtes Auftreten beeinflusst und dass die Antworten statistisch besser auswertbar sind. Auch die beim schriftlichen Interview niedrigeren Kosten können bei großen Stichproben eine Rolle spielen. Die Ergebnisse der Befragung können nach verschiedenen persönlichen Kriterien (z. B. Alter, Einkommensklasse, Haushaltsgröße etc.) ausgewertet werden. Auf diese Weise wird die Aussagefähigkeit deutlich erhöht. Allerdings können mit Befragungen nur solche Bedürfnisse, Beweggründe für Käufe/Nichtkäufe etc. aufgedeckt werden, die dem Probanden (Befragten) auch bewusst sind und artikuliert werden können. Die unbewussten Handlungsmotive, die ebenfalls eine Rolle für das Verhalten auf dem Markt spielen, werden durch die Befragung nicht erfasst.

Beobachtung
Im Gegensatz zur Befragung können durch die Beobachtung Gegebenheiten und Verhaltensweisen erfasst werden, ohne dass bei den Betroffenen eine Auskunftsbereitschaft erforderlich ist (z. B. Beobachtung des Kaufverhaltens). Vorteilhaft gegenüber der Interviewsituation ist, dass keine verhaltenswirksamen Einflüsse zwischen Erhebungsperson und Informationsgeber auftreten, der Beobachtete mithin keine unzutreffenden Auskünfte geben kann. Schwierig ist es bei der Beobachtung, die Testperson repräsentativ auszuwählen, da man keinen Einfluss darauf hat, wer z. B. ein Geschäft betritt.

Experiment
Das Experiment wird auf der Grundlage eines bestimmten Versuchsaufbaus mit vorgegebenen Rahmenbedingungen durchgeführt. Man unterscheidet Beobachtungs- und Befragungsexperimente sowie Labor- und Feldexperimente.

Laborexperimente werden unter speziellen für den Test hergestellten Bedingungen vollzogen. So wird etwa durch Laborexperimente zur Werbewirkungsprognose erkundet, welche Aufmerksamkeitswirkung Werbekampagnen haben. Hierbei werden z. T. technische Hilfsmittel eingesetzt (z. B. Blickaufzeichnungsgeräte). Satzergänzungen (Nennen von unvollständigen Sätzen, die von der Testperson spontan vervollständigt werden müssen) dienen zur Aufdeckung von Assoziationen ("X ist eine Zigarette für Männer/Frauen), die Laborexperimente haben den Nachteil, dass sich die Testpersonen in für sie ungewöhnlichen Situationen ("Laborstress") befinden und ggf. anders als in Alltagssituationen reagieren.

Von **Feldexperimenten** spricht man, wenn die Versuche nicht im Labor, sondern unter "Normalbedingungen" stattfinden; die wichtigsten Formen sind die Markttests und die Panelerhebungen.

Bei den **Markttests** werden auf lokal oder regional begrenzten Testmärkten neue Produkte für eine bestimmte Zeit probeweise verkauft, um deren Absatzchancen zu erkunden. Markttests sind sehr realitätsnah, haben aber den Nachteil, dass sie relativ lange Zeit beanspruchen und den Wettbewerb schon weit im Vorfeld über geplante Aktionen informieren. Außerdem ist es meistens schwierig, Testmärkte zu finden, die repräsentativ für den Gesamtmarkt sind, also keine regionalen Besonderheiten aufweisen.

6.3.5 Umsatz- und Gewinnfunktion

Die Nachfrage nach einem Produkt am Markt ist von seinem Preis (p), seiner Qualität (Q), den Preisen (p_n) und der Qualität (Q_n) der direkten Konkurrenzprodukte, den Preisen von Substitutionsprodukten (p_s), den Präferenzen der Konsumenten (P), dem verfügbaren Einkommen der Konsumenten (Y), um nur die Wichtigsten zu nennen, abhängig.

$$N = f(p, Q, p_n, Q_n, p_s, P, Y, \ldots)$$

Im Folgenden soll sich auf die Abhängigkeit vom Preis konzentriert werden, alle andere Einflussfaktoren werden konstant gesetzt. Mathematisch vereinfacht sich die Nachfragefunktion zu:

$$N = f(p)$$

Wird jetzt aus Vereinfachungsgründen noch eine lineare Nachfragefunktion in Form einer Geraden angenommen, wird die Nachfragefunktion in Form der bekannten Geradenfunktion zu:

$$N(p) = m*p + b$$

Die Nachfragefunktion ist, wie aus der Volkswirtschaftslehre bekannt, negativ geneigt, d.h. bei einem hohen Preis wird wenig Menge nachgefragt, bei einem niedrigen Preis wird üblicherweise eine größere Menge nachgefragt und abgesetzt.

Beispielsweise ist bekannt, dass bei einem Preis von 50 € kein Stück verkauft wird, bei einem Preis von 0 € eine Menge (Sättigungsmenge) von 100 abgenommen wird. Mehr wollen die Konsumenten auch nicht geschenkt haben.

Aus diesen beiden Eckpunkten lässt sich die Nachfragefunktion herleiten:

$$N(p) = -2p + 100$$

-2 bedeutet, dass, wenn der Preis p um einen Euro erhöht wird, 2 Mengeneinheiten weniger abgesetzt werden. Bei einem Preis p = 0, nimmt der Markt 100 Mengeneinheiten auf. Die Nachfragefunktion sieht grafisch wie folgt aus, wobei N(p) = x ist.[1]

Abb. 53: Nachfragefunktion

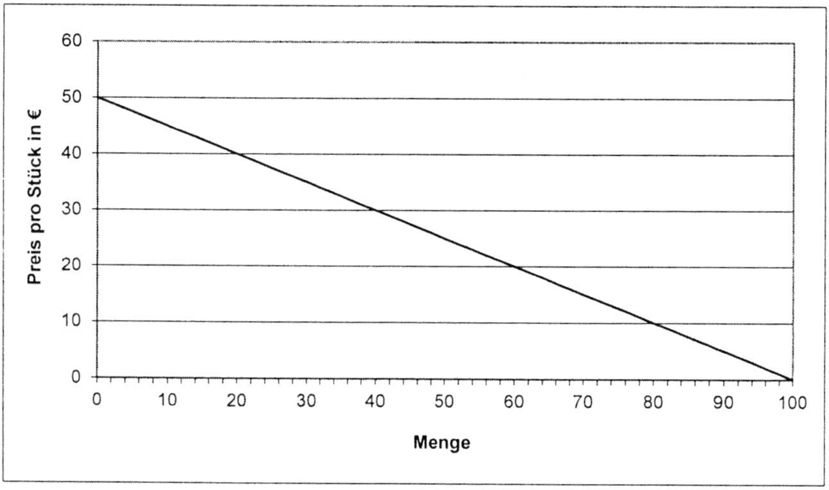

[1] Es ist zu beachten, dass in der Ökonomie in Preis-Mengen-Diagrammen die Achsen gegenüber der in der Mathematik üblichen Darstellung vertauscht sind; d.h. die unabhängige Variable steht auf der senkrechten Achse (p) und die abhängige Variable (Menge oder x) auf der horizontalen Achse.

Setzt ein Betrieb Produkte oder Leistungen am Markt gegen Entgelt ab, so generiert er Umsatz. Der Umsatz ist das mathematische Produkt aus Menge x mal Preis p.

$$U = x*p$$

In Fortsetzung des obigen Beispiels

$$N(p) = x = -2p + 100$$

wird die Nachfragefunktion nach p umgestellt und es ergibt sich:

$$x - 100 = -2p$$

$$p = -0{,}5x + 50$$

Dieses wird in die Umsatzfunktion für p eingesetzt:

$$U = x * (-0{,}5x + 50)$$

$$U = -0{,}5x^2 + 50x$$

Um die Menge x, die den maximalen Umsatz generiert, zu finden, muss die erste Ableitung gebildet werden und dann gleich Null gesetzt werden.

$$U' = -x + 50$$

$$0 = -x + 50$$

$$x = 50$$

Bei einer Absatzmenge von 50 Stück und dem dazu notwendigen Preis von 25 € wird der höchste Umsatz erreicht.

Abb. 54: Umsatzfunktion

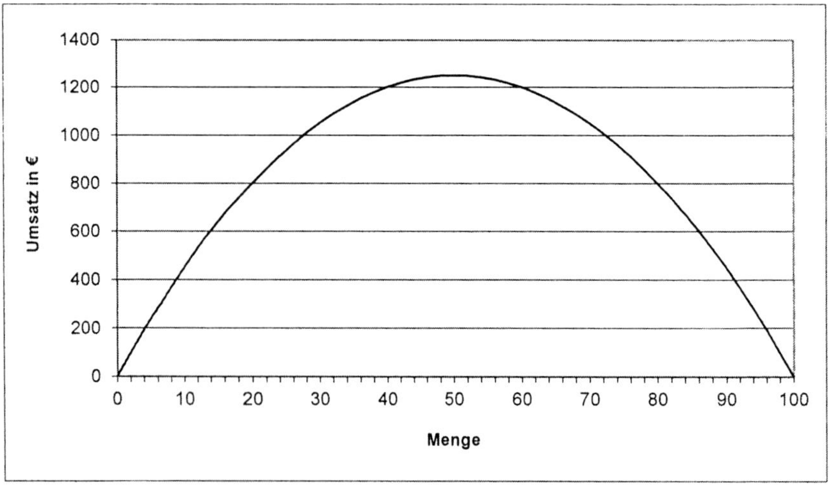

Werden in diesem Diagramm die Kosten, wie sie in Kapitel 6.2.6 besprochen wurden,

$$K(x) = 150 + 15\ x$$

eingebaut, ergeben sich folgende Grafen:

Abb. 55: Umsatz- und Kostenfunktion

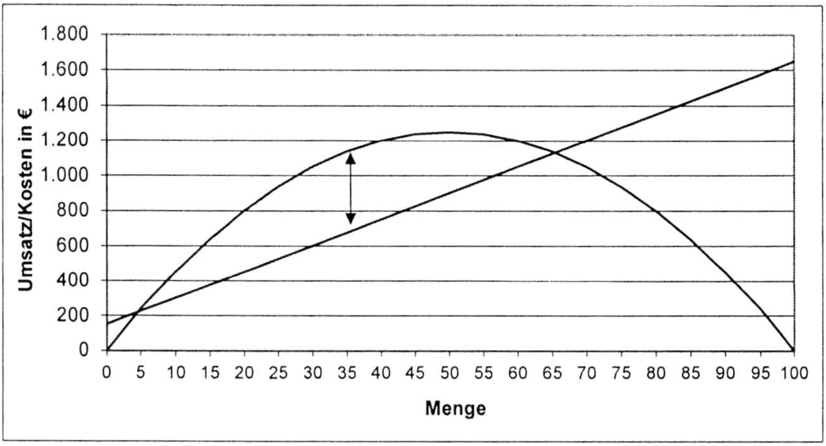

Der vom Betrieb erwirtschaftete Gewinn ist die Differenz zwischen Umsatzfunktion und Kostenfunktion. Wie zu erkennen ist, liegt das Maximum des Gewinns nicht an der Stelle des höchsten Umsatzes sondern darunter bei 35 Stück. Dort ist der Abstand zwischen Umsatzfunktion und Kostenfunktion am größten.

Mathematisch:

$$G(x) = U(x) – K(x)$$

$$G(x) = -0{,}5x^2 +50x – (150 + 15x)$$

$$G(x) = -0{,}5x^2 + 35x –150$$

Um das Maximum zu finden muss wieder die erste Ableitung gebildet werden, die dann wiederum gleich Null gesetzt wird.

$$G'(x) = -x + 35$$

$$0 = -x + 35$$

$$x = 35$$

6.3.6 Absatzinstrumente

Zur Umsetzung der Absatzziele des Unternehmens stehen eine Reihe von absatzpolitischen Instrumenten zur Verfügung. Dabei wird unterschieden in:

- Produktpolitik,.
- Entgeltpolitik
- Distributionspolitik,
- Kommunikationspolitik.

In einem Überblick lassen sich die absatzpolitischen Instrumente mit wichtigen Parametern wie folgt darstellen.

Abb. 56: Absatzpolitische Instrumente

Absatzpolitische Instrumente			
Produktpolitik	**Entgeltpolitik**	**Distributionspolitik**	**Kommunikationspolitik**
- Sortiment - Kundendienst - Produktqualität - Produktinnovation	- Preis - Rabatt - Zahlungsbedingungen	- Absatzwege - Verkaufsorgane - Physische Distribution	- Werbung - Verkaufsförderung - Öffentlichkeitsarbeit

Gemeinsamkeiten zwischen privaten und öffentlichen Dienstleistungsbetrieben

Zwischen privaten Dienstleistungsbetrieben und öffentlichen Betrieben oder Verwaltungsbetrieben bestehen in Hinblick auf den Absatz einige Gemeinsamkeiten:

- Private Dienstleister und öffentliche Dienstleister stellen Leistungen her, die der Deckung fremden Bedarfs dienen. Dies war ein Betriebskennzeichen.
- Sowohl private Dienstleister als auch öffentliche Dienstleister haben ein Interesse daran, ihre Leistungen abzusetzen. Dieses Interesse hat aber unterschiedliche Motive. Der private Dienstleistungsbetrieb strebt nach Gewinn (ein Unternehmensmerkmal), hingegen bietet der öffentliche Dienstleister seine Leistungen an, um das Gemeinwohl zu maximieren.
- Beide versuchen, ihre Leistungen so zu gestalten, dass sie den Kundenwünschen entsprechen und damit zur Bedürfnisbefriedigung beizutragen und damit Nutzen zu stiften.

Unterschiede zwischen privaten und öffentlichen Dienstleistungsbetrieben

Unterschiede zwischen privaten und öffentlichen Dienstleistungsbetrieben ergeben sich zwangsläufig aus den unterschiedlichen Zielsetzungen.

1. Ein Unternehmen muss langfristig seinen Gewinn maximieren, eine Verwaltung muss langfristig die Maximierung der Wohlfahrt als Ziel haben.

2. Das Unternehmen sieht sich Konkurrenten ausgesetzt, von denen es sich unterscheiden muss, um entweder die Preisführerschaft zu übernehmen oder es muss seine Produkte so differenzieren, dass es ein Alleinstellungsmerkmal aufweist. Eine Kommune steht nur bei den freiwilligen Aufgaben in Konkurrenz zu anderen Kommunen. Die Pflichtaufgaben sind vorgeschrieben und unterscheiden sich kaum voneinander. Es gibt einige Produkte, bei denen die Kommunen im Wettbewerb stehen. Besonders hervorzuheben sind die Gewerbegebiete, Schulen oder die Innenstadtgestaltung.

3. Unternehmen müssen auf geänderte Kundenwünsche eingehen, Kommunen müssen sich verändernde Kundenwünsche und veränderte Politikerpräferenzen antizipieren.

Produktpolitik

In einem Dienstleistungsbetrieb befasst sich die Produktpolitik mit den Fragen:

- Wird nur eine Leistung angeboten oder werden mehrere unterschiedliche Leistungen angeboten (Sortimentsgestaltung)?
- In welcher Verpackung (Produktgestaltung) werden die Leistungen angeboten?
- Welche Nebenleistungen können noch angeboten werden?

Bei der Bearbeitung dieser Fragestellung werden die Unterschiede zwischen privaten und öffentlichen Dienstleistungsbetrieben deutlich.

Unterschiede in der Leistung

Als Unterschied in den Leistungen ist zu nennen, dass private Dienstleistungsunternehmen marktorientiert handeln. Ihre Leistungen sind somit Marktleistungen. Sie stehen im Wettbewerb zu anderen Produkten oder anderen Anbietern. Der Kunde hat die Möglichkeit, gemäß seinen Nutzenvorstellungen zwischen verschiedenen Leistungen oder Anbietern auszuwählen.

Die Leistungen der öffentlichen Betriebe bzw. Verwaltungsbetriebe sind meistens keine Marktleistungen, weil der Markt als Mechanismus versagt. Dies ist der Fall bei Kollektivgütern, meritorischen Gütern oder sogenannten „natürlichen Monopolen". Bei Kollektivgütern kann niemand vom Konsum der Leistung ausgeschlossen werden (Beispiele: öffentliche Sicherheit, Landesverteidigung). Meritorische Güter könne zwar privater Produktion überlassen werden, doch werden sie dann aufgrund eines hohen Preises nicht im gewünschten Maße verbraucht (Beispiel: Schulwesen). Bei den sogenannten „natürlichen Monopolen" geht man davon aus, dass hohe Produktionskosten in einer Region nur einen einzelnen Produzenten zulassen. Meist sind die Markteintrittsschranken so hoch, dass sich kein zweiter Produzent etablieren kann (z.B. netz- oder leitungsgebundene Produkte wie Eisenbahn, Telefonnetz, Wasser- oder Elektrizitätsversorgung).

In vielen Fällen besteht für den Bürger ein Anschluss- und Benutzungszwang (z.B. Müllentsorgung, Entwässerung). In diesen Fällen hat der Bürger keine Wahlfreiheit, dass er auf diese öffentliche Leistung lieber verzichten möchte. Er muss die Leistung abnehmen.

Hinsichtlich der Sortimentsgestaltung ist ein öffentlicher Betrieb rechtlich gebunden. Er hat Leistungen zu erbringen, die ihm rechtlich vorgeschrieben sind (Meldewesen, Bauverfahren, Kfz-Wesen, Schulwesen, Sozialverwaltung). Bei diesen Leistungen hat der öffentliche Betrieb keine Wahlfreiheit, dass er alle oder Teile dieser Leistungen nicht anbieten möchte.

Bei anderen Leistungen bestehen für den öffentlichen Betrieb sehr wohl Möglichkeiten, das Leistungsangebot zu differenzieren. Hier seien nur einige Beispiele genannt:

- **Theater**
  - Differenzierung der Leistung nach Zielgruppen (Jugend- oder Kindervorstellungen),
  - zeitabhängige Leistungsangebote (Vormittags-, Nachmittags- oder Festtagsprogramme)
- **Schwimmbad**
  - Zusatzangebote (Fitnessräume, Sauna, Solarium)
  - Vereinbarungen von Sondernutzungen (Vereine, Unternehmen)
- **Volkshochschule**
  - Anpassung des Kursangebots an die Entwicklung der Berufswelt (Kurse in Informationstechnik, Seminarangebote an Kommunen)
  - Kursangebote zur Freizeitgestaltung (Heimwerker-, Bastel-, Kochkurse)

Einige Leistungen des öffentlichen Betriebes zeichnen sich durch negativen subjektiven Nutzen aus. Derartige Leistungen kann ein privater Dienstleister nicht anbieten, es gäbe keine Nachfrage. Die öffentliche Verwaltung muss zur Erhöhung des Gemeinwohls dagegen die Abnahme derartiger Leistungen durchsetzen. Es ist hier an alle Maßnahmen gedacht, die der Durchsetzung der Rechtsordnung dienen (z.B. gebührenpflichtige Verwarnungen bei falschem Parken, zu schnellem Fahren oder rechtswidrigem Bauen).

Unterschiedliche Möglichkeiten der Leistungsgestaltung

Bei Dienstleistungen, gleichgültig ob sie von privaten Dienstleistungsbetrieben oder öffentlichen Dienstleistungsbetrieben hergestellt werden, handelt es sich um immaterielle Leistungen. Damit entfallen die klassischen, für Sachgüter entwickelten Instrumente der Produktgestaltung (z.B. Design, Verpackung). Das bedeutet aber nicht, dass es für Dienstleistungen keine Gestaltungsmöglichkeiten gibt. Da Dienstleistungen im Zeitpunkt ihrer Produktion konsumiert werde und sie meistens unter Mitwirkung des Abnehmers hergestellt werden müssen, ergeben sich mehrere Ansatzmöglichkeiten für die Leistungsgestaltung.

Besteht die Dienstleistung in der reinen Bereitstellung von Nutzungsmöglichkeiten, so können die Nutzungsmöglichkeiten zeitlich differenziert werden. Im Schwimmbad können z.B. Öffnungszeiten eingerichtet werden, zu denen nur Senioren eingelassen werden. Senioren fühlen sich oft durch Kindergeschrei oder reine Bahnenschwimmer belästigt, was ihr Schwimmvergnügen einschränkt. Zu anderen Öffnungszeiten könnte das Wasser in Hallenbädern etwas mehr temperiert werden (Warmbadetag).

Handelt es sich um einen Leistungsprozess ohne externe Veranlassung (z.B. planmäßige Müllabfuhr, Personenlinienverkehr) können folgende Größen variiert werden:

- Bedienungshäufigkeit (Fahrplantakt, wöchentliche oder zweiwöchentliche Müllabfuhr),
- Betriebsmittel (kleine oder große Busse; kleine, mittlere oder große Mülltonnen),
- Einbeziehung des Abnehmers (Rufbussystem, Sperrmüll nur auf Anforderung, Ablieferung an Sammelstellen).

Bei den speziellen Leistungsprozessen, die durch externe Veranlassung ausgelöst werden, bestehen Komponenten der Leistungsgestaltung darin, dem Bürger freundlich zu begegnen, und den Ablauf der Leistungserstellung so zu gestalten, dass dem Bürger unnötige Wartezeiten und Wege erspart werden. Es zeugt von mangelhafter Leistungsgestaltung, wenn ein Bürger zur Ausstellung eines Personalausweises mehrere Räume in unterschiedlichsten Stockwerken mit jeweils langen Wartezeiten aufsuchen muss.

Die Zeit, zu denen eine Leistung angeboten wird (Publikumszeit), ist ein sehr wichtiger Parameter in der Leistungsgestaltung. Bürgerfreundliche Öffnungszeiten können durch Befragungen ermittelt werden. Es ist zu erwarten, dass Berufstätige Tagesrandzeiten - früh am Morgen oder spät am Nachmittag - bevorzugen, um Amtsgänge zu erledigen; denn dann können sie diese Tätigkeiten möglicherweise innerhalb ihrer Gleitzeitmöglichkeiten erledigen, ohne einen Tag des knappen Urlaubskontingents opfern zu müssen. Andere werden die Vormittagsstunden bevorzugen, wenn die Kinder im Kindergarten oder in der Schule sind.

Nebenleistungen

Unter Nebenleistungen werden alle Leistungen verstanden, die neben der eigentlichen Hauptleistung in der Gesamtleistung enthalten sind. Dies bezieht sich vor allem auf Garantien, technische Beratung, Schulung oder Kundendienst vor Ort. Reisebüros bieten die Möglichkeit, sich an einem Ort über die Leistungen verschiedener Reiseveranstalter zu informieren. Unklarheiten können vor Ort sofort bereinigt werden. Hier kann man sich vorstellen, dass die öffentliche Verwaltung ihre Räumlichkeiten nutzt, um Ausstellungen darzubieten. So kann im Vorraum einer Bibliothek eine Dokumentation über Wale sehr informativ sein, obwohl der Nutzer eigentlich nur Bücher ausleihen wollte. Ausstellungen in den Warteräumen oder die Auslage von Zeitschriften in den Warteräumen (wie bei Ärzten üblich) lässt die Wartezeit wie im Fluge vergehen.

Entgeltpolitik

Private Dienstleistungsbetriebe betreiben Preispolitik. Der Begriff „Preis" steht für solche Entgelte, die sich am Markt bilden. Über die Preispolitik wollen die privaten Dienstleister sich gegen die Konkurrenz abgrenzen und setzen diesen Parameter ein, um Nachfrager auf sich zu konzentrieren.

Bei öffentlichen Betrieben ist es besser von Entgeltpolitik zu sprechen. Bei der Entgeltpolitik handelt es sich um die bewusste, zielgerechte Gestaltung der Entgelte sowie der Zahlungs- und Lieferungsbedingungen für öffentliche Leistungen. Es ist deutlich, dass die Nachfrage nach öffentlichen Leistungen beeinflusst werden soll. Es kann sich dabei um eine Erhöhung/Verminderung der nachgefragten Menge (z.B. Müllentsorgung), eine zeitliche Lenkung der Nachfrage (z.B. zur Auslastung freier Kapazitäten von Sporthallen an Nachmittagen) oder um eine kundengruppenspezifische Lenkung der Nachfrage (z.B. spezielle Kinder- oder Jugendgruppenaufführungen im Theater) handeln. Die Nachfragebeeinflussung dient dabei speziellen politischen oder ökonomischen Zielen.

Es ist zweckmäßig, sich zu Beginn einen Überblick über die von öffentlichen Betrieben erhobenen Entgelten zu verschaffen[1].

Abb. 57: Übersicht über Entgelte in öffentlichen Betrieben

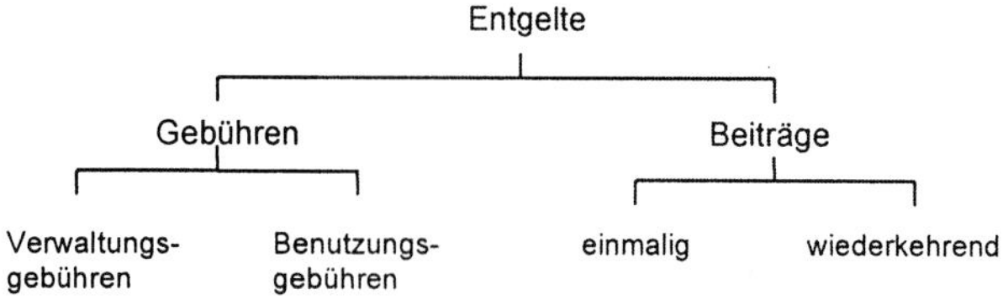

---

[1] §§ 5 ff. KAG.

Gebühren sind Geldleistungen, die Gemeinden als Gegenleistung für eine besondere Leistung erheben. Die Gebühren werden unterschieden in Verwaltungsgebühren und Benutzungsgebühren. Verwaltungsgebühren werden für besondere Leistungen (Amtshandlungen) erhoben. Benutzungsgebühren sind eine Gegenleistung für die Inanspruchnahme öffentlicher Einrichtungen und Anlagen.

Die Gebührenhöhe wird durch das Kostenüberschreitungsverbot und das Äquivalenzprinzip bestimmt.

Die Gesamteinnahmen der Gebühren für bestimmte Leistungen dürfen nicht über die geschätzten Gesamtkosten hinausgehen (Kostenüberschreitungsverbot), auf der anderen Seite ist Vollkostendeckung anzustreben (Kostendeckungsgebot), es sei denn, es ist in einer speziellen Vorschrift etwas anderes bestimmt.

Das Äquivalenzprinzip befasst sich mit der Frage der Gestaltung des Gebührenmaßstabes. Wie (nach welchem Schlüssel) sollen die Kosten auf die Gebührenpflichtigen umgelegt werden?

Beiträge sind Geldleistungen, die dem Ersatz der Ausgaben für Investitionen öffentlicher Einrichtungen und Anlagen dienen und von den Abgabepflichtigen als Gegenleistung für die wirtschaftlichen Vorteile erhoben werden, die ihnen durch die Möglichkeit der Inanspruchnahme dieser Einrichtungen und Anlagen geboten werden. Es wird zwischen einmaligen und wiederkehrenden Beiträgen unterschieden, wobei bislang der wiederkehrende Beitrag noch eine untergeordnete Rolle spielt.

Bekannte Beispiele einmaliger Beiträge sind:

- Erschließungsbeitrag nach dem Baugesetzbuch,
- Beiträge für Abwasserbeseitigungs- und Wasserversorgungsanlagen nach dem KAG,
- besondere Wegebeiträge nach dem KAG.

Die Handlungsspielräume der Kommunen bestehen in der Beeinflussung der Kosten in der Kostenarten- und Kostenstellenrechnung und in der Wahl der Verteilungsschlüssel (Kostenträgerrechnung).

In der Phase der Kostenartenrechnung besteht in NRW die Möglichkeit, zwischen Abschreibungen, die auf Basis der Anschaffungs- oder Herstellungskosten ermittelt werden, und solchen, die vom Wiederbeschaffungszeitwert abgeleitet werden, zu wählen. In Zeiten allgemein steigender Preise soll durch die Verrechnung von Abschreibungen vom Wiederbeschaffungszeitwert der Substanzerhalt des öffentlichen Betriebes sichergestellt werden.

In der Kostenträgerrechnung besteht die Möglichkeit, die Verteilung der Kosten auf die Benutzergruppen zu differenzieren. Dabei können zum Beispiel veraltete, blecherne Müllgefäße, die schwieriger zu handhaben sind als leichtere aus Kunststoff, höher mit Gebühren belastet werden als die moderneren, um den Nutzern einen Anreiz zu geben, auf die moderneren Gefäße umzusteigen. Oder es wird zwischen Hausmüll und Gewerbemüll unterschieden und unterschiedliche Gebühren verlangt.

Bei Benutzungsgebühren bietet sich eine alters-, beschäftigungs- oder einkommensabhängige Entgeltpolitik an. So sind Eintrittsgebühren zu Schwimmbädern oft altersabhängig gestaffelt, um Kindern oder Familien mit mehreren Kindern den Eintritt zu erleichtern, bzw. es gibt spezielle Familientarife. Denkbar ist auch eine Differenzierung bei Eintrittsgebühren in Abhängigkeit von einer Beschäftigung oder von Arbeitslosigkeit. Vielerorts findet man bereits heute eine Staffelung der Gebühren für die städtische Musikschule oder für Kindertagesstätten in Abhängigkeit vom Einkommen.

Distributionspolitik

Bei der Distributionspolitik geht es um die Frage, auf welchem Wege gelangt ein Produkt bzw. eine Dienstleistung zu den Endverbrauchern. Das Produkt bzw. die Dienstleistung soll schnell, sicher, einfach und kostengünstig zu den Kunden gebracht werden. Dabei ist zwischen dem direkten Absatz und dem indirekten Absatz zu unterscheiden.

Abb. 58: Direkter und indirekter Absatzweg bei Dienstleistungen

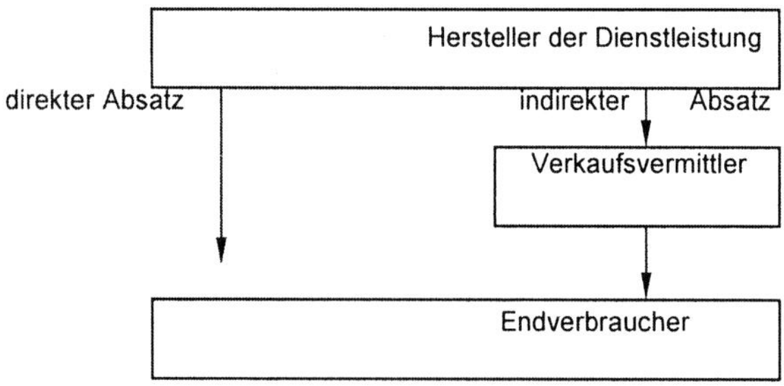

Im Gegensatz zu dem Absatz bei Sachgütern ist es bei Dienstleistungen nicht möglich, die Leistung selbst über verschiedene Kanäle zu verteilen. Da die Leistung immaterieller Art ist, kann sie nur direkt vom Hersteller für den Verbraucher erzeugt werden. Aber es ist möglich, Verkaufsvermittler zwischenzuschalten.

So muss der Verbraucher eine Pauschalreise oder eine Luftverkehrsleistung nicht bei dem späteren Produzenten der Verkehrsleistung kaufen, sondern kann in ein ortsansässiges Reisebüro gehen und dort die gewünschte Reiseleistung definieren und buchen.

Ähnlich ist es bei Vermögensberatern, die in ihrem Angebot die Leistungen verschiedener Versicherungen und Banken vereinen. Für den Kunden ist es nicht nötig, mit den Herstellern der Leistungen direkt in Vertragsverhandlungen einzutreten.

Bei anderen Dienstleistungen ist es nur möglich, direkt beim Ersteller der Leistung vorstellig zu werden, beispielsweise muss der Patient selbst bei dem Arzt erscheinen, hier ist es nicht möglich, eine Vermittlungsebene zwischen Kunde und Produzent zu schalten.

Die Entscheidung für diese Art des indirekten Absatzes geschieht aus Kostengründen. Es ist günstiger, sich einem bestehenden Vertriebsnetz anzuschließen, als ein flächendeckendes eigenes Vertriebsnetz aufzubauen. Außerdem wird in dieser Art der Verkaufsorganisation die Leistung schnell und einfach flächendeckend angeboten.

Der Versuch der Post, die Zahl ihrer eigenen Verkaufsstellen zu reduzieren und Teile ihrer Produkte über bestehende Verkaufsstellen anderer Art (bspw. Kioske oder kleinere Läden) zu vertreiben, geschieht aus Kostengründen und kann in diese Kategorie des Absatzweges eingeordnet werden.

Für einen kommunalen Verwaltungsbetrieb stellt sich im Rahmen einer „bürgernahen Versorgung" die Frage, ob Leistungen nur zentral im Rathaus oder dezentral in Bürgerämtern angeboten wird. Für den Bürger ist es bequemer, wenn er in seinem Stadtviertel bestimmte Vorgänge erledigen kann, als wenn er in die Innenstadt fahren muss, dabei lange Wege in Kauf nehmen muss und die Fahrtkosten selbst tragen muss.

Im Zuge eines verstärkten Einsatzes von Datenverarbeitungsanlagen, die vernetzt sind, ist es sogar denkbar, bestimmte Vorgänge oder Teile davon, zu automatisieren. Dann könnten Dateneingabepunkte für das Publikum in vielen öffentlichen Gebäuden (bspw. Büchereien, Schulen) geschaffen werden, an denen die Bürger ihre Amtsgeschäfte erledigen könnten. Es ist sogar vorstellbar, dass die Bürger, die über Zugangsmöglichkeiten zum Internet verfügen, ihre Amtsgeschäfte von zu Hause aus erledigen. Dies würde die höchste Stufe der Dezentralisation darstellen.

In einigen Städte gibt es bereits die Möglichkeit, Anträge im eigenen PC auszufüllen und via Internet an die Verwaltung zu schicken. Der Antragsteller erscheint dann am Folgetag in der Verwaltung nur noch, um seine Unterschrift zu leisten. Sollten Rückfragen nötig sein, kann die Verwaltung eine elektronische Post (e-Mail) an den Bürger schicken, die dieser dann zu Hause erledigen kann. Auf diesem Gebiet bestehen für die Zukunft bestimmt Entwicklungsmöglichkeiten, wobei die Probleme der Datensicherheit und des Datenschutzes nicht verschwiegen werden sollen.

In den Bereich der Distributionspolitik gehört auch die Frage, muss der öffentliche Betrieb eine Leistung selbst erstellen oder kann er sie auch fremd erstellen lassen. In vielen Gemeinden wird die Müllentsorgung in eigener Regie durch einen Regie- oder Eigenbetrieb erledigt. Es ist aber durchaus auch möglich, die Entsorgung einem Privatunternehmen zu übertragen. Die Bürger zahlen dann ihre Müllgebühren an die Stadt, die Leistung selbst wird aber von dem Privatunternehmen ausgeführt.

Gründe für eine Fremdvergabe von Dienstleistungen, die in vielen Fällen die Kommunen sonst selbst herstellen (z.B. Müllabfuhr), können sein:

- ökonomische Vorteile durch die Größenordnung (economies of scale). Vielleicht ist die Kommune zu klein, um eine bestimmte Leistung kostengünstig anbieten zu können. Diese Fragestellung tritt bei Produktionen mit hohen Fixkosten auf, die eine hohe Leistungsmenge verlangen, damit die Fixkostendegression zum Tragen kommt. Ein privater Dienstleister könnte dann mehrere

Kommunen bedienen, die jede für sich genommen nur suboptimal produzieren könnten.

- Lohnkostenvorteile bei privaten Anbietern. Der private Anbieter unterliegt nicht automatisch dem Bundesbesoldungsgesetz und nicht dem Tarifvertrag öffentlicher Dienst. Aus diesem Grunde ist es möglich, dass er günstigeren Tarifbestimmungen unterliegt, die sich in niedrigeren Personalkosten niederschlagen.
- Besondere Kenntnisse oder Synergieeffekte (economies of scope), die der private Anbieter ausnutzen kann, über die die Gemeinde aber nicht verfügt. Dies kann dann vorliegen, wenn der private Dienstleister über eigene Patente oder Lizenzen verfügt, die er entweder von Dritten erworben hat oder sich selbst erarbeitet hat.

Kommunikationspolitik

Aufgabe der Kommunikationspolitik ist, ein positives Bild des Dienstleistungsbetriebes und der von ihm angebotenen Produkte aufzubauen und den möglichen Kunden bekannt zu machen, um zur Abnahme der Leistung anzureizen.

Die Instrumente und ihre Aufgaben finden sich in der folgenden Abbildung.

Abbildung 59: Teilgebiete der Kommunikationspolitik[1]

Teilbereich	**Teilaufgabe**
(Media-)Werbung	Durch breitgestreuten Einsatz sollen Nachfrager zum Kauf angeregt werden
Verkaufsförderung	Gezielte Maßnahmen vor Ort sollen Nachfrager zum Kauf anregen.
Öffentlichkeitsarbeit	Die Einstellung der Öffentlichkeit soll positiv beeinflusst werden.
Persönlicher Verkauf	Der Außendienst soll in direktem Gespräch mit dem Kunden zum Kauf anregen.

1 Wöhe, G.et al., a.a.O., S. 428.

Werbung

Mittels Werbung soll ein Betrieb und sein Leistungsangebot bekannt gemacht werden. Als Werbemittel stehen zur Verfügung:

- Werbeanzeigen in Tages-, Wochenzeitungen, Zeitschriften und Magazinen,
- Spots in Rundfunk, Fernsehen und Kino,
- Werbeplakate,
- Prospekte und Kataloge,
- Werbeveranstaltungen,
- Teilnahme an Messen,
- Schaufensterauslagen.

Nun steht nicht jedem privaten Dienstleistungsbetrieb die Werbung offen; z.B. ist sie Ärzten, Rechtsanwälten[1] und Notaren verboten. Diesen Berufen ist es nur gestattet, ein gut sichtbares Hinweisschild auf die Praxis am Grundstück des Praxisbetriebes anzubringen. Andere Dienstleister bedienen sich der vollen Palette der Möglichkeiten. So preisen Häuser- und Grundstücksmakler allwöchentlich in den Tageszeitungen ihr Angebot in Anzeigen an, hängen ihre Immobilienangebote an exponierten Stellen ständig aus. Versicherungsunternehmen streichen täglich ihre Kundenorientierung in Fernseh- oder Rundfunkspots sowie in Anzeigen in Zeitungen oder Zeitschriften heraus. Für die Reisebranche gibt es eigene Messen, auf denen die Reiseveranstalter mit Ständen vertreten sind.

Wie sieht es nun mit der öffentlichen Verwaltung aus? Auf einige Leistungen wird durchaus in Prospekten und Plakaten hingewiesen. Dabei sind die bekannten Beispiele die Prospekte der Volkshochschulen mit dem Kursangebot oder das Veranstaltungsprogramm der städtischen Bühnen, die an vielen Stellen ausliegen. Auf Ausstellungen in Museen oder Veranstaltungen in Veranstaltungsstätten (Stadthalle o.ä.) wird auch auf Plakaten hingewiesen. Die Kommunen, die stark fremdenverkehrsorientiert sind, geben Prospekte heraus, nehmen z.T. auch an den Touristikmessen teil, schalten Anzeigen in den Reiseteilen der Tageszeitungen und sind im Internet vertreten.

Wo aber wird auf ein neu erschlossenes Industriegebiet hingewiesen?

Verkaufsförderung

Verkaufsförderung wird auch als Sales Promotion bezeichnet. Verkaufsförderungsmaßnahmen können direkt auf den Kunden oder das Verkaufspersonal ausgerichtet sein. Es handelt sich um Maßnahmen, die sporadisch in Form von Aktionen oder Sonderveranstaltungen ergriffen werden.

Zu den Sonderveranstaltungen, die für das Verkaufspersonal privater Dienstleister ergriffen werden, zählen auch Schulungen, die den Kenntnisstand der Mitarbeiter verbessern.

---

[1] § 43b Bundesrechtsanwaltsordnung.

Bei Betrieben der öffentlichen Verwaltung zählen zu Verkaufsförderungsmaßnahmen, die ergriffen werden können:

- Tag der offenen Tür,
- zeitlich begrenzte Senkung der Nutzungsentgelte zum Zweck des Kennenlernens der Einrichtung,
- Gutscheinausgabe
- Gewinnmöglichkeiten.

Ein Tag der offenen Tür wird an vielen Schulen durchgeführt. Dieser Tag findet vor den Anmeldungsterminen für ein neues Schuljahr statt und soll den Eltern und den künftigen Schülern Gelegenheit geben, die jeweilige Schule und ihre Leistungsfähigkeit kennen zu lernen. Es besteht an diesen Tagen die Möglichkeit, am Unterricht teilzunehmen und bestimmte Räumlichkeiten (z.B. Physikraum, Biologieraum etc.) zu besichtigen. Ähnliche Veranstaltungen bieten sich auch für Volkshochschulen an, die dabei ihr Kursprogramm und ihre Räumlichkeiten vorstellen. Feuerwehren stellen an ihren Tagen der offenen Tür ihre Gerätschaften aus und zeigen in kleinen Demonstrationen die Vielfältigkeit ihrer Einsätze. An einem Tag der offenen Tür in einem Theater können sich die Bürger über die Technik, die Arbeit der Schauspieler, des Chores oder des Orchesters informieren und werden dabei hoffentlich animiert, einmal eine Vorstellung zu besuchen.

Die zeitlich begrenzte Senkung der Nutzungsentgelte zum Zweck des Kennenlernens einer Einrichtung dient der Akquisition von Abnehmern, in der Hoffnung, dass diese Kunden, wenn sie die Einrichtung kennengelernt haben, auch später das reguläre Entgelt zahlen werden. Bei Ski-, Surf- oder Tenniskursen wird oft die Möglichkeit geboten, an ein oder zwei Stunden (Schnupperstunden) zum Nulltarif oder einem ermäßigten Preis teilzunehmen, um auszuprobieren, ob dieser Unterricht gefällt.

Für öffentliche Schwimmbäder bietet sich eine derartige Verkaufsförderungsmaßnahme beispielsweise nach Um- oder Erweiterungsbaumaßnahmen an, um das Neue im Bad einem breiteren Publikum vorzustellen.

Gutscheinausgabe

Bei der Verkaufsförderungsmaßnahme „Gutscheinausgabe" wird beim Erwerb einer Leistung ein Gutschein zum Erwerb einer anderen Leistung ausgegeben. So kann zum Beispiel bei Anmieten eines Mietwagens ein Gutschein zum kostenlosen Besuch einer Veranstaltung ausgegeben werden, oder es wird ein Gutschein ausgegeben, mit dem man bei Kauf einer Leistung eine zweite Leistungseinheit in Anspruch nehmen kann („two for the price of one"). Auf diese Art und Weise soll auf Veranstaltungen aufmerksam gemacht werden, die sonst möglicherweise übersehen oder nicht in Anspruch genommen werden.

Für öffentliche Betriebe bietet sich die Möglichkeit, bei Kauf einer Eintrittskarte für ein Fußballspiel als Draufgabe eine Theaterkarte zu geben. Oder beim Kauf einer Badehose/eines Badeanzuges wird ein Gutschein zum kostenlosen Erproben dieser Badekleidung im städtischen Hallen- oder Freibad mitgegeben.

Gewinnmöglichkeiten

Fremdenverkehrsorte sind bekannt dafür, dass sie an Stammgäste, was sich in der Zahl der Besuche oder der Anzahl der Besuchsjahre ausdrückt, eine Vergünstigung zu geben. Dies kann eine Anstecknadel, eine Urkunde oder die Bezeichnung „langjähriger Gast" sein, was z.T. die Nutzung bestimmter Einrichtungen zu vergünstigten Bedingungen ermöglicht. Ähnliches lässt sich auch bei öffentlichen Einrichtungen, die eine Besucherstatistik führen, einrichten, indem z.B. dem tausendsten Besucher ein kleines Geschenk offeriert wird.

Öffentlichkeitsarbeit

Öffentlichkeitsarbeit, auch als Public Relations bezeichnet, ist nur indirekt als Instrument zur Erhöhung des Absatzes einzustufen. Im Unterschied zu den bisher genannten absatzpolitischen Maßnahmen ist sie nicht auf eine bestimmte einzelne Leistung bezogen sondern auf den Dienstleistungsbetrieb als Ganzes. Sie richtet sich insofern nicht an die Kunden sondern an die gesamte Umwelt. Sie soll einen positiven Gesamteindruck des Betriebes aufbauen. Zur Öffentlichkeitsarbeit gehören die Berichterstattung in den Medien, Pressekonferenzen, ein einheitliches Erscheinungsbild (Corporate Design) und eine Identifizierung der Mitarbeiter mit ihrem Betrieb (Corporate Identity).

Für die öffentliche Verwaltung gibt es Vorschriften, die einen Teil der Öffentlichkeitsarbeit regeln. Für NRW gibt es folgende Regelungen:

- Gemeindesatzungen sind öffentlich bekannt zu machen (§ 7 Abs. 4 GO NRW)
- die Sitzungen des Rates sind öffentlich (§ 48 Abs. 2 GO NRW)
- Ratsbeschlüsse sind öffentlich bekannt zu machen (§ 52 Abs. 2 GO NRW)
- der Haushaltsplanentwurf ist öffentlich bekannt zu geben (§ 80 Abs. 5 GO NRW)
- die Jahresrechnung ist öffentlich bekannt zu machen (§ 96 Abs. 2 GO NRW).

Die Öffentlichkeitsarbeit umfasst jedoch mehr als das gesetzlich Geregelte. Alle Maßnahmen zum Aufbau eines positiven Images dienen dazu. Aus diesem Grunde zählen auch Berichterstattungen in der Tagespresse über Tätigkeiten der Verwaltung, einzelner Ämter oder Betriebe (z.B. anlässlich des Winterdienstes) zur Öffentlichkeitsarbeit.

Ebenso wie das Verhalten der Mitarbeiter innerhalb und außerhalb des Dienstes. Es wirft ein schlechtes Licht auf die Verwaltung, wenn einzelne Mitarbeiter wegen des Verdachtes der Bestechlichkeit verhaftet werden. Gleiches gilt von Meldungen, dass einzelne Mitarbeiter der Justiz Akten zu Hause verschwinden lassen, weil sie sie nicht bearbeiten konnten.

Berichterstattungen über die Bemühungen der Verwaltung, das „Neue Steuerungsmodell" einzuführen, zählen ebenfalls zur Öffentlichkeitsarbeit und sind derzeit sehr häufig zu finden.

Von dieser Öffentlichkeitsarbeit für die Leistungen der Verwaltung zu trennen ist eine Öffentlichkeitsarbeit für die Stadt. Gegenstand der Öffentlichkeitsarbeit für die Stadt ist die Stadt und nicht die Verwaltung. Bei dieser Arbeit soll ein positives Bild der jeweiligen Stadt aufgebaut werden. Zu den oben bereits genannten Maßnahmen kommen dabei aber noch Großveranstaltungen wie z.B. Karnevalsumzüge, Schützenfeste, Sportgroßveranstaltungen, Weihnachtsmärkte und ähnliches hinzu, die in geeigneter Weise von den Stadtverwaltungen unterstützt werden.

Einige Kommunen haben sich aufgrund der Tatsache, dass im eigenen Hause Kenntnisse über Absatzpolitik nur unzureichend vorhanden sind, dazu entschlossen, zusammen mit privaten Unternehmen Gesellschaften zu gründen, die ein Stadtmarketing betreiben sollen. Ziel dieser Gesellschaften ist es, ein positives Image über die jeweilige Kommune aufzubauen. In die Gesellschaften fließen dann die Kenntnisse der privaten Unternehmen (z.B. Werbeagenturen) mit ein.

6.3.7 Übungsaufgaben

1. Gegeben sind die Nachfragefunktion

$$N(p) = x = 240 - 0{,}4\ p$$

und die Kostenfunktion

$$K(x) = 150 + 25\ x$$

Stellen Sie die Umsatzfunktion und die Gewinnfunktion auf.

Ermitteln Sie die Menge, bei der der Umsatz ein Maximum hat. Ermitteln Sie den Umsatz.

Ermitteln Sie die Menge, bei der der Gewinn ein Maximum hat. Ermitteln Sie den Gewinn.

2. Die Gemeinde unterhält ein Schwimmbad, dessen Fixkosten pro Monat 40.000 € betragen. Pro Besucher entstehen 6,50 € an variablen Stückkosten, z.B. durch Austausch des Wassers oder Verbrauch an Duschwasser.

Die Marktforschung hat folgendes Nachfragerverhalten ermittelt:

Eintrittspreis in €	Verkaufte Eintrittskarten
0,00	18.000
2,00	16.000
4,00	14.000
6,00	12.000
8,00	10.000
10,00	8.000
12,00	6.000
14,00	4.000
16,00	2.000
18,00	0

a) Skizzieren Sie die lineare Gesamtkostenfunktion!
b) Skizzieren Sie die Preisabsatzfunktion! Gehen Sie von einem linearen Zusammenhang aus.
c) Ermitteln Sie rechnerisch den maximalen Umsatz, die dazugehörige Besucherzahl sowie den dazugehörigen Eintrittspreis!
d) Ermitteln Sie rechnerisch die gewinnoptimale Besucherzahl, den dazugehörigen Eintrittspreis und den erreichten Gewinn!

3. Nennen Sie die vier absatzpolitischen Instrumente.

4. Worin bestehen Gemeinsamkeiten im Funktionsbereich Absatz zwischen privaten Dienstleistern und der öffentlichen Verwaltung.

5. Nennen Sie die Elemente der Produktpolitik und arbeiten Sie Gemeinsamkeiten und Unterschiede zwischen öffentlicher Verwaltung und privaten Dienstleistern heraus.

6. Nennen Sie Beispiele Ihrer Wahl für Differenzierungsmöglichkeiten bei der Produktpolitik, die einem öffentlichen Betrieb möglich sind.

7. Worin besteht die Schwierigkeit bei Dienstleistungen im Rahmen des Absatzes Produktgestaltung zu betreiben. Beschreiben Sie Ansatzpunkte, wie dennoch Produktgestaltung betrieben werden kann.

8. Bei privaten Unternehmen, die Sachgüter oder Dienstleistungen anbieten, spielt die Preispolitik eine wichtige Rolle. Kann die öffentliche Verwaltung auch Preispolitik betreiben?
9. Was ist Distributionspolitik? Übertragen Sie die Gedanken der Distributionspolitik auf die öffentliche Verwaltung.

10. Welche Instrumente gehören zur Kommunikationspolitik?

11. Für welche Leistungen eines öffentlichen Verwaltungsbetriebes können Sie sich Öffentlichkeitsarbeit vorstellen?

12. Marketing

    a. Erläutern Sie kurz, was man unter Marketing versteht und vermitteln Sie einen Überblick über das Marketing-Management.

    b. Skizzieren Sie, wie der Einsatz der Marketing-Instrumente in einem kommunalen Kulturbetrieb, der für ein Heimatmuseum zuständig ist, aussehen könnte.

    c. Gehen Sie auf drei wesentliche Unterschiede ein, die beim Einsatz des Marketings im Bereich der Kommunalverwaltung und der Privatwirtschaft zu beachten sind.

13. Legen Sie dar, welche Besonderheiten des Absatzes im Verwaltungsbereich es zu beachten gilt.

Lösungsvorschläge:

1. Zunächst wird die Nachfragefunktion in die eher bekannte Form umgestellt:

   $N(p) = x = 240 - 0{,}4\ p$

   $X = 240 - 0{,}4\ p$

   $0{,}4\ p = 240 - x$

   $$p = \frac{240}{0{,}4} - \frac{1}{0{,}4}x$$

   $$p = 600 - \frac{1}{0{,}4}x$$

   Dann wird die Umsatzfunktion aufgestellt:

   $U(x) = p{*}x$

   Für p wird jetzt obige Gleichung eingesetzt, so dass entsteht :

   $$U(x) = (600 - \frac{1}{0{,}4}x) * x$$

   Ausmultipliziert ergibt sich:

   $$\boxed{U(x) = 600x - \frac{1}{0{,}4}x^2}$$

   Das ist die gesuchte Umsatzfunktion.

   Die Gewinnfunktion ergibt sich als:

   $$G(x) = U(x) - K(x)$$

   $$G(x) = 600x - \frac{1}{0{,}4}x^2 - 150 - 25\ x$$

   Das lässt sich etwas vereinfachen zu:

   $$\boxed{G(x) = 575x - \frac{1}{0{,}4}x^2 - 150}$$

   Das ist die gesuchte Gewinnfunktion.

Das Maximum des Umsatzes liegt dort, wo die erste Ableitung der Umsatzfunktion Null wird.

$$U(x) = 600x - \frac{1}{0{,}4}x^2$$

$$U'(x) = 600 - \frac{1}{0{,}2}x$$

$$0 = 600 - \frac{1}{0{,}2}x$$

$$\frac{1}{0{,}2}x = 600$$

$$\boxed{x = 120}$$

Bei einer Menge von 120 Stück hat die Umsatzfunktion ein Maximum. Es wird ein Umsatz von

$$U(120) = 600 * 120 - \frac{1}{0{,}4} * 120^2$$

$$\boxed{U(120) = 36.000\ €}$$

erreicht.

Zur Ermittlung des Gewinnmaximums muss die erste Ableitung der Gewinnfunktion gleich Null gesetzt werden.

$$G(x) = 575x - \frac{1}{0{,}4}x^2 - 150$$

$$G'(x) = 575 - \frac{1}{0{,}2}x$$

$$0 = 575 - \frac{1}{0{,}2}x$$

$$\frac{1}{0{,}2}x = 575$$

$$\boxed{x = 115}$$

Bei einer Absatzmenge von 115 Stück liegt ein Gewinnmaximum vor.

Der Gewinn beträgt:

$$G(115) = 575 * 115 - \frac{1}{0,4} 115^2 - 150$$

$$\boxed{G(115) = 32.912,50}$$

Der Gewinn beträgt 32.912,50 €.

2a) Die Kostenfunktion lautet:

$$Kges = Kfix + kvar * x$$
$$Kges = 40.000 + 6,5\ x$$

In Grafikform:

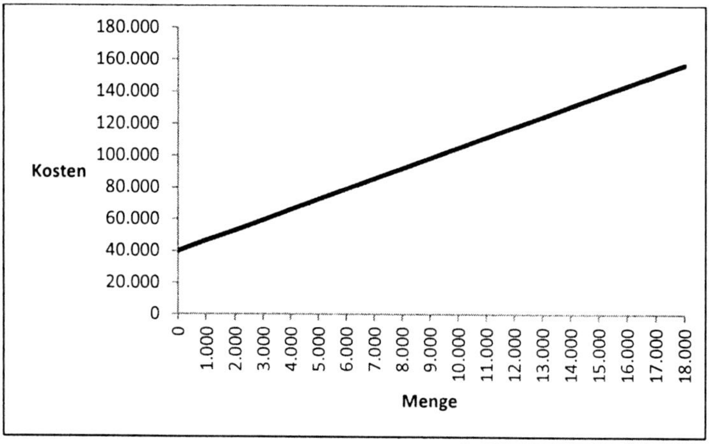

2b) Aus der Tabelle lässt sich erkennen, dass, immer wenn der Eintrittspreis um 2 € steigt, die Menge der Eintritte um 2.000 zurückgeht. Daraus folgt, dass, wenn der Eintritt um 1 € steigt, die Menge der Eintritte um 1.000 zurückgeht. Die aufzustellende lineare Funktion hat somit eine Steigung von – 1.000. Ferner lässt sich erkennen, dass die Sättigungsmenge, die Menge, die bei einem Eintrittspreis von 0 € vorliegt, bei 18.000 liegt.

Daraus lässt sich die Preis-Absatz-Funktion aufstellen:[1]

$$N\ (p) = 18.000 - 1.000\ p$$

[1] Als Instrument zum Aufstellen von linearen Zusammenhängen gibt es in der Statistik die Kleinste-Quadrate-Methode, die aber hier nicht notwendig ist.

Die Preis-Absatz-Funktion sieht folgendermaßen aus:

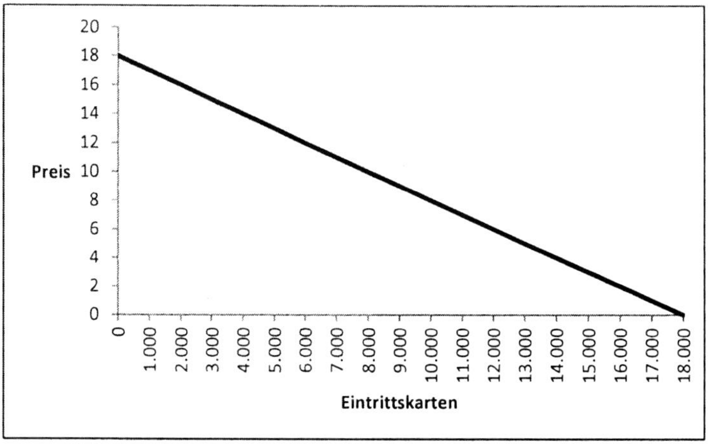

2c) Die Preisabsatzfunktion wird in umgekehrter Abhängigkeit formuliert:

Aus $N(p) = 18.000 - 1.000p$ wird $p = 18 - 0{,}001x$.

Dies wird in die Umsatzfunktion $U = p\,x$ eingesetzt und ergibt:

$$U = (18 - 0{,}001\,x)x$$
$$U = 18x - 0{,}001\,x^2$$

Die Stelle des maximalen Umsatzes ergibt sich, wenn die erste Ableitung der Umsatzfunktion gleich Null gesetzt wird.

$$U' = 18 - 0{,}002\,x$$
$$0 = 18 - 0{,}002\,x$$
$$0{,}002x = 18$$
$$x = 9.000$$

Zu den 9.000 Eintritten muss noch der passende Preis gefunden werden:

$$p = 18 - 0{,}001 * 9.000$$
$$p = 9$$

Bei einem Preis von 9 € kommen 9.000 Besucher, was einem Umsatz von 81.000 € entspricht.

2d) Der maximale Gewinn liegt nicht bei dieser Kombination. Dazu muss die Gewinnfunktion aufgestellt und die erste Ableitung gleich Null gesetzt werden.

$$G = U - K$$
$$G = 18x - 0{,}001\,x^2 - 40.000 - 6{,}5x$$
$$G = 11{,}5\,x - 0{,}001\,x^2 - 40.000$$
$$G' = 11{,}5\ - 0{,}002\,x$$
$$0 = 11{,}5\ - 0{,}002\,x$$
$$0{,}002\,x = 11{,}5$$
$$x = 5.750$$

Der zu der Besucherzahl passende Preis beträgt:

$$p = 18 - 0{,}001 * 5.750$$
$$p = 12{,}25$$

Bei einem Preis von 12,25 € entsteht ein Umsatz von 70.437,5 €, die Kosten betragen 77.375 €. Saldiert ergibt sich ein Verlust in Höhe von 6.937,50 €, d.h. dies ist der geringste mit dem Schwimmbad erreichbare Verlust.

3. Die vier absatzpolitischen Instrumente sind:

- Die Produktpolitik,
- die Entgeltpolitik,
- die Distributionspolitik und
- die Kommunikationspolitik.

4. Sowohl der private Dienstleister als auch die öffentliche Verwaltung stellen Leistungen her, die für Dritte bestimmt sind. Beide haben ein Interesse daran, diese Leistungen abzusetzen. Dabei strebt der private Dienstleister nach Gewinn, die öffentliche Verwaltung hat dagegen den Auftrag, das Gemeinwohl zu maximieren. Damit ihre Leistungen Abnahme finden, müssen die Leistungen nach den Ansprüchen der Abnehmer gestaltet sein.

5. Die Produktpolitik allgemein beschäftigt sich mit der Sortimentsgestaltung, der Produktgestaltung und ggf. noch mit Nebenleistungen.

   Der private Dienstleister ist bei seine Produktpolitik aufgrund des Autonomieprinzips frei, hingegen ist die öffentliche Verwaltung aufgrund des Organprinzips an Vorgaben gebunden. Sie ist im Bereich der Pflichtaufgaben nicht frei, welche Leistungen sie anbietet. Allenfalls im Bereich der freiwilligen Aufgaben kann sie durch Ratsbeschluss entscheiden, ob sie Leistungen anbietet oder nicht. Sie hat nur begrenzte Gestaltungsmöglichkeiten bei der Sortimentspolitik.

   Weiterhin ist als Unterschied festzuhalten, dass der private Dienstleister Marktleistungen anbietet, also Leistungen, die unter Marktbedingungen gegen Konkurrenten abgesetzt werden müssen. Die öffentliche Verwaltung bietet in vielen

Fällen keine Marktleistungen an und ist somit bei diesen Leistungen auch keinem Wettbewerb ausgesetzt.

Sowohl der private Dienstleister als auch die öffentliche Verwaltung bieten immaterielle Leistungen an, die nicht gelagert und nicht ausgestellt werden können.

Auf dem Gebiet der Leistungsgestaltung hat die öffentliche Verwaltung durchaus Spielräume ähnlich wie der private Dienstleistungsbetrieb. Zum Gebiet der Leistungsgestaltung gehören z.B. Öffnungszeiten, Räumlichkeiten oder der Einsatz notwendiger Sachmittel (z.B. Formulare, Internet). Besonderes Augenmerk muss in jedem Fall auf die Einbeziehung des externen Produktionsfaktors gelegt werden, dessen Ressourcen verbraucht werden, dessen Kosten aber beim Produzenten der Dienstleistung nicht in die Kalkulation eingehen. Wartezeiten des Abnehmers bemerkt der Produzent nicht, bei einem privaten Dienstleister sucht sich der potentielle Kunde einen anderen Anbieter, bei der öffentlichen Verwaltung bleibt ihm diese Reaktion aufgrund der Monopolsituation oftmals verschlossen.

Das Thema von Nebenleistungen spielt bei Angeboten der öffentlichen Verwaltung kaum eine Rolle. Private Dienstleister hingegen können Nebenleistungen gezielt einsetzen.

6. Sehr einfach ist die Differenzierung im Rahmen der Produktgestaltung zu erkennen. Hierbei geht es bei Dienstleistungen um die Gestaltung von Öffnungszeiten oder Räumlichkeiten. Als Beispiel sei nur die Gestaltung die Ausstellung eines Reisepasses beschrieben. Fortschrittliche Verwaltungen bieten den Bürgern an, den Antrag über das Internet entweder herunterzuziehen oder der nächste Schritte wäre, ihn am PC zu Hause auszufüllen und als e-mail abzuschicken. Vielerorts gibt es dezentrale Bürgerämter, in denen die Bürgerinnen und Bürger wohnortnah ihre Amtsgeschäfte zu erledigen. Althergebracht ist die Gestaltung, den Antrag und die Übergabe im zentralen Verwaltungsgebäude vorzunehmen.

7. Produktgestaltung bei Sachgütern ist relativ einfach, weil das materielle Sachgut unterschiedlich gestaltet sein kann. Eine Dienstleistung als immaterielles Gut hat keine Gestalt. Deshalb ist eine Veränderung der Gestalt auch nicht möglich. Sehr wohl können aber der Ort oder der Zeitpunkt der Leistungserstellung unterschiedlich gestaltet sein.

8. Die öffentliche Verwaltung kann nur begrenzt Preispolitik oder besser Entgeltpolitik betreiben. Viele Leistungen, besonders die kollektiven Güter und Leistungen, werden unentgeltlich abgegeben und werden über Steuern finanziert. Bei anderen Leistungen, hier ist an die meritorischen Güter und Leistungen zu denken, werden politische Preise festgesetzt. Ein Marktpreis, der den Grad der Knappheit oder den Grad der Nutzeneinschätzung widerspiegelt, bildet sich nicht.

Bei einer dritten Gruppe von Leistungen begrenzen gesetzliche Vorschriften den Preisspielraum. Entweder ist die Leistung bundes- oder landeseinheitlich geregelt, was einer einzelnen Verwaltung keinen Spielraum lässt, oder gesetzlich auf Kostendeckung begrenzt.

9. Bei der Distributionspolitik geht es um den Vertriebsweg einer Leistung. Bei Sachgütern wird zwischen direktem Vertrieb und indirektem Vertrieb über den Handel unterschieden.

   Bei einer immateriellen Dienstleistung, die u.a. dadurch gekennzeichnet ist, dass sie nur unter Mitwirkung des Abnehmers produziert werden kann, ist ein indirekter Absatzweg nur schwer vorstellbar. Hier könnte man sich aber Verkaufsvermittler vorstellen, die den Vertrieb der Leistung in der Fläche unterstützen. Beispielsweise kann man sich vorstellen, dass offizielle Müllsäcke nicht nur bei offiziellen Stellen der öffentlichen Verwaltung sondern auch an anderen Vertriebsstellen verkauft werden. Gleiches wird auch bei Verkehrsbetrieben gemacht. Man kann ein Ticket einer bestimmten Fluggesellschaft nicht nur bei ihren eigenen Niederlassungen kaufen sondern auch bei Reisebüros.

10. Zur Kommunikationspolitik gehören:

    - Werbung,
    - Verkaufsförderung,
    - Öffentlichkeitsarbeit.

11. Hier können nur einige Beispiele genannt werden. Jeder Leser und jede Leserin muss die Übertragung auf die Heimatgemeinde selbst vornehmen. Zur Öffentlichkeitsarbeit zählen alle Vorgänge, die an die Öffentlichkeit gelangen. Zunächst ist dabei an die Berichterstattung über die Vorgänge in der Verwaltung und im Rat oder Kreistag in der Lokalpresse zu denken. Weiterhin zählen die öffentlichen Ausschuss- oder Ratssitzungen dazu, zu denen die Bürgerschaft eingeladen ist.

    Es gibt natürlich auch Berichte oder Taten, die negativ wirken. Wird z.B. über einen Bestechungsskandal berichtet, so wirkt das negativ auf das Bild, das der Bürger von der Verwaltung hat.

    Bewährt sich die Verwaltung und die angeschlossenen Einrichtungen (Rettungsdienste, Feuerwehr, Polizei) in Katastrophenfällen, hat dies eine positive Wirkung auf das Bild, das sich die Bürgerschaft von der Verwaltung macht.

12a) Marketing kann unter verschiedenen Blickwinkeln verstanden werden.

Zum einen kann der Begriff als Institution, d.h. als der Betriebsbereich verstanden werden, der sich mit dem Absatz der erzeugten betrieblichen Leistungen beschäftigt. Zum anderen kann Marketing als Funktion verstanden werden, dann geht es um all diejenigen Maßnahmen, die dazu dienen die erzeugten betrieblichen Leistungen am Markt abzusetzen.

Marketing-Management beschäftigt sich mit der Planung, Koordination, Durchführung, Überwachung und Steuerung aller marktgerichteten Maßnahmen und ist somit eine Führungsaufgabe.

12b) Sinnvoll ist es, die Antwort gemäß den absatzpolitischen Instrumenten zu systematisieren: (Es können hier nur Fragen angerissen werden.)

Produktpolitik: Hier geht es um Fragen wie bspw., was soll präsentiert werden? Wie soll präsentiert werden? Welche Altersgruppe soll erreicht werden? Geht es bspw. um Geschichte, Handwerk, Technik oder Kunst? Sollen die Exponate interaktiv gestaltet sein oder nicht? Führungen? Self-guided-Tour? Museumsshop?
Entgeltpolitik: Ist der Eintritt frei? Wie sind die Eintrittspreise gestaffelt? Gruppeneintritt? Schüler-/Studenten/Rentnerpreis? Familienpreis? Dauerkarte?

Kommunikationspolitik: Klassische Anzeigen? Plakate? Internetauftritt? Social Media? Möglichkeiten der Rückkoppelung?

Distributionspolitik: Wo sind Eintrittskarten erhältlich? Nur vor Ort? Bestellungen und Bezahlungen im Internet? Rathaus?

12c) Das Marketing in einem erwerbswirtschaftlichen Privatunternehmen ist gewinngerichtet. Dies wirkt sich vor allem bei der Gestaltung der Entgelte, der Produkte und der Kommunikationspolitik aus.

Bei den **Entgelten** versucht ein Privatunternehmen möglichst einen gewinnmaximalen Preis am Markt durchzusetzen. Bei der Kommunalverwaltung steht das Gemeinwohl und damit die Versorgung der Bevölkerung im Vordergrund. Insoweit gibt es Leistungen, die entgeltlos abgegeben werden (müssen), gilt z.B. bei öffentlichen Gütern. Auf der anderen Seite gibt es Leistungen bei der Kommunalverwaltung, die gegen Gebühren mit Anschluss und Benutzungszwang (Abwasser, Müll) abgegeben werden. Der Konsument hat kaum Möglichkeiten sich gegen die Gebühr zu wehren oder zu einer anderen Gemeinde auszuweichen.

Ein Privatunternehmen kann aufgrund des Autonomieprinzips selbst bestimmen, welche **Produkte** produziert werden. Produkte, die keinen Gewinn abwerfen, werden nicht produziert. Die Kommunalverwaltung hat im Bereich der Pflichtaufgaben keinen Spielraum. Die Leistungen müssen qua Gesetz produziert werden, ob es der Kommune gefällt oder nicht. Dies betrifft auch Leistungen wie bspw. Knöllchen.

Ein Privatunternehmen versucht sich von anderen Anbietern hinsichtlich des Produkts zu unterscheiden, um ein Alleinstellungsmerkmal aufzuweisen. Bei manchen öffentlichen Leistungen ist es ganz gut, dass sie bundesweit identisch sind.

Mit ihrer **Kommunikationspolitik** machen Privatunternehmen auf ihre Leistungen aufmerksam und versuchen den potenziellen Abnehmer von der Überlegenheit ihres Produkts/ihrer Leistung zu überzeugen. Für viele Leistungen der Kommunalverwaltung ist dies nicht nötig bzw. sogar unerwünscht z.B. bei Knöllchen. Im Bereich der freiwilligen Leistungen ist es jedoch notwendig.

13. Folgende Besonderheiten des Absatzes im Verwaltungsbereich gilt es zu beachten (Auswahl):

Der Vertrieb und der Absatz von Dienstleistungen

- ist ausgerichtet auf deren Verwertung am Markt (z. B. Besuch eines Freibades, Nutzung der Angebote einer Stadtbibliothek, Nutzung von Beratungsangeboten)
- ist zum Teil gesteuert bzw. steuerbar (z. B. Anschluss- und Benutzungszwang, Abnahmepflicht)
- erfolgt zum Teil gegen Entgelt (z. B. Gebühren, Beiträge)
- wird teilweise vermarktet (z. B. Werbung für das Angebot der VHS, der Musikschule)
- ist zum Teil darauf angewiesen, dass der Markt erforscht wird (z. B. durch Bürgerbefragungen)

6.4 Finanzierung

6.4.1 Überblick

In Kapitel 3.2 wurde bereits der Begriff Finanzierung und sein Unterschied und der Zusammenhang zum Begriff Investition erklärt. Im folgenden Kapitel geht es darum, die Quellen und die Möglichkeiten der betrieblichen Finanzierung im Einzelnen zu besprechen.

Üblicherweise werden die Arten der Finanzierung unterschieden nach

- der Kapitalherkunft (Innen- oder Außenfinanzierung),
- der Rechtsstellung der Kapitalgeber (Eigenkapital oder Fremdkapital),
- der Dauer der Kapitalbereitstellung (unbefristet - langfristig - mittelfristig - kurzfristig),
- dem Anlass der Finanzierung (Gründung, Kapitalerhöhung, Fusion, Umwandlung, Sanierung).

6.4.2 Finanzierung nach Kapitalherkunft

Wird die Herkunft des Kapitals als Unterscheidungskriterium herangezogen, unterscheidet man in Außen- und Innenfinanzierung.

Bei der **Außenfinanzierung** fließt das Kapital dem Unternehmen von außen zu, es stammt also aus Kapitaleinlagen oder Kreditgewährungen. Im Fall der Einlagen- oder Beteiligungsfinanzierung wird dem Unternehmen von den Eigentümern bzw. den Mitunternehmern (Gesellschaftern) Haftungskapital zugeführt. Haftungskapital ist das Kapital, zu dessen Lasten Verluste gehen und was in seinem Bestand bei dauerndem unwirtschaftlichem Verhalten des Betriebs gefährdet ist. Wird dem Unternehmen Fremdkapital in Form von Krediten zugeführt, liegt eine Kreditfinanzierung vor. In allen Fällen der Außenfinanzierung erhöht sich das Vermögen des Unternehmens oder anders gesagt, die Bilanzsumme steigt.

Abb. 60: Finanzierung nach der Kapitalherkunft

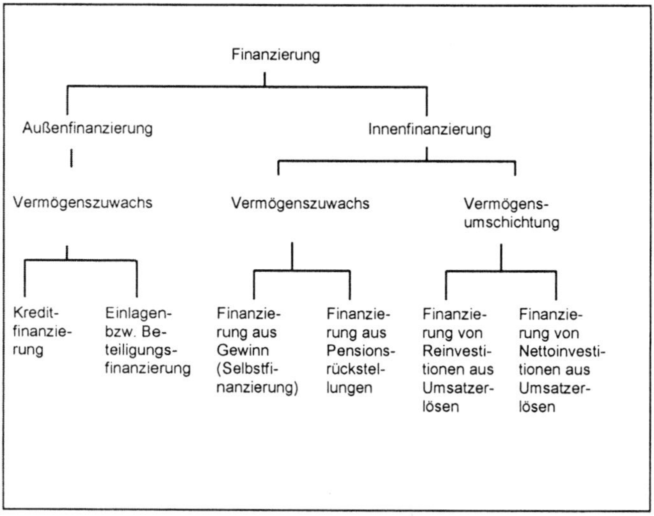

Wenn ein Eigentümer seinem Betrieb in Form einer Bareinzahlung finanzielle Mittel in Höhe von 100.000,00 € ohne konkrete Rückzahlungs- und Zinsverpflichtung zur Verfügung stellt, bedeutet dies eine Außenfinanzierung. Genauer gesagt handelt es sich um eine Einlagenfinanzierung. Auch eine Sacheinlage, also beispielsweise ein Gebäude wird ohne einen Mietvertrag zur Verfügung gestellt, stellt eine Einlagenfinanzierung dar. Es kommt also nicht darauf an, ob Kapital in Form von Geld oder Sachmitteln zur Verfügung gestellt wird.

Wird ein neuer (zusätzlicher) Gesellschafter in den Betrieb aufgenommen, der Kapital in Geld- oder Sachmittelform einbringt, dann handelt es sich um Beteiligungsfinanzierung.

Eine Kreditaufnahme bei einer Bank ist ebenfalls eine Außenfinanzierung.

Innenfinanzierung liegt vor, wenn die finanziellen Mittel aus dem betrieblichen Umsatzprozess stammen. Die Mittel fließen zwar von außerhalb der Unternehmung zu, sie entstehen jedoch durch Verkauf der betrieblichen Leistungen am Markt im Gegensatz zu den Mitteln, die bei der Außenfinanzierung dem Unternehmen zufließen. Letzteren liegt kein Leistungsprozess zugrunde.

Innerhalb der Innenfinanzierung gibt es die Fälle der reinen Vermögensumschichtung. Wenn beispielsweise ein Grundstück zum Buchwert verkauft wird, sinkt der Bestand an Grundstücken und der Bestand an Zahlungsmitteln steigt um den gleichen Wert. Wird der gleiche Wert wieder in eine Maschine investiert, liegt eine reine Vermögensumschichtung vor.

Der gleiche Fall liegt vor, wenn sich Maschinen bei der Produktion von abzusetzenden Gütern abnutzen und Güter im Wert der Abnutzung hergestellt werden, die, bevor sie abgesetzt werden, auf Lager gehalten werden. Die Güter, die im Fertigerzeugnislager bevorratet werden, sind dabei zu Herstellkosten bewertet.

Daneben gibt es bei der Innenfinanzierung den Fall des Vermögenszuwachses. Durch Abnutzung, also Verbrauch, von Produktionsfaktoren werden Güter und Dienstleistungen hergestellt, die zu einem höheren Wert als ihre Herstellkosten am Markt veräußert werden. Der höhere Wert (=Gewinn) bedeutet Vermögenszuwachs, dem Betrieb fließen wertmäßig mehr Mittel zu als er zur Herstellung verbraucht hat.

Die unterschiedlichen Wirkungen des Umsatzprozesses lassen sich anhand des folgenden Beispiel sverdeutlichen. Dabei wird von folgender Bilanz ausgegangen:

Bilanz
zum 31.12.201x
Aktiva in € Passiva

Investitionsbereich		**Kapitalbereich**	
Gebäude	60.000,00		
Maschinen	50.000,00	Eigenkapital	100.000,00
Rohstoffe	20.000,00		
		langfr. Verbindl.	50.000,00
Zahlungsbereich			
Kasse	20.000,00		
Bilanzsumme	150.000,00	Bilanzsumme	150.000,00

Der Betrieb stellt Fertigerzeugnisse her und verbraucht dafür Produktionsfaktoren.

Verbrauch an Produktionsfaktoren zur Herstellung von Fertigerzeugnissen (in €):

Rohstoffe	1.500,00
Abschreibung auf	
Gebäude	100,00
Maschinen	400,00
Löhne	2.000,00
Wert FE	4.000,00

Die Bilanz verändert sich dahingehend, dass ein Aktivtausch (der Bestandswert an Gebäuden, Maschinen und Rohstoffen sinkt, der Bestandswert an Fertigerzeugnisse steigt) und eine Zahlungsmittelverringerung (das Bankguthaben sinkt wegen der Lohnzahlung) stattfindet.

Bilanz
zum 31.12.201x
in €

Aktiva		Passiva	
Investitionsbereich		**Kapitalbereich**	
Gebäude	59.900,00		
Maschinen	49.600,00	Eigenkapital	100.000,00
Rohstoffe	18.500,00		
Fertige Erzeugnisse	4.000,00		
		langfr. Verbindl.	50.000,00
Zahlungsbereich			
Kasse	18.000,00		
Bilanzsumme	150.000,00	Bilanzsumme	150.000,00

Er veräußert diese Fertigerzeugnisse am Markt und erlöst dafür Einnahmen in Höhe von 4.500,00 €.

Dann errechnet sich ein Gewinn (in €) von:

Verkaufserlös	4.500,00
./. Kosten	4.000,00
Gewinn	500,00

Der Gewinn wird dem Eigenkapital gutgeschrieben, dies bedeutet eine Kapitalzuwachs in Höhe von 500,00 €. Dieses gebildete Kapital steht (bei Preiskonstanz) für Investitionen zur Verfügung. Es liegt ein Fall der **Finanzierung aus Gewinnen** (Selbstfinanzierung) vor. In Höhe der Kosten liegt eine **Vermögensumschichtung** vor, denn das Kapital war vor dem Verkauf in Form der Fertigerzeugnisse gebunden und ist nach dem Verkauf in Höhe der Zahlungseingänge zurückgeflossen.

Wir wollen jetzt das obige Beispiel dahingehend erweitern, dass der Betrieb seinen Mitarbeitern Pensionszusagen gegeben hat. Diese führen aber noch nicht zu Pensionszahlungen, da die Mitarbeiter noch nicht die Altersruhegrenze erreicht haben. Der Betrieb bildet eine Rückstellung und stockt sie jedes Jahr auf, um im Falle des Eintretens der Pensionsverpflichtung gerüstet zu sein. Jedes Jahr verrechnet er

Pensionsaufwand, um der Rückstellung einen angemessenen Betrag zuzuführen. Die obigen Kosten erhöhen sich um den Pensionsaufwand. Werden die Fertigerzeugnisse am Markt zu 4.500,00 € verkauft, errechnet sich ein niedrigerer Gewinn (350,00 €) und im Kapitalbereich der Bilanz entsteht die Position Pensionsrückstellungen(150,00 €).

Gewinnberechnung (in €):

Verkaufserlös	4.500,00
./. Rohstoffe	1.500,00
./. Abschreibung auf	
Gebäude	100,00
Maschinen	400,00
./. Löhne	2.000,00
./. Pensionsaufwand	150,00
Gewinn	350,00

Bilanz
zum 31.12.201x

Aktiva — in € — Passiva

Investitionsbereich		**Kapitalbereich**	
Gebäude	59.900,00		
Maschinen	49.600,00	Eigenkapital	100.350,00
Rohstoffe	18.500,00		
Fertige Erzeugnisse		Pensionsrückst.	150,00
		langfr. Verbindl.	50.000,00
Zahlungsbereich			
Kasse	22.500,00		
Bilanzsumme	150.500,00	Bilanzsumme	150.500,00

Das für die Pensionsverpflichtungen vorgesehene Kapital verlässt zu dem betrachteten Zeitpunkt den Betrieb nicht und steht damit samt dem Gewinn für zusätzliche Investitionen zur Verfügung. Man spricht dann für den Teil, der durch den Pensionsaufwand bedingt ist, von **Finanzierung aus Pensionsrückstellungen.**

Bei den Materialkosten liegt eine **Vermögensumschichtung** vor. Wenn der Betrieb das benötigte Material auf Lager liegen hatte, so hatte er beim Lageraufbau dafür Geld ausgegeben und Kapital in den Vorräten gebunden. Durch den Umsatzprozess erfolgt eine Kapitalfreisetzung dergestalt, dass vom Lager Material entnommen wird, das im Fertigerzeugnis am Markt gegen Entgelt veräußert wird. Der Lagerbestand nimmt ab, dafür fließt Geld in die Kasse oder der Bankbestand erhöht sich. Diese im vorliegenden Beispiel 1.500,00 € stehen beispielsweise zum Kauf neuen Materials zur Verfügung (**Reinvestition**).

Mit der Vermögensumschichtung in Höhe der Abschreibungen (500,00 €) verhält es sich etwas anders. Die Abschreibungen werden für den Verschleiß des bestehenden Anlagevermögens verrechnet. Die Anlagegegenstände müssen aber erst am Ende ihrer Lebensdauer neu beschafft werden, bis zu diesem Zeitpunkt stehen die verdienten Abschreibungen für zusätzliche Investitionen zur Verfügung, d.h. der Betrieb kann sich aus den verdienten Abschreibungen neue Anlagen kaufen und damit seine Produktionskapazität erweitern (**Finanzierung von Nettoinvestitionen aus Umsatzerlösen**).

6.4.3 Finanzierung nach der Rechtsstellung der Kapitalgeber

Auf der Passivseite der Bilanz wird in Eigenkapital und Fremdkapital unterschieden. Diese Unterscheidung schlägt sich in einer Systematik der Finanzierungsarten nach Rechtsstellung der Kapitalgeber nieder. Dabei wird zwischen **Eigenfinanzierung** (Zuführung von Eigenkapital = Haftungskapital) und **Fremdfinanzierung** (Zuführung von Gläubigerkapital) unterschieden. Diese Kapitalzuführung kann durch unterschiedliche Kapitalherkunft (Außen- oder Innenfinanzierung) geschehen. Zu der Eigenfinanzierung zählen die **Einlagen-** und **Beteiligungsfinanzierung** sowie die **Selbstfinanzierung**. Zur Fremdfinanzierung zählen alle Finanzierungsarten nach der Kapitalherkunft, die Fremdkapital zuführen, das sind also die **Kreditfinanzierung** und die **Finanzierung aus Rückstellungen**.

Abb. 61: Finanzierung nach der Rechtsstellung der Kapitalgeber

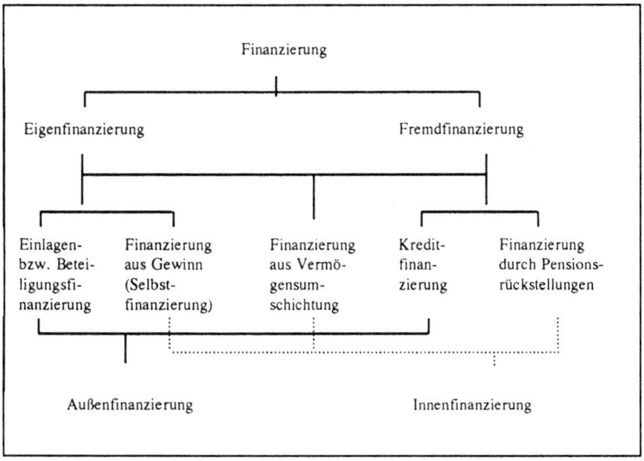

In diese Systematik lassen sich die Finanzierungen aus Vermögensumschichtungen nicht einordnen, da hierbei nur ein aus Eigen- und Fremdkapital zusammengesetztes Vermögen in eine andere Form des Vermögens umgeschichtet wird, beispielsweise der Tausch der Erscheinungsform von Lagervorräten in Bankguthaben.

Wenn man die Finanzierungen aus Vermögensumschichtungen außer Acht lässt, kann man den Zusammenhang zwischen der Finanzierung nach der Kapitalherkunft und nach der Rechtsstellung der Kapitalgeber als Tabelle darstellen:

Tab. 19: Zusammenhang zwischen der Finanzierung nach der Kapitalherkunft und der Rechtsstellung der Kapitalgeber

	Eigenfinanzierung	Fremdfinanzierung
Innenfinanzierung	Selbstfinanzierung	Finanzierung aus Pensionsrückstellungen
Außenfinanzierung	Einlagen- bzw. Beteiligungsfinanzierung	Kreditfinanzierung

6.4.4 Quellen der Außenfinanzierung

Wegen einiger Besonderheiten wird auf die Außenfinanzierung eigens eingegangen. Im Einzelnen wird die Außenfinanzierung der Aktiengesellschaft besprochen, da sie weit verbreitet ist und im kommunalen Bereich oftmals Eigengesellschaften in Form einer AG vorkommen. Die Innenfinanzierung ist bereits mehrfach in den vorherigen Kapiteln angesprochen worden.

Außenfinanzierung mit Eigenkapital

Einzelunternehmen oder Personengesellschaften erhalten ihr Eigenkapital durch Einlage von privaten Mitteln aus dem Haushalt des Unternehmers bzw. Gesellschafters. Kapitalgesellschaften (AG, GmbH) vergeben Anteile an natürliche oder juristische Personen; die Anteilseigner sind die „wirtschaftlichen Eigentümer". Als Untergrenze ist bei Aktiengesellschaften ein Grundkapital von 50.000 € festgelegt[1], bei einer GmbH beträgt die Haftungsuntergrenze 25.000 € als Stammkapital. Für Personenunternehmen gibt es keine Vorschriften über die Mindesthöhe des Eigenkapitals, weil dort die Haftung dergestalt geregelt ist, dass mindestens eine natürliche Person mit ihrem Privatvermögen in unbegrenzter Höhe haftet. Aus dieser Situation fallen nur Mischformen wie z.B. die GmbH & Co KG heraus.

Die Außenfinanzierung mit Eigenkapital bei der AG

Die Finanzierung durch Aktien ist weit verbreitet. Viele bekannte Unternehmen sind Aktiengesellschaften und finanzieren sich durch den Gang an die Börse.

Das Grundkapital der Aktiengesellschaft wird in Aktien mit einem festen Wert aufgeteilt (Nennwertaktien)[2]. Laut Aktiengesetz ist der Mindestbetrag pro Aktie auf 1,- € festgelegt. Diese Aktien werden verkauft, wodurch sich die Aktiengesellschaft finanziert. Der übliche Ort, an dem Aktien gehandelt werden, ist die Börse. Der Wechsel des Inhabers berührt die Aktiengesellschaft nicht, da nur der Eigner der Aktien wechselt, dies jedoch keinen Einfluss auf die Gesellschaft hat. Dadurch sind Aktien sehr beweglich und erschließen breite Finanzierungsquellen.

---

1 Vgl. § 8 AktG.

2 Es gibt auch noch Quotenaktien, die jedoch in Deutschland nicht zulässig sind.

Die Erhöhung des Grundkapitals einer AG kann auf verschiedene Arten geschehen. Es stehen die ordentliche Kapitalerhöhung, das genehmigte Kapital, die Erhöhung aus Gesellschaftsmitteln sowie die bedingte Kapitalerhöhung als Instrumente zur Verfügung.

Die **ordentliche Kapitalerhöhung**[1] vollzieht sich durch die Ausgabe neuer (junger) Aktien. Es ist dazu ein Beschluss der Hauptversammlung notwendig. Den Altaktionären steht dabei grundsätzlich ein Bezugsrecht auf neue (junge) Aktien entsprechend ihrem Anteil am bisherigen Grundkapital zu. Dadurch soll den Altaktionären die Aufrechterhaltung ihrer bisherigen prozentualen Beteiligung am Unternehmen ermöglicht werden.

Durch das **genehmigte Kapital**[2] wird der Vorstand einer AG durch die Hauptversammlung mit Zustimmung des Aufsichtsrates ermächtigt, das Grundkapital innerhalb eines Zeitraumes von höchstens 5 Jahren um maximal die Hälfte des bisherigen Grundkapitals selbständig zu erhöhen. Dieses Verfahren überwindet das schwerfällige Verfahren einer ordentlichen Kapitalerhöhung und der Vorstand ist somit in der Lage innerhalb der bestimmten Frist einen plötzlich auftretenden Finanzmittelbedarf schnell zu decken und auch günstige Kapitalmarktsituationen elastisch zu nutzen und so das Volumen des Eigenkapitals zu optimieren.

Die **Kapitalerhöhung aus Gesellschaftsmitteln**[3] besteht in der Umwandlung offener Rücklagen, die durch Gewinnthesaurierung (= nicht ausgeschüttete Gewinne) entstanden sind, in Grundkapital und bewirkt daher keine direkte Zufuhr von Beteiligungskapital von außen, sondern stellt lediglich einen Passivtausch von Rücklagen in Grundkapital dar. Die Höhe des Eigenkapitals ändert sich dadurch nicht. Formal erfolgt dies in der gleichen Weise wie die ordentliche Kapitalerhöhung. Der Bezugskurs der neuen Aktien ist allerdings gleich Null.

Die **bedingte Kapitalerhöhung**[4] ist nur zulässig um Aktien bereitzustellen, die für die Ausübung des Wandlungsrechtes durch Wandelschuldverschreibungen[5], für die Vorbereitung von Fusionen oder für die Ausgabe von Arbeitnehmeraktien benötigt werden. Bei einer bedingten Kapitalerhöhung sind die Altaktionäre nicht bezugsberechtigt.

Die Außenfinanzierung der GmbH mit Eigenkapital

Die **Eigenkapitalversorgung** der GmbH von außen erfolgt durch die Übernahme von **Stammanteilen** durch Gesellschafter. Im Gesellschaftervertrag wird namentlich genannt, welchen Anteil (Stammanteil) ein einzelner Gesellschafter zu übernehmen hat. Ein Austausch von Gesellschaftern oder die Ausdehnung der Gesellschafterzahl ist nur durch Änderung des Gesellschaftsvertrages möglich. Ein Gesellschafteranteil kann nicht an einer Börse gehandelt werden. Eine Erhöhung des Stammkapitals kann in der Weise geschehen, dass die Gesellschafterzahl konstant

---

[1] Vgl. §§ 182 - 191 AktG.

[2] Vgl. §§ 202 - 206 AktG.

[3] Vgl. §§ 207 - 220 AktG.

[4] Vgl. §§ 192 - 201 AktG.

[5] S.a. die Erläuterung im Kapitel Außenfinanzierung mit Fremdkapital.

bleibt, die Gesellschafter aber ihre Stammeinlagen erhöhen, oder aber es werden zusätzliche Gesellschafter in die Gesellschaft aufgenommen.

Die Außenfinanzierung mit Fremdkapital

Die verschiedenen Arten von Fremdkapital werden oft nach der **Herkunft des Kapitals** eingeteilt. Dann unterscheidet man in:

1. Bankkredite (z.B. Kontokorrentkredit, Darlehen),
2. Kredite von Privatpersonen und Betrieben (z.B. Darlehen, Obligationen),
3. Lieferantenkredite (Kaufpreisstundung),
4. Kundenkredite (Anzahlungen),
5. Kredite der öffentlichen Hand (z.B. öffentliche Förderungsprogramme).

Diese Einteilung nach der Herkunft des Kapitals wird meist noch kombiniert mit einer Differenzierung nach der **Fristigkeit**. Dabei wird in kurz- (bis max. 1 Jahr), mittel- (1 Jahr bis zu 5 Jahren) und langfristig (ab 5 Jahren) unterschieden[1]. Die Grenze zwischen kurz- und mittelfristig ist fließend.

Darlehen stellen eine festverzinsliche Fremdkapitalfinanzierung dar. Der Zins muss auch in wirtschaftlich nicht so erfolgreichen Jahren, in denen die Eigenkapitalgeber keinen oder nur einen reduzierten Gewinn einstreichen dürfen, gezahlt werden. Auf der anderen Seite sind Zinsen für Darlehen handelsrechtlicher und steuerlicher Aufwand, der den Gewinn schmälert.

Ein weiteres Kennzeichen der Darlehen ist der fest vereinbarte Rückzahlungstermin und -wert. Für Eigenkapital ist kein Rückzahlungstermin und -wert garantiert.

Besondere Bedeutung bei der langfristigen Unternehmensfinanzierung haben Anleihen, die auch **Obligationen** genannt werden Man unterscheidet zwischen Industrieobligationen, das sind die Anleihen, die von der gewerblichen Wirtschaft begeben werden, auch wenn es sich um Handels- oder Verkehrsunternehmen handelt, und Obligationen der öffentlichen Hand. Bund, Länder und Gemeinden konkurrieren mit ihren Anleihen am Kapitalmarkt mit den Industrieobligationen um das angebotene Kapital.

Das von einem Unternehmen benötigte Fremdkapital wird typischerweise in Form von **Teilschuldverschreibungen** aufgebracht. Der Gesamtbetrag wird in Teilbeträge gestückelt, die den Vorteil haben, dass sie auf viele Gläubiger verteilt werden können. Das Schuldverhältnis, das hinter der Teilschuldverschreibung steht, kann nicht gekündigt werden. Wohl aber kann ein Obligationär seine Schuldverschreibung veräußern und damit aus dem Kreditverhältnis ausscheiden.

Besondere Bedeutung hat bei Aktiengesellschaften die **Wandelschuldverschreibung**. Um die Teilschuldverschreibung attraktiv zu machen, wird mit der Teilschuldverschreibung ein Bezugsrecht für neue Aktien ausgegeben. Dafür muss die Hauptversammlung der Aktiengesellschaft eine bedingte Kapitalerhöhung beschließen.

---

[1] Vgl. Wöhe, G. et al., a.a.O., S. 547.

6.4.5 Leasing und Factoring als moderne Finanzierungsarten

Bei Leasing und Factoring handelt es sich um neuere Instrumente, die sich nicht in die übliche Finanzierungssystematik einordnen lassen.

Bei **Factoring** wird eine Forderung aus Lieferungen und Leistungen vor Fälligkeit vom Ursprungsgläubiger an einen Factor (= spezielles Finanzierungs- oder Kreditinstitut) verkauft. Der Factor trägt auch das Ausfallrisiko. Das Factoring verbindet folgende Funktionen miteinander[1]:

- **Finanzierungsfunktion** (Verkauf der Forderung),
- **Dienstleistungsfunktion** (Übernahme der Debitorenbuchhaltung, des Mahnwesens, der Bonitätskontrolle),
- **Versicherungsfunktion** (Übernahme des wirtschaftlichen Risikos bei Zahlungsausfall).

Für diese Funktionen muss natürlich ein Preis bezahlt werden, demgemäß setzen sich die **Factoringebühren** aus drei Elementen zusammen:

- den **Kreditzinsen** für die Finanzierung der Forderung vor Fälligkeit.
- der **Factoringgebühr** für die Dienstleistungsfunktion,
- der **Delkrederegebühr** für die Übernahme des Ausfallrisikos.

Die Vorteile des Factorings liegen vor allem in der beschleunigten Umwandlung von Forderungen in Zahlungsmittel, was das sonst benötigte Kreditvolumen mindert. Ferner in der Verringerung der Verluste aus Forderungsausfällen.

Beim **Leasing** werden Anlagegegenstände (Maschinen, Kopierer u.ä.) vom Leasinggeber dem Leasingnehmer überlassen. Der Leasingnehmer entrichtet dafür eine Leasingrate, deren Höhe sich im Wesentlichen nach der Höhe des Kreditzinses und dem Wertverlust des Leasingobjektes richtet. Bei einem Wirtschaftlichkeitsvergleich zwischen Leasing und Kreditkauf schneidet in der Regel der Kreditkauf besser ab. In den Leasingraten sind natürlich die Verwaltungskosten des Leasinggebers und seine Gewinnvorstellungen enthalten, die die Leasingraten gegenüber dem Kreditkauf verteuern.

6.4.6 Weitergabe von Krediten innerhalb des Konzerns Stadt

Im Jahr 2014 hat das Ministerium für Inneres und Kommunales den Gemeinden und ihren Beteiligungen eine weitere Möglichkeit der (Außen-)Finanzierung eröffnet. Per Runderlass „Kredite und kreditähnliche Rechtsgeschäfte der Gemeinden und Gemeindeverbände" (Ziff. 2.1.3) des MIK vom 16.12.2014 wird den Kommunen gestattet, Kredite für Investitionen innerhalb des Konzerns[2] weiterzugeben.[3]

---

[1] Vgl. Schierenbeck, H. et al., a.a.O., S. 534.f.

[2] Zum Begriff Konzern s. Kapitel 4.1.

[3] https://recht.nrw.de/lmi/owa/br_bes_text?anw_nr=1&gld_nr=6&ugl_nr=652&bes_id= 29066&val =29066&ver=7&sg=0&aufgehoben=N&menu=1 abgerufen am 2.7.2021.

Dabei nimmt die Kommune einen Kredit zu günstigen Konditionen auf und gibt ihn mit einem Zinsaufschlag, der zu einem (Zins-)Ertrag im Kernhaushalt führt, an eine Konzerngesellschaft weiter.

Der Vorteil ist, dass der Zinsertrag, der normalerweise bei dem kreditgebenden Finanzinstitut anfällt, z.T. bei der Kommune verbleibt.

Der Nachteil ist, dass in dem Fall, dass die Konzerngesellschaft ihren Verpflichtungen nicht nachkommt, das Kreditausfallrisiko auf die Gemeinde entfällt.

Die Funktionsweise dieser Kreditweitergabe lässt sich gut anhand eines Zahlenbeispiels erläutern.

Im Normalfall würde eine Konzerngesellschaft für Investitionen einen Kredit bei einem Finanzinstitut für 3,5 % Zinsen aufnehmen.

Abb. 62: Kreditaufnahme Konzerngesellschaft bei einer Bank

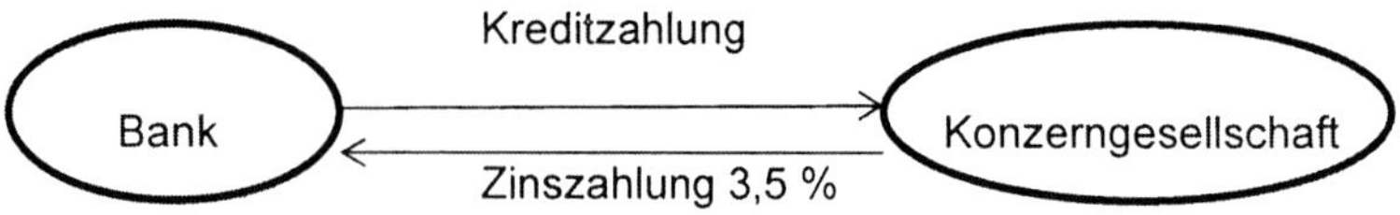

Die Kommune erhält jedoch bessere Zinskonditionen, z.B. 1,5 %. Also nimmt sie den Kredit bei der Bank für 1,5 % auf und leitet ihn an die Konzerngesellschaft für 3,5 % weiter.

Abb. 63: Weiterleitung eines Kredits an eine Konzerngesellschaft

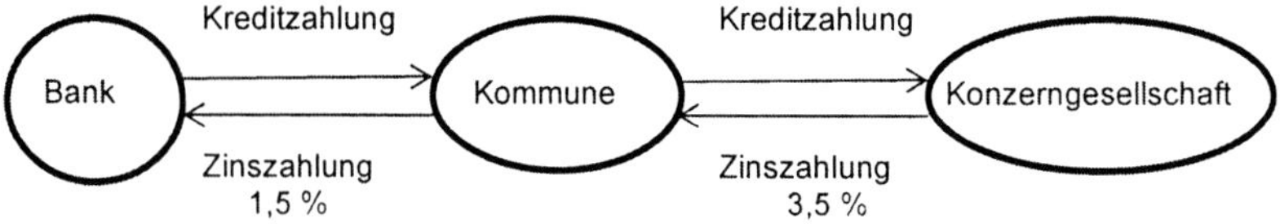

Bei dieser Konstellation verbleibt ein Zinsertrag i.H.v. 2 % Punkten bei der Kommune.

Der weitergereichte Kredit wird im Kernhaushalt auf der Aktivseite der Vermögensrechnung (Bilanz) als Ausleihungen an verbundene Unternehmen bilanziert.

6.4.7 Kommunales Cash-Pooling

Cash-Pooling ist ein Instrument des Cash-Managements, also aller „Maßnahmen und Instrumente zur Planung, Beschaffung, Sicherung, Freisetzung und laufenden Optimierung von liquiden Mitteln“[1].

Für den weiteren Fortgang der Betrachtung hier wird unter Cash Pooling die Zusammenführung von liquiden Mitteln auf einem zentralen Konto verstanden, auf das von einer zentralen Einheit zugegriffen werden kann. Die internen Mittel werden bei Liquiditätsengpässen den bedürftigen Einheiten zu günstigen Konditionen zur Verfügung gestellt.

Das MIK bezeichnet Cash-Pooling in seinem Runderlass unter Punkt 3.2 als Liquiditätsverbund.[2]

Zentraler Vorteil des Cash-Poolings ist die Optimierung von Zinsen durch die Minimierung des Aufwands oder die Maximierung des Zinsertrags.

Der Basisgedanke soll hier vereinfachend dargestellt werden.
Eine Konzerngesellschaft hat einen Liquiditätsengpass, für den sie üblicherweise einen Liquiditätskredit, bei dem Zinsaufwand anfällt, aufnehmen würde. Gleichzeitig hat aber die Kernverwaltung oder eine andere Konzerngesellschaft einen Liquiditätsüberschuss. In diesem Fall kann diejenige Organisationseinheit mit dem Liquiditätsüberschuss derjenigen mit dem Engpass aushelfen. Dadurch wird auf jeden Fall Zinsaufwand gespart. Abgewickelt werden die Cash-Pool Geschäfte über ein Zentralkonto.

Abb. 64: Prinzipdarstellung Cash-Pooling

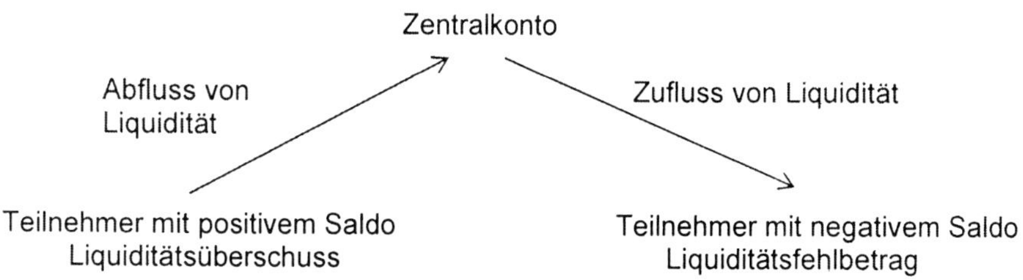

Der Teilnehmer mit dem Fehlbetrag an Liquidität muss keinen eigenen Kredit aufnehmen, er kann seinen Zahlungsverpflichtungen nachkommen.

Aus steuerrechtlichen und EU-Beihilfegründen ist eine Verzinsung der Kredite notwendig.

---

1 Werdenich, Martin, Modernes Cash-Managment, 2. Auflage, München 2009, S. 12.

2 https://recht.nrw.de/lmi/owa/br_bes_text?anw_nr=1&gld_nr=6&ugl_nr=652&bes_id=29066&val=29066&ver=7&sg=0&aufgehoben=N&menu=1

6.4.8 Beurteilung der Finanzierung

Bei den Überlegungen, welche Finanzierungsart für einen Betrieb wirtschaftlich sinnvoll ist, spielen eine Vielzahl von Kriterien eine Rolle. Sie seien hier nur kurz aufgelistet:

Überlegungen bei Eigenkapitalfinanzierung

- Einflussnahme auf die Geschäftspolitik,
- Risiko des Kapitalverlustes,
- Höhe der Eigenkapitalrentabilität,
- Liquidität des oder der Eigentümer,
- Höhe der Gewinnausschüttung,
- Zeitpunkt der Gewinnausschüttung,
- Mitarbeit in dem Betrieb.

Überlegungen bei Fremdkapitalfinanzierung

- Kreditwürdigkeit des Schuldners,
- Kredithöhe,
- Kreditzins,
- Tilgungsmodalitäten,
- Zinszahlungstermine,
- Laufzeit,
- Kreditgeber,
- Kündigungsmöglichkeiten,
- Kreditabsicherung,
- Kreditzweck.

Einige dieser Überlegungen, vor allem bei der Fremdkapitalfinanzierung, können im Rahmen dynamischer Investitionsrechnungen berücksichtigt werden.

Einem Außenstehenden, der die Kreditwürdigkeit eines Betriebes und seine finanzielle Lage beurteilen soll, steht meist als Informationsinstrument nur die Handelsbilanz zur Verfügung. Dies schränkt die Erkenntnismöglichkeiten von vornherein ein im Vergleich zu einem Insider, dem naturgemäß weitere, vor allem unternehmensinterne Informationsquellen offen stehen.

Im folgenden Kapitel werden einige Kennziffern, die auf einer Analyse der Bilanz und ausgewählter Positionen basieren, und die dahinter stehenden Überlegungen zum Gebiet der Finanzierung besprochen. Speziell für die Beurteilung der Haushalts-, Vermögens-, Finanz- und Ertragslage einer Kommune wurde vom Innenministerium NRW ein eigenes Kennzahlenset entwickelt. Einige der hier vorgestellten Kennzahlen sind auch im Kennzahlenset des Innenministeriums zu finden.[1]

---

[1] Vgl. RdErl. des Innenministeriums vom 01.10.2008, 34-48.04.05/01-2323/08.

1. Die Rentabilität,
2. der Verschuldungsgrad (= vertikale Kapitalstrukturregel),
3. die goldene Bilanzregel,
4. Liquidität ersten und zweiten Grades,
5. der Cashflow,

Die Punkte (3) und (4) werden aus der Gegenüberstellung bestimmter Bilanzpositionen abgeleitet und stellen eine zeitpunktbezogene Betrachtung dar (**Bestandsgrößen**). Hingegen stützt sich die Ermittlung des Cashflows auf den Jahresgewinn und korrigiert ihn um bestimmte Punkte, der Cashflow stellt somit eine **Strömungsgröße** dar.

Rentabilität und Verschuldungsgrad

Bei der **Rentabilität** wird der Periodenerfolg vor Abzug der Fremdkapitalzinsen ins Verhältnis zum eingesetzten Kapital gesetzt. Man erhält die Verzinsung des Kapitals. Das Gesamtkapital eines Betriebs setzt sich aus Eigen- und Fremdkapital zusammen. Da das Fremdkapital mit festen, vereinbarten Zinsen bedient wird, ist es nur von Interesse die **Gesamtkapitalrentabilität** und die **Eigenkapitalrentabilität** zu errechnen. Die Gesamtkapitalrentabilität in % ergibt sich als:

$$\text{Gesamtkapitalrentabilität} = \frac{\text{Gewinn} + \text{Fremdkapitalzinsen}}{\text{Gesamtkapital}} \times 100$$

Zwischen Periodenanfang und Periodenende ist das in einem Betrieb gebundene Kapital nicht zwangsläufig konstant. Es kann sein, dass am Periodenanfang noch eine langfristige Verbindlichkeit bestand, die im Laufe der Periode getilgt wurde. Aus Vereinfachungsgründen bildet man deshalb den Mittelwert zwischen dem Gesamtkapital, das am Anfang in einem Betrieb gebunden war und dem am Ende der Betrachtungsperiode noch gebundenen Kapital (**durchschnittlich gebundenes Kapital**).

$$\text{durchschnittlich geb. Kapital} = \frac{\text{Kapital zu Beginn der Periode} + \text{Kapital am Ende der Periode}}{2}$$

Für die Eigenkapitalrentabilität wird nur der Gewinn in Beziehung zum Eigenkapital gesetzt, da das der Teil ist, auf den der oder die Eigenkapitalgeber Anspruch erheben können:

$$\text{Eigenkapitalrentabilität} = \frac{\text{Gewinn}}{\text{Eigenkapital}} \times 100$$

Für die Höhe des Eigenkapitals gilt sinngemäß auch das, was für die Höhe des Fremdkapitals gesagt wurde: Das Eigenkapital ist nicht zwangsläufig im Verlauf der Periode konstant. Wenn die Höhe des Eigenkapitals zu Beginn und Ende einer Periode differieren, muss ein durchschnittliches Eigenkapital gebildet werden. Es gilt dann die oben für das durchschnittlich gebundene Gesamtkapital aufgestellte Formel sinngemäß.

Der **Verschuldungsgrad** V in % lässt sich wie folgt ausdrücken:

$$V = \frac{\text{Fremdkapital}}{\text{Eigenkapital}} \times 100$$

Wie zu erkennen ist, werden die Positionen Fremdkapital und Eigenkapital des Kapitalbereichs der Passivseite der Bilanz in einem Quotienten gegenübergestellt. Es wird keinerlei Verbindung zum Vermögensbereich auf der Aktivseite der Bilanz geknüpft. Da nur Positionen der Passivseite in die Betrachtung einbezogen werden, spricht man auch von einer **vertikalen Kapitalstrukturregel**.

Zielgröße dieser Regel sind höchstens 200 %, d.h., dass das Fremdkapital äußerstenfalls doppelt so hoch ist wie das im Betrieb befindliche Eigenkapital. Hintergrund dieser Überlegung ist, dass das Eigenkapital, das ja bekanntlich Haftungskapital ist, in ausreichendem Maße am Risiko des Betriebs beteiligt sein soll. Diese Regel dient vornehmlich dem Gläubigerschutz, denn es ist einsichtig, dass das Risiko für Fremdkapitalgeber desto geringer ist, je größer der Anteil des Eigenkapitals am Gesamtkapital ist.

Diesem Interesse der Fremdkapitalgeber steht das Streben eines Betriebs, seine Eigenkapitalrentabilität zu maximieren möglicherweise entgegen. Die Fremdkapitalgeber erhalten einen fest vereinbarten Zins als Entgelt, wohingegen das Eigenkapital aus dem verbleibenden Gewinn bedient wird. Liegt der Zins für das Fremdkapital unter der Gesamtkapitalrentabilität, so erhöht diese Konstellation die Eigenkapitalrentabilität. Gelingt es dem Betrieb immer, Fremdkapital in unbegrenzter Höhe zu einem Zins aufzunehmen, der unter der Gesamtkapitalrentabilität liegt, so wird er unter dem Aspekt der Eigenkapitalrentabilität seine Eigenkapitalquote immer weiter senken. Der theoretische Extremfall führt zu einem Betrieb, der überhaupt nicht mehr mit Eigenkapital ausgestattet ist, wobei für das Eigenkapital aber immer noch nach Bedienung des Fremdkapitals ein Gewinn verbleibt. In diesem Extremfall ist die Eigenkapitalrentabilität unendlich hoch.

Hier ein Zahlenbeispiel zu der Überlegung:

Anfänglich ist der Betrieb mit Eigenkapital 100 und Fremdkapital ebenfalls 100 ausgestattet. Für das Fremdkapital werden 6 % Zinsen bezahlt. Der Betrieb erlöst nun am Markt für seine Leistungen 100, wovon nach Abzug der übrigen Kosten (85) 15 übrigbleiben.

Erlöse	100
./. Kosten (ohne FK-Zinsen)	85
Überschuss	15

Dies entspricht einer Gesamtkapitalrentabilität von 7,5 %.

$$\text{Gesamtkapitalrentabilität} = \frac{\text{Gewinn} + \text{Fremdkapitalzinsen}}{\text{Gesamtkapital}} \times 100$$

$$\text{Gesamtkapitalrentabilität} = \frac{15}{200} \times 100$$

Aus den15 werden die Zinsen für das Fremdkapital in Höhe von 6 bedient, das lässt für das Eigenkapital 9 übrig, was einer Eigenkapitalrentabilität von 9 % entspricht. Im Hinblick auf eine Maximierung der Eigenkapitalrentabilität entnimmt nun der Eigentümer 50 von seinen ursprünglich 100 und ersetzt sie durch Fremdkapital. In dem Betrieb sind jetzt 50 Eigenkapital und 150 Fremdkapital. Der Zins für das Fremdkapital bleibt weiterhin bei 6 %. Bei gleichem Markterfolg (Erlös = 100) und konstanten übrigen Kosten (85) bleiben wieder 15 für die Bedienung der Zinsen des Fremdkapitals und als Gewinn für das Eigenkapital übrig. An der Gesamtkapitalrentabilität von 7,5 % ändert sich also nichts. Für Zinsen sind nunmehr 9 (= 6 % von 150) zu zahlen, es verbleiben für das Eigenkapital 6. Absolut erhält das Eigenkapital zwar weniger, doch beträgt seine Rentabilität nunmehr 12 %, da nur noch 50 als Eigenkapital im Betrieb verblieben sind. Betreibt der Eigentümer diese Politik weiter und ist es ihm immer möglich, Fremdkapital zu einem Zins auszuleihen, der unter der Gesamtkapitalrentabilität liegt, so erhöht er damit seine Eigenkapitalrentabilität. Dieser Effekt ist in der Literatur als **Leverage-Effekt** bekannt.

Diese Hebelwirkung tritt auch in negativer Richtung auf, wenn der Fremdkapitalzins über der Gesamtrentabilität liegt. Dann lässt eine steigende Verschuldung für das Eigenkapital immer weniger übrig. Dies kann soweit gehen, dass zur Bedienung der Fremdkapitalzinsen der Periodenerfolg nicht mehr ausreicht, dann entsteht für das Eigenkapital eine Belastung, also eine negative Verzinsung. Bei dieser Konstellation muss versucht werden, entweder den Anteil des Haftungskapitals am Gesamtkapital zu erhöhen oder aber die Fremdkapitalzinsen zu senken, z.B. durch Umschuldung.

Die goldene Bilanzregel

Die **goldene Bilanzregel** besagt in ihrer **engen** Form, dass das Anlagevermögen (AV) durch Eigenkapital (EK) finanziert werden soll. Es wird also eine horizontale Beziehung zwischen den Positionen Anlagevermögen und Eigenkapital in der Bilanz hergestellt. Die beiden Blöcke in Abbildung 62 müssten also gleich groß sein.

Abb. 65: Schematische Bilanz

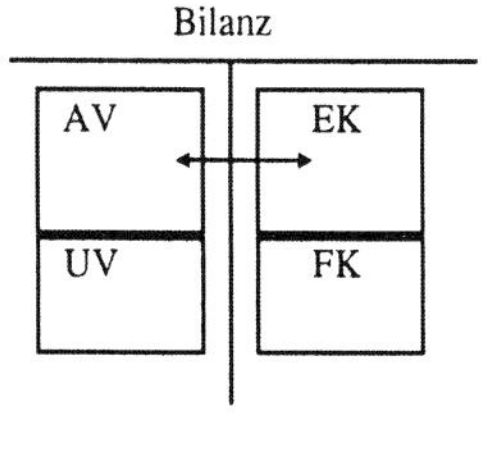

Die goldene Bilanzregel lässt sich auch als Deckungsgrad des Anlagevermögens (Anlagendeckungsgrad) durch das Eigenkapital ausdrücken.

$$\text{Deckungsgrad in \%} = \frac{\text{Eigenkapital}}{\text{Anlagevermögen}} \times 100$$

Bei mehr als 100 % ist die goldene Bilanzregel erfüllt, das Eigenkapital deckt das Anlagevermögen. Bei Werten unter 100 % reicht das Eigenkapital nicht zur Deckung des Anlagevermögens.

Hinter dieser Regel steht die Idee, dass im Anlagevermögen Kapital langfristig gebunden ist. Dieses langfristig gebundene Kapital soll langfristig durch Eigenkapital finanziert werden, um die Funktionsfähigkeit des Betriebs nicht in Gefahr zu bringen. Damit soll verhindert werden, dass zur Bedienung von Kapital, das zur Rückzahlung fällig ist, essentielle Teile des Betriebs veräußert werden müssen.

Anhand folgender schematisierten Bilanz wird die Berechnung kurz verdeutlicht:

Bilanz des Musterbetriebes

Aktiva		Passiva	
Grundstücke	700.000 €	GK	2.000.000 €
Gebäude	1.900.000 €	Rücklagen	991.000 €
Fahrzeuge	2.425.000 €	Jahresfehlbetrag	– 324.050 €
Betriebs- und Geschäftsausst.	160.000 €	langfr. Bankdarlehen	2.655.000 €
Betriebsstoffe	85.000 €	Liefer- und Leistungsschulden	65.000 €
kurzfr. Forderungen	100.000 €		
Bank	11.000 €		
Kasse	5.950 €		
Summe	5.386.950 €	Summe	5.386.950 €

Das Eigenkapital aus obiger Bilanz setzt sich aus verschiedenen Positionen zusammen:

Grundkapital	2.000.000 €
Rücklagen	991.000 €
Jahresfehlbetrag	– 324.050 €
Summe	2.666.950 €

Das Anlagevermögen errechnet sich als:

Grundstücke	700.000 €
Gebäude	1.900.000 €
Fahrzeuge	2.425.000 €
Betriebs- und Geschäftsausstattung	160.000 €
Summe	5.185.000 €

$$\text{Deckungsgrad} = \frac{2.666.950}{5.185.000} \times 100$$

$$\text{Deckungsgrad} = 51{,}4\ \%$$

Der errechnete Wert des Anlagendeckungsgrades von 51,4 % besagt, dass das Eigenkapital nur gut die Hälfte des Anlagevermögens deckt. Die goldene Bilanzregel in ihrer engen Auffassung ist somit nicht erfüllt.

Da aber auch Fremdkapital langfristig zur Verfügung steht, wird die goldene Bilanzregel in einer **weiteren Auffassung** so erweitert, dass auch das langfristige Fremdkapital zur Deckung des Anlagevermögens dienen kann. Die Errechnung des Deckungsgrades ändert sich dann zu:

$$\text{Deckungsgrad in \%} = \frac{\text{Eigenkapital} + \text{langfr. Fremdkapital}}{\text{Anlagevermögen}} \times 100$$

Für die obige Bilanz des Musterbetriebes ergibt sich dann als Deckungsgrad:

$$\text{Deckungsgrad in \%} = \frac{2.666.950 + 2.655.000}{5.185.000} \times 100$$

$$\text{Deckungsgrad in \%} = 102{,}6\ \%$$

Der Anlagendeckungsgrad in Höhe von 102,6 % zeigt, dass das langfristige Vermögen des Musterbetriebs durch Kapital, das langfristig zur Verfügung steht, gedeckt ist.

Aus theoretischen Überlegungen heraus müsste noch gefordert werden, die „eisernen Bestände" im Umlaufvermögen auch mit langfristigem Kapital zu finanzieren, doch wird diese Betrachtung in der Praxis meist vernachlässigt.

Im öffentlichen Verwaltungsbetrieb bestehen im Übrigen auch keine Vorräte, die wertmäßig von Bedeutung sind.

Die Liquidität

Im vorigen Kapitel wurde die Regel aufgestellt, dass das Anlagevermögen eines Betriebes durch langfristiges Kapital finanziert werden soll. Nun gibt es keine homogene Fristigkeit, da z.B. Kapital in Gebäuden länger gebunden ist als in maschinelle Anlagen oder im langfristigen Teil des Umlaufvermögens. Die Fälligkeiten des Fremdkapitals sind ebenfalls unterschiedlich, es gibt kurzfristige Kredite und es gibt langfristige Kredite, deren Laufzeit vor dem Ende steht. Für einen Betrieb ist es nun lebenswichtig, allen seinen Verbindlichkeiten fristgerecht nachzukommen. Dies muss durch Überwachung der **Liquidität** sichergestellt werden.

Liquidität kann als Deckungsverhältnis ausgedrückt werden. Es gibt verschiedene Relationen, die betrachtet werden. Die **Liquidität ersten Grades** ist die Gegenüberstellung der Zahlungsmittel eines Betriebs mit seinen kurzfristigen Verbindlichkeiten. Wobei zu den Zahlungsmitteln alle Bestände an Geld oder Bankguthaben zählen.

$$\textit{Liquidität ersten Grades} = \frac{\textit{Zahlungsmittel}}{\textit{kurzfr. Verbindlichkeiten}} \times 100$$

Werte größer oder gleich 100 % signalisieren, dass ein Betrieb genügend Zahlungsmittel zur Verfügung hat, um seine kurzfristigen Verbindlichkeiten zu begleichen. Bei Werten unter 100 % genügen die Zahlungsmittel nicht.

Zur Veranschaulichung bedienen wir uns wieder der Bilanz des Musterbetriebes. An Zahlungsmitteln stehen das Bankguthaben in Höhe von 11.000 € und die Barkasse in Höhe von 5.950 € zur Verfügung. Die Höhe der kurzfristigen Verbindlichkeiten in Form der Liefer- und Leistungsschulden beträgt 65.000 €. Mit diesen Werten errechnet sich die Liquidität ersten Grades als:

$$\textit{Liquidität ersten Grades} = \frac{16.950\ \textit{Euro}}{65.000\ \textit{Euro}} \times 100$$

$$\textit{Liquidität ersten Grades} = 26{,}08\%$$

Dieser Wert besagt, dass nur gut ein Viertel der Verbindlichkeiten aus Lieferungen und Leistungen durch Zahlungsmittel gedeckt ist. Sollten alle Verbindlichkeiten aus Lieferungen und Leistungen auf einmal fällig werden, reichen die Zahlungsmittel des Musterbetriebes nicht aus. Der Betrieb wird für diesen Fall einen kurzfristigen Kredit seiner Bank benötigen.

Die Liquidität ersten Grades vernachlässigt die Tatsache, dass nicht alle kurzfristigen Verbindlichkeiten an einem Tag fällig sind. Es wird weiterhin nicht berücksichtigt, dass dem Betrieb aus seinen kurzfristigen Forderungen am Tag nach der Bilanzaufstellung bereits wieder Zahlungsmittel zufließen können. So gesehen ist die Formulierung des Liquiditätsgrades zu eng, deshalb werden in der **Liquidität zweiten Grades** auch noch die kurzfristigen Forderungen eines Betriebs zur Deckung der kurzfristigen Verbindlichkeiten einbezogen.

$$\text{Liquidität zweiten Grades} = \frac{\text{Zahlungsmittel} + \text{kurzfr.Ford.}}{\text{kurzfr. Verbindlichkeiten}} \times 100$$

Auf das Beispiel des Musterbetriebes übertragen bedeutet dies, dass zu den Bank- und Kassenmitteln noch die kurzfristigen Forderungen in Höhe von 100.000 € als Deckungsmittel herangezogen werden. Die Liquidität zweiten Grades errechnet sich dann als:

$$\text{Liquidität zweiten Grades} = \frac{16.950\ \textit{Euro} + 100.000\ \textit{Euro.}}{65.000\ \textit{Euro}} \times 100$$

$$\text{Liquidität zweiten Grades} = 180\%$$

Der Wert von 180 % besagt, dass zum Zeitpunkt der Bilanzaufstellung der Musterbetrieb eine sehr gute Liquidität aufwies.

Aber auch diese Relation gibt nur Auskunft, wie es am Tag der Bilanzaufstellung um die Liquidität eines Betriebes bestellt war. Einige Zeit nach dem Bilanzstichtag kann es ganz anders sehen.

Das Ziel der Liquiditätssicherung konkurriert mit dem Gewinnmaximierungsziel; denn ein Betrieb kann seine Liquidität sichern, indem er hohe Kassen- und Bankbestände hält. Dabei verzichtet er jedoch auf mögliche Erträge, die dieses Geld bringen könnte, wenn es zinsbringend angelegt wäre bzw. wenn es zur Kapazitätssteigerung investiert wäre.

Den vorstehenden Liquiditätskennziffern haften einige Schwächen an.

1. Die Kennziffern sagen nichts zur Fälligkeit aus. Die gemachten Aussagen müssen als Durchschnittswerte verstanden werden. Der Bestand an Forderungen besteht aus vielen Einzelforderungen mit unterschiedlichen Restlaufzeiten. Es wird unterstellt, dass die Restlaufzeiten der kurzfristigen Verbindlichkeiten im Durchschnitt mit den Restlaufzeiten der Forderungen übereinstimmen. Dies gilt, wenn beide Positionen jeweils aus einer Vielzahl einzelner Forderungen bzw. Verbindlichkeiten bestehen. Je kleiner die hinter dem einzelnen Bestand stehende Zahl an Vorgängen ist, desto eher werden die Fristen auseinanderfallen. Dies lässt sich einfach am Extrembeispiel einer einzigen Forderung und einer Verbindlichkeit zeigen; vom Wert her seien die Forderung gleich der Verbindlichkeit, doch ist die Verbindlichkeit am Folgetag der Bilanzerstellung fällig, die Forderung hat jedoch noch 3 Wochen Restlaufzeit. Damit steht das Geld aus der Forderung nicht rechtzeitig zur Deckung der Verbindlichkeit zur Verfügung.

   Um diesen Mangel etwas zu mildern, ist die Auswertung eines Forderungsspiegels notwendig. Ein Forderungsspiegel differenziert die Forderungen nach ihrer Restlaufzeiten und ist Pflichtbestandteil eines Jahresabschluss nach HGB oder GemHVO.

2. Neben dem Bestand an ausgewiesenen Verbindlichkeiten entstehen dem Betrieb durch das Betriebsgeschehen laufend Aufwendungen, die mit Auszahlungen verbunden sind. Man denke nur beispielsweise an Lohnzahlungen, Zinszahlungen oder Steuernachzahlungen.

3. Aus der Bilanz ist nicht zu erkennen, ob alle Teile des Vermögens für den Betrieb frei verfügbar sind. Forderungen könnten beispielsweise bereits an Dritte abgetreten worden sein.

4. Die Bilanz ist stichtagsbezogen. Durch die geschickte Wahl von Beschaffungszeitpunkten stehen beispielsweise am Jahresende hohe Zahlungsmittelbestände zur Verfügung, die wenige Tage darauf wegen der eingegangenen Lieferungen in Bestände umgesetzt werden.

Trotz dieser Schwächen haben sich die Liquiditätsgrade als Kennziffern als Faustregeln etabliert.

Der Cashflow

Die Schwächen der bestandsorientierten Liquiditätskennzahlen hat zur Entwicklung zeitraumbezogener Kennzahlen geführt. In der Jahresrechnungslegung eines Betriebs stehen zeitraumbezogene Daten in Form der Gewinn- und Verlustrechnung zur Verfügung. Darauf baut der **Cashflow** auf.

Der Cashflow ist mit dem Begriff des Innenfinanzierungsvolumens verknüpft. Er wird aber auch als Indikator der Ertragskraft gebraucht. Der Cashflow ist eine Kennziffer, die den Geldmittelzufluss aus dem Umsatzprozess ableitet. Sie errechnet sich aus dem Periodengewinn, korrigiert um alle Werte, die kurzfristig nicht einzahlungswirksam und nicht auszahlungswirksam sind.

Ausgehend vom Periodengewinn wird der Cashflow nach folgendem Schema ermitteln:

Periodenüberschuss
\+ alle nicht auszahlungswirksamen Aufwendungen
\- alle nicht einzahlungswirksamen Erträge

= Cashflow

Vereinfachend gesagt sind die nicht auszahlungswirksame Aufwendungen:

- Abschreibungen,
- Pensionsrückstellungen.

Die nicht einzahlungswirksame Erträge sind:

- Auflösung langfristiger Rückstellungen,
- Erhöhung des Forderungsbestandes.

Der Cashflow zeigt, welche Mittel dem Betrieb in der Abrechnungsperiode zugeflossen ist und für Gewinnausschüttungen, Investitionen oder Tilgungszahlungen zur Verfügung stand. Er bedeutet nicht, dass am Tage der Bilanzaufstellung dieser Wert zur Verfügung steht, also sich in der Kasse oder auf der Bank befinden. Üblicherweise sind die Mittel bereits verbraucht.

Ein kleines Zahlenbeispiel verdeutlicht die Überlegungen zum Cashflow.

Es liegt folgende (schematisierte) Gewinn- und Verlustrechnung vor:

Umsatzerlöse	200.000 €
./. Materialaufwand	70.000 €
Rohertrag	130.000 €
./. Personalaufwand	30.000 €
./. Zuführung zu Pensionsrückstellung	10.000 €
./. Abschreibungen	15.000 €
./. Zinsen	5.000 €
./. sonstige Aufwendungen	25.000 €
Jahresüberschuss	45.000 €

Außerdem ist aus dem Vergleich der Bilanz der Vorperiode mit der Bilanz der Abrechnungsperiode zu entnehmen, dass sich der Bestand an Forderungen um 20.000 € erhöht hat, d.h., nicht alle Umsätze der Abrechnungsperiode haben zu Einnahmen geführt.

Der Cashflow errechnet sich dann als:

Jahresüberschuss	45.000 €
+ Zuführung zu Pensionsrückstellung	10.000 €
+ Abschreibungen	15.000 €
- Bestandserhöhung Forderungen	20.000 €
Cashflow	50.000 €

Innerhalb der Abrechnungsperiode sind dem Betrieb flüssige Mittel in Höhe von 50.000 € über die für den Produktionsprozess notwendigen Mittel hinaus zugeflossen.

Beurteilung

Die Cashflow Definition ist nicht einheitlich. Es gibt über das oben Dargestellte hinaus noch weitere Cashflow Kennziffern, die auf eine Verfeinerung hinauslaufen. Eine Verfeinerung bedeutet aber gleichzeitig, dass die Ermittlung schwieriger wird, da der Einfluss von Veränderungen von immer weiteren Bilanzpositionen eliminiert werden müsste. Dabei stößt ein externer Bilanzanalytiker bald auf Grenzen.

Der Cashflow darf nicht als Ergebnisgröße interpretiert werden, weil er gerade um so wichtige Positionen wie z.B. die Abschreibungen oder die Zuführung zu Pensionsrückstellungen bereinigt wurde. Er kann nur als ein Indikator unter mehreren Verwendung finden.

6.4.9 Übungsaufgaben

1. Was ist der Leverage Effekt? Erklären Sie ihn anhand eines Beispiels.

2. Was geschieht bei steigender Verschuldung mit der Eigenkapitalrentabilität, wenn die Gesamtkapitalrentabilität unter, gleich oder über dem Fremdkapitalzins ist?

3. Erläutern Sie die goldene Bilanzregel.

4. Was versteht man unter Liquidität?

5. Welche Kennziffern charakterisieren die Liquidität eines Betriebes? Erläutern Sie diese Kennziffern.

6. Es liegt folgende Bilanz von Musterbetrieb vor:

Schlussbilanz von Musterbetrieb zum 31.12.201x in €

Aktiva		Passiva	
Grundstücke	350.000	Grundkapital	400.000
Gebäude	550.000	Rücklagen	44.000
Fuhrpark	900.000	Jahresüberschuss	8.000
Maschinen	20.000	langfr. Bankverbindlichkeiten	1.400.000
Geschäftsausstattung	10.900	Lieferantenverbindlichkeiten	266.000
Waren	16.000		
Lieferantenforderungen	125.000		
Bankguthaben	6.100		
Kassenbestand	140.000		
Summe	2.118.000	Summe	2.118.000

Ermitteln Sie anhand der vorliegenden Bilanz:

a) den Anlagendeckungsgrad im engeren und weiteren Sinne,
b) die Liquidität ersten und zweiten Grades.

7. Aus welchen Größen setzt sich der Cashflow zusammen?

8. Ihnen liegt folgende Gewinn- und Verlustrechnung in Kontoform vor:

Gewinn- und Verlustrechnung des Musterbetriebes zum31.12.201x in €

Soll		Haben	
Löhne und Gehälter	5.600.000	Umsatzerlöse	19.900.000
Zuweisung zu Pensionsrückstellungen	500.000	Zinserträge	500.000
Materialverbrauch	6.300.000		
Abschreibungen	1.500.000		
Zinsaufwand	680.000		
Betriebskosten	4.720.000		
Gewinn	1.100.000		
Summe	20.400.000	Summe	20.400.000

a) Entwickeln Sie aus der GuV Rechnung den Cashflow.
b) Ändert sich am Cashflow etwas, wenn Ihnen bekannt ist, dass der Forderungsbestand des Betriebes von der Vorperiode zur Abrechnungsperiode um 150.000 € gesunken ist?

9. Nennen Sie Kennziffern aus dem Finanzierungsbereich und charakterisieren Sie sie.

10. Weshalb ist es sinnvoll, auch die „eisernen Bestände" langfristig zu finanzieren?

11. Erläutern Sie Merkmale von Eigen- und Fremdfinanzierung.

12. Nennen Sie die klassischen Segmente der Eigenfinanzierung und Fremdfinanzierung und erläutern Sie diese kurz. Gehen Sie auch auf Finanzierung durch Vermögensumschichtung ein.

13. Für eine private Landschaftsgärtnerei liegen Ihnen folgende Informationen vor.

Eigenkapital (EK)	400.000 €
Fremdkapital (zu 10% Zinsen) (FK)	200.000 €
Umsatz	300.000 €
Kosten inkl. Zinsen	270.000 €

1) Ermitteln Sie den Gewinn.
2) Ermitteln Sie die Eigenkapitalrentabilität.
3) Ermitteln Sie die Gesamtkapitalrentabilität.
4) Angesichts des hohen EK-Anteils fragt Sie der Eigentümer, der glaubt, eine bessere Verwendung für sein Kapital zu haben, bei ansonsten gleicher Situation, danach,
   a) ob seine Eigenkapitalrentabilität steigt, wenn er 100.000 € EK durch 100.000 € FK bei konstantem FK Zins zu ersetzt?
   b) ob seine Eigenkapitalrentabilität steigt, wenn er 100.000 € EK durch 100.000 € FK ersetzt, wenn er das zusätzliche FK mit 7 % verzinsen muss?
   c) ob es sinnvoll ist, wenn er 100.000 € FK durch 100.000 € EK ersetzt? Er hat eine alternative Anlagemöglichkeit zu 7 %? Zur Unterstützung Ihrer Argumentation ermitteln Sie die Eigenkapitalrentabilität.
   d) Wie ändert sich bei den unterschiedlichen Finanzierungsvarianten die Gesamtkapitalrentabilität.
   e) Die Aufnahme eines Kredits wird in den Begrifflichkeiten der Finanzierung wie bezeichnet?
   f) Die Erhöhung des EK, wie oben unter c) beschrieben, stellt in den Begrifflichkeiten der Finanzierung was dar?
   g) Abschreibungen, die über den Markt verdient werden, haben eine Finanzierungsfunktion, nicht nur beim Ersatz eines Wirtschaftsgut, wenn es ersetzt werde muss. Erklären Sie!

14. Der Bürgermeister der Stadt A. hat in der gestrigen Amtsleiterkonferenz berichtet, dass der Bürgermeister der Stadt B. bei einer Tagung freudig berichtet habe, dass in ca. vier Wochen die „Gütegemeinschaft mittelstandsorientierter Kommunalverwaltungen e. V." die Stadt B. mit dem RAL-Gütezeichen „Mittelstandsorientierte Kommunalverwaltung" auszeichnen werde. Für insgesamt 14 messbare Kriterien werde so die Leistungsfähigkeit der Stadtverwaltung B. nachgewiesen. Zu den 14 Kriterien gehören u. a.

- die Vorgabe von Fristen und Zielwerten bei der Zahlung von Rechnungen (zügige Bezahlung - innerhalb von 15 Arbeitstagen - von Auftragsrechnungen, die von mittelständischen Unternehmen an die Kommune gestellt werden) oder
- eine kurze Bearbeitungszeit – maximal fünf Arbeitstage - für die Angebotsabgabe bei Flächenanfragen von mittelständischen Unternehmen.

Alle zwei Jahre überprüfe, so Bürgermeister B. bei der Tagung, die TÜV Nord Cert als unabhängige Auditorin die Übereinstimmung mit den Güte- und Prüfbestimmungen der Gütegemeinschaft. Das RAL-Gütezeichen biete als deutschlandweit anerkanntes Qualitätsmerkmal eine Orientierung für den Mittelstand.

Zudem würden mittelstandsorientierte Kommunalverwaltungen als wesentlicher Vorteil im Standortwettbewerb gelten. Der wirtschaftliche Erfolg einer Region und seiner Unternehmen sei untrennbar mit einer kundenorientierten Verwaltung verbunden.

Der Bürgermeister der Stadt A. ist sich nicht sicher, ob auch die Stadt A. eine Zertifizierung der Verwaltung anstreben sollte. Die Ansiedlung von neuen Betrieben, aber auch der Dialog mit den bereits vorhandenen mittelständischen Betrieben vor Ort, seien wichtige Themen. Ob die Zielvorgabe von Fristen und Zielwerten bei der Zahlung von Rechnungen (Rechnungen mittelständischer Betriebe sollen innerhalb von 15 Arbeitstagen nach dem Eingang bezahlt werden) möglich sei, möchte der Bürgermeister wissen. Wie werde solch ein Ziel, z. B. vom Kämmerer, eingeschätzt? In der Amtsleiterkonferenz werden weitere Aspekte erörtert. Vor einer Entscheidung will der Bürgermeister von den Amtsleitern in der nächsten Konferenz eine Einschätzung erfragen.

Der Kämmerer möchte gut vorbereitet in die nächste Amtsleiterkonferenz gehen. Er bittet Sie, folgende Aufgaben zu bearbeiten:

a. Erklären Sie den Begriff Liquidität und legen Sie kurz unter Hinzuziehung relevanter kommunalrechtlicher Vorschriften dar, welche Bedeutung das Liquiditätsziel für den kommunalen Verwaltungsbetrieb, wie z. B. die Stadt A., hat.

b. Die Liquidität der Stadt A. ist ein wichtiges Ziel. Gleichwohl verfolgt die Stadt A. nicht nur dieses Ziel. Beantworten Sie die Frage, ob das Ziel der Liquidität den Zielen bzw. Kriterien widersprechen würde, „Rechnungen mittelständischer Betriebe innerhalb von 15 Arbeitstagen nach dem Eingang zu bezahlen" und „Angebote bei Flächenanfragen von mittelständischen Unternehmen innerhalb von fünf Arbeitstagen abzugeben".
   Ordnen Sie die beiden Ziele bzw. Kriterien in das Zielsystem der Stadt A. ein. Stellen Sie in diesem Kontext die Anforderungen an Ziele und die Struktur eines Zielsystems dar und zeigen Sie Chancen und Risiken auf.

15. Ordnen Sie die folgenden Begrifflichkeiten unter 1) den getroffenen Aussagen unter 2) richtig zu. Es sind Mehrfachnennungen möglich:

    1) Begrifflichkeiten: a) Außenfinanzierung, b) Beteiligungsfinanzierung, c) Selbstfinanzierung, d) Kreditfinanzierung, e) Innenfinanzierung, f) Fremdfinanzierung, g) Eigenfinanzierung

    2) Aussagen: aa) Es handelt sich um eine Form der Finanzierung, durch die sich das Fremdkapital eines Betriebes erhöht. bb) Der Betrieb erzielt finanzielle Mittel „aus eigener Kraft", z. B. durch einen Umsatzprozess bzw. durch einen ähnlichen Prozess wie z. B. Vermögensverkäufe, Vermietung, Verpachtung. cc) Hierbei handelt es sich um die Bereitstellung finanzieller Mittel durch Außenstehende, d. h. durch Personen bzw. Organisationen, die nicht Eigentümer des Betriebs sind. Der Betrieb erzielt die Zahlungsmittel also nicht durch Umsatz- bzw. Verkaufsprozesse oder ähnliche Vorgänge. dd) Es handelt sich um eine Form der Finanzierung, durch die das Eigenkapital eines Betriebes größer wird.

ee) Es handelt sich um eine spezielle Form der Innenfinanzierung, bei der der Betrieb auf eine „Ausschüttung“ des erzielten Gewinns verzichtet, weshalb hier von „Finanzierung aus einbehaltenem Gewinn“ gesprochen wird. ff) Der Betrieb erhält die finanziellen Mittel, indem er sich diese bei einer anderen Person oder Organisation leiht, wofür entsprechende Verbindlichkeiten entstehen. gg) Es handelt sich um eine spezielle Form der Außenfinanzierung. Die Personen bzw. Organisationen, die in einem Betrieb finanzielle Mittel zur Verfügung stellen, werden in dem betreffenden Umfang (Mit-)Eigentümer des Betriebes, dem sie finanzielle Mittel gewähren.

Lösungsvorschläge:

1. Der Leverage Effekt beschreibt den Vorgang, dass in einem Betrieb bei einer Gesamtkapitalrentabilität, die über dem zu zahlenden Fremdkapitalzins liegt, die Eigenkapitalrentabilität dadurch erhöht werden kann, dass bei konstanten Fremdkapitalzinsen vermehrt Fremdkapital aufgenommen wird, um Eigenkapital aus dem Betrieb abzuziehen.

   Wenn in einem Betrieb zunächst 50 Geldeinheiten Eigenkapital und 50 Geldeinheiten Fremdkapital gebunden sind und es wird ein Gewinn von 4 Geldeinheiten erwirtschaftet, wobei beim Abzug des Aufwands vom Erlös bereits 3 Geldeinheiten Fremdkapitalzinsen berücksichtigt wurden, so errechnen sich folgende Rentabilitätsziffern:

$$\text{Gesamtkapitalrentabilität in \%} = \frac{\text{Gewinn} + \text{Fremdkapitalzinsen}}{\text{Gesamtkapital}} x100$$

$$\text{Gesamtkapitalrentabilität in \%} = \frac{4+3}{100} x100$$

$$\text{Gesamtkapitalrentabilität} = 7\%$$

Die Eigenkapitalrentabilität im vorliegenden Fall errechnet sich als:

$$\text{Eigenkapitalrentabilität in \%} = \frac{\text{Gewinn}}{\text{Eigenkapital}} x100$$

$$\text{Eigenkapitalrentabilität in \%} = \frac{4}{50} x100$$

$$\text{Eigenkapitalrentabilität in \%} = 8\%$$

Die Fremdkapitalrentabilität beträgt:

$$\text{Fremdkapitalrentabilität in \%} = \frac{\text{Zinsen}}{\text{Fremdkapital}} x100$$

$$\text{Fremdkapitalrentabilität in \%} = \frac{3}{50} \times 100$$

$$\text{Fremdkapitalrentabilität in \%} = 6\%$$

Im vorliegenden Fall gilt also, dass der Fremdkapitalzins von 6% unter der Gesamtkapitalrentabilität in Höhe von 7 % liegt. Gelingt es nunmehr, bei unverändertem Fremdkapitalzins 25 Geldeinheiten des Eigenkapitals durch Fremdkapital zu ersetzen, so müssen für das gesamte Fremdkapital in Höhe von 75 Geldeinheiten insgesamt 4,5 Geldeinheiten Zinsen bezahlt werden. Bei unverändertem Gesamtergebnis von 7 Geldeinheiten bleiben 2,5 Geldeinheiten für die verbliebenen 25 Geldeinheiten Eigenkapital. Das entspricht einer Eigenkapitalrentabilität von 10 %.

2. Situation: **Gesamtkapitalrentabilität ist kleiner als Fremdkapitalzins.**
In diesem Fall wirkt der Leverage Effekt in negativer Richtung. Bei steigender Verschuldung sinkt die Eigenkapitalrentabilität drastisch. Mit dem gesamten Kapital wird prozentual weniger erwirtschaftet als an Zinsen bezahlt werden muss, das geht zu Lasten des Gewinns. Im Extremfall entsteht ein Verlust, vom Eigenkapital müssen Teile zur Bezahlung der Fremdkapitalzinsen herangezogen werden. Es ist sinnvoll, die Eigenkapitalquote zu erhöhen, um einen langfristigen Kapitalabfluss zu verhindern.

Situation: **Gesamtkapitalrentabilität ist gleich dem Fremdkapitalzins.**
In diesem Fall bewirkt eine steigende Verschuldung, also eine Senkung des Eigenkapitalanteils, keine Erhöhung der Eigenkapitalrentabilität. Mittels des gesamten Kapitals wird genau die Verzinsung erreicht, die als Zinssatz an das Fremdkapital bezahlt werden muss. Auch das Eigenkapital wird mit dem Gesamtkapitalzins verzinst.

Situation: **Gesamtkapitalrentabilität liegt über dem Fremdkapitalzins.**
Mit dem Gesamtkapital wird eine höhere Verzinsung erreicht, als als Zins an das Fremdkapital abgeführt werden muss. Der überschießende Teil verbleibt dem Eigenkapitalgeber. Dies führt zu einer höheren Eigenkapitalrentabilität als Gesamtkapitalrentabilität. Bei einer Verminderung des Eigenkapitalanteils steigt die Rentabilität, denn das Gesamtkapital verdient eine bestimmte Verzinsung, von der nur ein Teil an das Fremdkapital weitergereicht wird (Leverage Effekt). Der überschießende Teil verbleibt dem Eigenkapital. Dies würde zur Empfehlung führen, den Eigenkapitalanteil zu reduzieren, in Folge dieser Maßnahme steigen ab einem bestimmten Verschuldungsgrad jedoch die Fremdkapitalzinsen, so dass es irgendwann zur Situation kommt, dass die Gesamtkapitalrentabilität gleich dem Fremdkapitalzins ist. Ab dieser Konstellation lohnt eine weitere Reduzierung des Eigenkapitalanteils bei steigenden Fremdkapitalzinsen nicht mehr.

3. Die **goldene Bilanzregel** stellt eine horizontale Beziehung zwischen Teilen der beiden Seiten der Bilanz, der Aktiv- und der Passivseite, her. Es werden das Anlagevermögen und das Eigenkapital in Beziehung gesetzt. Die Relation wird auch Anlagedeckungsgrad oder kurz Deckungsgrad genannt.

$$\text{Deckungsgrad in \%} = \frac{\text{Eigenkapital}}{\text{Anlagevermögen}} \times 100$$

Zielgröße dieser Relation ist ein Wert von 100 %. Dies bedeutet, dass das gesamte Anlagevermögen durch Eigenkapital finanziert wird. Bei einem Wert kleiner als 100 % werden nur Teile des Anlagevermögens durch Eigenkapital finanziert. Hintergrund des Zielwertes von 100 % ist die Überlegung, dass Anlagevermögen Kapital langfristig bindet und Eigenkapital langfristig zur Verfügung steht. Es soll verhindert werden, dass, weil eine Kreditrückzahlung fällig wird, Anlagevermögen veräußert werden muss, da dann möglicherweise gerade zur Produktion unentbehrliche Teile des Anlagevermögens verkauft werden müssen und damit die Existenz des Betriebes gefährdet ist.

Diese in früherer Zeit entwickelte Bilanzrelation musste aber im Laufe der Zeit modifiziert werden aus der Überlegung heraus, dass es auch langfristig zur Verfügung stehendes Fremdkapital gibt. Der Quotient wurde zu:

$$\text{Deckungsgrad in \%} = \frac{\text{Eigenkapital + langfr. Fremdkapital}}{\text{Anlagevermögen}} \times 100$$

4. Unter **Liquidität** wird die Fähigkeit eines Betriebes verstanden, seinen finanziellen Verpflichtungen jederzeit nachkommen zu können. Dazu muss er über liquide Mittel verfügen, die in Form von Bankguthaben oder Bargeldbeständen vorliegen können.

5. Zur Charakterisierung der Liquidität eines Betriebes können aus der Bilanz mehrere Kennziffern abgeleitet werden, von denen hier nur zwei vorgestellt werden sollen.

$$\text{Liquidität ersten Grades} = \frac{\text{Zahlungsmittel}}{\text{kurzfr. Verbindlichkeiten}} \times 100$$

$$\text{Liquidität zweiten Grades} = \frac{\text{Zahlungsmittel + kurzfr. Ford.}}{\text{kurzfr. Verbindlichkeiten}} \times 100$$

Die jeweilige Zielgröße ist 100 %, was bedeutet, dass die Zahlungsmittel bzw. die Zahlungsmittel inklusive der kurzfristigen Forderungen genügen, die kurzfristigen Verbindlichkeiten, i.d.R. Lieferantenkredite, bedienen zu können. Damit soll ausgeschlossen werden, dass es notwendig wird, für fällig werdendes Fremdkapital Vorräte oder noch schlimmer Anlagevermögen verkaufen zu müssen.

Der Nachteil dieser Relationen ist ihre Stichtagsbezogenheit, da sie aus der Bilanz abgeleitet werden, und die Tatsache, dass wichtige Zahlungspositionen wie die Personalausgaben nicht berücksichtigt sind.

6a. Der Anlagedeckungsgrad im engeren Sinne (Goldene Bilanzregel) errechnet sich wie folgt:

$$Deckungsgrad\,in\,\% = \frac{Eigenkapital}{Anlageverm\ddot{o}gen} \times 100$$

Nach § 266 HGB besteht das Eigenkapital aus mehreren Unterpositionen. Im vorliegenden Fall setzt sich die Position Eigenkapital aus folgenden Einzelkomponenten zusammen:

Eigenkapital = Grundkapital + Rücklagen + Jahresüberschuss

Eigenkapital = 400.000 + 44.000 + 8.000

Eigenkapital = 452.000

Auch bei der Ermittlung der Höhe des Anlagevermögens kann man die in § 266 HGB angegebene Gliederung zu Hilfe ziehen, es kann aber auch gesagt werden, Anlagevermögen ist das Vermögen, das länger als ein Jahr im Betrieb verbleiben soll. Danach setzt sich das Anlagevermögen hier zusammen aus:

Anlagevermögen = Grundstücke + Gebäude + Fuhrpark + Maschinen + Geschäftsausstattung

Anlagevermögen = 350.000 + 550.000 + 900.000 + 20.000 + 10.900

Anlagevermögen = 1.830.900

Damit errechnet sich ein Anlagedeckungsgrad i.e.S. von:

$$Deckungsgrad\,in\,\% = \frac{452.000}{1.830.900} \times 100$$

$$Deckungsgrad\,in\,\% = 25{,}7\,\%$$

Dieser Deckungsgrad besagt, dass nur knapp über ein Viertel des Anlagevermögens durch Eigenkapital gedeckt ist. Das ist natürlich völlig unzureichend.

Es wird jetzt der Anlagedeckungsgrad i.w.S. errechnet. Zum Eigenkapital wird noch das langfristige Fremdkapital hinzugerechnet.

$$\text{Deckungsgrad in \%} = \frac{\text{Eigenkapital} + \text{langfr.Fremdkapital}}{\text{Anlagevermögen}} \times 100$$

$$\text{Deckungsgrad in \%} = \frac{452.000 + 1.400.000}{1.830.900} \times 100$$

$$\text{Deckungsgrad in \%} = 101{,}2\,\%$$

Dieser Deckungsgrad besagt, dass etwas mehr langfristiges Kapital zur Verfügung steht, als durch das Anlagevermögen gebunden ist. Der Wert ist also ausreichend.

6b. Die Liquidität ersten Grades errechnet sich als:

$$\text{Liquidität ersten Grades} = \frac{\text{Zahlungsmittel}}{\text{kurzfr.Verbindlichkeiten}} \times 100$$

$$\text{Liquidität ersten Grades} = \frac{6.100 + 140.000}{266.000} \times 100$$

Liquidität ersten Grades = 54,9 %

Nur etwas mehr als die Hälfte der kurzfristigen Verbindlichkeiten sind durch liquide Bestände gedeckt. Das ist so nicht ausreichend. Möglicherweise verändert sich die Aussage, wenn die Liquidität zweiten Grades ausreicht.

$$\text{Liquidität zweiten Grades} = \frac{146.100 + 125.000}{266.000} \times 100$$

Liquidität zweiten Grades = 101,9 %

Dieser Wert ist ausreichend. Die kurzfristigen Verbindlichkeiten sind durch die liquiden Zahlungsmittel und kurzfristig fällig werdende Forderungen gedeckt.

7. Der Cashflow wird üblicherweise aus dem Gewinn ermittelt, der um Größen, die kurzfristig nicht zahlungswirksam sind, korrigiert wird. Er ist eine Strömungsgröße im Gegensatz zu den stichtagsbezogenen Werten einer Bilanz.

Ausgehend vom Periodengewinn wird der Cashflow nach folgendem Schema ermitteln:

Periodenüberschuss
+ alle nicht auszahlungswirksamen Aufwendungen
– alle nicht einzahlungswirksamen Erträge
= Cashflow

Vereinfachend gesagt sind die nicht auszahlungswirksame Aufwendungen:

- Abschreibungen,
- Pensionsrückstellungen.

Die nicht einzahlungswirksame Erträge sind:

- Auflösung langfristiger Rückstellungen,
- Erhöhung des Forderungsbestandes.

Der Cashflow zeigt, welche Mittel dem Betrieb in der Abrechnungsperiode zugeflossen ist und für Gewinnausschüttungen, Investitionen oder Tilgungszahlungen zur Verfügung stand. Er bedeutet nicht, dass am Tage der Bilanzaufstellung dieser Wert zur Verfügung steht, also sich in der Kasse oder auf der Bank befinden. Üblicherweise sind die Mittel bereits verbraucht.

8a. Zur Ermittlung des Cashflows geht man vom Gewinn aus, der um nicht zahlungswirksame Größen verändert wird. Im Vorliegenden Fall sind die Zuweisungen zu Pensionsrückstellungen sowie die Abschreibungen nicht zahlungswirksam. Der Gewinn muss zur Überleitung in den Cashflow nach oben korrigiert werden.

Gewinn	1.000.000 €
+ Zuweisung zu Pensionsrückstellungen	500.000 €
+ Abschreibungen	1.500.000 €
Cashflow	3.000.000 €

Der gesamte Cashflow stellt Innenfinanzierung dar.

8b. Ja, der Cashflow ändert sich. In der Ausgangsgröße Gewinn ist der Mittelzufluss aus der Bestandsänderung der Forderungen nicht enthalten. Ein Sinken des Forderungsbestands bedeutet einen Zufluss an Zahlungsmittel, der in einer Berechnung wie in 24a) nicht enthalten ist. Die verfeinerte Berechnung sieht wie folgt aus:

Gewinn	1.000.000 €
+ Zuweisung zu Pensionsrückstellungen	500.000 €
+ Abschreibungen	1.500.000 €
+ Änderung Forderungsbestand	150.000 €
Cashflow	3.150.000 €

9. Bei dieser Frage ist beispielsweise an folgende Kennziffern zu denken:

- Gesamtkapitalrentabilität,
- Eigenkapitalrentabilität,
- Verschuldungsgrad,
- Anlagedeckungsgrad i.e.S und i.w.S..

Kennziffern sollen (funktionale) Zusammenhänge kurz, übersichtlich und prägnant ausdrücken. Sie dienen der Betriebssteuerung.

Die **Gesamtkapitalrentabilität** gibt an, welche Verzinsung mit dem gesamten eingesetzten Kapital erreicht wurde. Diese Größe zu kennen ist wichtig bei der Entscheidung, ob weiteres Eigen- oder weiteres Fremdkapital eingesetzt werden soll.

Die **Eigenkapitalrentabilität** gibt an, welche Verzinsung für das eingesetzte Eigenkapital anfällt. Zur Ermittlung wird der Gewinn in Beziehung zum durchschnittlich eingesetzten Eigenkapital gesetzt. Die Eigenkapitalrentabilität sollt über einer am Markt erzielbaren Rentabilität liegen, denn die z.B. bei Banken erzielbare Rentabilität ist (relativ) risikolos, wohingegen die in einem Unternehmen erzielte Rentabilität mit dem unternehmerischen Risiko behaftet ist, das auch abgedeckt werden muss.

Der **Verschuldungsgrad** gibt das Verhältnis Fremdkapital zu Eigenkapital wieder.

$$V = \frac{\text{Fremdkapital}}{\text{Eigenkapital}} \times 100$$

Die Zielgröße ist äußerstenfalls 200 %, da dann das Fremdkapital die doppelte Höhe des Eigenkapitals erreicht. Die Begründung ist gewöhnlich, dass mit steigender Fremdkapitalquote für die Fremdkapitalgeber das Risiko steigt. Das Risiko soll aber von den Eigenkapitalgeber, die die Geschäftspolitik bestimmen und den Gewinn als Lohn für ihre Risikobereitschaft einnehmen dürfen, getragen.

Der Anlagedeckungsgrad ist in Fragestellung 22 ausführlich mit Beispiel besprochen worden.

10. Vorräte binden Kapital. Zwar wird in den üblichen Vorräten an Roh-, Hilfs- und Betriebsstoffen sowie den Vorräten an fertigen und unfertigen Erzeugnissen Kapital nicht langfristig gebunden, da sie sich ständig auf- und abbauen, doch in den „eisernen Beständen" ist Kapital auch langfristig gebunden. Deshalb ist es eigentlich sinnvoll, dieses in den „eisernen Beständen" gebundene Kapital bei der Ermittlung des Anlagedeckungsgrades zu berücksichtigen. Die Formel müsste um den in diesen Beständen gebundenen Teil erweitert werden:

$$\textit{Deckungsgrad in \%} = \frac{\textit{Eigenkapital} + \textit{langfr.Fremdkapital}}{\textit{Anlagevermögen} + \textit{"eiserne Bestände"}} \times 100$$

11. Die Merkmale lassen sich gut in einer Tabelle darstellen:

	Eigenkapital	**Fremdkapital**
Dauer der Verfügbarkeit	Steht unbefristet zur Verfügung	Steht befristet zur Verfügung
Definierte Tilgung	Keine definierte Tilgung	Rückzahlungstermin gegeben
Gewinnbeteiligung	Anspruch auf Gewinnbeteiligung	Kein Anspruch auf Gewinnbeteiligung
Verlustbeteiligung	Haftet bei Verlust	Keine Verlustbeteiligung
Zinsanspruch	Keine feste Verzinsung	Feste vereinbarte Verzinsung
Einfluss auf Geschäftspolitik	i.d.R. bestimmen EK-Geber die Geschäftspolitik	i.d.R. kein Einfluss auf Geschäftspolitik

12. Zur **Eigenfinanzierung** zählen die Einlagenfinanzierung, die Finanzierung durch Aufnahme von neuen EK-Gebern sowie die Selbstfinanzierung aus Gewinnen.

Zur **Fremdkapitalfinanzierung** gehören die kurzfristige Kreditfinanzierung durch Kontokorrentkredite oder Lieferantenkredite. Langfristige Kredite in Form von Darlehen, erhaltene Anzahlungen, Subventionen seitens der öffentlichen Hand sowie die Finanzierung durch Rückstellungen, insbesondere Pensionsrückstellungen.

Die Finanzierung durch **Vermögensumschichtung** gehört zum Bereich der Innenfinanzierung und kann weder der Fremdkapital- noch der Eigenkapitalfinanzierung zugeordnet werden.

13. 1. Der Gewinn lässt sich als

Umsatz – Kosten ermitteln.

Umsatz	300.000,00 €
Kosten inkl. Zinsen	270.000,00 €
Gewinn	30.000,00 €

2. Die Eigenkapitalrentabilität ermittelt sich als:

$$Rentabilität\ EK = \frac{Gewinn}{durchschn.\ EK}$$

Ein durchschnittliches Eigenkapital würde sich als die Hälfte zwischen dem EK am Jahresanfang und dem EK am Jahresende errechnen. Da hier nur ein Wert angegeben ist, wird er benutzt.

$$Rentabilität\ EK = \frac{30.000\ €}{400.000\ €} * 100 = 7{,}5\ \%$$

3. Die Gesamtkapitalrentabilität ermittelt sich als:

$$Rentabilität\ GK = \frac{Gewinn + Zinsen}{durchschn.\ GK}$$

Dabei müssen die Fremdkapitalzinsen aus den Angaben ermittelt werden. Das Fremdkapital beträgt 200.000 €, was zu 10% verzinst wird. Dies ergibt 20.000 € Fremdkapitalzinsen.

$$Rentabilität\ GK = \frac{30.000\ € + 20.000\ €}{600.000} * 100 = 8{,}33\ \%$$

4a. Wenn der Eigentümer 100.000 € abzieht und sie durch 100.000 € Fremdkapital zu 10 % ersetzt, dann ändert sich der Gewinn. Der neue Gewinn errechnet sich als:

Umsatz	300.000,00 €
- Kosten inkl. Zinsen	270.000,00 €
-Neue Zinsen	10.000 €
Gewinn	20.000,00 €

$$Rentabilität\ EK = \frac{20.000\ €}{300.000\ €} * 100 = 6{,}67\ \%$$

Die Eigenkapitalrentabilität sinkt von ursprünglich 7,5 % auf nur noch 6,67 %. Dies rührt daher, dass mit dem gesamten Kapital nur eine Rendite von 8,33 % erreicht wird, es müssen aber 10 % für das Fremdkapital erwirtschaftet werden. Diese Situation belastet die Verzinsung des Eigenkapitals.

4b) Wenn der Eigentümer 100.000 € Eigenkapital abzieht, hat er nur noch 300.000 € EK im Unternehmen. Die neuen 100.000 € FK verursachen bei einem Zinssatz von 7 % zusätzliche 7.000 € Zinskosten.

Die Gewinnsituation verändert sich zu:

Umsatz	300.000,00 €
- Kosten inkl. Zinsen	270.000,00 €
-Neue Zinsen	7.000,00 €
Gewinn	23.000,00 €

$$Rentabilität\ EK = \frac{23.000\ €}{300.000\ €} * 100 = 7{,}67\ \%$$

Dadurch, dass für das Gesamtkapital eine Verzinsung von 8,33 % erreicht wird, von dem für einen Teil des FK 10 %, für die letzten 100.000 € aber nur 7 % abzuführen sind, verbessert sich die Rentabilität des eingesetzten Eigenkapitals.

4c) Wenn der Eigentümer 100.000 FK durch eigenes Kapital ersetzt, steigt sein Eigenkapital von ursprünglich 400.000 € auf 500.000 €. Das Fremdkapital sinkt von 200.000 auf 100.000 €. Damit fallen auch für 100.000 € weniger Zinsen an, also werden 10.000 € an Kosten gespart. Statt insgesamt 270.000 € Kosten fallen nur noch 260.000 € an. Die Situation verändert sich zu:

Umsatz	300.000,00 €
Kosten inkl. Zinsen	260.000,00 €
Gewinn	40.000,00 €

Und die Eigenkapitalrentabilität ergibt sich als:

$$Rentabilität\ EK = \frac{40.000\ €}{500.000\ €} * 100 = 8{,}00\ \%$$

Durch den Ersatz des teuren Fremdkapitals verbessert sich die Eigenkapitalrentabilität. Diese Eigenkapitalrentabilität ist besser als die alternative Anlagemöglichkeit zu 7 %.

4d) Die Gesamtkapitalrentabilität bleibt immer konstant.

4e) Die Aufnahme eines Kredits stellt eine Außenfinanzierung mit Fremdkapital dar.

4f) Die Erhöhung des EK wie unter c) ist eine Eigenkapitalfinanzierung von außen, wird auch als Einlagenfinanzierung bezeichnet.

4g) Abschreibungen, die über den Preis verdient werden, landen als Liquidität in der Kasse. Sie sind zwar Aufwand, doch keine Auszahlung, in der betrachteten Periode. Sie stehen als Liquidität für Investitionen zur Verfügung.

14. a) Unter dem Begriff Liquidität wird die Zahlungsfähigkeit eines Betriebes verstanden. Sie muss jederzeit gewährleistet sein. Sie ist zu einem Zeitpunkt X. gegeben, wenn der vorhandene Bestand an Zahlungsmitteln ausreicht, um den anstehenden Zahlungsverpflichtungen nachkommen zu können. Wie für jeden Betrieb, so ist auch die Wahrung des finanziellen Gleichgewichtes, das heißt die Gewährleistung der Liquidität, für eine Kommune als Ganzes elementar. Gerät sie in Zahlungsschwierigkeiten, wie z. B. die Städte Oberhausen oder Hagen, ist die Kontinuität der Aufgabenerfüllung, also die Erbringung kommunaler Dienstleistungen, gefährdet. Für eine zahlungsunfähige Kommune wird es schwierig, wenn nicht sogar unmöglich sein, die für die Produktion erforderlichen Einsatzgüter zu beschaffen. Im vorliegenden Sachverhalt

gilt auch für die Stadt A., dass diese das Ziel der Liquidität stets im Auge behalten muss, um handlungsfähig zu sein und zu bleiben. Die Beachtung des Zieles der Liquidität hat der Gesetzgeber in Nordrhein-Westfalen in den §§ 20 Abs. 6, 75 Abs. 6 und 89 Abs. 1 Gemeindeordnung Nordrhein-Westfalen (GO NRW) geregelt.

b) Im vorliegenden Sachverhalt ist zu prüfen, ob die o. a. zwei Ziele bzw. Kriterien in das Zielsystem und die Zielhierarchie der Stadt A. passen. Hiervon kann grundsätzlich ausgegangen werden, denn die Ansiedlung bzw. der Erhalt von mittelständischen Unternehmen im Stadtgebiet wird dadurch unterstützt. Eine konkrete Prüfung kann allerdings anhand der Angaben im Sachverhalt nicht erfolgen, da hierzu die notwendigen Informationen fehlen.

Anforderungen an die Struktur von Zielsystemen:
Eine Zielhierarchie, eingebettet in ein betriebliches Zielsystem, ist charakterisiert durch eine klare Zielstruktur. Ziele beinhalten Entscheidungskriterien für Handlungen, die dazu dienen, zukünftig angestrebte Zustände zu erreichen. Für die Entwicklung und Vereinbarung von Zielen, eingebettet in ein betriebliches Zielsystem, sprechen folgende Gründe: Die Handlungssteuerung durch Ziele ist geradliniger und zugleich flexibler als durch einzelne Handlungsanweisungen, die immer wieder und fortlaufend an jede neue Situation anzupassen sind. Daraus ergibt sich als Anforderung ein klares, überschneidungsfreies und vollständiges Zielsystem. Mithilfe der Ziele können auch die Einflüsse, die von außen oder von innen auf das System einwirken, daraufhin beurteilt werden, ob sie für die Zielerreichung förderlich oder hemmend sind. Zielsysteme können in strategischen Zielbildungsprozessen inkremental oder synoptisch erarbeitet werden. Beim synoptischen Ansatz werden zunächst Planziele formuliert, dann werden Alternativen von Strategien erarbeitet und bewertet, bevor entschieden wird, welche Ziele anschließend wie systematisch angegangen werden, um sie zu erreichen. Beim inkrementalen Ansatz werden gegenwärtige Strategien zunächst analysiert. Hierzu werden Stärken und Schwächen des Unternehmens herausgearbeitet (sog. Unternehmensanalyse). Sodann werden z. B. mit Hilfe der sog. PEST-Analyse (Trends und Umweltveränderungen in den Kategorien Politisch, Ökonomisch = Economical, Sozial und Technologisch) Chancen und Risiken der Umwelt (sog. Umfeldanalyse) identifiziert. Anschließend wird auf Basis einer SWOT-Analyse (Strengths = Stärken, Weaknesses = Schwächen, Opportunities = Chancen und Threats = Risiken) die zukünftige Strategie erarbeitet und spezifiziert. Beide Herangehensweisen sind geeignet, trotz ihrer unterschiedlichen Zugänge eine ganzheitliche Betrachtung sicherzustellen, Zusammenhänge zu erkennen und die Diskussion zur Zielfindung aus verschiedenen Perspektiven zu erleichtern. Auch andere Zielsysteme aus der einschlägigen Fachliteratur können hier angeführt werden.

Anforderungen an Ziele: Hier ist auf die SMART-Formel aufmerksam zu machen, die verlangt, dass Ziele stets spezifisch, messbar, attraktiv, realistisch und terminiert sein sollten. Auch das KISS-Prinzip kann genannt werden, das von Zielen erwartet, dass sie „kurz und knackig" gefasst sind (KISS bedeutet „Keep it short and simple!").

Die Ziele bzw. Kriterien „Rechnungen mittelständischer Betriebe innerhalb von 15 Arbeitstagen nach dem Eingang zu bezahlen" und „Angebotsabgabe bei Flächenanfragen von mittelständischen Unternehmen innerhalb von fünf Arbeitstagen" sind SMART formuliert. Sie können so als operationalisierte Ziele in das Zielsystem der Stadt A. integriert werden.

Differenzierung von Zielen:

- Sachziele (zügige Bezahlung von Rechnungen mittelständischer Unternehmen, kurze Bearbeitungszeit für die Angebotsabgabe bei Flächenanfragen von mittelständischen Unternehmen),
- Formalziele (Liquidität),
- Oberziele und Unterziele (Oberziel: Liquidität; Unterziele: Kriterium zügige Bezahlung von Rechnungen bzw. Bearbeitung von Flächenanfragen mittelständischer Unternehmen; Oberziel: z. B. Stadt als Partner des Mittelstandes)

Zielbeziehungen:

- Konkurrierend: Liquidität – zügige Bezahlung von Rechnungen mittelständischer Unternehmen
  Aber: Bei zügiger Bezahlung können Skonti etc. in Abzug gebracht werden. Zudem wird das Oberziel bezogen auf die Stadt als Partner des Mittelstandes befördert (Zielkompromiss)
- Indifferent: zügige Bezahlung von Rechnungen mittelständischer Unternehmen – zügige Bearbeitung von Flächenanfragen mittelständischer Unternehmen

15. Die Begrifflichkeiten unter 1) sind den getroffenen Aussagen unter 2) folgendermaßen richtig zuzuordnen:

Begrifflichkeiten	Aussagen
a) Außenfinanzierung	cc) und ff)
b) Beteiligungsfinanzierung	dd) und gg)
c) Selbstfinanzierung	dd) und ee)
d) Kreditfinanzierung	aa), cc) und ff)
e) Innenfinanzierung	bb)
f) Fremdfinanzierung	aa) cc) und ff)
g) Eigenfinanzierung	dd), ee) und gg)

6.4.10 Übertragbarkeit auf den öffentlichen Bereich

Die in den vorhergehenden Abschnitten angestellten Ausführungen bezüglich Finanzierungsbegriffen und Kennziffern sind an bilanziellen Strukturen und kaufmännischen Überlegungen orientiert. Sie sind daher nicht ohne weiteres auf den öffentlichen Bereich zu übertragen. In vielen Fällen haben öffentliche Betriebe und der öffentliche Verwaltungsbetrieb keine Umsätze, bzw. keine ausreichenden Umsätze.

In der folgenden Abbildung finden Sie die Finanzierungsarten der öffentlichen Verwaltung als Übersicht und den Versuch, sie den im vorigen Abschnitt benutzten Begriffen zuzuordnen.

Abb. 66: Finanzierungsarten der öffentlichen Verwaltung

Einnahmeart	Eigen-/ Fremdkapital	Außen-/ Innenfinanzierung
Sonstige Einnahmen		
Zuweisungen, Zuschüsse	Eigenkapital	Außenfinanzierung
Mieten, Pachten, Dividenden, Zinsen	Vermögens-umschichtung	Innenfinanzierung (bei Gewinn EK)
Veräußerungserlöse	Vermögens-umschichtung	Innenfinanzierung (bei Gewinn EK)
Entnahmen aus allgemeiner Rücklage	Eigenkapital	Innenfinanzierung
Entnahmen aus Sonderrücklagen	Fremdkapital	Innenfinanzierung
Entgelte für Leistungen		
Gebühren, Beiträge	Vermögens-umschichtung	Innenfinanzierung
Steuereinnahmen	Eigenkapital	Außenfinanzierung
Krediteinnahmen		
Anleihen, Obligationen	Fremdkapital	Außenfinanzierung

Im kommunalen Bereich hat der Gesetzgeber eine eindeutige **Rangfolge der Einnahmearten** festgelegt[1], danach steht an erster Stelle die **Finanzierung aus sonstigen Einnahmen**. Dazu gehören allgemeine Zuweisungen, Zuschüsse und Einnahmen aus der Bewirtschaftung des Gemeindevermögens. Im Falle der **Zuweisungen** und **Zuschüsse** handelt es sich um eine Außenfinanzierung, die für die Gemeinde zu Eigenkapital wird, da diese Mittel nicht mit einem Rückzahlungsanspruch verbunden sind. Somit stehen diese Mittel unbefristet zur Verfügung.

Bei den Mitteln, die der **Bewirtschaftung des Gemeindevermögens** entstammen (Mieten, Pachten, Dividenden, Zinsen, Veräußerungserlöse) handelt es sich um Vermögensumschichtungen im Rahmen der Innenfinanzierung. Entstehen Gewinne, liegt Selbstfinanzierung vor.

An zweiter Stelle der Finanzierungsarten im öffentlichen Bereich stehen die **speziellen Entgelte für Leistungen**, dazu zählen Gebühren und Beiträge. Dem Charakter nach ist diese Finanzierungsart mit der Finanzierung aus Umsatzerlösen im erwerbswirtschaftlichen Bereich gleichzusetzen, wobei jedoch der Gewinnanteil fehlt. Es handelt sich demnach um Vermögensumschichtungen im Rahmen der Innenfinanzierung. Eine Besonderheit der gemeindlichen Gebührenermittlung besteht jedoch darin, dass im Gegensatz zur bilanziellen Aufwandsermittlung bei den

[1] Vgl. § 77 Abs. 2 GO NRW

Abschreibungen, nicht nur vom Anschaffungswert eines Gegenstandes ausgegangen werden darf sondern auch vom Wiederbeschaffungszeitwert, der in Zeiten steigender Preise sich von Periode zu Periode erhöht. Der Teil der Abschreibung, der über die vom Anschaffungswert abgeleitete Abschreibung hinausgeht, würde bei einem erwerbswirtschaftlichen Unternehmen bilanziell als Gewinn ausgewiesen und unterliegt der Besteuerung. Bei den öffentlichen Betrieben steht er in voller Höhe zur Substanzerhaltung zur Verfügung.

Die dritte Finanzierungsart ist die Finanzierung über **Steuereinnahmen**. Deutlich handelt es sich um eine Außenfinanzierung, denn der Gemeinde wird von außen Kapital zugeführt. Da die Steuerzahler bei rechtmäßigen Steuern keinen Anspruch auf Rückzahlung haben, fließt dieses Kapital den Gemeinden auf Dauer und endgültig zu. Es wird zu Eigenkapital.

Die letzte Finanzierungsart ist die **Kreditfinanzierung**, dabei handelt es sich um Außenfinanzierung mit Fremdkapital, denn es besteht eine Rückzahlungsverpflichtung. Die Gemeinden werden zwar keiner Bonitätsprüfung unterworfen wie etwa ein Unternehmen, doch ist der Kreditfinanzierung durch die Gemeindeordnung enge Grenzen gesetzt. Nach § 77 Abs. 3 GO NRW darf die Gemeinde Kredite nur aufnehmen, „wenn eine andere Finanzierung nicht möglich ist oder wirtschaftlich unzweckmäßig wäre." Kredite dürfen laut § 86 Abs. 1 GO NRW nur für Investitionen und zur Umschuldung aufgenommen werden. Und letztlich bedürfen in bestimmten Fällen (z.B. bei unausgeglichenen Haushalten) Kreditaufnahmen der Genehmigung der Aufsichtsbehörde. Wichtige Quellen der Kreditfinanzierung sind die **Anleihen** und die **Kommunalobligationen**. In beiden Fällen handelt es sich um festverzinsliche, langfristige Schuldverschreibungen.

6.4.11 Übungsaufgaben

1. Sind die Differenzierungen in verschiedene Finanzierungsarten auf den öffentlichen Bereich übertragbar?

2. Ein spezifisch öffentliches Finanzierungskriterium ist die Beachtung einer vorgeschriebenen Rangfolge der Einnahmearten bei der Beschaffung von Finanzmitteln. Geben Sie die Rangfolge für den kommunalen Bereich an.

3. Charakterisieren Sie die verschiedenen Finanzierungsarten der öffentlichen Verwaltung unter Verwendung der Begriffe Außen-/Innenfinanzierung und Eigen-/Fremdkapital.

Lösungsvorschläge:

1. Die Einteilung in Finanzierungsarten sind auf den öffentlichen Bereich nur begrenzt übertragbar:

   a) Die Finanzierungsarten des privatwirtschaftlichen Bereichs sind an bilanziellen Strukturen orientiert. Sie unterscheiden die Kapitalgeber nach ihrer Rechtsstellung in Eigenkapital- und Fremdkapitalgeber, wobei die Eigenkapitalgeber einen Anspruch auf den Gewinn haben. Im öffentlichen Bereich gibt es keine Eigenkapitalgeber, die einen Gewinn vereinnahmen könnten. Es können nur die Unterscheidungskriterien der vereinbarten Rückzahlbarkeit und der festen Verzinsung zur Unterscheidung in Eigen- und Fremdkapital herangezogen werden.

b) Im öffentlichen Bereich spielen die Erlöse aus dem Verkauf von Leistungen im Gesamtgefüge der Einnahmen nur eine untergeordnete Rolle.

c) Der öffentliche Bereich verfügt über Zwangseinnahmen (Steuern, Abgaben), was keine Entsprechung im privatwirtschaftlichen Bereich hat.

d) Einige Einnahmen im öffentlichen Bereich rühren aus Monopolstellungen, z.T. verbunden mit einem Anschluss- und Benutzungszwang her.

e) Für die Kreditaufnahme im öffentlichen Bereich gibt es eine rechtlich definierte Obergrenze, wohingegen im privatwirtschaftlichen Bereich der Verschuldungsgrad, in Verbindung mit der Bereitschaft von Kapitalgebern weitere Kredite zu gewähren, die Kreditaufnahme begrenzt.

2. Die Reihenfolge der Einnahmearten ist in § 77 Abs. 2 der GO NRW geregelt. Danach sind die erforderlichen Einnahmen zunächst durch sonstige Einnahmen aufzubringen. Dazu zählen Zuweisungen, Zuschüsse und Einnahmen aus der Bewirtschaftung des Gemeindevermögens.
An zweiter Stelle folgen die Einnahmen aus speziellen Entgelten für Leistungen, dazu zählen Gebühren und Beiträge.
Als dritte Einnahmeart kommen die Steuern zum Zuge, sofern die sonstigen Einnahmen nicht ausreiche, was üblicherweise der Fall ist.
Erst an vierter Stelle folgen Einnahmen aus Kreditaufnahmen, die jedoch nur für Investitionen, Investitionsförderungsmaßnahmen oder zur Umschuldung aufgenommen werden dürfen.

3. Zu untersuchen sind folgende Einnahmen hinsichtlich ihrer Einordnung:

- Zuweisungen und Zuschüsse,
- Mieten, Pachten, Dividenden sowie Zinsen,
- Gebühren und Beiträge,
- Steuereinnahmen,
- Anleihen und Obligationen.

Bei **Zuweisungen** handelt es sich um Übertragungen innerhalb des öffentlichen Bereichs, d.h. sowohl Zuweisungsgeber als auch Zuweisungsempfänger sind juristische Personen des öffentlichen Rechts.[1] **Zuschüsse** sind Übertragungen vom öffentlichen an den privaten Bereich und umgekehrt. Zur Beantwortung der Fragestellung sollen nur die Fälle betrachtet werden, in denen der Gemeinde Kapital zufließt. Die Zuweisungen und Zuschüsse sind, wenn sie rechtens sind, nicht rückzahlbar und müssen auch nicht verzinst werden. Sie entstammen keinem konkreten Leistungsvorgang und sind von daher Außenfinanzierung mit Kapital, das, sobald es vereinnahmt ist, zu Eigenkapital wird.

---

1 Die Unterteilung in Zuweisungen und Zuschüsse entstammt den Definitionen des früheren kameralen Haushaltsrechts (§ 46 GemHVO kameral). Sie findet auch im doppischen Haushaltsrecht weiterhin Verwendung (Oberbegriff „Zuwendung"). Siehe dazu Fritze, Mutschler, Stockel-Veltmann, Kommunales Finanzmanagement, 8. Auflage Witten 2020, S. 304.

Bei **Mieten, Pachten, Dividenden** und **Zinsen** handelt es sich um Einnahmen aus vorhandenem gemeindlichem Grund- oder Kapitalvermögen. Bei diesen Vorgängen wurden entweder Grundstücke oder Kapital einem Dritten zur Nutzung zur Verfügung gestellt. Dieser Dritte entrichtet dafür ein Entgelt. Somit handelt es sich um Vorgänge der Innenfinanzierung. Verlieren die Grundstücke oder das Kapital durch die Nutzung an Wert, was durch die Einnahme kompensiert wird, handelt es sich um einen reinen Vermögensumschichtungsvorgang. Wenn ein Gewinn anfällt, entsteht Eigenkapital.

Veräußerungserlöse fallen an, wenn gemeindliches Vermögen verkauft wird. Eine Veräußerung von eigenen Vermögenswerten zählt zum Bereich der Innenfinanzierung, wobei Vermögen umgeschichtet wird. Übersteigen die Verkaufserlöse die Buchwerte, entsteht ein Gewinn, der zum Eigenkapital gehört.

Gebühren und **Beiträge** werden von Seiten der Kommunen aufgrund einer konkreten Gegenleistung erhoben. Von daher werden sie zur Innenfinanzierung gerechnet wie der Verkauf von Gütern bei einem Unternehmen. Bei der Herstellung der konkreten Dienstleistungen werden Ressourcen verbraucht, diese lässt auf einen Vorgang der Vermögensumschichtung schließen.

Steuereinnahmen fallen ohne konkrete Gegenleistungen an, sie sind nicht rückzahlbar und nicht zu verzinsen. So gesehen gehören Steuereinnahmen zum Eigenkapital und zur Außenfinanzierung. Es könnte allerdings auch die Meinung vertreten werden, die Steuereinnahmen fallen für die Gesamtheit der staatlichen Leistungen an und gehören deshalb zum Bereich der Innenfinanzierung, genauer gesagt es handelt sich um Vermögensumschichtungen, denn bei der Produktion der Leistungen werden Ressourcen verbraucht, die ersetzt werden müssen.

Anleihen und **Obligationen** zählen zur Finanzierung mit Fremdkapital, denn sie müssen verzinst und zu einem bestimmten Zeitpunkt zurückgezahlt werden. Da diese Fremdkapitalaufnahme nicht mit „Produktionsvorgängen“ in direkter Verbindung stehen, zählen sie nicht zur Innenfinanzierung, sondern zur Außenfinanzierung.

7 Neuere Entwicklungen in der Verwaltung

7.1 Zwang zur Veränderung und Ziele der Verwaltungsreform

Traditionell, ungefähr bis zu Beginn der 1990er Jahre des vorigen Jahrhunderts, wurde die Verwaltung als Hoheitsverwaltung verstanden und die Frage aufgeworfen, ob betriebswirtschaftliches Denken überhaupt notwendig und angebracht sei.

Wie in den vorausgegangenen Kapiteln aufgezeigt wurde, gibt es vielfältige Ansatzpunkte für betriebswirtschaftliche Überlegungen und die Anwendung betriebswirtschaftlicher Instrumente.

In den 1990er Jahren nahm die Kritik an der Verwaltung zu. Zum einen wurden die den Verwaltungen zur Verfügung stehenden Mittel knapp, zum anderen wehrten sich die Bürgerinnen und Bürger gegen die zunehmende Abgabenlast und begannen die öffentlichen Verwaltungen daran zu messen, wie gut ihre Leistungen ihre Bedürfnisse erfüllten. Diese Entwicklungen waren nicht auf Deutschland allein begrenzt, sondern setzten in anderen Ländern bereits früher ein. Es hat sich eingebürgert, diese Entwicklung mit „New Public Management" zu bezeichnen. In Deutschland wurde einige Zeit vom Tilburger Modell als Lösungsansatz gesprochen, bevor der Begriff „Neues Steuerungsmodell" oder kurz NSM entwickelt wurde. Da irgendwann eine Entwicklung nicht mehr neu ist, empfiehlt es sich, den Veränderungsprozess allgemein als betriebswirtschaftliches Steuerungsmodell zu bezeichnen.

Die Verwaltungsreform in Form des NSM ist die für die deutsche Kommunalverwaltung entwickelte Ausprägung des New Public Management, einer Veränderungsphilosophie der westlichen Industriestaaten, die Verwaltungen/Bürokratien zu modernen Dienstleistern umbaut, die Gemeinwohlinteressen mit modernen betriebswirtschaftlichen Methoden wahren. Es sucht nach Gemeinsamkeiten mit Unternehmen.

Die Verwaltungsreform des NSM beschreibt ein Leitbild moderner Verwaltung, das von Zielorientierung, Wirtschaftlichkeit und Orientierung am Markt, Wettbewerb und Kundenorientierung geprägt ist. Es dient vielfach als Grundlage örtlicher Leitbilder.

Jede Organisationsform, egal ob Unternehmen oder Verwaltung, muss irgendwie gesteuert werden, sonst handelt sie planlos und unkoordiniert.

Als Nachteile der traditionellen Steuerung der Verwaltung sind zu nennen:

- **Inputorientierung**
  In der Verwaltung stehen als Steuerungsinstrument der Haushaltsplan und der Haushaltsvollzug zur Verfügung. Der Haushaltsplan, als in Zahlen gegossenes Planungsprogramm, enthält die monetären Vorgaben, an die sich die Verwaltung zu halten hat. Das Rechnungssystem der Kameralistik, das bis Mitte der 1990-er Jahre traditionell in allen Verwaltungen angewandt wurde, zeichnete Auszahlungen und Einzahlungen auf. Die Steuerung der Verwaltung über diese Parameter stellte eine reine Inputorientierung dar, da im gesamten herkömmlichen Haushaltswerk der anzustrebende Output nicht definiert war.

- **Fachverantwortung ≠ Ressourcenverantwortung**
  In der herkömmlichen Verwaltung waren die ausführenden Stellen fachlich für ihre Leistungen verantwortlich. Sie hatten jedoch keine Verantwortung für die dafür verwendeten Ressourcen. Monetäre Ressourcen wurden durch den Haushaltsplan und die die Bewirtschaftung überwachende Stelle, die Kämmerei, vorgegeben. Personelle Ressourcen waren durch den vom Rat im Rahmen der Haushaltsbeschlüsse beschlossenen Stellenplan, der Pflichtanlage zum Haushaltsplan ist, festgelegt. Die Einhaltung des Stellenplans wurde vom Personalamt überwacht. Somit hatten die fachlich verantwortlichen Stellen keine Verantwortung für die zur Aufgabenerfüllung eingesetzten Ressourcen. Sie konnten zwar Ressourcen beantragen, liefen aber Gefahr, dass sie von den überwachenden Stellen abgewiesen wurden.

- **Die Führungsebenen sind mit Tagesgeschäft/Detailfragen überlastet**
  Aufgrund mangelnder Delegation, weil alle Entscheidungen gerichtsfest sein mussten sowie der Angst der Vorgesetzten, nicht über alles informiert zu sein, wurden viele Entscheidungen nicht von den bearbeitenden Sachbearbeiterinnen und Sachbearbeitern getroffen, sondern den höheren Ebenen vorgelegt. Dies führte zu einer Arbeitsüberlastung und Blockade der höheren Ebenen, die vom Organisationsverständnis her nur koordinieren und in Zweifelsfällen entscheiden sollten. Wegen der Überlastung mit Detailfragen konnten sie ihren Koordinationsaufgaben nicht im notwendigen Umfang nachkommen, was zu Effizienzeinbußen führte.

- **Keine Kostenorientierung**
  Da die bearbeitenden Stellen nicht im vollen Umfang für den Ressourceneinsatz verantwortlich waren, konnte sich kein Kostenbewusstsein entwickeln, da auch nicht alle Kosteninformationen vorlagen.

- **Keine Kostentransparenz**
  Wegen mangelnden Informationsflusses und mangelnder Verfügbarkeit von (Kosten-)Informationen konnten in der Vergangenheit die Kosten einzelner Leistungen nicht ermittelt werden. Es war nicht erkennbar, ob eine Leistung wirtschaftlich erbracht wurde oder nicht. Es war zwar bekannt, was die Bürgerinnen und Bürger für einen Personalausweis oder eine Baugenehmigung bezahlen mussten, hingegen war nicht bekannt, was die Herstellung dieser Leistungen kostet.

- **Kein Dienstleistungsbewusstsein**
  Wenn sich die Mitarbeiterinnen und Mitarbeiter der Verwaltung als Hoheitsbehörde verstehen, handeln sie auch hoheitlich. Dies soll ausdrücken, dass den Bürgerinnen und Bürgern eine Gunst gewährt wird. In der Realität eines demokratischen Staates haben allerdings die Bürgerinnen und Bürger mittlerweile verinnerlicht, dass die Verwaltung durch ihre Steuern und Abgaben finanziert wird und selbstbewusst, wie Bürgerinnen und Bürger in einem demokratischen Staat sind, verlangen sie für ihr Geld entsprechende qualitativ hochwertige Leistungen. Da der Anbieter, die Verwaltung, sich in der Vergangenheit nicht als Dienstleister verstanden hat, der Leistungen und allgemein gesprochen Produkte anbietet, entstand zwischen den Ansprüchen der Bürgerinnen und Bürger

bezüglich ihrer Behandlung und dem Verhalten in der Verwaltung eine Kluft, die zu Spannungen führte.

- **Kein Controlling**
  Obwohl während der Haushaltsausführung durchaus Elemente eines Controllings erkennbar sind, z. B. ein ständiger Soll-Ist Abgleich, gibt es kein durchgängiges Controlling, das sich auf Kosten und Leistungen bezieht. Es gibt auch kein institutionalisiertes Berichtswesen, das in festgelegten Zeitintervallen nach formalisierten Richtlinien (z.B. Aufbau, Adressaten) berichtet.

Die Mängel der traditionellen Verwaltungssteuerung führen zu den Zielen einer veränderten Steuerung. Schlagwortartig lassen sich die Ziele der Verwaltungsreform folgendermaßen zusammenfassen:

- **Outputorientierung**
  Erstmals werden Leistungen/Produkte definiert und damit ins Zentrum der Überlegungen gestellt. Ein Produkt ist eine Leistung oder ein Bündel von Leistungen, die bzw. das von einem Empfänger außerhalb der erzeugenden Organisationseinheit, das kann sowohl innerhalb als auch außerhalb der Verwaltung sein, freiwillig oder gezwungenermaßen nachgefragt wird. Produkte werden zu Produktgruppen, diese wiederum zu Produktbereichen zusammengefasst.

- **Höhere Effizienz der Verwaltung**

- **Höhere Produktivität**
  Durch veränderte Abläufe, Denkstrukturen und Kostentransparenz soll die Produktivität erhöht werden.

- **Höhere Wirtschaftlichkeit**
  Eine höhere Produktivität führt bei konstanten Preisen der Produktionsfaktoren automatisch zu einer höheren Wirtschaftlichkeit, vorausgesetzt, die Qualität bleibt ebenfalls konstant.

- **Höhere Mitarbeiterfreundlichkeit**
  Wenn die Arbeitsbedingungen und die Arbeit selbst mitarbeiterfreundlich gestaltet sind, führt das zu einer höheren Motivation und Arbeitszufriedenheit. Dabei ist eine höhere Arbeitsleistung zu erwarten und damit geht eine höhere Produktivität einher.

- **Höhere Bürgerorientierung**
  Der kritische Bürger möchte nicht mehr als Untertan behandelt werden, sondern als Kunde. Er ist schließlich auch derjenige, der die Steuern zur Finanzierung der Kommunen bezahlt.

Die Veränderungen lassen sich zusammengefasst als einen Übergang von dem Leitbild der Ordnungskommune über die Dienstleistungskommune hin zur Bürgerkommune betrachten, wobei der Betrachtungsschwerpunkt sich vom Staat über eine Kundenbeziehung zwischen Kommune und Bürger zur örtlichen Gemeinschaft verschiebt.

Folgende Abbildung soll die Verschiebung und ihre Akzente deutlich machen.[1]

Abbildung 67: Von der Ordnungs- zur Bürgerkommune

	Ordnungskommune	Dienstleistungskommune	Bürgerkommune
Ziel	Rechtsstaatlichkeit	Wettbewerbsfähigkeit	Partizipation
Blickrichtung	Staat	Markt/Kunde	Örtliche Gemeinschaft
Argumentation	Juristisch	ökonomisch	politisch

7.2 Die veränderte Steuerungslogik

Wesentlich verändert wurde mit der Verwaltungsreform die Steuerungslogik. Im Mittelpunkt der Denkweise steht wie in jedem herkömmlichen Produktionsprozess das Produkt. Zur Herstellung von Produkten sind nicht nur elementare Produktionsfaktoren notwendig, sondern auch der dispositive Faktor, der sich mit Steuerung und Lenkung befasst. Im Hinblick auf die Steuerung wird in den Ansätzen zur Verwaltungsreform Wert auf folgende Elemente gelegt:

- **Leitliniensteuerung**
  Unter Leitliniensteuerung ist zu verstehen, dass die verantwortlichen Gremien, z. B. der Stadtrat oder Kreistag, auf Einzeleingriffe verzichten und nur noch global vorgeben, was produziert werden soll. Das Wie der Produktion bleibt dabei der Verwaltung überlassen.

- **Kontraktmanagement**
  Zwischen Rat und Verwaltungsführung sowie den darunter liegenden Instanzen werden Leistungsvereinbarungen (Art, Menge, Qualität, Kosten einer bestimmten Leistung) über einen bestimmten Zeitraum geschlossen. Der Fachbereich ist relativ selbstständig in der Art der Auftragserledigung (das Wie).

- **Dezentrale Ergebnis- und Ressourcenverantwortung**
  Den ausführenden Stellen oder einer Gruppe von Stellen werden von der Steuerungsebene Vorgaben in Form von messbaren und später damit überprüfbaren Zielsetzungen und Inputgrößen gegeben. Die zweckmäßige Verwendung der zugewiesenen Ressourcen und das damit erreichte Ergebnis muss dann von den produzierenden Stellen laufend beobachtet und nachgewiesen werden.

---

[1] Vgl. Franzke, Jochen und Kleger, Heinz: Bürgerhaushalte - Chancen und Grenzen, Berlin 2010, S. 52.

7.3 Die Veränderung der Organisation

Entsprechend der veränderten Steuerungslogik werden nicht mehr isolierte Teile der Kommunalverwaltung einzeln betrachtet, sondern die gesamte Verwaltung einschließlich von Eigenbetrieben und Beteiligungen wird als Konzern betrachtet. Innerhalb des Konzerns gibt es eine Konzernspitze und darunter jeweils relativ selbstständig handelnde Betriebseinheiten.

- **Trennung zwischen Steuerungsebene- und Ausführungsebene**

Zur Verdeutlichung des Gedankens sei auf folgende Prinzipskizze verwiesen.

Abb. 68: Steuerungs- und Ausführungsebene

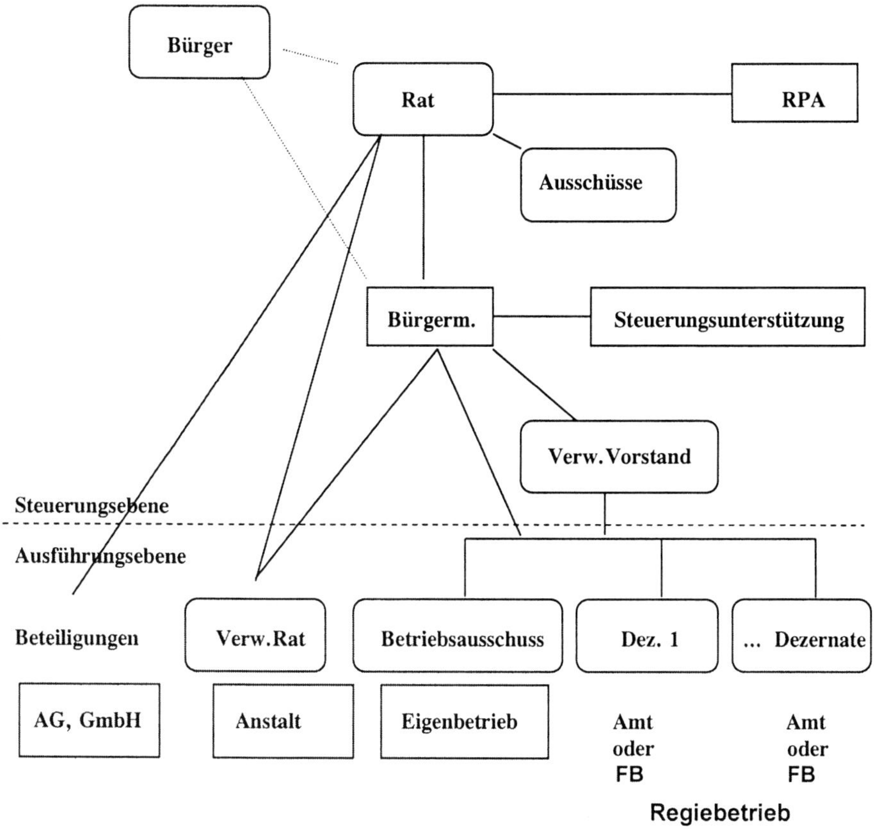

Nach § 42 GO NRW wählen die Bürgerinnen und Bürger die Ratsmitglieder. Da der Rat umfangreiche Zuständigkeiten (§ 41 GO NRW) hat, kann er zur Unterstützung Ausschüsse bilden (§ 57 GO NRW). Nach § 104 Abs. 1 GO NRW ist das Rechnungsprüfungsamt (RPA) dem Rat unmittelbar verantwortlich, deshalb ist es sinnvoll, es organisatorisch direkt neben dem Rat darzustellen.

Der Bürgermeister wird nach § 65 GO NRW direkt von den Bürgerinnen und Bürgern gewählt und leitet die gesamte Verwaltung. Hauptamtliche Beigeordnete bilden, soweit sie vom Rat bestellt werden, zusammen mit dem Bürgermeister den Verwaltungsvorstand.

Zwischen Rat, Bürgermeister und Verwaltungsvorstand werden Kontrakte abgeschlossen. Dabei handelt es sich um Leistungsvereinbarungen über einen bestimmten Zeitraum. Der Rat gibt dabei die globalen Leitlinien vor. Es handelt sich um „gentlemen's agreements", da es sich nicht um Verträge im juristischen Sinne handelt, d. h. sie sind nicht einklagbar.

Nach der Vorstellung der Verwaltungsreform lässt sich der Bürgermeister von einer zentralen Steuerungseinheit bei seiner Arbeit unterstützen. Diese Einheit bereitet Entscheidungen vor, kann aber selbst keine Entscheidungen treffen oder anordnen.

Eine Aufgabe der Steuerungsunterstützung ist z. B. die ständige Überprüfung der geschlossenen Kontrakte.

Rat, Bürgermeister und Verwaltungsvorstand bilden die Steuerungsebene oder auch Konzernebene, darunter befindet sich die Ausführungs- bzw. operative Ebene. Auf der Steuerungsebene wird festgelegt, "was gemacht wird". Auf der operativen Ebene wird entschieden, „wie es gemacht wird".

Die Verbindungen zwischen Rat einerseits und den Beteiligungen sowie den Verwaltungsräten der Anstalten des öffentlichen Rechts andererseits bedeuten, dass der Rat über die Errichtung entscheidet und im Fall der Anstalt in bestimmten Fragestellungen Weisungen geben kann (§ 114 a GO NRW).

Unterhalb der Dezernatsebene finden sich traditionell die Ämter, es hat sich nach der Verwaltungsreform eingebürgert, keine Ämter, sondern Fachbereiche zu bilden. Dazu wurden in vielen Verwaltungen kleinere Ämter zu größeren Fachbereichen zusammengefasst.

- **Fachbereichsstruktur**

Ein Fachbereich hat im Rahmen der Verwaltungsreform eine größere Selbstständigkeit als ein traditionelles Amt. Nach der Vorstellung der Verwaltungsreform erhält ein Fachbereich ein Budget und eine Zielvorgabe. Zwischen der Verwaltungsführung und dem Fachbereich wird ebenfalls ein Kontrakt über die zu erbringende Leistung und das dazu zur Verfügung stehende Budget geschlossen. Im Rahmen seines Budgets hat dann der Fachbereich die Verantwortung für seinen Ressourceneinsatz.

Ein Fachbereich ist in vielen Fällen auch größer als ein herkömmliches Amt, denn bei einer größeren Anzahl von Mitarbeiterinnen und Mitarbeitern sind organisatorische Maßnahmen einfacher durchzuführen. Hier ist beispielhaft an Urlaubs- und Krankheitsvertretungen zu denken. Zudem wird so dem Ressortdenken, das stark auf das eigene Amt fokussiert war, entgegengewirkt und die Gesamtverantwortung für einen größeren Aufgaben- und Verantwortungsbereich gestärkt.

7.4 Die Verfahren und Instrumente der Verwaltungsreform

Instrumente des NSM

- **Produktbeschreibungen**

Ein Produkt ist

- eine Leistung oder ein Bündel von Leistungen,
- die bzw. das von einem Empfänger, der außerhalb der produzierenden Einheit steht,
- innerhalb oder außerhalb der Verwaltung
- freiwillig oder gezwungenermaßen

nachgefragt wird.

Produkte werden hierarchisch zu Produktgruppen, Produktgruppen zu Produktbereichen zusammengefasst. Produkte können in Leistungen unterteilt werden.

Der hierarchische Aufbau der Begriffe wird anhand eines Beispiels aus der Bibliothek verdeutlicht.

Abb. 69: Produkthierarchie

Ebene 1 Produktbereich	Ebene 2 Produktgruppe	Ebene 3 Produkt
Leistungen der kommunalen Bibliothek	1. Medien und Information	Sachliteratur Belletristik Kinder- und Jugendliteratur Zeitungen/Zeitschriften Infothek
	2. Veranstaltungen	Veranstaltungen Führungen Ausstellungen
	3. Besondere Dienstleistungen	Lesecafé Verkauf Literaturförderung Beratung und Unterstützung von Bibliotheken anderer Träger Raum- und Gerätevermietung

Für alle Produkte der Verwaltung werden Produktbeschreibungen angelegt. Eine Produktbeschreibung sollte folgende Informationen enthalten:

- Bezeichnung des Produkts,
- Verbale Beschreibung des Produkts,
- Auftragsgrundlage (z.B. Gesetz oder Ratsbeschluss),
- Zielgruppe,
- Ziele,
- Eingesetzte Ressourcen,
- Leistungsumfang,
- Kennzahlen,
- Erläuterungen

Es empfiehlt sich, für diese Produktbeschreibungen ein Formular zu benutzen. Es könnte wie im Anhang dargestellt aussehen.

- **Budgetierung**

Ein Budget ist eine outputorientierte Zuweisung von (Geld-)Mitteln zur Erfüllung des Kontrakts. Innerhalb des Budgets besteht weitgehende Deckungsfähigkeit. Die Selbstständigkeit der Fachbereiche wird gegenüber der traditionellen Situation gestärkt.

- **Controlling**

Controlling ist ein funktionsübergreifendes Konzept, das den unternehmerischen Entscheidungs- und Steuerungsprozess durch zielgerichtete Informationser- und -verarbeitung unterstützt. Controlling kann zentral oder dezentral durchgeführt werden. Ein zentrales Controlling wäre die Aufgabe der o. g. zentralen Steuerungseinheit. Wird Controlling dezentral durchgeführt, so hat jeder Fachbereich seine eigene Controllingstelle.

Wichtig bei einem Controlling ist ein formalisiertes Berichtssystem mit routinemäßig zu erstellenden Standardberichten. Mittels dieser Standardberichte wird die Verwaltungsführung über die Geschehnisse in den Fachbereichen auf dem Laufenden gehalten.

- **Kosten- und Leistungsrechnung**

Für viele betriebswirtschaftliche Fragen sind nicht Einnahmen oder Ausgaben von Bedeutung, sondern der Werteverbrauch (Ressourcenverbrauch) bzw. Wertezuwachs, also Kosten und Leistungen. Bisher zur Umsetzung der Verwaltungsreform war eine Kostenrechnung nur in kostenrechnenden Einheiten üblich. In diesen Bereichen erfüllte die Kostenrechnung weniger Steuerungsfunktionen als die Funktion, die Gebühren zu berechnen.

- **Wettbewerbssurrogate**

Unternehmen unterliegen am Markt dem Wettbewerb und sind daher gezwungen wirtschaftlich zu handeln. Dieser Druck soll durch Verfahren, die den Wettbewerb ersetzen, in den Verwaltungen verankert werden.

Eines dieser Verfahren sind so genannte Benchmarkings. Dabei kommen mehrere Kommunen auf freiwilliger Basis zusammen, definieren ein Produkt oder mehrere und tragen dann nach abgesprochenen Definitionen Kennziffern ihrer Produkte zusammen und vergleichen sie. Dabei wird sich herausstellen, dass bei den verschiedenen Kennziffern unterschiedliche Kommunen am besten abschneiden. Diese jeweils Besten sind die Benchmarks für die anderen Kommunen, die in der Zukunft bestrebt sind, den Vorsprung des Besten aufzuholen oder ihn zu überholen. Der Beste hingegen muss bestrebt sein, seinen Vorsprung zu halten. So entsteht ein dynamischer Prozess, bei dem voneinander gelernt wird.

- **Neues kommunales Rechnungssystem**

Das traditionelle kommunale Rechnungssystem (Kameralistik) basierte auf Ausgaben und Einnahmen bzw. in betriebswirtschaftlichen Begriffen Auszahlungen und Einzahlungen. Die für Wirtschaftlichkeitsüberlegungen notwendigen Informationen (z. B. Abschreibungen) waren nicht vorhanden oder mussten erst aufwändig erarbeitet werden. Das neu eingeführte kommunale Rechnungssystem hat als Ziel, die notwendigen Informationen ohne zusätzliche Arbeit zur Verfügung zu stellen.

7.5 Veränderung des Rechnungssystems

Seit geraumer Zeit wurde für den öffentlichen Bereich eine Veränderung des herkömmlichen kameralen Rechnungssystems hin zu einem kaufmännischen doppelten Buchungssystem erörtert. Vordenker war Prof. Dr. Lüder von der Deutschen Verwaltungshochschule in Speyer, deshalb wird sein Verfahren auch Speyerer Verfahren oder NKR - für Neues Kommunales Rechnungssystem - genannt.

In NRW ist seit dem 1.1.2009 ein neues kommunales Rechnungssystem vorgeschrieben.

Auch in anderen Bundesländern wird fortlaufend an der Veränderung des kommunalen Rechnungssystems gearbeitet.

Das Bestreben wird auch auf Landesverwaltungen ausgedehnt. So hat das Land Hessen bereits im November 2011 eine Eröffnungsbilanz auf den 1.1.2011 vorgelegt.[1] Seitdem legt Hessen jährlich einen Gesamtabschluss vor, der auf Basis eines doppischen Rechnungssystems erstellt wird.

---

1 Vgl. o.V., „Hessen zieht Bilanz“, in: Innovative Verwaltung, 1-2/2010, S. 11.

Im Folgenden wird schwerpunktmäßig auf das nordrhein-westfälische NKF eingegangen.

Als wichtigste neue Ziele des NKF, die zu den traditionellen Zielen der Haushaltswirtschaft wie z. B. Sicherung der Aufgabenerfüllung oder Dokumentation des Haushaltsvollzugs hinzukommen, sind zu nennen:

- Darstellung der Vermögens- und Ertragslage,
- Darstellung der Schuldensituation,
- Darstellung des gesamten Ressourcenverbrauchs,
- Schutz zukünftiger Generationen (intergenerative Gerechtigkeit),
- Erhöhung der Effizienz der Verwaltung,
- Lieferung von steuerungsrelevanten Daten,

Zentrale Elemente in dem neuen System sind eine Finanzrechnung, eine Ergebnisrechnung und eine Bilanz. Die Finanz- und Ergebnisrechnung gibt es sowohl als Plan- als auch als Ist-Rechnung. Als Planrechnungen lauten die Bezeichnungen Finanzplan und Ergebnisplan. Als nachträgliche Ist-Rechnungen lauten die Bezeichnungen Finanzrechnung bzw. Ergebnisrechnung. Die Bilanz hingegen wird nur als Ist-Bilanz angefertigt.

Abb. 70: Die Komponenten des NKF

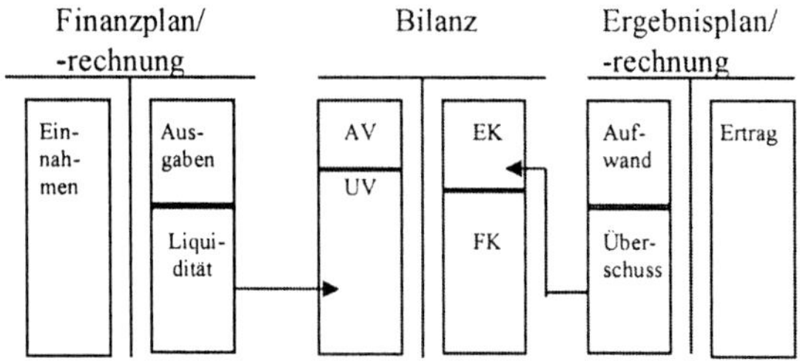

Im **Finanzplan bzw. der Finanzrechnung** finden sich alle Aus- und Einzahlungen. Auf der Soll-Seite stehen die Einnahmen nach Arten getrennt. Damit sind die Einnahmen, die beispielsweise aus Gebühren, der Gewerbesteuer, der Grundsteuer oder Krediten herrühren, erkennbar. Auf der Habenseite stehen die Ausgaben, nach Arten z. B. Kreisumlage, Personalausgaben usw. getrennt. Als Saldo ergeben sich die vorhandenen Zahlungsmittel, die entweder als Barmittel oder auf Konten vorhanden sind. Der Saldo der Finanzrechnung muss mit den entsprechenden Positionen der Bilanz zum Stichtag übereinstimmen.

Die **Ergebnisrechnung** entspricht der kaufmännischen GuV. Auf der Sollseite des Kontos stehen der Aufwand, getrennt nach Aufwandsarten, auf der Habenseite des Kontos stehen die Erträge, getrennt nach Ertragsarten. Der Saldo, im Bild als Gewinn dargestellt, da die Erträge größer sind als der Aufwand, geht als Überschuss in die Position des Eigenkapitals in die Bilanz ein.

Die **Bilanz** wird nur zum Jahresabschluss dargestellt und lässt Vermögen und Schulden der Gemeinde erkennen. Durch einen Vergleich mit den Vorjahren ist auch ein eventueller Substanzverlust erkennbar.

Finanzrechnung und Ergebnisrechnungen stellen Zeitraumbetrachtungen dar, wohingegen die Bilanz eine Stichtagsbetrachtung ist.

Finanzplan und Ergebnisplan sind Bestandteile des neuen Haushaltsplans. In dieser Form stellen sie die Ermächtigungsgrundlage für das Handeln der Verwaltung dar. Viele Positionen des Ergebnisplans sind identisch mit den Positionen des Finanzplans, dabei ist beispielsweise an Telefonaufwand zu denken. Abschreibungen oder Zuführungen zu Rückstellungen stellen selbstverständlich nur Aufwand dar, sie stehen deshalb nur im Ergebnisplan und nicht im Finanzplan.

Hingegen finden sich Auszahlungen für Investitionen, Kredittilgungen oder die Aufnahme von Krediten, auch von Kassenkrediten, nur im Finanzplan, sie sind kein Aufwand und deshalb nicht im Ergebnisplan zu finden.

7.6 Mehr Bürgerbeteiligung

Im Rahmen der Verwaltungsreform wird auch eine erhöhte Bürgerbeteiligung angestrebt.

Bürgerinnen und Bürger können sich auf vielfältigen Wegen an der Verwaltung ihrer Kommune beteiligen. Die Spanne reicht von Briefen, Eingaben, Leserbriefen in der Zeitung, Beiträgen im Lokalrundfunk über Diskussionsplattformen im Internet bis hin zum Bürgerhaushalt. Letzterer soll Gegenstand einer näheren Betrachtung sein.

Bis zum Jahr 2004 hat das Ministerium für Inneres und Kommunales NRW mit den Städten Castrop-Rauxel, Emsdetten, Hamm, Hilden, Monheim am Rhein und Vlotho das Projekt „kommunaler Bürgerhaushalt“ durchgeführt. Mittlerweile ist das Instrument des Bürgerhaushalts bundesweit zu finden. Einen Überblick über den Stand und die Verbreitung gibt die Internetseite http://www.buergerhaushalt.org.

Ein Bürgerhaushalt ist eine spezielle Art der Bürgerbeteiligung, bei der die Bürgerinnen und Bürger aktiv in die Aufstellung des kommunalen Haushaltsplans einbezogen werden. Ein Bürgerhaushalt läuft typischerweise in folgenden Schritten ab:

1. Information
   In der Informationsphase werden die Bürgerinnen und Bürger über die anstehende Aufstellung des Haushaltsplans informiert. Es gibt dazu Presseveröffentlichungen und Informationsveranstaltungen, die die Bürgerinnen und Bürger mobilisieren sollen, sich zu beteiligen. Dabei werden auch das Verfahren und die Möglichkeiten zur Beteiligung (Briefe, Formulare, Internet) erläutert.

2. Beteiligung
   In einem begrenzten Zeitabschnitt bringen die Bürgerinnen und Bürger ihre eigenen Vorschläge ein, kommentieren die Vorschläge der Verwaltung oder stimmen sogar über Vorschläge der Verwaltung ab. Der Schwerpunkt in dieser Phase liegt auf dem öffentlichen Diskurs.

3. Auswertung
   Es folgt die Phase der Auswertung der Beiträge, in der die Internetforen geschlossen sind, so dass keine weiteren Beiträge mehr eingebracht werden können.

4. Rechenschaft
   Nach der Auswertung werden die Ergebnisse mit den Bürgerinnen und Bürgern zurückgekoppelt, ggf. mit Bemerkungen der Verwaltung versehen und dem Rat zur Entscheidung vorgelegt.

Der Bürgerhaushalt ist eigentlich kein Bürgerhaushalt im Wortsinn, denn die Bürgerinnen und Bürger stimmen nicht über den städtischen Haushalt ab. Letztlich verbindlich befindet der Rat über den Haushalt. Es handelt sich somit um eine besondere Form der Bürgerbeteiligung, die als Konsultation aufzufassen ist.[1]

Es ist auch zu überdenken, ob die breite Masse der Bevölkerung erreicht wird oder nur eine Auslese, nämlich diejenigen, die über die Fähigkeiten und Fertigkeiten zur Partizipation verfügen. Ein Mitglied der arbeitenden Bevölkerung hat vielleicht abends keine Lust mehr, sich intellektuell mit Haushaltsfragen zu beschäftigen. Auch stellt sich die Frage, ob bestimmte Altersgruppen aufgrund der Verwendung von elektronischen Medien nicht in ihrer Beteiligung behindert werden.

Ferner muss auch diskutiert werden, ob die Bürgerhaushalte nicht die repräsentative Demokratie untergraben. Schließlich sind die gewählten Volksvertreter berufen, die Interessen der Bevölkerung zu vertreten, und das Budgetrecht liegt beim Rat. Es könnte dazu kommen, dass eine rege Minderheit, die sich an einem Bürgerhaushalt beteiligt, den Eindruck vermittelt, sie stelle die Mehrheit der Bevölkerung dar. In Wirklichkeit hat die Mehrheit nur geschwiegen und sich auf die gewählten Vertreter verlassen.

Bürgerhaushalte sind aufwendig und binden Verwaltungskräfte in der Verwaltung, die für andere Zwecke eingesetzt werden könnten. Hier muss aber klar sein, dass die Demokratie eine recht teure Staatsform ist.

Aufgrund der Beobachtung, dass doch nur ein geringer Teil der Bevölkerung erreicht wird und dass ein Bürgerhaushaltsverfahren Kosten verursacht, haben offensichtlich etliche der Projektkommunen in NRW ihre Aktivitäten eingestellt. Andererseits haben viele Kommunen die Idee aufgegriffen und führen ihre Bürgerhaushalte zum Teil bereits seit einigen Jahren kontinuierlich fort.[2]

---

1 Vgl. Bogumil, Jörg, Neue Formen der Bürgerbeteiligung an kommunalen Entscheidungsprozessen - Kooperative Demokratie auf dem Vormarsch!?, S. 2; als pdf-Dokument auf http://www.sowi.rub.de/mam/content/regionalpolitik/kassel.pdf, abgerufen am 23.7.2021.

2 Siehe die Liste der Kommunen auf http://www.buergerhaushalt.de/de/map, abgerufen am 30.07.2021.

7.7 Vom neuen Steuerungsmodell zum kommunalen Steuerungsmodell

Nachdem die Kommunale Gemeinschaftsstelle für Verwaltungsmanagement (KGSt®) mit Sitz in Köln den Kommunalverwaltungen seit 1993 die Einführung des NSM empfohlen hatte und viele kommunale Verwaltungen diese Empfehlung aufgriffen und Elemente des NSM einführten bzw. umsetzten, nahm die KGSt® rund 20 Jahre später, im Jahr 2013, eine kritisch-reflexive Bestandsaufnahme vor und entwickelte das NSM weiter zu einem von ihr so benannten kommunalen Steuerungsmodell (KSM). Diesen Prozess der Neuausrichtung des NSM hin zum KSM bezeichnete die KGSt® seinerzeit als notwendig, da sich nach ihrer Einschätzung, die sie vor allem auf Erfahrungen kommunaler Praktiker stützt, zum Teil recht weitgehende gesellschaftliche Veränderungen ergeben hätten und zudem aktuelle Entwicklungen und Trends in der kommunalen Verwaltungspraxis seit Beginn der 1990-er Jahre aufzugreifen gewesen seien.

Als Kernelemente des KSM bezeichnet z.B. die KGSt® auf ihrer Homepage www.kgst.de/ksm „u. a.[1]

- Die Stärkung einer strategischen und wirkungsorientierten Steuerung.
- Die Betonung der Führungsverantwortung kommunaler Entscheidungsträger.
- Die konsequente Verknüpfung von ganzheitlicher Planung mit dem Haushalt.
- Die Verbesserung der gemeinsamen Zielorientierung von politischen Entscheidungen und Verwaltungshandeln.“

Die o. a. Kernelemente des KSM verbindet die KGSt® mit dem Selbstverständnis einer partizipativen, kooperativen und vernetzten Kommune. Dieses Selbstverständnis soll die Planung und Durchführung eines zeitgemäßen Verwaltungs- und Personalmanagements prägen und stellt nach Auffassung der KGSt® gewissermaßen den Erfolgsgaranten für eine effektive und effiziente kommunale Steuerung heutiger Verwaltungen dar.

Details zu den Elementen und zu den Gestaltungsmöglichkeiten eines kommunalen Steuerungsmodells in der Praxis der Verwaltung in Deutschland sind für Mitglieder der KGSt® über ein dazu eingerichtetes Mitgliederportal zugänglich.

7.8 Wandel der Verwaltung in Zeiten der Digitalisierung und des Wertewandels

Die Arbeit der Verwaltungen des öffentlichen Dienstes wird in den nächsten Jahren geprägt sein von Veränderungen, die durch Digitalisierung und Wertewandel bei gleichzeitig bestehendem Fachkräftemangel ausgelöst und beeinflusst werden. Im klassischen Verwaltungs- und Personalmanagement stehen bisher Prozesse im Mittelpunkt, die auf die Gewinnung, den Einsatz, die Entwicklung und die Bindung von Mitarbeiterinnen und Mitarbeiter ausgerichtet sind, um so die Aufgaben der Verwaltung möglichst effektiv und effizient erfüllen zu können. Mit dem Konzept der

---

1 Siehe KGSt® auf https://www.kgst.de/ksm..

Arbeitswelt 4.0 werden über dieses herkömmliche Verständnis hinaus sich verändernde Arbeitsbeziehungen und neue Arbeitsformen betrachtet, die sich durch stärkere Vernetzung, Digitalität und Flexibilität auszeichnen. Ausgangspunkt der Überlegungen ist die Erkenntnis, dass trotz der Vielzahl neuer technischer Möglichkeiten weiterhin die Mitarbeiterinnen und Mitarbeiter der differenzierende Wettbewerbsfaktor sind und bleiben werden. Damit erlangen Aspekte wie Vertrauen, Commitment und digitale (Führungs-)Kompetenzen eine zunehmend größere Relevanz. Denn die Arbeitswelt 4.0 wird erst durch die Mitarbeiterinnen und Mitarbeiter, ihre (Werte-)Vorstellungen von Arbeit und Privatleben sowie ihr Verhalten wirksam. Es wird zunehmend Mitarbeiterinnen und Mitarbeiter der Generationen Y und Z geben, die ganz andere und neue Erwartungen an Rekrutierung, Einsatz, Führung und Karriere mitbringen und die sich durch geänderte Arbeits- und Kommunikationsgewohnheiten auszeichnen und dadurch die Planung und Ausführung der öffentlichen Aufgaben prägen werden. Hierarchisch und formell geprägte Strukturen und Prozesse werden (weiter) an Bedeutung verlieren. Als neue(re) Arbeitsformen werden das vernetzte, das kollaborative und das mobile Arbeiten (nicht gleichzusetzen mit Telearbeit und Homeoffice) an Bedeutung gewinnen, da sie die Vereinbarkeit von Beruf und Privatleben neu gestalten lassen. All diese Aspekte werden die effektive und effiziente kommunale Steuerung heutiger Verwaltungen beeinflussen.

8 Übungsaufgaben zur Vorbereitung auf Prüfungen

8.1 Abwasserbetrieb OTTO AöR

8.1.1 Sachverhalt und Aufgaben

Sachverhalt

Die Abwasserbetrieb OTTO AöR ist ein interkommunales Gemeinschaftsunternehmen der Stadt Ohmsen und der Gemeinden Toffelburg, Trellesheim und Obershof mit Sitz in Ohmsen. Das Unternehmen wurde zum 01.01.2016 auf die persönliche Initiative der Mitarbeiterinnen und Mitarbeiter hin gegründet. Mit einem Team von 28 Mitarbeiterinnen und Mitarbeitern, den vier Kläranlagen, den rund 87 Pumpwerken, Regenrückhalte-, Regenklär- und Regenüberlaufbecken sowie einem Kanalnetz von über 300 km Länge stellt die Abwasserbetrieb OTTO AöR seitdem täglich für die 55.000 Einwohnerinnen und Einwohner wie auch die ansässigen Unternehmen die hoheitliche Aufgabe der Abwasserbeseitigung und -reinigung sicher. Die Abwasserbetrieb OTTO AöR stellt sich den wachsenden technischen, rechtlichen, betrieblichen, kaufmännischen und organisatorischen Herausforderungen der derzeitigen und zukünftigen Pflicht zur Abwasserbeseitigung. Die (vereinfachte) Bilanz der Abwasserbetrieb OTTO AöR zum 31.12.2020 sieht wie folgt aus:

Aktiva		Passiva	
A. Anlagevermögen		**A. Eigenkapital**	
I. Immaterielle Vermögensgegenstände		I. Stammkapital	21.135.409,00 €
1. Entgeltlich erworbene Konzessionen und ähnliche Rechte	189.780,00 €	II. Bilanzgewinn	276.737,33 €
II. Sachanlagen			
1. Grundstücke, Außenanlagen	977.813,84 €		
2. Abwasserreinigungs- und sammlungsanlagen	47.115.458,87 €		
3. Techn. Anlagen und Maschinen	2.570.800,69 €		
4. Betriebs- u. Geschäftsausstattung	114.447,63 €		
B. Umlaufvermögen		**B. Sonderposten für empfangene**	
I. Vorräte		**Ertragszuschüsse**	13.895.939,34 €
1. Roh-, Hilfs- und Betriebsstoffe	26.226,07 €	**C. Rückstellungen**	
		1. Sonstige Rückstellungen	1.764.527,58 €
II. Forderungen und sonstige Vermögensgegenstände		**D. Verbindlichkeiten**	
1. Forderungen aus Lieferungen und Leistungen sowie gegen Gesellschafter	278.597,95 €	1. Verbindlichkeiten gg. Kreditinstituten	8.764.913,16 €
2. Sonstige Vermögensgegenstände	1.752,11 €	2. Verbindlichkeiten aus Lieferungen und Leistungen sowie gegen Gesellschafter und sonstige	5.836.006,11 €
III. Guthaben bei Kreditinstituten	618.057,34 €		
C. Rechnungsabgrenzungsposten	7.759,52 €	**E. Rechnungsabgrenzungsposten**	227.161,50 €
Bilanzsumme	51.900,694,02 €	**Bilanzsumme**	51.900.694,02 €

Aufgaben

a) Bis zur Gründung der Abwasserbetrieb OTTO AöR als interkommunales Gemeinschaftsunternehmen der Stadt Ohmsen und der Gemeinden Toffelburg, Trellesheim und Obershof zum 01.01.2016 hatten alle vier Kommunen eigene Abwasserbetriebe als eigenbetriebsähnliche Einrichtung geführt.

Grenzen Sie die beiden Betriebsformen der eigenbetriebsähnlichen Einrichtung und der Anstalt des öffentlichen Rechts anhand drei dazu geeigneter Merkmale voneinander ab. Was könnten die ausschlaggebenden Gründe gewesen sein, sich zur Gründung der AöR als interkommunales Gemeinschaftsunternehmen zu entscheiden?

b) Erklären Sie die Begriffe Wirtschaftlichkeit, Produktivität, Rentabilität und Eigenkapitalquote entweder verbal in jeweils maximal zwei Sätzen oder mit einer entsprechenden Formel. Berechnen Sie die Rentabilität sowie die Eigenkapitalquote unter Verwendung von Daten aus der o. a. Bilanz.

c) Zeigen Sie die Bedeutung der Wirtschaftlichkeit, der Produktivität, der Rentabilität und der Eigenkapitalquote am Beispiel der Abwasserbetrieb OTTO AöR auf. Stellen Sie dabei konkrete Bezüge zur Funktion und zu den Aufgaben des Abwasserbetriebes her.

d) Erläutern Sie die betrieblichen Produktionsfaktoren und zeigen Sie jeweils an geeigneten Beispielen auf, wie diese im vorliegenden Sachverhalt aussehen.

Fortsetzung des Sachverhaltes

Das Abwasser der vier Kommunen wird in den Kläranlagen der Abwasserbetrieb OTTO AöR gereinigt. Um dem in diesem Reinigungsprozess anfallenden Klärschlamm Wasser zu entziehen, werden sog. polymere Flockungsmittel eingesetzt. Bei der Flockung werden fein verteilte Partikel von den Makromolekülen zu größeren Einheiten (Flocken) zusammengefügt und können so leichter aus dem Wasser abgeschieden werden. Die Abwasserbetrieb OTTO AöR beschafft diese polymeren Flockungsmittel in Form von Granulat selbst. Der Jahresbedarf beträgt durchschnittlich 750 t Granulat. Der Kaufpreis beträgt pro Tonne des Granulates t = 275,00 € (inkl. 19 % MwSt.). Pro Bestellvorgang fallen nach einer Untersuchung des Controllers der Abwasserbetrieb OTTO AöR 200,00 € Kosten an. An Zinskosten fallen 2 %, an Lagerkosten 1,5 % an.

Aufgabe

e) Legen Sie dar, aus welchen Kosten sich die Gesamtkosten der Beschaffung der polymeren Flockungsmittel pro Jahr zusammensetzen. Notieren Sie die Formel zur Ermittlung der optimalen Bestellmenge. Berechnen Sie die optimale Bestellmenge des Granulates. Überprüfen Sie Ihr Ergebnis, indem Sie die Gesamtkosten für folgende Bestellmengen errechnen: 150 t, 175 t, 200 t, 225 t und 250 t.

Fortsetzung des Sachverhaltes

Auf der Homepage wirbt die Abwasserbetrieb OTTO AöR so für sich:

OTTO – gemeinsam für Umwelt- und Gewässerschutz Mit Trinkwasser geht man jeden Tag um. Es ist ein kostbares Gut, mit dem man kocht, wäscht und duscht, das sauber und klar in erstklassiger Qualität aus dem Wasserhahn kommt. Sobald es aber im Abfluss der Küchenspüle, der Badewanne oder gar der Toilette verschwindet, wird aus Trinkwasser Abwasser. Abwasser zu leiten, zu reinigen, aufzubereiten und in einen natürlichen Kreislauf zurückzuführen, ist die Aufgabe von gut ausgebildeten Spezialisten, den Mitarbeitern der Abwasserbetrieb OTTO AöR! Der gemeinsame Qualitätsanspruch im Umgang mit dem kostbaren Gut Wasser hat uns zu einem gemeinsamen Qualitäts-, Umwelt- und Risikomanagement geführt, das wir Tag für Tag aufs Neue verfeinern.

Aufgabe

f) Definieren Sie den Begriff Qualität und erläutern Sie den Zusammenhang zwischen Qualität, Zeit und Kosten.

8.1.2 Lösungshinweise

a) Abgrenzung der beiden Betriebsformen der eigenbetriebsähnlichen Einrichtung und der Anstalt des öffentlichen Rechts:

Rechtsform →	**öffentlich-rechtlich**	
Merkmale ↓	**Eigenbetrieb und eigenbetriebsähnliche Einrichtung**	**Anstalt des öffentlichen Rechts**
Rechtliche Verhältnisse	Keine eigene Rechtspersönlichkeit (rechtliche Unselbstständigkeit, aber organisatorische und wirtschaftliche Selbstständigkeit); Sondervermögen der Gemeinde; Gründung muss kommunalrechtlich zulässig sein	Eigene Rechtspersönlichkeit (organisatorische, rechtliche und wirtschaftliche Selbstständigkeit); Gründung muss komunalrechtlich zulässig sein
Rechtliche Grundlagen	§ 114 Gemeindeordnung NRW - GO NRW - , Eigenbetriebsverordnung - EigVO -, Betriebssatzung; zur eigenbetriebsähnlichen Einrichtung: § 107 Abs. 2 GO NRW	§ 114 a GO NRW, Kommunalunternehmensverordnung NRW - KUV NRW -, Unternehmenssatzung
Mindestkapital	§ 9 EigVO: „Angemessene Eigenkapitalausstattung"	§ 9 KUV: „Angemessenes Stammkapital", siehe Satzung
Leitung und Kontrolle	Leitung: Betriebsleitung; Kontrolle: Betriebsausschuss, Rat	Leitung: Vorstand; Kontrolle: Verwaltungsrat unter Vorsitz des Bürgermeisters
Leitungsstruktur	Kürzere Entscheidungswege und weniger parzellierte Zuständigkeiten	Kürzere Entscheidungswege und weniger parzellierte Zuständigkeiten

Personalwesen	Eingebunden in das öffentliche Dienstrecht und Arbeitsrecht; die Kommune ist Dienstherr bzw. Arbeitgeber der Beschäftigten; eigener Stellenplan; beschränkt eigene Personalwirtschaft	Eingebunden in das öffentliche Dienstrecht und Arbeitsrecht; eigene Dienstherrenfähigkeit mit allen Rechten und Pflichten, soweit hoheitliche Aufgaben wahrgenommen werden eigene Personalwirtschaft
Personalvertretung	Unterliegt dem LPVG; Personalrat	Unterliegt dem LPVG; Personalrat
Wirtschaftsplanung	Eigener Wirtschaftsplan, Doppik nach HGB oder NKF	Eigener Wirtschaftsplan, Jahresabschluss, Erfolgsplan, Finanzplan, Doppik nach HGB
Finanzierung	Beschränkt eigene Kreditwirtschaft	Eigene Kreditwirtschaft im Rahmen der Satzung
Beteiligung Dritter	Nein	Nein, ggf. Erweiterung, § 27 Gesetz über kommunale Gemeinschaftsarbeit NRW - GkG NRW -
Prüfungswesen – örtliche Prüfung	Rechnungsprüfung der Kommune	Prüfung gemäß HGB
Beispiele - Auswahl	Kleinere Stadtwerke, kleinere Krankenhäuser, kleinere Bauhöfe, kleiner Abwasserbetriebe Zur eigenbetriebsähnlichen Einrichtung: § 107 Abs. 2 GO NRW beachten	Technische Betriebe in größeren Städten (z. B. Rheine), Job Center (z. B. Hamm), Abwasserbetrieb (z. B. TEO mit Telgte, Ostbevern, Everswinkel und Beelen)

Mögliche ausschlaggebende Gründe, sich zur Gründung der AöR als interkommunales Gemeinschaftsunternehmen zu entscheiden:

Zu den aufzuzeigenden ausschlaggebenden Gründen, sich zur Gründung der AöR als interkommunales Gemeinschaftsunternehmen zu entscheiden, sind verschiedene Lösungen denkbar. Mögliche Gründe könnten u. a. folgende Aspekte beinhalten: eigene Rechtspersönlichkeit, Dienstherrenfähigkeit, eigene Kreditwirtschaft im Rahmen der Satzung, Prüfung gemäß HGB. Außerdem können noch Economies of Scale (Größenvorteile) und Economies of Scope (Synergieeeffekte) angeführt werden.

b) Erklärung der Begriffe Wirtschaftlichkeit, Produktivität, Rentabilität und Eigenkapitalquote:

Wirtschaftlichkeit/Effizienz = ökonomische Ausprägung des Rationalprinzips (die Dinge richtig tun)

Berechnung der Wirtschaftlichkeit = bewerteter Output/wertmäßiges Ergebnis : bewerteter Input/wertmäßiger Einsatz *oder* Leistung : Kosten

Produktivität = Ausdruck technischer Zusammenhänge (Mengenproduktivität)

Berechnung der Produktivität = Outputmengen/mengenmäßiges Ergebnis: Inputmengen/mengenmäßiger Einsatz

Rentabilität = Gegenüberstellung des erzielten Gewinns des Jahres dem von Beginn des Jahres an bestehenden Eigenkapitals

Gesamtkapitalrentabilität = [(Gewinn + Fremdkapitalzinsen) : Gesamtkapital] x 100

Eigenkapitalrentabilität = (Gewinn : Eigenkapital) x 100

Umsatzrentabilität = (Gewinn : Umsatz) x 100

Die **Eigenkapitalquote** kennzeichnet den Anteil des Eigenkapitals am Gesamtkapital.

Berechnung der Rentabilität sowie der Eigenkapitalquote:

Berechnung der Gesamtkapitalrentabilität:
[(Gewinn + Fremdkapitalzinsen) : Gesamtkapital] x 100 = (276.737,33 € : 51.900.694,02 €) x 100 = 0,53 %
Da keine Fremdkapitalzinsen angegeben sind, können diese nicht berücksichtigt werden.

Berechnung der Eigenkapitalrentabilität:
(Gewinn : Eigenkapital) x 100 = (276.737,33 € : 21.135.409,00 €) x 100 = 1,31 %
Hier wird der erzielte Gewinn des Jahres dem von Beginn des Jahres an bestehendem Eigenkapital gegenübergestellt.
Auch eine andere Berechnung, z. B. mit jahresdurchschnittlich gebundenem Kapital, ist möglich.

Berechnung der Eigenkapitalquote:
(21.412.146,33 € : 51.900.694,02 €) x 100 = 41,26 %

c) Bedeutung der Wirtschaftlichkeit, der Produktivität, der Rentabilität und der Eigenkapitalquote am Beispiel der OTTO AöR mit konkreten Bezügen zur Funktion und zu den Aufgaben des Abwasserbetriebes:

Die Wirtschaftlichkeit der OTTO AöR bestimmen zu wollen, verlangt, den bewerteten Input im Verhältnis zum wertmäßigen Output zu betrachten. Hierzu ist bezogen auf den vorliegenden Sachverhalt festzustellen, dass eine Beurteilung der Effizienz möglich ist, da der relevante Nutzen der von den Bürgerinnen und Bürgern in Anspruch genommenen Leistungen des Abwasserbetriebes messbar ist. Es kann somit eine verlässliche Aussage zur Effizienz getroffen werden.

Produktivität bedeutet bezogen auf die OTTO AöR, den Output, also die Menge des gereinigten Wassers für die Bürgerinnen und Bürger, dem Input, also den Personal- und Sachleistungen sowie der Verfügbarkeit von Investitionen der OTTO AöR gegenüberzustellen. Eine konkrete Berechnung kann hierzu im vorliegenden Sachverhalt nicht durchgeführt werden, da keine Angaben zur Menge des gereinigten Wassers oder zu den von den Mitarbeiterinnen und Mitarbeitern geleisteten Arbeitsstunden bekannt sind.

Zur Rentabilität ist im vorliegenden Sachverhalt auszuführen, dass diese sowohl bezogen auf die Gesamtkapitalrentabilität wie auch bezogen auf die Eigenkapitalrentabilität sehr gering ist und gegen Null geht. Das ist allerdings insoweit unerheblich, als dass die OTTO AöR nicht möglichst hohe Rentabilitäten erzielen will, sondern vor allem den Bürgerinnen und Bürgern eine kostengünstige und umweltverträgliche Abwasserreinigung offerieren will.

d) Erläuterung der betrieblichen Produktionsfaktoren und zum Sachverhalt passende Beispiele:

Bei den betrieblichen Produktionsfaktoren sind externe und interne Faktoren zu unterscheiden.

Externe Produktionsfaktoren zeichnen sich durch folgende Kennzeichen aus:

- Sie werden nicht durch den Anbieter der Dienstleistung, sondern durch den Abnehmer der Dienstleistung in den Produktionsprozess eingebracht (z. B. Abwasser, das zu reinigen ist).
- Der Verbrauch bzw. die Nutzung der externen Produktionsfaktoren werden nicht durch den Anbieter der Dienstleistungen, sondern durch den Abnehmer der Dienstleistungen abgegolten (z. B. das Einführen des Schmutzwassers in die Abwasserleitungen, damit das Abwasser in der Kläranlage gereinigt werden kann).
- Als externer Produktionsfaktor ist nicht nur die Leistung des Abnehmers der Dienstleistung zu bewerten (Inanspruchnahme der Abwasserreinigung in der jeweiligen Wassermenge etc.), sondern auch die von ihm zur Verfügung gestellten materiellen Güter (z. B. Abwasser in unterschiedlicher Ausgestaltung wie Regen- und Schmutzwasser sowie die Menge des Abwassers) oder immateriellen Güter (Lernbereitschaft, Wasser sparsam zu verbrauchen, auch um wenig Abwasser zu produzieren; Wasser nicht unnötig zu verunreinigen, z. B. mit Schmieröl).

Im Gegensatz dazu werden die internen Produktionsfaktoren vom Anbieter der Dienstleistungen selbst bereitgestellt, finanziert und in den Prozess der Erstellung der Dienstleistung eingebracht. **Die internen Produktionsfaktoren nach Gutenberg** beinhalten die Elementarfaktoren (Werkstoffe, Betriebsmittel und ausführende Arbeit) und die dispositiven Faktoren (originäre und derivative Entscheidungen):

- Werkstoffe als Rohstoffe, Hilfsstoffe und Betriebsstoffe (u. a. Strom, Energie für die eingesetzten Arbeitsgeräte)
- Betriebsmittel (u. a. eingesetzte Abwasserreinigungs- und -sammlungsanlagen)
- Ausführende Arbeit (u. a. Beschäftigte der OTTO AöR)
- Dispositive Arbeit (u. a. Bestimmung der Geschäftsphilosophie der OTTO AöR als interkommunalem Gemeinschaftsunternehmen; Planung, Organisation und Controlling der wahrgenommenen Aufgaben; Festlegung der Personalpolitik etc.)

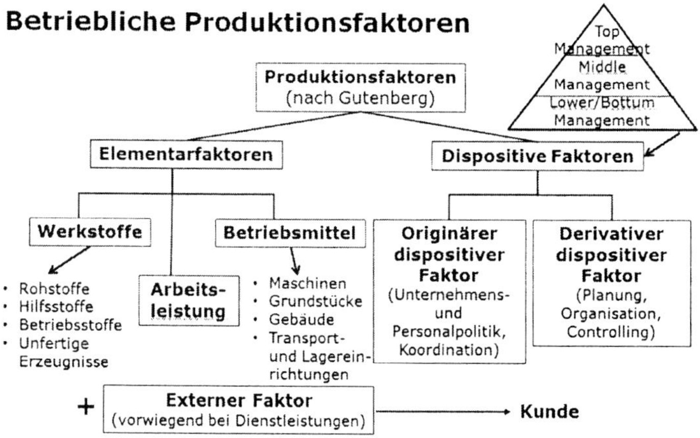

e) Zusammensetzung der Gesamtkosten der Beschaffung der polymeren Flockungsmittel pro Jahr:

Die jährlichen Gesamtkosten ermitteln sich wie folgt:

Gesamtkosten (K) = unmittelbare Beschaffungskosten (Ku) + mittelbare Beschaffungskosten (Km) + Lagerkosten (Kl)

Ku = Jahresbedarf x Preis pro Einheit (hier Tonne Granulat polymere Flockungsmittel); **hier: 750 t x 275,00 €/t = 206.250,00 €**

Km = (Fixe Bestellkosten : Bestellmenge eines Bestellvorgangs) x Jahresbedarf; **hier: (200,00 € : 150 t) x 750 t = 1.000,00 €**

Kl = ((Bestellmenge eines Bestellvorgangs x Preis pro t Streusalz) : 2) x Zins- und Lagerkostensatz, **hier: [(150 t x 275,00 €/t) : 2] x 3,5% = 721,88 €**

Formel zur Ermittlung der optimalen Bestellmenge:

Die **Formel zur Ermittlung der optimalen Bestellmenge** lautet:

$$\text{Optimale Bestellmenge} = \sqrt{\frac{2 \times \text{Jahresbedarf} \times \text{bestellfixe Kosten}}{\text{Einstandspreis} \times (\text{Zinssatz} + \text{Lagerkostensatz})}}$$

bestellfixe Kosten → Preis pro Bestellvorgang, hier: Preis pro Bestellung 200,00 €

Einstandspreis → Preis pro Mengeneinheit, hier: Preis pro Tonne Granulat 275,00 €

Voraussetzung:

- konstante Geschwindigkeit des Lagerabgangs, konstante Einstandspreise (z. B. keine Mengenrabatte), konstante Kosten
- keine Lager- und Finanzierungsrestriktionen
- frei wählbare Anlieferungszeitpunkte

Ermittlung der optimalen Bestellmenge und Überprüfung des Ergebnisses, indem die Gesamtkosten für folgende Bestellmengen errechnen werden:

Die **Entwicklung der Gesamtkosten** in € stellt sich folgendermaßen dar:

Bestellmenge in t	**150**	**175**	**200**	**225**	**250**
Ku	206.250,00	206.250,00	206.250,00	206.250,00	206.250,00
Km	1.000,00	857,14	750,00	666,67	600,00
Kl	721,88	842,19	962,50	1.082,81	1.203,13
Gesamtkosten	**207.971,88**	**207.949,33**	**207.962,50**	**207.999,48**	**208.053,13**

Die Kosten pro Jahr zeigen ein flaches Minimum zwischen 175 und 200 t auf.

Ermittlung der optimalen Bestellmenge laut Formel:

Die angegebenen Werte werden in die o. a. Formel zur Ermittlung der optimalen Bestellmenge eingesetzt. Sodann wird die optimale Bestellmenge berechnet.

$$\text{Optimale Bestellmenge} = \sqrt{\frac{2 \text{ x } 750 \text{ t x } 200 \text{ €}}{275{,}00 \text{ €/t x } [(2 + 1{,}5) : 100]}}$$

$$\text{Optimale Bestellmenge} = \sqrt{\frac{300.000}{9{,}625}}$$

$$\text{Optimale Bestellmenge} = \sqrt{31.168{,}831}$$

Optimale Bestellmenge = **176,55 t**

Da die nächstliegende Bestellmenge 200 t beträgt, werden 200 t bestellt.

f) Definition des Begriffs Qualität und Erläuterung des Zusammenhangs zwischen Qualität, Zeit und Kosten:

Qualität steht im allgemeinen Sprachgebrauch für Beschaffenheit oder Eigenschaften von Produkten oder Dienstleistungen. In der ÖBWL bezeichnet Qualität den Wert oder die Güte einer Sach- oder Dienstleistung aus der Sicht des Kunden bzw. des Bürgers. Die DIN EN ISO 9000:2015-11 beschreibt die grundlegenden Konzepte, Grundsätze und Begriffe des Qualitätsmanagements und legt zugehörige Begriffe fest (siehe Näheres hierzu auf der Homepage des Deutschen Instituts für Normung e.V. (DIN): www.din.de/). Die Qualität gibt an, in welchem Maße ein Produkt (Ware oder Dienstleistung) den bestehenden Anforderungen entspricht. Damit sind u. a. objektiv messbare Merkmale wie z. B. Länge, Breite, Gewicht, Materialspezifikationen gemeint. Qualität ist im Einzelfall ein Gesamteindruck aus Teilqualitäten wie z. B. funktionaler Qualität, Dauerqualität, Ausführungsqualität, Konzeptqualität. Qualität wird in der Literatur unterschiedlich definiert. David A. Garvin, Harvard University, hat bereits in den 1980-er Jahren versucht, Qualität zu klassifizieren und hat dazu die folgenden Definitionen zusammengetragen (vgl. Garvin, David A., 1984, What Does „Product Quality" Really Mean?, Sloan Management Review, Fall 1984, Seite 25-43).

I. Transzendente Definition: Qualität wird synonym mit Hochwertigkeit verstanden; sie ist nicht messbar, sondern lediglich durch Erfahrung erfassbar (subjektiver Begriff).
II. Produktbezogene Definition: Qualität wird als messbare Größe verstanden. Sie wird zum objektiven Merkmal, wobei subjektive Kriterien ausgeschaltet werden.
III. Anwenderbezogene Definition: Qualität ergibt sich ausschließlich aus der Sicht des Anwenders, d. h. des Kunden.
IV. Prozessbezogene Definition: Qualität wird verstanden als Konformität mit den Anforderungen, Einhaltung von Spezifikationen; Fehler sollen erst gar nicht gemacht werden.
V. Wertbezogene Definition: Qualität ergibt sich durch die Gegenüberstellung von Preis bzw. Kosten und Leistung; Qualität entspricht einem günstigen Preis-Leistungs-Verhältnis.

Der Zusammenhang zwischen den drei Faktoren Qualität, Zeit und Kosten lässt sich z. B. im Kontext traditioneller Wirkungsbeziehungen diskutieren:

- Eine Qualitätsverbesserung führt häufig zu Kostenerhöhungen.
- Eine Verkürzung der Durchlaufzeiten bewirkt häufig Kostensteigerungen.
- Beabsichtigte Kosteneinsparungen gehen nicht selten zu Lasten der Qualität und verlängern die Zykluszeiten.

Diese klassischen Annahmen sind inzwischen widerlegt. Alle drei Faktoren sind so zu optimieren, dass die o. a. Effekte möglichst nicht eintreten.

8.2 Bau- und Entsorgungsbetrieb Elsenhagen

8.2.1 Sachverhalt und Aufgaben

Sachverhalt

In der Stadt Elsenhagen erschien vor einigen Tagen in der Lokalzeitung folgender Artikel:

Der BEG ist tot – die TBE leben auf

Elsenhagen. - Der Bau- und Entsorgungsbetrieb Elsenhagen ist tot, die Technischen Betriebe Elsenhagen leben auf: Der Rat der Stadt Elsenhagen hat am Mittwoch einstimmig den Weg frei gemacht für die Auflösung des Bauhofes in der gewohnten Form. An seine Stelle treten am 1. Juli dieses Jahres die Technischen Betriebe Elsenhagen - TBE.
Darin werden der heutige Fachbereich 4 Städtische Infrastruktur (angesiedelt in der Stadtverwaltung) und der Bau- und Entsorgungsbetrieb zusammengeführt. Beide bisherigen Organisationseinheiten werden aktuell von Volker Falkenbaum

geleitet. Er soll nun die Führung der neuen Technischen Betriebe übernehmen. Diese sind künftig für Gebäudemanagement, Verkehr und Grünanlagen, Abwasser, Abfall, Straßenreinigung und Winterdienst zuständig. Die Stadt erhofft sich davon vor allem effizienzbezogene und organisatorische Vorteile. Zu den erhofften organisatorischen Vorteilen zählt vor allem ein verlässlicherer und effektiverer Einsatz des Personals – auch an der Spitze. Der bisher in Personalunion für Betriebsleitung und Fachbereichsleitung zuständige Falkenbaum erhält zur Entlastung nicht nur einen Stellvertreter an seine Seite, sondern auch „Spartenleiter" für die einzelnen Geschäftsbereiche.

Die Technischen Betriebe der Stadt Elsenhagen sind zukünftig folgendermaßen strukturiert:

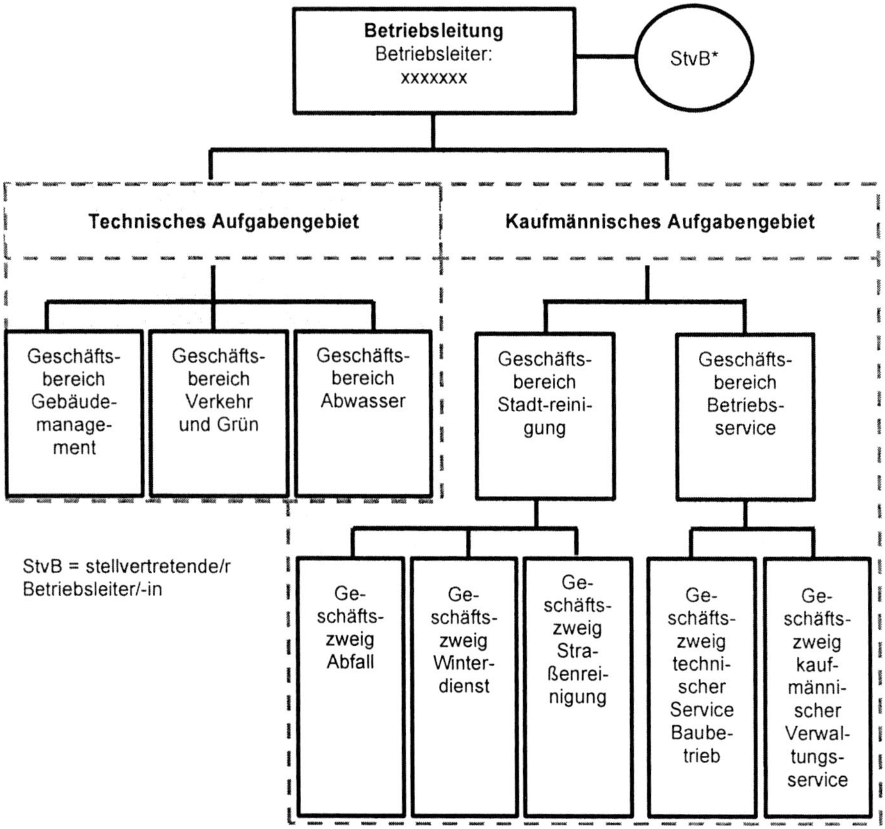

Aufgaben

a) Erklären Sie die Begriffe Effektivität und Effizienz.

b) Erläutern Sie die betrieblichen Produktionsfaktoren und zeigen Sie jeweils an geeigneten Beispielen auf, wie diese im vorliegenden Sachverhalt aussehen.

c) Die Beschaffungsfunktionen für die wahrzunehmenden Aufgaben könnten den Technischen Betrieben von der Stadtverwaltung ebenfalls vollständig übertragen werden. Stellen Sie die Ziele der Beschaffungswirtschaft dar. Gehen Sie auf die Phasen der Beschaffung ein und zeigen Sie die Besonderheiten der Beschaffung im Verwaltungsbetrieb und bei den Technischen Betrieben der Stadt Elsenhagen auf.

Fortsetzung des Sachverhaltes

Der Geschäftsbereich Betriebsservice befasst sich auch mit der Beschaffung von Streusalz für den Geschäftszweig Winterdienst. Der Jahresbedarf beträgt durchschnittlich 2.000 t Streusalz. Der Kaufpreis beträgt pro Tonne t = 155,- Euro (inkl. 19 % MwSt.). Pro Bestellvorgang fallen nach einer Untersuchung des Controllers im Geschäftszweig kaufmännischer Verwaltungsservice 100,- Euro Kosten an. An Zinskosten fallen 3 %, an Lagerkosten 1,5 % an.

Aufgaben

d) Legen Sie dar, aus welchen Kosten sich die Gesamtkosten des Streusalzes pro Jahr zusammensetzen. Notieren Sie die Formel zur Ermittlung der optimalen Bestellmenge. Überprüfen Sie Ihr Ergebnis, indem Sie die Gesamtkosten für folgende Bestellmengen errechnen: 125 t, 250 t, 500 t, 750 t, 1.000 t.

e) Zur Beschaffung gehört auch die Lagerung. Definieren Sie den Begriff und nennen Sie die Ziele der Lagerung. Erklären Sie, was Kennzahlen zur Lagerung aussagen sollen. Beschreiben Sie dazu wesentliche Kennzahlen und zeigen Sie die dazu maßgebliche Formel auf. Stellen Sie einen Bezug zum vorliegenden Sachverhalt her.

8.2.2 Lösungshinweise

a) Erklärung der Begriffe Effektivität und Effizienz:

Effektivität bezeichnet die Leistungswirksamkeit, das Maß der Zielerreichung (Die richtigen Dinge tun!).

Effizienz bezeichnet die Wirtschaftlichkeit des Handelns und stellt somit die ökonomische Ausprägung des Rationalprinzips dar (Die Dinge richtig tun!).

b) Erläuterung der betrieblichen Produktionsfaktoren und passende Beispiele zum vorliegenden Sachverhalt:

Bei den betrieblichen Produktionsfaktoren sind externe und interne Faktoren zu unterscheiden.

Externe Produktionsfaktoren zeichnen sich durch folgende **Kennzeichen** aus:

- Sie werden nicht durch den Anbieter der Dienstleistung, sondern durch den Abnehmer der Dienstleistung in den Produktionsprozess eingebracht (z. B. Müll, der zu entsorgen ist; Abwasser, das zu reinigen ist).
- Der Verbrauch bzw. die Nutzung der externen Produktionsfaktoren werden nicht durch den Anbieter der Dienstleistungen, sondern durch den Abnehmer der Dienstleistungen abgegolten (z. B. das Herausstellen der befüllten Mülltonne an die Straße, damit die Abholung des Abfalls erfolgen kann).
- Als externer Produktionsfaktor ist nicht nur die Leistung des Abnehmers der Dienstleistung zu bewerten (Inanspruchnahme einer Mülltonne in der benötigten Größe etc.), sondern auch die von ihm zur Verfügung gestellten materiellen Güter (z. B. Abfall in unterschiedlicher Ausgestaltung und Menge) oder immateriellen Güter (Lernbereitschaft, Aufmerksamkeit und Motivation, Müll richtig zu trennen oder Wasser sparsam zu verbrauchen, auch um wenig Abwasser zu produzieren).

Im Gegensatz dazu werden die internen Produktionsfaktoren vom Anbieter der Dienstleistungen selbst bereitgestellt, finanziert und in den Prozess der Erstellung der Dienstleistung eingebracht.

Die internen Produktionsfaktoren nach Gutenberg beinhalten die Elementarfaktoren (Werkstoffe, Betriebsmittel und ausführende Arbeit) und die dispositiven Faktoren (originäre und derivative Entscheidungen):

- Werkstoffe als Rohstoffe, Hilfsstoffe und Betriebsstoffe (u. a. Strom, Energie für die eingesetzten Arbeitsgeräte)
- Betriebsmittel (u. a. eingesetzte Fahrzeuge und Maschinen)
- Ausführende Arbeit (u. a. Platzwart, Mitarbeiter der technischen Betriebe)
- Dispositive Arbeit (u. a. Bestimmung der Geschäftsphilosophie der Technischen Betriebe als kommunaler Einrichtung; Planung, Organisation und Controlling der wahrgenommenen Aufgaben; Festlegung der Personalpolitik etc.)

c) Darstellung der Ziele der Beschaffungswirtschaft, Vorstellung der Phasen und der Besonderheiten der Beschaffung im Verwaltungsbetrieb und bei den Technischen Betrieben der Stadt Elsenhagen:

Die Beschaffung dient der Bereitstellung von nicht selbst erstellten Einsatzgütern. Objekte der Beschaffung sind Werkstoffe, Betriebsmittel und Informationen.

Ziele der Beschaffungswirtschaft sind:

- Sicherung der Lieferfähigkeit
- Flexibilität
- Sicherung der Qualität

- Kostengünstigkeit
- Liquidität

Eine ausführlichere Darstellung zur **Beschaffung** findet sich in Kapitel 6.1.

Phasen der Beschaffung sind:

- Bedarfe ermitteln
- Haushaltsmittel bereitstellen
- Ausschreibung oder Anfrage der Lieferanten
- Finanzmittel bereitstellen
- Angebote prüfen
- Vergabe oder Bestellung durchführen
- Bestellausführung kontrollieren

Besonderheiten der Beschaffung im Verwaltungsbetrieb sind:

- Staat als Nachfragemonopolist
- Staatsnachfrage hat wirtschaftspolitische Wirkung
- Beschaffung durch Vergabewesen rechtlich geregelt
- Bindung an den Haushaltsplan
- Häufig zentralistisches Beschaffungswesen
- Politische Zielverfolgung mit Hilfe der Beschaffung (konjunktur-, struktur-, wettbewerbspolitische Ziele)
- Vorhandensein externer Produktionsfaktoren, die vom Leistungsabnehmer eingebracht werden

Besonderheiten der Beschaffung bei den Technischen Betrieben könnten z. B. in der Knappheit und evtl. Beschaffungsproblemen bezogen auf Streusalz in „harten Wintern" bestehen.

d) Darlegung, aus welchen Kosten sich die Gesamtkosten des Streusalzes pro Jahr zusammensetzen:

Die jährlichen Gesamtkosten ermitteln sich wie folgt:

Gesamtkosten (K) = unmittelbare Beschaffungskosten (Ku) + mittelbare Beschaffungs-kosten (Km) + Lagerkosten (Kl)

Ku = Jahresbedarf x Preis pro Einheit (hier Tonne Streusalz);
hier: 2.000 t x 155,- Euro/t = 310.000,- Euro

Km = (Fixe Bestellkosten : Bestellmenge eines Bestellvorgangs) x Jahresbedarf;
hier: (100,- Euro : 125 t) x 2.000 t = 1.600,- Euro

Kl = ((Bestellmenge eines Bestellvorgangs x Preis pro t Streusalz) : 2) x Zins- und Lagerkostensatz, **hier: [(125 t x 155,- Euro/t) : 2] x 4,5% = 435,94 Euro**

Die **Formel zur Ermittlung der optimalen Bestellmenge** lautet:

$$\textbf{Optimale Bestellmenge} = \sqrt{\frac{2 \text{ x Jahresbedarf x bestellfixe Kosten}}{\text{Einstandspreis x (Zinssatz + Lagerkostensatz)}}}$$

Preis pro Bestellvorgang, hier: Preis pro Bestellung 100,- Euro

Preis pro Mengeneinheit, hier: Preis pro Tonne Streusalz 155,- Euro

Ermittlung der optimalen Bestellmenge und Überprüfung des Ergebnisses, indem die Gesamtkosten für folgende Bestellmengen errechnen werden:

Die **Entwicklung der Gesamtkosten** in € stellt sich folgendermaßen dar:

Bestellmenge in t	**125**	**250**	**500**	**750**	**1.000**
Ku	310.000	310.000	310.000	310.000	310.000
Km	1.600	800	400	266,67	200
Kl	435,94	871,88	1.743,75	2.615,63	3.487,50
Gesamtkosten	**312.035,94**	**311.671,88**	**312.143,75**	**312.882,30**	**313.687,50**

Die Kosten pro Jahr zeigen ein flaches Minimum zwischen 125 und 250 t auf.

Ermittlung der optimalen Bestellmenge laut Formel:

Die angegebenen Werte werden in die o. a. Formel zur Ermittlung der optimalen Bestellmenge eingesetzt. Sodann wird die optimale Bestellmenge berechnet.

$$\text{Optimale Bestellmenge} = \sqrt{\frac{2 \text{ x } 2.000 \text{ t x } 100 \text{ €}}{155,\text{- €/t x } [(3 + 1,5) : 100]}}$$

$$\text{Optimale Bestellmenge} = \sqrt{\frac{400.000}{6,975}}$$

$$\text{Optimale Bestellmenge} = \sqrt{57.347,67}$$

Optimale Bestellmenge = rund **239,47 t**

Da die nächstliegende Bestellmenge 250 t beträgt, werden 250 t bestellt.

e) **Definition des Begriffs Lagerung, Nennung der Ziele der Lagerung und Erklärung, was Kennzahlen zur Lagerung aussagen sollen sowie Beschreibung wesentlicher Kennzahlen und Aufzeigen der dazu maßgeblichen Formel:**

Die **Lagerung** beinhaltet das Halten von Beständen an beweglichen Gütern. **Ziel** ist die Ausgleichs- und Pufferfunktion. Als Optimum wird angestrebt, dass Lagerhaltung und Lagerkosten minimiert werden (just-in-time-Lieferung).

Die Erhebung von **Lagerkennzahlen** soll zur Sicherstellung des Zieles der Ausgleichs- und Pufferfunktion beitragen. Als Lagerkennzahlen können beschreiben werden:

- **Meldebestand:** Lagermenge, bei der nachbestellt werden muss.
- **Eiserner Bestand:** Mindestbestand hinsichtlich unvorhergesehener Störungen
- **Lagerumschlag** = Umsatzhäufigkeit des Lagers pro Zeiteinheit = Lagerabgang : durchschnittlicher Lagerbestand
- **Lagerdauer** = Zeitraum der durchschnittlichen Bestandsbindung im Lager = Rechnungszeitraum : Lagerumschlag

Um das Ziel der Ausgleichs- und Pufferfunktion zu erreichen, ist die Ermittlung der optimalen Bestellmenge notwendig. Die **optimale Bestellmenge** ist die Bestellmenge, bei der die Bestell- und Lagerkosten am geringsten sind. Voraussetzungen zur Ermittlung der optimalen Bestellmenge sind u. a. die konstante Geschwindigkeit des Lagerabgangs, konstante Einstandspreise (z. B. keine Mengenrabatte), konstante Kosten, keine Lager- und Finanzierungsrestriktionen, frei wählbare Anlieferungszeitpunkte. Die Formel zur Ermittlung der optimalen Bestellmenge lautet:

$$\text{Optimale Bestellmenge} = \sqrt{\frac{2 \text{ x Jahresbedarf x bestellfixe Kosten}}{\text{Einstandspreis x (Zinssatz + Lagerkostensatz)}}}$$

Der **Jahresbedarf** bezeichnet den mengenmäßigen Bedarf für ein Jahr. Die **bestellfixen Kosten** beziehen sich auf die mittelbaren Bezugskosten pro Bestellung. Der **Einstandspreis** ist der Stückpreis (frei Lager). Der **Zins- und Lagerkostensatz** ist ein zusammengefasster Zinssatz für die Kapitalbindung durch die gelagerten Vorräte und das Lager selbst.

8.3 Schauspielhaus der Stadt B.

8.3.1 Sachverhalt und Aufgaben

Sachverhalt

Das Schauspielhaus der Stadt B. wird seit dem 01.01.2011 als AöR geführt. Das Ensemble des Schauspielhauses umfasst knapp 30 Schauspieler, sie sind das Gesicht des Hauses. Hinter ihnen wirken um die 180 Mitarbeiter/-innen in Verwaltung oder Werkstätten, u. a. als Souffleusen, Maskenbildner oder Bühnentechniker. Sie selbst sieht man praktisch nie. Ihre Arbeit jedoch ist für ein großes Theater wie das Schauspielhaus, eines der renommiertesten in Deutschland, unverzichtbar. Um die 18 Millionen € umfasst der Etat. Er wird kleiner. Davon müssen drei Spielstätten und die Gebäude unterhalten, außerdem die Mitarbeiter/-innen bezahlt werden. Die Stadt steuert den Großteil bei und muss dabei selbst ihren Haushalt von der Bezirksregierung absegnen lassen.

Die Bilanz des Schauspielhauses der Stadt B. zum 31.12.2020 sieht wie folgt aus:

Aktiva	
A. Anlagevermögen	
I. Immaterielle Vermögensgegenstände	
1. Entgeltlich erworbene gewerbliche Schutzrechte und ähnliche Rechte sowie Lizenzen an solchen Rechten	44.753,00 €
II. Sachanlagen	
1. Bauten auf fremden Grundstücken	33.902,00 €
2. Technische Anlagen und Maschinen	544.078,67 €
3. Andere Anlagen, Betriebs- und Geschäftsausstattung	396.767,97 €
	1.019.501,60 €
B. Umlaufvermögen	
I. Vorräte	
1. Roh-, Hilfs- und Betriebsstoffe	77.563,40 €
2. Unfertige Erzeugnisse	84.362,99 €
II. Forderungen und sonstige Vermögensgegenstände	
1. Forderungen aus Lieferungen und Leistungen	22.878,47 €
2. Forderungen gegen Gesellschafter	108.963,88 €
3. Sonstige Vermögensgegenstände	718.479,31 €
III. Kassenbestand und Guthaben bei Kreditinstituten	4.806.323,73 €
	5.818.571,78 €
C. Rechnungsabgrenzungsposten	66.111,05 €
Bilanzsumme	6.904.184,47 €

Passiva	
A. Eigenkapital	
I. Gezeichnetes Kapital	100.000,00 €
II. Andere Gewinnrücklagen	0,00 €
III. Jahresüberschuss	839.093,80 €
	939.093,80 €
B. Rückstellungen	
1. Steuerrückstellungen	16.261,00 €
2. Sonstige Rückstellungen	1.554.765,00 €
	1.571.026,00 €
C. Verbindlichkeiten	
1. Erhaltene Anzahlungen auf Bestellungen	543.624,64 €
2. Verbindlichkeiten aus Lieferungen und Leistungen	234.214,10 €
3. Sonstige Verbindlichkeiten	454.995,91 €
	1.232.834,65 €
D. Rechnungsabgrenzungs-Posten	3.158.230,02 €
Bilanzsumme	6.904.184,47 €

Aufgaben

a) Nehmen Sie mit maximal drei Sätzen dazu Stellung, ob es sich bei der Verwaltung der Stadt B. (rund 360.000 Einwohner) um ein Unternehmen oder um einen Betrieb handelt.

b) Legen Sie dar, welche Gruppen Einfluss auf den betrieblichen Zielbildungsprozess des Schauspielhauses der Stadt B. haben. Erläutern Sie bitte auch deren Interessenlage.

c) In der Spielzeit 2016/2017 war das Schauspielhaus – wie bereits in den Vorjahren – strukturell unterfinanziert. Der jährliche Zuschussbedarf lag Ende 2016 bei 750.000 €. Für das Schauspielhaus der Stadt B. wurde daraufhin als einziges Betriebsziel in der Spielzeit 2017/2018 „Abbau der strukturellen Unterfinanzierung zur Erwirtschaftung eines Überschusses" in den Finanzplan aufgenommen. In der Spielzeit 2018/2019 wurde schließlich ein Jahresüberschuss in Höhe von 1.887,29 € erwirtschaftet. In der Spielzeit 2019/2020 wurde in der Gewinn- und Verlustrechnung ein Jahresüberschuss in Höhe von 416.154,05 € ausgewiesen. Prüfen Sie, ob das o. a. Ziel SMART ist und ob es zu den üblichen Zielen einer kulturellen Einrichtung einer Kommune gehört.

d) Bis zur Gründung des Schauspielhauses der Stadt B. als AöR wurde dieses als Teil des Kulturdezernates der Stadt B. geführt. Grenzen Sie die beiden Betriebsformen des Regiebetriebes und der Anstalt des öffentlichen Rechts anhand drei dazu geeigneter Merkmale voneinander ab. Was könnten die ausschlaggebenden Gründe gewesen sein, sich zur Gründung der AöR zu entscheiden?

e) Erläutern Sie interne und externe betriebliche Produktionsfaktoren und zeigen Sie jeweils an geeigneten Beispielen auf, wie diese im vorliegenden Sachverhalt aussehen.

f) Definieren Sie die Begriffe Ökonomisches Prinzip, Produktivitätsmaximierung, Gesamtkapitalrentabilität und Eigenkapitalquote entweder verbal in jeweils maximal zwei Sätzen oder mit einer entsprechenden Formel. Ordnen Sie diese Begriffe den im Folgenden aufgeführten Beispielen zu und begründen Sie Ihre Entscheidung jeweils mit maximal zwei Sätzen:

- Das Schauspielhaus soll mit einem Eigenkapitaleinsatz von 30.000,00 € einen möglichst großen Gewinn erzielen.
- Die kaufmännische Direktorin des Schauspielhauses will einen Kredit von 200.000,00 € für dringend notwendige energetische Maßnahmen am Gebäude aufnehmen, für den sie möglichst geringe Zinsen zahlen will.
- Der Intendant will, dass sein Ensemble mit möglichst wenigen Vorstellungen möglichst viele Besucher/-innen begeistert.
- Im Kulturausschuss der Stadt B. schlägt die Mehrheitsfraktion vor, das Stammkapital des Schauspielhauses um 50.000,00 € zu erhöhen.
- Der Marketingchef des Schauspielhauses will mit einem noch vorhandenen Vorrat an Papier möglichst viele Flyer drucken lassen.

Berechnen Sie die Gesamtkapitalrentabilität sowie die Eigenkapitalquote unter Verwendung von Daten aus der o. a. Bilanz.

g) Erklären Sie die folgenden Begriffe und bringen Sie Beispiele mit einem erkennbaren Bezug zum Schauspielhaus der Stadt B.:

- Außenfinanzierung
- Innenfinanzierung
- Eigenfinanzierung
- Fremdfinanzierung
- Reinvestition
- Immaterielle Investition

8.3.2 Lösungshinweise

a) Stellungnahme, ob es sich bei der Verwaltung der Stadt B. (rund 360.000 Einwohner) um ein Unternehmen oder um einen Betrieb handelt:

Bei der **Verwaltung der Stadt B.** handelt es sich um einen **Betrieb**. Sie erfüllt drei Betriebsmerkmale der Kombination von Produktionsfaktoren, des Handelns nach dem ökonomischen Prinzip sowie der Beachtung des finanziellen Gleichgewichts. Die Verwaltung produziert Dienstleitungen für den Fremdbedarf der Bürger/-innen. Die Verwaltung ist kein Unternehmen, da sie ihren Finanz-/Wirtschaftsplan nicht selbst frei gestalten kann und keine (längerfristige) Gewinnmaximierung anstrebt.

b) Darlegung, welche Gruppen Einfluss auf den betrieblichen Zielbildungsprozess des Schauspielhauses der Stadt B. haben und welche Interessen sie verfolgen:

Bei den Gruppen, die Einfluss auf die betrieblichen Zielbildungsprozesse des Schauspielhauses der Stadt B. haben, sind **externe und interne Gruppen** mit ihren jeweiligen Interessenlagen zu differenzieren. Zu den externen Gruppen gehören die **Kapitalgeber** (Interessen: zukunftsfähige Kapitalbindung, verlässliche Zahlung von Zinsen und Tilgung, hoher Wert des Betriebs), die **Partner am Markt mit Lieferanten und Kunden** (Interessen der Kunden: sinnvolles, interessantes Programm, faire Preise, hohe Qualität; Interessen der Lieferanten: sichere Zahlungen, fortdauernde Liefermöglichkeiten zu angemessenen Preisen), die **Mitbewerber** (Interessen: nicht konkurrierendes Programm), die **Stadt B.** (Interessen: kein Zuschussbedarf, möglichst Gewinnerzielung, Sicherung von Arbeitsplätzen, Förderung der Kultur), der **Staat** sowie die **Gesellschaft** (Interessen: attraktives, ansprechendes Programm, Sicherung von Arbeitsplätzen, Förderung der Kultur). Zu den internen Gruppen zählen u. a. die **Leitung des Schauspielhauses mit Intendant und Geschäftsführung/kaufmännische Direktorin** (Interessen: Macht, Einfluss, Ansehen, Verwirklichung eigener Ideen und Maximierung des Einkommens) die **Mitarbeiter/-innen des Schauspielhauses** (Interessen: sichere Arbeitsplätze, sichere Einkommen, gute Arbeitsbedingungen, angemessenes Einkommen), die **Personalvertretung** (Interessen: sichere Arbeitsplätze, sichere Einkommen, gute Arbeitsbedingungen, angemessenes Einkommen).

c) Prüfung, ob das Betriebsziel in der Spielzeit 2017/2018 „Abbau der strukturellen Unterfinanzierung zur Erwirtschaftung eines Überschusses" SMART ist und ob es zu den üblichen Zielen einer kulturellen Einrichtung einer Kommune gehört:

Ziele sollen **SMART** sein: **spezifisch, messbar und motivierend, akzeptiert und ambitioniert, realistisch und realisierbar sowie terminiert**. Das für das Schauspielhaus der Stadt B. propagierte **Ziel** „Abbau der strukturellen Unterfinanzierung zur Erwirtschaftung eines Überschusses" **ist in der gewählten Formulierung nicht SMART, da es nicht konkret terminiert (gewesen) ist (bis Ende der Spielzeit oder in den nächsten Jahren?).** Das Ziel ist allerdings spezifisch, da es sich konkret auf das Schauspielhaus bezieht. Es ist grundsätzlich messbar, da jährlich in der

Gewinn- und Verlustrechnung ausgewiesen werden kann bzw. wird, ob ein Zuschussbedarf besteht, ob Kostendeckung erreicht oder ob ein Überschuss erwirtschaftet wurde. Das Ziel kann demotivierend und nicht akzeptiert sein, sofern die, die es erreichen sollen, von dessen Sinnhaftigkeit nicht überzeugt sind und die Gefahr sehen, dass sich das Schauspielhaus "kaputt spart" und damit den Zweck der kulturellen Bildung nicht mehr erfüllen kann. Ambitioniert ist das Ziel in jedem Fall. Dass es realistisch und realisierbar war bzw. ist, lässt sich daran erkennen, dass es ab der Spielzeit 2017/2018 angestrebt wurde und in den Spielzeiten 2018/2019 bzw. 2019/2020 erreicht wurde.

Die Frage, ob das o. a. Ziel zu den üblichen Zielen einer kulturellen Einrichtung einer Kommune gehört, ist mit „Nein" zu beantworten. Die meisten kulturellen Einrichtungen können oftmals nur betrieben werden, wenn in gewissem Umfang akzeptiert wird, dass es Zuschussbedarfe geben kann bzw. wird und dass diese dann ausgeglichen werden müssen. Die allermeisten kulturellen Einrichtungen können nicht kostendeckend oder sogar gewinnmaximierend betrieben werden. Würde dies im Mittelpunkt stehen, dann wären z. B. die Eintrittspreise so hoch, dass sich viele Interessenten keinen Besuch der kulturellen Einrichtung mehr leisten könnten.

d) Abgrenzung der beiden Betriebsformen des Regiebetriebes und der Anstalt des öffentlichen Rechts:

Rechtsform→	öffentlich-rechtlich	
Merkmale ↓	**Regiebetrieb**	**Anstalt des öffentlichen Rechts**
Rechtliche Verhältnisse	Keine eigene Rechtspersönlichkeit (organisatorische, rechtliche und wirtschaftliche Unselbstständigkeit); Teil des Vermögens der Gemeinde	Eigene Rechtspersönlichkeit (organisatorische, rechtliche und wirtschaftliche Selbstständigkeit); Gründung muss gemeinderechtlich zulässig sein
Rechtliche Grundlagen	Keine gesetzliche Grundlage, Begrifflichkeit der Organisationslehre	§ 114 a GO NRW, Kommunalunternehmensverordnung NRW - KUV NRW -, Unternehmenssatzung
Mindestkapital	Keines	§ 9 KUV: „Angemessenes Stammkapital", siehe Satzung
Leitung und Kontrolle	Leitung: wie andere Verwaltungsbereiche, keine besondere Organisationsstruktur	Leitung: Vorstand: Kontrolle: Verwaltungsrat unter Vorsitz des Bürgermeisters
Leitungsstruktur	Kontrolle: Rat	Kürzere Entscheidungswege und weniger parzellierte Zuständigkeiten
Personalwesen	Eingebunden in das öffentliche Dienstrecht und Arbeitsrecht; die Kommune ist Dienstherr bzw. Arbeitgeber der Beschäftigten, eingebunden in den Stellenplan der Kommune	Eingebunden in das öffentliche Dienstrecht und Arbeitsrecht; eigene Dienstherrenfähigkeit mit allen Rechten und Pflichten, soweit hoheitliche Aufgaben wahrgenommen werden, eigene Personalwirtschaft
Personalvertretung	Unterliegt dem LPVG; Personalrat	Unterliegt dem LPVG; Personalrat
Wirtschaftsplanung	Haushaltsplan nach kommunalem Finanzmanagement	Eigener Wirtschaftsplan, Jahresabschluss, Erfolgsplan, Finanzplan, Doppik nach HGB

Finanzierung	Keine eigene Kreditwirtschaft	Eigene Kreditwirtschaft im Rahmen der Satzung
Beteiligung Dritter	Nein	Nein, ggf. Erweiterung, § 27 Gesetz über kommunale Gemeinschaftsarbeit NRW - GkG NRW -
Prüfungswesen – örtliche Prüfung	Rechnungsprüfung der Kommune	Prüfung gemäß HGB
Beispiele - Auswahl	Abfallentsorgung, Bäder, Bestattungswesen, Marktwesen, Entwässerung, Straßenreinigung, Rettungsdienste, Grünflächenpflege, Theater	Technische Betriebe in größeren Städten (z. B. Rheine), Job Center (z. B. Hamm), Abwasserbetrieb (z. B. TEO mit Telgte, Ostbevern, Everswinkel und Beelen)

Mögliche ausschlaggebende Gründe, sich zur Gründung der AöR zu entscheiden:

Zu den aufzuzeigenden ausschlaggebenden Gründen, sich zur Gründung der AöR als interkommunales Gemeinschaftsunternehmen zu entscheiden, sind verschiedene Lösungen denkbar. Mögliche Gründe könnten u. a. folgende Aspekte beinhalten: eigene Rechtspersönlichkeit, Dienstherrenfähigkeit, eigene Kreditwirtschaft im Rahmen der Satzung, Prüfung gemäß HGB.

e) **Erläuterung interner und externer betrieblicher Produktionsfaktoren und passende Beispiele zum vorliegenden Sachverhalt:**

Externe Produktionsfaktoren zeichnen sich durch folgende Kennzeichen aus:

- Sie werden nicht durch den Anbieter der Dienstleistung, sondern durch den Abnehmer der Dienstleistung in den Produktionsprozess eingebracht (z. B. Interesse an Theateraufführungen, die dann entsprechend gebucht werden).
- Der Verbrauch bzw. die Nutzung der externen Produktionsfaktoren wird nicht durch den Anbieter der Dienstleistungen, sondern durch den Abnehmer der Dienstleistungen abgegolten (z. B. die Interessenbekundung an bestimmten Genres des Theaters, die dann entsprechend bedient werden; anschließender Besuch der Aufführungen).
- Als externer Produktionsfaktor ist nicht nur die Leistung des Abnehmers der Dienstleistung zu bewerten (Besuch der Aufführung etc.), sondern auch die von ihm zur Verfügung gestellten materiellen Güter (z. B. Aufführungen in unterschiedlichen Ausgestaltungen wie Theater, Schauspiel, Kabarett sowie die Anzahl der Angebotenen Inszenierungen) oder immateriellen Güter (Bereitschaft, sich zu bilden, indem Theateraufführungen du deren Vorbesprechungen/Einführungen besucht werden).

Im Gegensatz dazu werden die internen Produktionsfaktoren vom Anbieter der Dienstleistungen selbst bereitgestellt, finanziert und in den Prozess der Erstellung der Dienstleistung eingebracht.

Die internen Produktionsfaktoren nach Gutenberg beinhalten die Elementarfaktoren (Werkstoffe, Betriebsmittel und ausführende Arbeit) und die dispositiven Faktoren (originäre und derivative Entscheidungen):

- **Werkstoffe als Rohstoffe, Hilfsstoffe, Betriebsstoffe, unfertige Erzeugnisse** (u. a. Strom, Energie für die eingesetzten Beleuchtungsmittel, Gas zur Beheizung des Gebäudes, Partituren für ein Musikstück, ein noch nicht vollständig einstudiertes Stück)
- **Betriebsmittel** (u. a. Theatergebäude, Theaterkasse, Garderoben)
- **Arbeitsleistung/Ausführende Arbeit** (u. a. Schauspieler, Beleuchter, Verwaltungsmitarbeiter)
- **Dispositive Arbeit** (u. a. Bestimmung der Geschäftsphilosophie des Schauspielhauses; Planung, Organisation und Controlling der wahrgenommenen Aufgaben; Festlegung der Personalpolitik, Beteiligte sind u. a. der Intendant, die kaufmännische Direktorin, der Rat der Stadt B., der Kulturdezernent etc.)

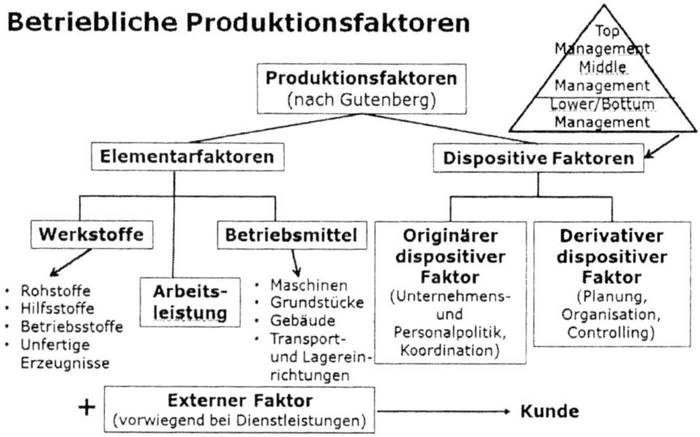

f) Definition der Begriffe Ökonomisches Prinzip, Produktivitätsmaximierung, Gesamtkapitalrentabilität und Eigenkapitalquote:

Ökonomisches Prinzip: Wirtschaftlichkeit/Effizienz = ökonomische Ausprägung des Rationalprinzips (die Dinge richtig tun)

Wirtschaftlichkeit = bewerteter Output/wertmäßiges Ergebnis : bewerteter Input/ wertmäßiger Einsatz oder Leistung : Kosten

Minimalprinzip = Sparsamkeitsprinzip (inputorientiert); minimaler Mitteleinsatz bei gegebener Zielerreichung

Maximalprinzip = Ergiebigkeitsprinzip (outputorientiert); maximale Zielerreichung bei gegebenem Mitteleinsatz

Produktivitätsmaximierung = Ausdruck technischer Zusammenhänge (Mengenproduktivität) mit dem Ziel, eine möglichst hohe Outputmenge zu erreichen.

Produktivität = Outputmengen/mengenmäßiges Ergebnis : Inputmengen/mengen-mäßiger Einsatz

Teilproduktivitäten können, müssen aber nicht aufgeführt werden.

Arbeitsproduktivität = Outputmengen, z. B. Beratungsgespräche, Feuerwehreinsätze : eingesetzte Arbeitsstunden, z. B. Mitarbeiter

Maschinenproduktivität = Outputmengen, z. B. gedruckte Bescheide : eingesetzte Arbeitsstunden, z. B. Drucker

Kapitalproduktivität = Outputmengen, z. B. Einsätze der Feuerwache : eingesetztes Kapital, z. B. Feuerwehrfahrzeuge

Produktivität des Materialeinsatzes = Outputmengen, z. B. gestreute Straßen : eingesetztes Material, z. B. Streusalz

Rentabilität = Gegenüberstellung des erzielten Gewinns des Jahres dem von Beginn des Jahres an bestehenden Eigenkapital (Was bringt dem Unternehmen das eingesetzte Kapital?).

Gesamtkapitalrentabilität: [(Gewinn + Fremdkapitalzinsen): Gesamtkapital] x 100

Eigenkapitalrentabilität: (Gewinn : Gesamtkapital) x 100

Umsatzrentabilität: (Gewinn : Umsatz) x 100

Die **Eigenkapitalquote** kennzeichnet den Anteil des Eigenkapitals am Gesamtkapital.

Berechnungen der Gesamtkapitalrentabilität und der Eigenkapitalquote:

Berechnung der Gesamtkapitalrentabilität:
[(Gewinn + Fremdkapitalzinsen): Gesamtkapital] x 100 = (839.093,80 € : 6.904.184,47 €) x 100 = **12,15 %;** Anmerkung: Da keine Fremdkapitalzinsen angegeben sind, können diese nicht berücksichtigt werden.

Berechnung der Eigenkapitalquote: (939.093,80 € : 6.904.184,47 €) x 100 = **13,60 %**

Zuordnung der Begriffe zu den aufgeführten Beispielen mit Begründung:

- Das Schauspielhaus soll mit einem Eigenkapitaleinsatz von 30.000,00 € einen möglichst großen Gewinn erzielen.
  Hierbei handelt es sich um das ökonomische Prinzip in der Ausprägung des Maximalprinzips.

- Die kaufmännische Direktorin des Schauspielhauses will einen Kredit von 200.000,00 € für dringend notwendige energetische Maßnahmen am Gebäude aufnehmen, für den sie möglichst geringe Zinsen zahlen will.
  Die Bestrebungen der kaufmännischen Direktorin zielen auf das ökonomische Prinzip in seiner Minimalausprägung.

- Der Intendant will, dass sein Ensemble mit möglichst wenigen Vorstellungen möglichst viele Besucher/-innen begeistert.
  Hier wird das Extremumprinzip angesprochen, das nicht lösbar ist, da nicht gleichzeitig maximiert und minimiert werden kann. Eine Größe müsste fix sein.

- Im Kulturausschuss der Stadt B. schlägt die Mehrheitsfraktion vor, das Stammkapital des Schauspielhauses um 50.000,00 € zu erhöhen.
  Die Erhöhung des Stammkapitals trägt dazu bei, die Eigenkapitalquote zu erhöhen (Anteil des Eigenkapitals am Gesamtkapital).

- Der Marketingchef des Schauspielhauses will mit einem noch vorhandenen Vorrat an Papier möglichst viele Flyer drucken lassen.
  Der Marketingchef will hier Produktivitätsmaximierung betreiben. Der Papiervorrat ist fix, durch eine optimale Ausnutzung des Papiers (Minimierung von Fehldrucken) kann der Output an bedruckten Flyern maximiert werden.

g) Erklärung der o. a. Begriffe und Benennung passenden Beispiele mit erkennbarem Bezug zum Schauspielhaus der Stadt B.:

Die **Finanzierung** lässt sich **aus verschiedenen Perspektiven** betrachten und einordnen:

1. Perspektive: Wo kommt das Kapital her?

Außenfinanzierung	Die finanziellen Mittel werden **durch Außenstehende** bereitgestellt, entweder mittels Fremdkapital durch Kredite (Kredit- und Fremdfinanzierung) oder mittels Eigen-/Haftungskapital durch Kapitaleinlagen (Beteiligungs- und Eigenfinanzierung). **Beispiel:** Aufnahme eines Kredits bei einer Bank zur energetischen Sanierung des Gebäudes.
Innenfinanzierung	Die finanziellen Mittel werden **aus eigener Kraft** bereitgestellt, also aus dem Umsatzprozess heraus bzw. durch einen ähnlichen Prozess wie z. B. Vermögenskäufe, Vermietung, Verpachtung. Entweder es findet ein Vermögenszuwachs (z. B. Rückstellungen für später zu zahlende Pensionen, Finanzierung aus einbehaltenem Gewinn) oder eine Vermögensumschichtung (z. B. Reinvestitionen aus Umsatzerlösen/ Kauf neuer Maschinen, Nettoinvestitionen aus Um-satzerlösen/" verdiente" Abschreibungen für zusätzliche Investitionen) statt. **Beispiel:** Kauf neuer Theaterbestuhlung aus Verkaufserlösen von Abonnements, Eintrittskarten etc.

2. Perspektive: Welche Rechtsstellung haben die Kapitalgeber?

Eigen-finanzie-rung	Die finanziellen Mittel werden in Form von **Eigen-/Haftungskapital** zugeführt, entweder durch Einlagen-/Beteiligungsfinanzierung (Außenfinanzierung) oder die Selbstfinanzierung (Finanzierung aus einbehaltenem Gewinn, Innenfinanzierung). **Beispiel:** Erzielter Gewinn wird genutzt, um neue Beleuchtungsanlagen anzuschaffen.
Fremd-finanzie-rung	Die finanziellen Mittel werden in Form von **Gläubigerkapital** zugeführt, entweder durch Kreditfinanzierung (Außenfinanzierung) oder Finanzierung durch Pensionsrückstellungen (Innenfinanzierung). **Beispiel:** Pensionsrückstellungen für Mitarbeiter/-innen des Schauspielhauses

Investitionen lassen sich **nach Zweck und Gegenstand** klassifizieren:

Investitionen nach Zweck:	**Investitionen finanzieller Mittel...**
Reinvestition	die durch Verschleiß oder technischen Fortschritt anfallen und dazu dienen, die Kapazität aufrechterhalten, indem dieser Verschleiß ersetzt wird. **Beispiel:** Kauf neuer Theaterbestuhlung aus Verkaufserlösen von Abonnements, Eintrittskarten etc.

Investitionen nach Gegenstand:	**Investitionen finanzieller Mittel...**
Immaterielle Investitionen	in Lizenzen, Patente, generell käuflich erworbenes Wissen, Forschung und Entwicklung etc. **Beispiel:** Aufführungsrechte

8.4 SEA-Senioreneinrichtungen Ahrheim gGmbH

8.4.1 Sachverhalt und Aufgaben

Sachverhalt

Der Betrieb von Alten- und Pflegeeinrichtungen, der anderswo durchaus lukrativ ist, ist für die Stadt Ahrheim zurzeit ein Verlustbringer von zwei bis drei Millionen € jährlich. Die Stadt betreibt vier Alten- und Pflegeeinrichtungen und will nun mit Hilfe privater Investoren aus der Misere kommen. Die Bilanz der SEA-Senioreneinrichtungen Ahrheim gGmbH der Stadt Ahrheim zum 31.12.2020 sieht wie folgt aus:

Aktiva	
A. Anlagevermögen	
I. Immaterielle Vermögensgegenstände	
1. Entgeltlich erworbene gewerbliche Schutzrechte und ähnliche Rechte und Werte	1.234,00 €
II. Sachanlagen	
1. Grundstücke, grundstücksgleich Rechte mit Betriebsbauten auf fremden Grundstücken	18.965.721,27 €
2. Technische Anlagen	135.676,00 €
3. Einrichtungen und Ausstattungen ohne Fahrzeuge	1.020.265,22 €
4. Fahrzeuge	4,00 Stück
5. Geleistete Anzahlungen und Anlagen im Bau	4.247.206,91 €
	24.370.107,40 €
B. Umlaufvermögen	
I. Vorräte	
1. Roh-, Hilfs- und Betriebsstoffe	42.692,01 €
II. Forderungen und sonstige Vermögensgegenstände	
1. Forderungen aus Lieferungen und Leistungen	326.028,77 €
2. Sonstige Vermögensgegenstände	50.804,41 €
III. Kassenbestand und Guthaben bei Kreditinstituten	5.128.150,96 €
	15.547.676,15 €
C. Rechnungsabgrenzungsposten	27.613,34 €
Bilanzsumme	39.945.396,89 €

Passiva	
A. Eigenkapital	
I. Gezeichnetes Kapital	500.000,00 €
II. Kapitalrücklage	5.978.751,92 €
III. Verlustvortrag	- 271.001,39 €
IV. Jahresfehlbetrag	- 1.147.969,96 €
	5.059.780,57 €
B. Sonderposten aus Zuschüssen und Zuweisungen zur Finanzierung des Sachanlagevermögens	
1. Sonderposten aus öffentlichen Fördermitteln für Investitionen	89.626,00 €
2. Sonderposten aus nicht-öffentlicher Förderung von Investitionen	384,00 €
	90.010,00 €
C. Rückstellungen	
1. Sonstige Rückstellungen	3.216.933,76 €
	3.216.933,76 €
D. Verbindlichkeiten	
1. Verbindlichkeiten aus Lieferungen und Leistungen	751.089,62 €
2. Verbindlichkeiten gegenüber Kreditinstituten	29.062.466,61 €
3. Verbindlichkeiten gegenüber Gesellschaftern	777.933,39 €
4. Sonstige Verbindlichkeiten	69.601,53 €
5. Verwahrgeldkonto	139.549,32 €
	30.800.640,47 €
E. Rechnungsabgrenzungsposten	778.032,09 €
Bilanzsumme	39.945.396,89 €

Angesichts der prekären Haushaltslage der Stadt Ahrheim und der Notwendigkeit, bis 2025 über 100 Millionen € dauerhaft einzusparen, wurde der noch im alten Jahr verfolgte anspruchsvolle Plan, das Altenheim am Blumengarten im Ortsteil Barnsdorf mit zwei Neubauten für 17,1 Millionen € auszustatten, begraben. Nur noch ein Gebäude soll dort entstehen, sodass rund 7 Millionen € Baukosten gespart werden. Aber auch für die abgespeckte Lösung im Blumengarten hat die Stadt Ahrheim kein Geld.

Wegen der Haushaltssperre unterliegt sie erheblichen Krediteinschränkungen. Deshalb erwägt die Stadt nun, das Investorenmodell als Erscheinungsform des PPP für sich zu nutzen. Für diesen neuen Weg gab es in der letzten Ratssitzung des vergangenen Jahres grünes Licht. Das Investorenmodell ist auch für das marode Altenheim am Mühlenkamp ein Hoffnungsträger, nachdem die Neubauplanung auch dort mangels finanzieller Ressourcen erstarrte.

Aufgaben

a) Bis zur Gründung der städtischen SEA-Senioreneinrichtungen Ahrheim gGmbH zum 01.01.2015 wurden die vier städtischen Alten- und Pflegeeinrichtungen als eigenbetriebsähnliche Einrichtung der Stadt Ahrheim geführt. Grenzen Sie die beiden Betriebsformen der eigenbetriebsähnlichen Einrichtung und der Gesellschaft mit beschränkter Haftung anhand drei dazu geeigneter Merkmale voneinander ab. Was könnten die ausschlaggebenden Gründe gewesen sein, sich zur Gründung der gemeinnützigen GmbH zu entscheiden?

b) Erklären Sie, welches Ziel mit PPP-Projekten verfolgt wird. Erläutern Sie, was unter dem Investorenmodell zu verstehen ist, das die Stadt Ahrheim anwenden will, um neue Gebäude für die Altenpflege errichten und nutzen zu können. Führen Sie aus, welche Chancen und Risiken sich aus der Nutzung des Investorenmodells für die Stadt Ahrheim und die Investoren ergeben können.

c) „Wozu betreibt die Stadt überhaupt noch Alten- und Pflegeheime?" – Dieses Engagement der Stadt wurde erst kürzlich von Politikern verschiedener Ratsfraktionen heftig in Frage gestellt, zum einen, weil die Stadt Ahrheim notorisch klamm ist, und zum anderen, weil inzwischen viele moderne Altenheimplätze anderer Träger hinzugekommen sind. Erläutern Sie, welche Gruppen Einfluss auf den betrieblichen Zielbildungsprozess der städtischen SEA-Senioreneinrichtungen Ahrheim gGmbH haben und welche Interessen diese verfolgen. Was spricht dafür bzw. dagegen, dass die Stadt Ahrheim eigene Alten- und Pflegeeinrichtungen betreibt?

d) Der Gesetzgeber schreibt Trägern von Alten- und Pflegeinrichtungen ab dem Jahr 2018 eine Einbettzimmerquote von 80 % vor. Diese Quote erfüllten viele Einrichtungen in Ahrheim bis dahin nicht. Sie realisieren die Einbettzimmerquote überwiegend durch die Umwandlung von Doppelzimmern in Einzelzimmer. Welche Folgen hat dieses Vorgehen für das Angebot an Plätzen der stationären Pflege in Alten- und Pflegeeinrichtungen in Ahrheim und ggf. auch anderen Kommunen? Welche Handlungsbedarfe ergeben sich daraus für die Angebotsplanung?

e) Die SEA-Senioreneinrichtungen Ahrheim gGmbH hat sich im Geschäftsjahr 2020 dazu entschieden, der durch die Politik initiierten Entbürokratisierung der Pflege zu folgen und die Qualität der Pflege und Betreuung zu steigern. Es wurde eine neue Art der Pflegedokumentation eingeführt, die die alten Pflegemodelle durch einen personenzentrierten Ansatz ersetzt. Ziel der neuen Pflegedokumentation ist es, mit geringerem Aufwand eine schnellere Gesamtorientierung über die Pflegesituation der betreuten Menschen zu geben. Legen Sie dar, welche Herausforderungen sich durch die Einführung der neuen Pflegedokumentation im Hinblick auf die Dimensionen der Qualität nach Donabedian ergeben.

f) Definieren Sie die Begriffe Ökonomisches Prinzip, Investitionen, Verbindlichkeiten und Eigenkapitalquote entweder verbal in jeweils maximal zwei Sätzen oder mit einer entsprechenden Formel. Ordnen Sie diese Begriffe den im Folgenden aufgeführten Beispielen zu und begründen Sie Ihre Entscheidung jeweils mit maximal zwei Sätzen:

1. Der Geschäftsführer der SEA-Senioreneinrichtungen Ahrheim gGmbH will einen Kredit von 500.000,00 € für dringend notwendige Umbaumaßnahmen zur Schaffung von Einzelzimmern im Gebäude an der Sachsenstraße aufnehmen, für den er möglichst geringe Zinsen zahlen will.
2. Im Ausschuss für Beteiligung und Controlling der Stadt Ahrheim schlägt die Mehrheitsfraktion vor, das Stammkapital der SEA-Senioreneinrichtungen Ahrheim gGmbH um 200.000,00 € zu erhöhen.
3. Der Geschäftsführer der SEA-Senioreneinrichtungen Ahrheim gGmbH will mit einem noch vorhandenen Budget von 12.000 Euro im Bereich des Serverhostings einen bestmöglichen Anbieterwechsel vollziehen.

Berechnen Sie die Eigenkapitalquote unter Verwendung von Daten aus der o. a. Bilanz.

g) Erläutern Sie interne und externe betriebliche Produktionsfaktoren und zeigen Sie jeweils an geeigneten Beispielen auf, wie diese im vorliegenden Sachverhalt aussehen.

8.4.2 Lösungshinweise

a) Abgrenzung der beiden Betriebsformen der eigenbetriebsähnlichen Einrichtung und der Gesellschaft mit beschränkter Haftung:

Rechtsform →	öffentlich-rechtlich	privatrechtlich
Merkmale ↓	**Eigenbetrieb und eigenbetriebsähnliche Einrichtung**	**(gemeinnützige) Gesellschaft mit beschränkter Haftung**
Rechtliche Verhältnisse	Keine eigene Rechtspersönlichkeit (rechtliche Unselbstständigkeit, aber organisatorische und wirtschaftliche Selbstständigkeit); Sondervermögen der Gemeinde; Gründung muss gemeinderechtlich zulässig sein	Handels- und steuerrechtlich eigenständige Rechtspersönlichkeit (organisatorische, rechtliche und wirtschaftliche Selbstständigkeit); Gründung muss gemeinderechtlich zulässig sein
Rechtliche Grundlagen	§ 114 Gemeindeordnung NRW - GO NRW - Eigenbetriebsverordnung - EigVO -, Betriebssatzung; zur eigenbetriebsähnlichen Einrichtung: § 107 Abs. 2 GO NRW	§ 108 GO NRW, Gesellschaftsrecht: Handelsgesetzbuch - HGB -, Gesetz betreffend die Gesellschaften mit beschränkter Haftung - GmbHG -
Mindestkapital	§ 9 EigVO: „Angemessene Eigenkapitalausstattung“	25.000 €
Leitung und Kontrolle	Leitung: Betriebsleitung; Kontrolle: Betriebsausschuss, Rat	Leitung: Geschäftsführer; Kontrolle: Gesellschafterversammlung, Aufsichtsrat (fakultativ)

Leitungsstruktur	Kürzere Entscheidungswege und weniger parzellierte Zuständigkeiten	Kurze Entscheidungswege und Gesamtzuständigkeit der Geschäftsführung; Identität von Entscheidung und Verantwortung
Personalwesen	Eingebunden in das öffentliche Dienstrecht und Arbeitsrecht; die Kommune ist Dienstherr bzw. Arbeitgeber der Beschäftigten; eigener Stellenplan; beschränkt eigene Personalwirtschaft	Abschluss von individuellen Anstellungsverträgen, Flexibilität auch bei der Anwendung des TVöD; eigene Personalwirtschaft
Personalvertretung	Unterliegt dem LPVG; Personalrat	Gemäß Betriebsverfassungsgesetz – BetrVG -; Betriebsrat, Mitbestimmungsgesetz - MitBestG
Wirtschaftsplanung	Eigener Wirtschaftsplan, Doppik nach HGB oder NKF	Eigener Wirtschaftsplan, Doppik nach HGB
Finanzierung	Beschränkt eigene Kreditwirtschaft	Eigene Kreditwirtschaft
Beteiligung Dritter	Nein	Ja
Prüfungswesen – örtliche Prüfung	Rechnungsprüfung der Kommune	Prüfung gemäß HGB
Beispiele - Auswahl	Kleinere Stadtwerke, kleinere Krankenhäuser, kleinere Bauhöfe, kleiner Abwasserbetriebe Zur eigenbetriebsähnlichen Einrichtung: § 107 Abs. 2 GO NRW beachten	Größere Stadtwerke (z. B. Stadtwerke Münster), Messebetriebe, größere Krankenhäuser, Alten- und Pflegeinrichtungen, Stadtmarketinggesellschaften

Mögliche ausschlaggebende Gründe, sich zur Gründung der gGmbH zu entscheiden:

Zu den aufzuzeigenden ausschlaggebenden Gründen, sich zur Gründung der gGmbH zu entscheiden, sind verschiedene Lösungen denkbar. Mögliche Gründe könnten u. a. folgende Aspekte beinhalten: Eigene Rechtspersönlichkeit, eigene Kreditwirtschaft, eigen Personalwirtschaft, Prüfung gemäß HGB.

b) Erklärung, welches Ziel mit PPP-Projekten verfolgt wird:

Eine **Public Private Partnership** (PPP), also eine öffentlich-private Partnerschaft (ÖPP), bezeichnet die vertraglich geregelte Zusammenarbeit zwischen öffentlicher Hand und privatrechtwirtschaftlichen Unternehmen mit dem Ziel, einen beiderseitigen organisatorischen und/oder finanziellen Nutzen zu erzielen. In solchen Partnerschaften werden für komplexe(re) Aufgaben benötigte Ressourcen, etwa Personal, Kapital und Fachwissen, vereinigt und als gemeinsames Projekt realisiert. Jeder Partner spezialisiert sich dabei auf sein Fachgebiet. Zumeist gründen die Partner eine Zweckgesellschaft, an der private Wirtschaft und öffentliche Hand jeweils in etwa gleich große Anteile halten. Die Art der Kooperation zwischen privater Wirtschaft und öffentlicher Hand ist bei der Public Private Partnership nicht eindeutig definiert. Im Allgemeinen ist von PPP die Rede, wenn die Partner ihre persönlichen Stärken für die Realisierung eines gemeinsamen Projektes einsetzen und im Rahmen einer langfristigen Zusammenarbeit von den Fähigkeiten des Anderen profitieren. Nicht als PPP betrachtet werden dementsprechend reine Finanzierungsgeschäfte sowie die Erteilung von Dienstleistungsaufträgen der öffentlichen Hand an private Unternehmen. Bei der PPP trägt der private Partner die Verantwortung für die einzelwirtschaftliche Erbringung der Leistungen. Die öffentliche Hand gewährleistet hingegen die Einhaltung gemeinsamer Ziele.

Erläuterung dazu, was unter dem Investorenmodell zu verstehen ist und welche Chancen und Risiken sich aus der Nutzung des Investorenmodells für die Stadt Ahrheim und die Investoren ergeben können:

Beim **Investorenmodell** handelt es sich um ein Finanzierungsmodell im Rahmen der PPP, wobei es überwiegend um die Errichtung von größeren Gebäuden geht, die nach deren Fertigstellung durch den Investor an die öffentliche Hand zur längerfristigen Nutzung vermietet werden. Die Grundidee besteht darin, dass sich Unternehmen, die auf der privaten Seite regelmäßig bei einem Bauprojekt beteiligt sind, zu einem Kollektiv zusammenschließen, sodass dem öffentlichen Auftraggeber quasi nur ein Partner gegenübersteht.

Chancen und Risiken aus der Nutzung des Investorenmodells für die Stadt Ahrheim und die Investoren:

- Es entsteht eine längerfristige Zusammenarbeit zwischen öffentlicher Hand und privatem/n Unternehmen zur Erzielung einer Win-win-Situation für beide Beteiligten.
- Die Stadt Ahrheim wird finanziell dadurch entlastet, dass der Investor die Gebäude baut und instand hält. Sie mietet die Gebäude längerfristig.
- Der Investor tätigt eine Investition, die ihm über viele Jahre eine sichere Einnahmequelle aus der Miete der Gebäude durch einen solventen Mieter bietet.
- Es ergibt sich ein aus der Art der Aufgabenerfüllung resultierender kontinuierlicher Abstimmungsbedarf im Zeitverlauf. Daraus entsteht eine wechselseitige Abhängigkeit, ein „aufeinander angewiesen sein".
- Im Zeitverlauf kann sich zeigen, dass die Finanzierung der Gebäude längerfristig betrachtet aus eigener Kraft für die Stadt Ahrheim kostengünstiger hätte gewesen sein können.
- Auf Seiten des Investors könnte sich im Zeitverlauf zeigen, dass die vereinbarten Mietzahlungen die Kosten der Instandhaltung und Instandsetzung nicht die avisierte Rendite erbringen.

c) Erläuterung, welche Gruppen Einfluss auf den betrieblichen Zielbildungsprozess der städtischen SEA-Senioreneinrichtungen Ahrheim gGmbH haben und welche Interessen diese verfolgen:

Bei den Gruppen, die Einfluss auf die betrieblichen Zielbildungsprozesse der städtischen SEA-Senioreneinrichtungen Ahrheim gGmbH haben, sind **externe und interne Gruppen** mit ihren jeweiligen Interessenlagen zu differenzieren. Zu den externen Gruppen gehören die **Kapitalgeber** (Interessen: zukunftsfähige Kapitalbindung, verlässliche Zahlung von Zinsen und Tilgung, hoher Wert des Betriebs), die **Partner am Markt mit Lieferanten und Kunden** (Interessen der Kunden: gute Altenpflege und Betreuung, faires Preis-/Leistungsverhältnis, hohe Qualität der Pflege; Interessen der Lieferanten: sichere Zahlungen, fortdauernde Liefermöglichkeiten zu angemessenen Preisen, z. B. Versorgung der Bewohner/-innen mit medizinischen Produkten etc.), die **Mitbewerber** (Interessen: nicht konkurrierende Pflege und Betreuung), die **Stadt Ahrheim** (Interessen: möglichst geringer bzw. auf Dauer kein Zuschussbedarf, möglichst Gewinnerzielung, Sicherung von Arbeitsplätzen, Förderung der Altenpflege), der **Staat** sowie die **Gesellschaft** (Interessen: seniorengerechtes und barrierefreies Wohnen, gute Pflege und Betreuung, attraktives, ansprechendes Rahmenprogramm, Sicherung von Arbeitsplätzen, Förderung der Altenpflege). Zu den internen Gruppen zählen u. a. die Geschäftsführung, pflegerische Leitung, technische Leitung (Interessen: Macht, Einfluss, Ansehen, Verwirklichung eigener Ideen in der Pflege betreuungsbedürftiger Menschen, Sicheres Einkommen) die **Mitarbeiter/-innen** (Interessen: sichere Arbeitsplätze, sichere Einkommen, gute Arbeitsbedingungen, angemessenes Einkommen), die **Personalvertretung** (Interessen: sichere Arbeitsplätze, sichere Einkommen, gute Arbeitsbedingungen, angemessenes Einkommen).

Argumentation für und gegen den Betrieb eigener Alten- und Pflegeeinrichtungen durch die Stadt Ahrheim:

Was dafür spricht, dass die Stadt Ahrheim eigene Alten- und Pflegeeinrichtungen betreibt:
Zweck der gGmbH ist die Förderung der Altenpflege. Sie betreibt zu diesem Zweck Alten- und Pflegeheime. Die gGmbH ist verpflichtet, nach den Wirtschaftsgrundsätzen des § 109 GO NRW zu verfahren. Dabei ist die Gesellschaft so zu führen, dass der öffentliche Zweck nachhaltig erfüllt wird. Sie ist gemeinnützig tätig, das heißt, sie ist im Zuge ihrer Geschäftstätigkeit nicht auf die Erzielung von Gewinn ausgerichtet.

Was dagegen spricht, dass die Stadt Ahrheim eigene Alten- und Pflegeeinrichtungen betreibt:
Sie tritt in Konkurrenz zu freien Trägern der Wohlfahrtspflege und privaten Betreibern von Alten- und Pflegeeinrichtungen, deren Betrieb nicht in dem Umfang aus städtischen Mitteln (mit)-finanziert werden.

d) Aufzeigen von Folgen für das Angebot an Plätzen der stationären Pflege in Alten- und Pflegeeinrichtungen in Ahrheim und ggf. auch anderen Kommunen dadurch, dass die gesetzlich vorgeschriebene Einbettzimmerquote überwiegend durch die Umwandlung von Doppelzimmern in Einzelzimmer realisiert wird:

Folgen dieses Vorgehens für das Angebot an Plätzen der stationären Pflege in Alten- und Pflegeeinrichtungen in Ahrheim und ggf. auch anderen Kommunen könnten diese sein:

Da davon auszugehen ist, dass zahlreiche Einrichtungsträger die Erfüllung der Einbettzimmerquote durch die Umwandlung von Doppelzimmern in Einzelzimmer realisieren, sinkt zum einen das Angebot an Pflegeplätzen für diejenigen, die auf der Suche nach einer für sie passenden Betreuungsform sind. Zum anderen werden die Chancen für den einzelnen Marktteilnehmer auf Vollauslastung steigen, wenn er Einzelzimmer in ausreichender Anzahl zur Verfügung stellen kann. Des Weiteren werden zukünftig noch stärker als bisher seniorengerechte barrierefreie

Wohnformen mit kleinen stationären Einrichtungen und Wohngemeinschaften die Pfleglandschaft mit der Maxime „ambulant vor stationär“ bestimmen und die Nachfrage am Markt verändern.

Auf der anderen Seite gewinnt das Fixkostenmanagement an Bedeutung, denn die Fixkosten der Einrichtungen lassen sich nicht oder nicht so schnell an eine geringere Belegung anpassen.

Darlegung von sich daraus ergebenden Handlungsbedarfen für die Angebotsplanung:

Die Träger von Angeboten der Altenpflege werden die Erwartungen, Wünsche und Notwendigkeiten heutiger Pflege und Betreuung noch mehr als bislang in den Blick nehmen müssen, um entsprechende Angebote offerieren zu können. Zu den Handlungsbedarfen können nähere Ausführungen sinnvoll sein, u. a. zu bedürfnisgerechten Alten- und Pflegeeinrichtungen, zu finanzierbaren Angeboten, zur Notwendigkeit der Attraktivitätssteigerung von Arbeitsplätzen in der Altenpflege etc.

e) Darlegung, welche Herausforderungen sich durch die Einführung der neuen Pflegedokumentation im Hinblick auf die Dimensionen der Qualität nach Avedis Donabedian ergeben:

Qualität ist nach der Definition von Avedis Donabedian sinngemäß die Übereinstimmung zwischen dem Pflegeergebnis und den zuvor formulierten Zielen. Im Mittelpunkt der pflegerischen Überlegungen steht der betreute Mensch mit seinen Wünschen, Erwartungen, Ressourcen und seinen Ängsten. International anerkannt ist Donabedians **Differenzierung von Qualität in die Dimensionen Struktur-, Prozess- und Ergebnisqualität**. Durch die Einführung der neuen Pflegedokumentation ergeben sich neue Herausforderungen im Hinblick auf die einzelnen Dimensionen der Qualität:

1. **Strukturqualität:** vorhandene Infrastruktur, personelle und fachliche Ressourcen, rechtliche oder vertragliche Bestimmungen, Vereinbarungen, bauliche Aspekte, z. B. Einzelzimmer, Aufzug, Beleuchtung, Materialien, Wissen und Fertigkeiten, ausgebildetes Personal, (technische) Hilfsmittel.

2. **Prozessqualität:** Art und Weise des tatsächlichen Tuns (der Dienstleistungserbringung), Pflegesystem, Pflegestandards, Pflegedokumentation, Handhabung von Vorschriften oder Ausbildungsstandards.

3. **Ergebnisqualität:** Ergebnis der Dienstleistungserbringung, Output- und Outcome, gesundheitlicher Zustand der Bewohner/Patienten, z. B. Dekubitusinzidenz, Zeitaufwand, Kosten, subjektive Zufriedenheit des betreuten Menschen.

Die Erreichung des Versorgungsauftrags, die Zufriedenheit der Nutzer/-innen und die Zufriedenheit der Mitarbeitenden sind vor dem Hintergrund der Erhaltung des Kostenrahmens die wesentlichen Indikatoren. Die erzielten Ergebnisse müssen dokumentiert und kontrolliert werden. Am Beispiel der Pflege stellen sich z. B. die

Fragen: Ist der betreute Mensch zufrieden? Nützt diese Art der Pflege seinem Wohlbefinden?

f) Definition der Begriffe Ökonomisches Prinzip, Investitionen, Verbindlichkeiten und Eigenkapitalquote:

Ökonomisches Prinzip: Wirtschaftlichkeit/Effizienz = ökonomische Ausprägung des Rationalprinzips (die Dinge richtig tun)

Wirtschaftlichkeit = bewerteter Output/wertmäßiges Ergebnis : bewerteter Input/ wertmäßiger Einsatz oder Leistung : Kosten

Minimalprinzip = Sparsamkeitsprinzip (inputorientiert); minimaler Mitteleinsatz bei gegebener Zielerreichung

Maximalprinzip = Ergiebigkeitsprinzip (outputorientiert); maximale Zielerreichung bei gegebenem Mitteleinsatz

Investitionen stellen die langfristige Bindung finanzieller Mittel in materiellen oder in immateriellen Vermögensgegenständen dar. Bei Investitionsentscheidungen steht die zielgerichtete Verwendung der durch die Finanzierung beschafften Finanzmittel im Mittelpunkt. Investitionen schlagen sich auf der Aktivseite der Bilanz nieder (Sachanlagevermögen, Finanzanlagen und immaterielle Vermögensgegenstände), ihre Finanzierung ist entsprechend auf der Passivseite zu finden (Eigenkapital und Fremdkapital).

Verbindlichkeiten sind in der Bilanz abgebildete Verpflichtungen gegenüber Dritten. Verbindlichkeiten gehören – neben den Rückstellungen – zum Fremdkapital bzw. zu den Schulden. Die Höhe der Verbindlichkeiten kann den Passiva der Bilanz entnommen werden (§ 266 Abs. 3 C. Verbindlichkeiten HGB). **Verbindlichkeiten gegenüber Gesellschaftern** (z. B. ein Gesellschafterdarlehen) sind bei einer GmbH gesondert auszuweisen bzw. zu vermerken oder im Anhang anzugeben (§ 42 Abs. 3 GmbHG).

Die **Eigenkapitalquote** kennzeichnet den Anteil des Eigenkapitals am Gesamtkapital.

Zuordnung der Begriffe zu den aufgeführten Beispielen mit Begründung:

1. Der Geschäftsführer der SEA-Senioreneinrichtungen Ahrheim gGmbH will einen Kredit von 500.000,00 € für dringend notwendige Umbaumaßnahmen zur Schaffung von Einzelzimmern im Gebäude an der Sachsenstraße aufnehmen, für den er möglichst geringe Zinsen zahlen will.
   Die Bestrebungen des Geschäftsführers zielen auf das ökonomische Prinzip in seiner Minimalausprägung ab. Mit der tatsächlichen Aufnahme eines Kredits geht die SEA-Senioreneinrichtungen Ahrheim gGmbH Verbindlichkeiten gegenüber dem Kreditinstitut ein, dem gegenüber sie Tilgungs- und Zinsleistungen zu erbringen hat. Mit den Umbaumaßnahmen wird eine Bindung der finanziellen Mittel vollzogen. Es wird investiert.

2. Im Ausschuss für Beteiligung und Controlling der Stadt Ahrheim schlägt die Mehrheitsfraktion vor, das Stammkapital der SEA-Senioreneinrichtungen Ahrheim gGmbH um 200.000,00 € zu erhöhen.
   Die Erhöhung des Stammkapitals trägt dazu bei, die Eigenkapitalquote zu erhöhen (Anteil des Eigenkapitals am Gesamtkapital). Außerdem liegt eine Investition vor.

3. Der Geschäftsführer der SEA-Senioreneinrichtungen Ahrheim gGmbH will mit einem noch vorhandenen Budget von 12.000 Euro im Bereich des Serverhostings einen bestmöglichen Anbieterwechsel vollziehen.
   Hierbei handelt es sich um das ökonomische Prinzip in der Ausprägung des Maximalprinzips. Außerdem liegt eine Investition vor.

Berechnung der Eigenkapitalquote:
(5.059.780,57 € : 39.945.396,89 €) x 100 = **12,67 %**

g) Erläuterung interner und externer betrieblicher Produktionsfaktoren und passende Beispiele zum vorliegenden Sachverhalt:

Externe Produktionsfaktoren zeichnen sich durch folgende Kennzeichen aus:

- Sie werden nicht durch den Anbieter der Dienstleistung, sondern durch den Abnehmer der Dienstleistung in den Produktionsprozess eingebracht (z. B. Interesse an der Pflege und Betreuung in einer attraktiven und modernen Senioreneinrichtung, die dann entsprechend gebucht wird).
- Der Verbrauch bzw. die Nutzung der externen Produktionsfaktoren wird nicht durch den Anbieter der Dienstleistungen, sondern durch den Abnehmer der Dienstleistungen abgegolten (z. B. die Interessenbekundung an den Pflege- und Betreuungsangeboten, die dann entsprechend belegt werden). Als externer Produktionsfaktor ist nicht nur die Leistung des Abnehmers der Dienstleistung zu bewerten (Belegung des Pflegeplatzes etc.), sondern auch die von ihm zur Verfügung gestellten materiellen Güter (z. B. gezahltes Entgelt für die Betreuungsleistung) oder immateriellen Güter (Bereitschaft, Angebote der Einrichtung zu nutzen, z. B. Seniorenspielnachmittag).

Im Gegensatz dazu werden die internen Produktionsfaktoren vom Anbieter der Dienstleistungen selbst bereitgestellt, finanziert und in den Prozess der Erstellung der Dienstleistung eingebracht.

Die internen Produktionsfaktoren nach Gutenberg beinhalten die Elementarfaktoren (Werkstoffe, Betriebsmittel und ausführende Arbeit) und die dispositiven Faktoren (originäre und derivative Entscheidungen):

- **Werkstoffe als Rohstoffe, Hilfsstoffe, Betriebsstoffe, unfertige Erzeugnisse** (u. a. Wasser, Strom, Energie für die Pflege und Betreuung; Gas zur Beheizung der Gebäude, Pflegemittel, Pflegekonzept und -dokumentation)
- **Betriebsmittel** (u. a. Gebäude, Einzelzimmer, Speiseraum, Küche)
- **Arbeitsleistung/Ausführende Arbeit** (u. a. Pflegepersonal, Therapeuten, Verwaltungsmitarbeiter)

- **Dispositive Arbeit** (u. a. Bestimmung der Geschäftsphilosophie der Senioreneinrichtungen der Stadt Ahrheim, Pflegleitbild, Planung, Organisation und Controlling der wahrgenommenen Aufgaben; Festlegung der Personalpolitik, Beteiligte sind u. a. die Geschäftsführung, die Pflegedienstleitung, der Rat der Stadt Ahrheim, der zuständige Dezernent etc.)

8.5 Abfallwirtschaftsbetriebe Möckernburg

8.5.1 Sachverhalt und Aufgaben

Sachverhalt

Auf der Homepage der Abfallwirtschaftsbetriebe der Stadt Möckernburg heißt es:

Als kommunaler Entsorger für die Stadt Möckernburg haben wir uns dem Gemeinwohl verschrieben. Unser Kerngeschäft sind die Abfallentsorgung und die Stadtreinigung. Mit unseren 355 Mitarbeiterinnen und Mitarbeitern kümmern wir uns um die Entsorgung für 300.000 Menschen, für Unternehmen und Institutionen. Wir setzen dabei auf komfortablen Service, wie es ihn bundesweit kaum ein zweites Mal gibt. Nachhaltigkeit und Wirtschaftlichkeit bringen wir unter einen Hut, weil wir unsere Werte konsequent leben. Wir haben uns große Ziele gesetzt: Für die Menschen. Für die Umwelt. Für Möckernburg.

Neben unseren Betriebsgebäuden und dem Werksgelände an der Industriestraße 20 betreiben wir das Entsorgungszentrum in Heesetal mit der Deponie und einem großen Anlagenpark sowie elf Recyclinghöfe, die über das Stadtgebiet verstreut liegen. Fortschrittliche Entsorgungskonzepte, nah an unseren Kunden.

Wertstoffe, Problemabfälle, Aktenvernichtung - für unsere privaten und Firmenkunden konzipieren wir passgenaue Entsorgungslösungen. Wir hören gut zu und stellen uns auf spezielle Bedürfnisse ein. Intelligent, kreativ, zupackend und nachhaltig.

Die Bilanz der **Abfallwirtschaftsbetriebe Möckernburg - kommunal, nachhaltig, zukunftsfähig** - sieht zum 31.12.2020 wie folgt aus:

Aktiva	
A. Anlagevermögen	
I. Immaterielle Vermögensgegenstände	
1. Entgeltlich erworbene Konzessionen und Software	112.826,08 €
II. Sachanlagen	
1. Grundstücke mit Betriebs- und anderen Bauten	22.599.172,71 €
2. Anlagen der Stadtreinigung	3.393.360,12 €
3. Anlagen der Abfallwirtschaft	25.061.614,35 €
4. Andere Anlagen, Betriebs- und	
5. Geleistete Anzahlungen und Anlagen im Bau	3.732.979,12 €
	56.127.320,49 €
III. Finanzanlagen	
1. Wertpapiere des Anlagevermögens	9.500.841,60 €
2. Sonstige Ausleihungen	1.500.000,00 €
	11.000.841,60 €
	67.240.988,17 €
B. Umlaufvermögen	
I. Vorräte	
1. Roh-, Hilfs- und Betriebsstoffe	747.636,55 €
2. Fertige Erzeugnisse und Waren	84.979,42 €
	832.415,97 €
II. Forderungen und sonstige Vermögensgegenstände	
1. Forderungen aus Lieferungen und Leistungen	2.179.803,02 €
2. Forderungen an die Stadt Möckernburg	708.989,71 €
3. Sonstige Vermögensgegenstände	21.972,05 €
	2.910.764,78 €
III. Kassenbestand und Guthaben bei Kreditinstituten	15.008.936,90 €
	18.752.117,65 €
C. Rechnungsabgrenzungsposten	68.884,74 €
Bilanzsumme	86.061.990,56 €

Passiva	
A. Eigenkapital	
I. Stammkapital	500.000,00 €
II. Rücklagen	
Allgemeine Rücklagen	17.385.873,95 €
III. Jahresüberschuss	4.326.609,84 €
	22.212.483,79 €
B. Sonderposten aus Überschüssen AWM-Dienstleistungen	126.396,68 €
C. Sonderposten aus Photovoltaiküberschüssen	66.271,05 €
D. Sonderposten für Investitionszuschüsse zum Anlagevermögen	23.833,33 €
E. Rückstellungen	
1. Rückstellungen für Pensionen	2.462.826,00 €
2. Steuerrückstellungen	17.500,00 €
3. Sonstige Rückstellungen	
a) Gebührenüberschüsse	677.593,27 €
b) Übrige	34.041.137,00 €
	34.718.730,27 €
F. Verbindlichkeiten	
1. Verbindlichkeiten gegenüber Kreditinstituten	11.000.054,13 €
2. Verbindlichkeiten aus Lieferungen und Leistungen	4.263.720,40 €
3. Verbindlichkeiten gegenüber der Stadt Möckernburg	362.068.43 €
4. Verbindlichkeiten gegenüber den Gebührenzahlern	9.427.490,75 €
5. Sonstige Verbindlichkeiten	1.380.615,73 €
	26.433.949,44 €
Bilanzsumme	86.061.990,56 €

Aufgaben

a) Bis zur Gründung der Abfallwirtschaftsbetriebe der Stadt Möckernburg als AöR wurden diese als eigenbetriebsähnliche Einrichtung der Stadt Möckernburg geführt. Grenzen Sie die beiden Betriebsformen der eigenbetriebsähnlichen Einrichtung und der Anstalt des öffentlichen Rechts anhand drei dazu geeigneter Merkmale voneinander ab. Was könnten die ausschlaggebenden Gründe gewesen sein, sich zur Gründung der AöR zu entscheiden (maximal zwei Sätze)?

b) Seit Januar 2020 arbeiten die Abfallwirtschaftsbetriebe der Stadt Möckernburg mit der niederländischen Twolle Holding B.V., Apelbeer/Niederlande, zusammen. Das Unternehmen ist spezialisiert auf die Verwertung von Rohstoffen sowie die Erzeugung von Energie aus Abfall und hat im Zuge einer Ausschreibung den Auftrag für die Verwertung von Sortierresten aus der mechanischen Restabfallbehandlungsanlage (MRW) der Stadt Möckernburg erhalten. Aufgrund einer Rüge eines unterlegenen Wettbewerbers waren im Laufe des Jahres 2019 einzelne vergaberechtliche Fragen zu klären. Die Vergabekammer Westfalen bei der Bezirksregierung Münster hatte hierzu bereits mit Beschluss vom 31.01.2020 den Nachprüfungsantrag abgelehnt. Diese Entscheidung wurde mit Beschluss des Vergabesenats des Oberlandesgerichtes Düsseldorf vom 20.12.2020 bestätigt. Einer längerfristigen Zusammenarbeit der Abfallwirtschaftsbetriebe und der Twolle Holding B.V. steht somit nichts mehr im Wege. Bitte bearbeiten Sie folgende Aufgaben zu diesem Teilsachverhalt:

1. Legen Sie die Grundlagen des Vergaberechts dar. Stellen Sie, soweit möglich, einen Bezug zum Sachverhalt her.
2. Welche vergaberechtlichen Fragen könnten in dem o. a. Verfahren zu klären gewesen sein? Gehen Sie hierbei auch auf die allgemeinen Vergabeprinzipien und deren Bedeutung ein. Stellen Sie einen Bezug zum Sachverhalt her.

c) Bitte beurteilen Sie die folgenden Parameter im Wirtschaftsjahr 2020. Nutzen Sie dazu ggf. auch Informationen aus der Bilanz.

1. Was ist zur wirtschaftlichen „Gesundheit" der Abfallwirtschaftsbetriebe zu sagen, wenn davon auszugehen ist, dass im Wirtschaftsjahr 2020 bezogen auf die Ertragslage ein Planniveau von 3.795.000 € erreicht werden sollte?
2. Im Geschäftsbericht der Abfallwirtschaftsbetriebe heißt es, dass sich der Cashflow aus laufender Geschäftstätigkeit im Jahr 2020 gegenüber 2019 von 4.562.000,00 € auf 14.001.000,00 € erhöht hat. Definieren Sie den Begriff Cashflow und stellen Sie einen Bezug zu der Aussage im Geschäftsbericht her.

d) In der Bilanz der Abfallwirtschaftsbetriebe ist unter B. Umlaufvermögen von Roh-, Hilfs- und Betriebsstoffen die Rede. Erläutern Sie diese Begriffe, ordnen Sie die in einen passenden Gesamtzusammenhang ein und zeigen Sie jeweils an geeigneten Beispielen auf, wie diese im vorliegenden Sachverhalt aussehen.

e) Definieren Sie die Begriffe Ökonomisches Prinzip, Produktivitätsmaximierung, Gesamtkapitalrentabilität und Eigenkapitalquote entweder verbal in jeweils maximal zwei Sätzen oder mit einer entsprechenden Formel. Ordnen Sie diese Begriffe den im Folgenden aufgeführten Beispielen zu und begründen Sie Ihre Entscheidung jeweils mit maximal zwei Sätzen:

1. Der Vorstand der Abfallwirtschaftsbetriebe will mit einem noch vorhandenen Vorrat an Biogranulat möglichst viel Biomüll kompostieren.
2. Im Rat der Stadt Möckernburg schlagen die beiden Mehrheitsfraktionen vor, das Stammkapital der Abfallwirtschaftsbetriebe um 150.000,00 € zu erhöhen.
3. Der Verwaltungsrat der Abfallwirtschaftsbetriebe will, dass die Mitarbeitenden mit möglichst wenigen Fahreinsätzen möglichst viel Müll (in t) abfahren.

4. Der Vorstand der Abfallwirtschaftsbetriebe will einen Kredit von 800.000,00 € für dringend notwendige energetische Maßnahmen an einem Gebäude aufnehmen, für den er möglichst geringe Zinsen zahlen will.
5. Die Abfallwirtschaftsbetriebe sollen mit einem Eigenkapitaleinsatz von 60.000,00 € einen möglichst großen Überschuss erzielen.

Berechnen Sie die Gesamtkapitalrentabilität sowie die Eigenkapitalquote unter Verwendung von Daten aus der o. a. Bilanz.

f) Um welche Art von Finanzierung bzw. Investition handelt es sich bei den folgenden Beispielen:

1. Aufnahme eines Kredits bei einem Kreditinstitut zum Bau eines neuen Verwaltungsgebäudes?
2. Einbehaltung des Jahresüberschusses, um daraus ein neues Müllentsorgungsfahrzeug zu finanzieren?
3. Bildung von Rückstellungen für Pensionen für Mitarbeitende der Abfallwirtschafsbetriebe?
4. Einziehung von Müllgebühren gegenüber den Kundinnen und Kunden der Abfallwirtschaftsbetriebe per Müllgebührenbescheid?
5. Um welche Art von Investition handelt es sich beim Um- und Neubau einer Bio- und Feinkompostierungsanlage?

8.5.2 Lösungshinweise

a) Abgrenzung der beiden Betriebsformen der eigenbetriebsähnlichen Einrichtung und der Anstalt des öffentlichen Rechts:

Rechtsform →	**öffentlich-rechtlich**	
Merkmale ↓	**Eigenbetrieb und eigenbetriebsähnliche Einrichtung**	**Anstalt des öffentlichen Rechts**
Rechtliche Verhältnisse	Keine eigene Rechtspersönlichkeit (rechtliche Unselbstständigkeit, aber organisatorische und wirtschaftliche Selbstständigkeit); Sondervermögen der Gemeinde; Gründung muss gemeinderechtlich zulässig sein	Eigene Rechtspersönlichkeit (organisatorische, rechtliche und wirtschaftliche Selbstständigkeit); Gründung muss gemeinderechtlich zulässig sein
Rechtliche Grundlagen	§ 114 Gemeindeordnung NRW - GO NRW - , Eigenbetriebsverordnung - EigVO -, Betriebssatzung; zur eigenbetriebsähnlichen Einrichtung: § 107 Abs. 2 GO NRW	§ 114 a GO NRW, Kommunalunternehmensverordnung NRW - KUV NRW -, Unternehmenssatzung
Mindestkapital	§ 9 EigVO: „Angemessene Eigenkapitalausstattung"	§ 9 KUV: „Angemessenes Stammkapital", siehe Satzung
Leitung und Kontrolle	Leitung: Betriebsleitung; Kontrolle: Betriebsausschuss, Rat	Leitung: Vorstand; Kontrolle: Verwaltungsrat unter Vorsitz des Bürgermeisters
Leitungsstruktur	Kürzere Entscheidungswege und weniger parzellierte Zuständigkeiten	Kürzere Entscheidungswege und weniger parzellierte Zuständigkeiten

Personalwesen	Eingebunden in das öffentliche Dienstrecht und Arbeitsrecht; die Kommune ist Dienstherr bzw. Arbeitgeber der Beschäftigten; eigener Stellenplan; beschränkt eigene Personalwirtschaft	Eingebunden in das öffentliche Dienstrecht und Arbeitsrecht; eigene Dienstherrenfähigkeit mit allen Rechten und Pflichten, soweit hoheitliche Aufgaben wahrgenommen werden, eigene Personalwirtschaft
Personalvertretung	Unterliegt dem LPVG; Personalrat	Unterliegt dem LPVG; Personalrat
Wirtschaftsplanung	Eigener Wirtschaftsplan, Doppik nach HGB oder NKF	Eigener Wirtschaftsplan, Jahresabschluss, Erfolgsplan, Finanzplan, Doppik nach HGB
Finanzierung	Beschränkt eigene Kreditwirtschaft	Eigene Kreditwirtschaft im Rahmen der Satzung
Beteiligung Dritter	Nein	Nein, ggf. Erweiterung, § 27 Gesetz über kommunale Gemeinschaftsarbeit NRW - GkG NRW -
Prüfungswesen – örtliche Prüfung	Rechnungsprüfung der Kommune	Prüfung gemäß HGB
Beispiele - Auswahl	Kleinere Stadtwerke, kleinere Krankenhäuser, kleinere Bauhöfe, kleiner Abwasserbetriebe Zur eigenbetriebsähnlichen Einrichtung: § 107 Abs. 2 GO NRW beachten	Technische Betriebe in größeren Städten (z. B. Rheine), Job Center (z. B. Hamm), Abwasserbetrieb (z. B. TEO mit Telgte, Ostbevern, Everswinkel und Beelen)

Mögliche ausschlaggebende Gründe, sich zur Gründung der AöR als interkommunales Gemeinschaftsunternehmen zu entscheiden:

Zu den aufzuzeigenden ausschlaggebenden Gründen, sich zur Gründung der AöR als interkommunales Gemeinschaftsunternehmen zu entscheiden, sind verschiedene Lösungen denkbar. Mögliche Gründe könnten u. a. folgende Aspekte beinhalten: eigene Rechtspersönlichkeit, Dienstherrenfähigkeit, eigene Kreditwirtschaft im Rahmen der Satzung, Prüfung gemäß HGB.

b) Darlegung der Grundlagen des Vergaberechts und Stellungnahme, welche vergaberechtlichen Fragen in dem o. a. Verfahren zu klären gewesen sein könnten (unter Berücksichtigung der allgemeinen Vergabeprinzipien):

Das Vergaberecht umfasst alle Gesetze und Regelungen, die die öffentliche Hand beim Einkauf von Gütern und Leistungen zu beachten hat. Vorrangiges Ziel des Vergaberechts ist es, durch die wirtschaftliche Verwendung von Haushaltsmitteln den Beschaffungsbedarf der öffentlichen Hand zu decken. Das Ziel der wirtschaftlichen Beschaffung soll durch transparenten und fairen Wettbewerb (Gebote der Gleichbehandlung, Nichtdiskriminierung und Transparenz) sichergestellt werden, damit Steuergelder sparsam und sachgerecht verwendet werden und gleichzeitig die Unternehmen am Markt - insbesondere die kleinen und mittleren Unternehmen - angesprochen werden. Außerdem soll verhindert werden, dass der Staat als großer Nachfrager auf dem Markt seine Marktstärke missbraucht. Ein weiteres Ziel ist die Öffnung der öffentlichen Beschaffungsmärkte in der EU durch transparente und nicht diskriminierende Verfahren für alle potenziellen europäischen Bewerber um öffentliche Aufträge.

Der vierte Teil des Gesetzes gegen Wettbewerbsbeschränkungen (GWB) enthält die gesetzlichen Grundlagen und Rahmenbedingungen der öffentlichen Auftragsvergabe und regelt das Verfahren zur Nachprüfung solcher Auftragsvergaben. Die Verordnung über die Vergabe öffentlicher Aufträge (VgV) regelt die Details des Vergabeverfahrens für den Liefer- und Dienstleistungsbereich ab den Schwellenwerten für EU-weite Vergabeverfahren. Für Bauaufträge gilt hier der zweite Abschnitt der Vergabe- und Vertragsordnung für Bauleistungen (VOB/A). Hinzu kommen spezielle Vorschriften zur Vergabe von Konzessionen in der Konzessionsvergabeordnung (KonzVgV), für Sektorentätigkeiten durch Sektorenauftraggeber in der Sektorenverordnung (SektVO) sowie für sicherheitsrelevante Aufträge in der Vergabeordnung Verteidigung und Sicherheit (VSVgV).

Für nationale Vergaben finden sich die vergleichbaren Regelungen in der Unterschwellenvergabeordnung (UVgO, für Landesbehörden in NRW ab dem 09.06.2018, für Kommunen ab dem 15.09.2018 in Kraft getreten) und dem ersten Abschnitt der VOB/A. Ergänzt bzw. zur Anwendung gebracht werden diese Regelungen durch das Tariftreue- und Vergabegesetz des Landes Nordrhein-Westfalen (TVgG NRW), die Verwaltungsvorschriften zu § 55 Landeshaushaltsordnung sowie weitere landesrechtliche Vorschriften. Für die Kommunen des Landes Nordrhein-Westfalen konkretisiert § 26 Kommunale Haushaltsverordnung die Vergabegrundsätze. Auch hier gelten ergänzende Erlasse.

Ob eine Leistung europaweit auszuschreiben ist, richtet sich danach, ob bestimmte Auftragswerte überschritten werden. Vergabestellen des Landes und der Kommunen müssen bei Lieferungen und Dienstleistungen ab einem Auftragswert von 214.000 € und bei Bauleistungen ab einem Auftragswert von 5.350.000 € europaweit ausschreiben (Stand: 1. Januar 2020). Bei den genannten Auftragswerten handelt es sich um Auftragswerte ohne Umsatzsteuer. Die jeweiligen Werte ergeben sich aus den Vorschriften der jeweiligen EU-Richtlinien, auf die in § 106 Abs. 2 Nr. 1 bis 4 GWB verwiesen wird. Es handelt sich um sog. dynamische Verweisungen, d.h. die Schwellenwerte gelten unmittelbar in der jeweiligen Fassung der EU-Richtlinien. Nach Art. 106 Abs. 3 GWB gibt das Bundesministerium für Wirtschaft und Energie die geltenden Schwellenwerte unverzüglich, nachdem sie im Amtsblatt der Europäischen Union veröffentlicht worden sind, im Bundesanzeiger bekannt (vgl. Deutsches Ausschreibungsblatt, 2021, URL: https://www.deutsches-ausschreibungsblatt.de/informationen/glossar/schwellenwerte/. Letzter Zugriff am 30.07.2021).

Runderlass zu den kommunalen Vergabegrundsätzen in NRW:
Nach der Veröffentlichung des Runderlasses über die neuen "Vergabegrundsätze für Gemeinden nach § 26 Kommunalhaushaltsverordnung NRW" (Kommunale Vergabegrundsätze) des Ministeriums für Heimat, Kommunales, Bau und Gleichstellung (304-48.07.01/01-169/18) im Ministerialblatt (MBl. NRW.) vom 11.09.2018 ist zum 15.09.2018 auch für die nordrhein-westfälischen Kommunen die Unterschwellenvergabeordnung (UVgO) in Kraft gesetzt worden (zuvor für Landesbehörden bereits ab dem 09.06.2018; VOL/A 1. Abschnitt gilt für Kommunen ab 15.09.2018 nicht mehr). Wichtige Aspekte sind:

- **Auftragswert bis 5.000 €: Direktauftrag möglich**
  Öffentliche Liefer- und Dienstleistungsaufträge bis zu einem voraussichtlichen Auftragswert von 5.000 € (ohne Umsatzsteuer) können unter Berücksichtigung der Haushaltsgrundsätze der Wirtschaftlichkeit und Sparsamkeit ohne die Durchführung eines Vergabeverfahrens vergeben werden (Direktauftrag).

- **Auftragswert bis 25.000 €: Kommunikation mittels E-Mail**
  Wenn der geschätzte Auftragswert 25.000 € (netto) nicht überschreitet oder eine Beschränkte Ausschreibung oder eine Verhandlungsvergabe (ohne Teilnahmewettbewerb) durchgeführt wird und der Auftraggeber deshalb gemäß § 38 Abs. 4 UVgO nicht zur Akzeptanz oder Vorgabe elektronischer Teilnahmeanträge oder Angebote verpflichtet ist, können Vergabeverfahren mittels E-Mail abgewickelt werden. In diesen Fällen kommen § 7 Absatz 4, §§ 39 und 40 der UVgO und §§ 11a und 14 der Vergabe- und Vertragsordnung für Bauleistungen Teil A nicht zur Anwendung.

Differenzierung der Arten der Vergabeverfahren:

1. Öffentliche Ausschreibung: Aufforderung einer unbeschränkten Zahl von Unternehmen zur Abgabe eines Angebotes = allgemeine Form der Vergabe (§ 9 UVgO, § 3 Abs. 1 VOB/A).

2. Beschränkte Ausschreibung: Aufforderung einer beschränkten Zahl von Unternehmen zur Abgabe eines Angebotes = Form der Vergabe, wenn Eigenart der Leistung dies rechtfertigt (§ 10 UVgO (mit Teilnahmewettbewerb), § 11 UVgO (ohne Teilnahmewettbewerb), § 3 Abs. 2 VOB/A).

3. Verhandlungsvergabe (UVgO) bzw. Freihändige Vergabe (VOB): Vergabe eines Auftrages ohne förmliches Verfahren u. a., wenn wegen der Besonderheit der Bauleistung nur ein bestimmtes Unternehmen in Frage kommt (§ 12 UVgO (mit oder ohne Teilnahmewettbewerb), § 3 Abs. 3 VOB/A).
Zur Wahl der Verfahrensart ist § 8 UVgO bzw. § 3 a VOB/A zu beachten.

Die Herstellung des Bezugs zum Sachverhalt kann individuell erfolgen. Da keine konkreten Auftragswerte genannt sind, sind die o. a. alternativen Wege (oberhalb bzw. unterhalb der Schwellenwerte) aufzuzeigen.

Mögliche vergaberechtliche Fragen, die in dem o. a. Verfahren zu klären gewesen sein könnten, könnten u. a. folgende sein:

In dem o. a. vergaberechtlichen Verfahren könnte zu klären gewesen sein, ob das Ziel der wirtschaftlichen Beschaffung durch einen transparenten und fairen Wettbewerb sichergestellt wurde. Als allgemeine Vergabeprinzipien sind die Gebote der Gleichbehandlung, Nichtdiskriminierung und Transparenz zu beachten, damit Steuergelder sparsam und sachgerecht verwendet werden und gleichzeitig die Unternehmen am Markt - insbesondere auch kleine und mittlere Unternehmen - angesprochen werden. Es könnten ggf. auch Schwellenwerte nicht beachtet oder falsch ermittelt worden sein. Auch könnte das Vergabeverfahren fehlerhaft durchgeführt worden sein. Auch andere vergaberechtliche Fragestellungen könnten relevant gewesen sein.

c) Beurteilung der folgenden Parameter im Wirtschaftsjahr 2020:

1. Was ist zur wirtschaftlichen „Gesundheit" der Abfallwirtschaftsbetriebe zu sagen, wenn davon auszugehen ist, dass im Wirtschaftsjahr 2020 bezogen auf die Ertragslage ein Planniveau von 3.795.000 € erreicht werden sollte?

Zur wirtschaftlichen „Gesundheit" der Abfallwirtschaftsbetriebe ist zu sagen, dass der Betrieb als „gesund" bezeichnet werden kann. Wenn davon auszugehen ist, dass im Wirtschaftsjahr 2019 bezogen auf die Ertragslage ein Planniveau von 3.795.000 € erreicht werden sollte, dann zeigt der Blick in die Bilanz zum 31.12.2020, dass ein Jahresüberschuss von 4.326.609,84 € erzielt worden ist. Damit ist das Planniveau sogar um 531.609,84 € übertroffen.

2. Im Geschäftsbericht der Abfallwirtschaftsbetriebe heißt es, dass sich der Cashflow aus laufender Geschäftstätigkeit im Jahr 2020 gegenüber 2019 von 4.562.000,00 € auf 14.001.000,00 € erhöht hat. Definieren Sie den Begriff Cashflow und stellen Sie einen Bezug zu der Aussage im Geschäftsbericht her.

In der Rechnungslegung eines Betriebes für das zurückliegende Jahr wird eine Gewinn- und Verlustrechnung erstellt. Auf diese baut der Cashflow auf. Der Cashflow ist mit dem Volumen der Innenfinanzierung verbunden und wird zudem als Indikator für die Wirtschaftskraft genutzt. Der Cashflow ist eine Kennziffer, die den Geldmittelzufluss aus dem Umsatzprozess ableitet. Er wird wie folgt berechnet:

Periodenüberschuss
\+ alle nicht auszahlungswirksamen Aufwendungen
– alle nicht einzahlungswirksamen Erträge
= Cashflow.

Der Cashflow zeigt, welche Mittel dem Betrieb in der Abrechnungsperiode zugeflossen sind und für Gewinnausschüttungen, Investitionen oder Tilgungszahlungen zur Verfügung standen. Er bedeutet nicht, dass dieser Wert am Tage der Bilanzaufstellung zur Verfügung stand, also sich in der Kasse oder auf dem Bankkonto befand.

Die Herstellung des Bezugs zum Sachverhalt kann individuell erfolgen.

d) Erläuterung der Begriffe Roh-, Hilfs- und Betriebsstoffe und passende Beispiele zum Sachverhalt:

Roh-, Hilfs- und Betriebsstoffe sind als Werkstoffe Teil der betrieblichen Produktionsfaktoren und dort der internen Produktionsfaktoren, zu denen neben den dispositiven Faktoren die Elementarfaktoren gehören.

Werkstoffe als Rohstoffe, Hilfsstoffe, Betriebsstoffe in den Abfallwirtschaftsbetrieben können folgende sein:

Rohstoffe: z. B. Strom zum Betrieb der Kompostierungsanlage, Gas zum Beheizen des Verwaltungsgebäudes
Hilfsstoffe: z. B. Streumittel, Lösungsmittel, Säuren, Gase
Betriebsstoffe: z. B. Bremsflüssigkeit in der Bremsanlage eines Müllfahrzeuges

e) Definition der Begriffe Ökonomisches Prinzip, Produktivitätsmaximierung, Gesamtkapitalrentabilität und Eigenkapitalquote:

Ökonomisches Prinzip: Wirtschaftlichkeit/Effizienz = ökonomische Ausprägung des Rationalprinzips (die Dinge richtig tun); bewerteter Output/wertmäßiges Ergebnis : bewerteter Input/ wertmäßiger Einsatz oder Leistung : Kosten

Minimalprinzip = Sparsamkeitsprinzip (inputorientiert); minimaler Mitteleinsatz bei gegebener Zielerreichung

Maximalprinzip = Ergiebigkeitsprinzip (outputorientiert); maximale Zielerreichung bei gegebenem Mitteleinsatz

Produktivitätsmaximierung = Ausdruck technischer Zusammenhänge (Mengenproduktivität) mit dem Ziel, eine möglichst hohe Outputmenge zu erreichen.

Rentabilität = Gegenüberstellung des erzielten Gewinns des Jahres dem von Beginn des Jahres an bestehenden Eigenkapital (Was bringt dem Unternehmen das eingesetzte Kapital?).

Gesamtkapitalrentabilität: [(Gewinn + Fremdkapitalzinsen): Gesamtkapital] x 100

Die **Eigenkapitalquote** kennzeichnet den Anteil des Eigenkapitals am Gesamtkapital.

Zuordnung der Begriffe zu den im Folgenden aufgeführten Beispielen mit Begründung:

1. Der Vorstand der Abfallwirtschaftsbetriebe will mit einem noch vorhandenen Vorrat an Biogranulat möglichst viel Biomüll kompostieren.
   Der Vorstand will hier Produktivitätsmaximierung betreiben. Der Vorrat an Biogranulat ist fix, durch eine optimale Ausnutzung kann der Output an kompostiertem Biomüll maximiert werden.

2. Im Rat der Stadt Möckernburg schlagen die beiden Mehrheitsfraktionen vor, das Stammkapital der Abfallwirtschaftsbetriebe um 150.000,00 € zu erhöhen. **Die Erhöhung des Stammkapitals trägt dazu bei, die Eigenkapitalquote zu erhöhen (Anteil des Eigenkapitals am Gesamtkapital).**

3. Der Verwaltungsrat der Abfallwirtschaftsbetriebe will, dass die Mitarbeitenden mit möglichst wenigen Fahreinsätzen möglichst viel Müll (in t) abfahren.
   Hier wird das Extremumprinzip angesprochen, das grundsätzlich nicht lösbar ist, da nicht gleichzeitig maximiert und minimiert werden kann. Eine Größe müsste fix sein.

4. Der Vorstand der Abfallwirtschaftsbetriebe will einen Kredit von 800.000,00 € für dringend notwendige energetische Maßnahmen an einem Gebäude aufnehmen, für den er möglichst geringe Zinsen zahlen will.
   Die Bestrebungen des Vorstandes zielen auf das ökonomische Prinzip in seiner Minimalausprägung (Minimalprinzip).

5. Die Abfallwirtschaftsbetriebe sollen mit einem Eigenkapitaleinsatz von 60.000,00 € einen möglichst großen Überschuss erzielen.
   Hierbei handelt es sich um das ökonomische Prinzip in der Ausprägung des Maximalprinzips.

Berechnung der Gesamtkapitalrentabilität sowie die Eigenkapitalquote:

Berechnung der Gesamtkapitalrentabilität:
[(Gewinn + Fremdkapitalzinsen): Gesamtkapital] x 100 = (4.326.609,84 € : 86.061.990,56 €) x 100 = **50,27 %;** Anmerkung: Da keine Fremdkapitalzinsen angegeben sind, können diese nicht berücksichtigt werden.

Berechnung der Eigenkapitalquote: (22.212.483,79 € : 86.061.990,56 €) x 100 = **25,8 %**

f) Beantwortung der Frage, um welche Art von Finanzierung bzw. Investition es sich bei den folgenden Beispielen handelt:

1. Aufnahme eines Kredits bei einem Kreditinstitut zum Bau eines neuen Verwaltungsgebäudes?
   Bei der Aufnahme eines Kredits bei einem Kreditinstitut handelt es sich um eine **Außenfinanzierung**, da die Abfallwirtschaftsbetriebe von einer anderen Organisation finanzielle Mittel erhalten. Es handelt sich auch um eine **Kreditfinanzierung**. Da dadurch die Schulden der Abfallwirtschaftsbetriebe zunehmen, handelt es sich um eine Finanzierung, die das Fremdkapital erhöht, das heißt um eine **Fremdfinanzierung**.

2. Einbehaltung des Jahresüberschusses, um daraus ein neues Müllentsorgungsfahrzeug zu finanzieren?
   Der Jahresüberschuss wurde aus der Betriebstätigkeit, der Abfallentsorgung, heraus erwirtschaftet. Dieser Jahresüberschuss wird nicht ausgeschüttet, sondern reinvestiert, sodass eine **Innenfinanzierung**, eine **Eigenfinanzierung** und eine **Selbstfinanzierung** vorliegen.

3. Bildung von Rückstellungen für Pensionen für Mitarbeitende der Abfallwirtschaftsbetriebe?
   Die finanziellen Mittel werden aus eigener Kraft bereitgestellt, also aus dem Umsatzprozess heraus. Mit der Bildung von Rückstellungen für später zu zahlende Pensionen findet ein Vermögenszuwachs statt. Es liegen eine **Innenfinanzierung** und eine **Fremdfinanzierung** vor.

4. Einziehung von Müllgebühren gegenüber den Kundinnen und Kunden der Abfallwirtschaftsbetriebe per Müllgebührenbescheid?
   Bei der Einziehung von Müllgebühren gegenüber den Kundinnen und Kunden der Abfallwirtschaftsbetriebe per Müllgebührenbescheid handelt es sich um eine **Innenfinanzierung**, da der Grund für den Zufluss der finanziellen Mittel in der Leistungserstellung der Abfallwirtschaftsbetriebe, der Abfallentsorgung, liegt. Außerdem liegt hier eine Form der **Eigenfinanzierung** vor, da durch die Abfallentsorgung Erträge erzielt werden. Dadurch wird das Geschäftsergebnis der Abfallwirtschaftsbetriebe verbessert und das Eigenkapital erhöht.

5. Um welche Art von Investition handelt es sich beim Um- und Neubau einer Bio- und Feinkompostierungsanlage?
   Arten von Investitionen lassen sich aus den Perspektiven „nach Gegenstand" und „nach Zweck" betrachten. Danach handelt es sich beim Um- und Neubau einer Bio- und Feinkompostierungsanlage um eine **Investition nach Gegenstand im Sinne einer Sachinvestition** und um eine **Investition nach Zweck im Sinne einer Brutto-, Netto- und Ersatzinvestition.**

Anhang Produktformular

Amt	Sachgebiet	Datum
Produktname	Produktnummer	
Produktgruppe	Produktbereich	
Verantwortliche(r)		
Verwaltungsinternes Produkt ☐	Verwaltungsexternes Produkt ☐	

1. Formular Produktdefinition

1.1 Beschreibung des Produktes			
1.2 Auftragsgrundlage			
1.3 Zielgruppe			
1.4 Ziele			
1.5 Zugangskanäle			
1.6 Leistungsumfang			
	20xx (Vorjahr)	20xx (lfd. Jahr)	20xx (Folgejahr)
Anzahl des Produktes intern			
extern			
Anzahl der Mitarbeiter			
1.7 Beschreibung des Herstellungsprozesses			
1.8 Sonstiges			
1.9 Erlöse aus der Einnahmen von Gebühren/Abgaben.			
	20xx (Vorjahr)	20xx (lfd. Jahr)	20xx (Folgejahr)
Eingenommene Gebühren/Abgaben			

2. Beschreibung der Beziehungen/des Leistungsaustauschs

Leistungsabgabe an:	Art der Leistung	Datenquelle

Leistungsempfang von:	Art der Leistung	Datenquelle

3. Formular Finanzen, Budget

3.1 Erträge und Kosten	20xx (Vorjahr)	20xx (lfd. Jahr)	20xx (Folgejahr)
Erträge aus Gebühren			
Erträge aus Beiträgen			
Sonstige Erträge			
3.1.1 Gesamterträge			
Personalkosten			
Sachkosten			
Kalkulatorische Kosten			
Sonstige Kosten			
3.1.2 Gesamtkosten			
3.1.3 Über-/Unterdeckung			
3.1.4 Kostendeckungsgrad in Prozent			
3.2 Kennzahlenentwicklung			

Formular Produktdefinition

Produkt: Jedes Produkt erhält eine aussagekräftige Bezeichnung und eine Ziffer. Die Ziffer setzt sich aus der Sachgebietsnummer und der laufenden Produktnummer innerhalb des Sachgebietes zusammen.

Verwaltungsexterne Produkte: Verwaltungsexterne Produkte decken direkt einen außerhalb der Verwaltung bestehenden Bedarf. Beispielsweise gehören dazu Schutzimpfungen, Hilfe zum Lebensunterhalt und die Erteilung einer Baumfällgenehmigung.

Verwaltungsinterne Produkte: Diese Produkte decken einen Bedarf innerhalb der Verwaltung, die typischerweise in den sog. Querschnittsbereichen wie Personal, Organisation, ADV etc. erstellt werden.

Produktgruppe: Eine Produktgruppe ist die Zusammenfassung von Produkten, die aus rationaler Sicht eng zusammenhängen. Jedes Produkt gehört nur einer Produktgruppe an.

Produktbereich: Ein Produktbereich ist die Zusammenfassung von Produktgruppen zu einem übergeordneten Bereich (z.B. Innerer Service, Kreisentwicklung, Soziale Dienstleistungen usw.). Jede Produktgruppe ist nur einem Produktbereich zuzuordnen.

Verantwortliche(r): Für jedes Produkt ist ein(e) Verantwortliche(r) zu benennen, der/die für die Erreichung der Leistungs- und Finanzziele verantwortlich ist. Das gilt unabhängig davon, ob ein Dritter die Leistung für die Verwaltung erbringt. Der/die Produktverantwortliche ist für die Überwachung des Produktes zuständig. Er/Sie ist verpflichtet, den/die amtsverantwortliche(n) Mitarbeiter/in der Organisation über jede Veränderung der im Produktbericht-Formular genannten Punkte umgehend zu informieren. Darüber hinaus sind einmal jährlich die unter Punkt 1.6 des Formulars abgebildeten Leistungskennzahlen dem Sachgebiet Organisation zu melden.

Beschreibung des Produktes: Die wesentlichen Merkmale des Produktes sind allgemeinverständlich darzustellen.

Auftragsgrundlage: Für jedes Produkt sind die gesetzlichen Grundlagen und /oder die maßgeblichen internen Beschlüsse aufzuführen. **Zielgruppe:** Die Zielgruppe des Produktes ist so genau wie möglich zu bestimmen.
In den Bereichen Soziales, Jugend und Sport kann dies z.B. durch soziokulturelle Merkmale wie Alter, Geschlecht, Nationalität usw. geschehen. In den internen Bereichen wie Personal, ADV und Organisation kann dies durch die Benennung von Ämtern, Sachgebieten und Einrichtungen erfolgen.

Ziele: Für jedes Produkt sind die damit verbundenen Ziele so ausführlich wie möglich zu nennen. Wichtig ist, dass dies so konkret geschieht, dass sie durch die Verwaltungsleitung sowie die Mitarbeiter messbar und beeinflussbar werden.

Zugangskanäle: Für jedes Produkt sind sämtliche Wege zu nennen, die der Bürger/Kunde wählen kann um an das Produkt zu gelangen.

Leistungsumfang: Für jedes Produkt sowie die einzelnen im Produkt enthaltenen Leistungen ist der Umfang, in dem das/die Produkt/Leistung erbracht wird, zu nennen. Dies kann in Form von Fallzahlen und/oder in Dienstleistungsstunden geschehen.

Beschreibung des Herstellungsprozesses: Bitte beschreiben Sie allgemeinverständlich den Prozess der Produkterstellung.

Sonstiges: Gibt es sonstige Eigenschaften, Beziehungen oder Umstände, die das Produkt beschreiben oder Aussagen zu dessen künftiger Entwicklung zulassen? Bitte nennen Sie alles was Ihnen dazu wichtig erscheint. Kennzahlen: Kennzahlen setzen in einem leicht fassbaren Zahlenausdruck verschiedene Größen in ein sinnvolles Verhältnis zueinander. Bitte nennen sie alle bereits verwendeten und Ihrer Meinung nach möglichen Kennzahlen, die das Produkt beschreiben.

Beschreibung der Beziehungen/des Leistungsaustauschs
Leistungsabgabe an: Nennen Sie bitte alle Gruppen, an die Sie Leistungen abgeben. Gehen Sie dabei auf die Art der Leistungen sowie auf die genutzten Datenquellen ein.

Leistungsempfang von: Nennen Sie bitte alle Gruppen, von denen Sie zur Produkterstellung notwendige Leistungen empfangen. Gehen Sie dabei auf die Art der Leistungen sowie auf die genutzten Datenquellen ein.

Formular Finanzen, Budget
Erträge: Nennen Sie bitte sämtliche Erträge, die das Produkt durch Zahlung des Bürgers oder Dritter erzielt. Ordnen Sie die Erträge nach Ertragsarten.

Kosten: Nennen Sie bitte sämtliche Kosten, die ihrer Kenntnis nach in dem Produkt enthalten sind. Ordnen Sie diese Kosten ebenfalls nach Arten

Über-/Unterdeckung: Der Deckungsbetrag wird durch die Subtraktion der Gesamtkosten von den Gesamterträgen errechnet. Ist der Wert negativ liegt eine Unterdeckung vor. In dieser Höhe muss dann die Produkterstellung durch sonstige Einnahmen subventioniert werden.

Kostendeckungsgrad: Der Kostendeckungsgrad gibt an, zu wie viel Prozent die Kosten des Produktes von den Erlösen gedeckt werden.

Stichwortverzeichnis

Die Zahlen verweisen auf die Seiten.

ABC-Analyse 122
Abfallprozentsatz 133
Ablauforganisation 32
Absatz 41, 155
Absatzinstrument 164
Absatzplanung 157
Absatzwirtschaft 155
AG 76, 192
Aktiengesellschaft 42, 79, 192
Aktivtausch 57
Alternativensuche 86
Amt 70
Angebot 101
Angebotsplanung 266
Anlagedeckungsgrad 217
Anleihe 224, 226
Anstalt des öffentlichen Rechts 14, 71, 76, 77, 242, 257, 275
Äquivalenzprinzip 169
Arbeit 36
Arbeitsgemeinschaft 14
Art der erstellten Leistung 10
Artikelanalyse 122
Auftragsgrundlage 287
Ausführungsebene 231
Ausgleichsfunktion 108
Auslastung 146
Ausschreibung 106, 107
Außenfinanzierung 59, 65, 187, 192, 257
Autonomieprinzip 5

Bearbeitungsgeschwindigkeit 133
Bedarfsmengenplanung 99
Bedürfnisbefriedigung 1
Befragung 159
Begriffe der Betriebswirtschaftslehre 1
Beitrag 169, 223, 226
Bench-marking 235
Beobachtung 160
Beschaffung 41, 98, 102, 124, 242, 251
Beschaffungskosten 114
beschaffungsrechtlicher Faktor 104
Beschaffungswirtschaft 251
Beschäftigtengrößenklasse 9
beschränkte Ausschreibung 106
Bestellmenge 112, 113, 242, 251
Bestellpunktverfahren 110
Bestellrhythmusverfahren 109
Bestellung 102
Bestellverfahren 109
Beteiligungsfinanzierung 191

Betrieb 4, 6, 50, 68, 256
  gewerblicher Art 71
betriebliche Elastizität 36
betriebliche Wertschöpfung 33
betrieblicher Funktionsbereich 98
betrieblicher Produktionsfaktor 267
betrieblicher Zielbildungsprozess 256, 266
Betriebmittel 98
Betriebsformen 242, 275
Betriebsgröße 9
Betriebsmittel 35
Betriebsprozess 31
Betriebsstoffe 34, 276
Betriebstypologie 3, 7
betriebswirtschaftliche Begriffe 1
betriebswirtschaftliche Grundbegriffe 15
Betriebswirtschaftslehre 1
Betriebsziel 257
Bilanz 56, 237, 242, 276
Bilanzregel 201
Bilanzverkürzung 58
Bottom-up 93
Bottom-up Planung 92
Budget 288
Budgetierung 234
Build-Operate-Own 74
Build-Operate-Transfer 74
Build-Transfer-Operate 74
Bundeshaushaltsordnung 14
Bürgerbeteiligung 237
Bürgerhaushalt 237
Bürgerkommune 229
Bürgerorientierung 229
büromäßige Leistungen 150

Cashflow 199, 206, 276
Cash-Pooling 197
Contractingmodell 74
Controlling 229, 234

Darlehen 194
Datenerhebung 158
Delkrederegebühr 195
derivative Entscheidung 38
Desinvestition 58
dezentrale Ressourcenverantwortung 230
Dienstleistung 44
Dienstleistungsfunktion 195
Dienstleistungskommune 229
Digitalisierung 239
dispositiver Faktor 34, 36
Distributionspolitik 164, 170, 171

Doppik 235

Economies of scale 74, 84
Economies of scope 84
EDV-Technik 145
Effektivität 18, 28, 251
Effizienz 251
der Verwaltung 229
Eigenbetrieb 14, 71, 76
eigenbetriebsähnliche Einrichtung 242, 266, 275
Eigenfinanzierung 59, 191, 257
Eigenkapital 53, 66, 192, 193
Eigenkapitalquote 242, 257, 267, 276, 277
Eigenkapitalrentabilität 17, 199
Eingriffsverwaltung 73
Einkauf 101
Einlagenfinanzierung 191
Einnahmearten 223
Einrichtung 70
eiserner Bestand 111
Elastizität 36
Elementarfaktor 33, 34
Entfinanzierung 58
Entgelt 223
Entgeltpolitik 164, 168
Entscheidung 37
Entscheidungsprozess 39, 86
Entwicklungen in der Verwaltung 227
Ergebnisrechnung 236
Ergebnisverantwortung 230
Eröffnungstermin 106
Erwerbermodell 74
Erwerbsbetrieb 11
erwerbswirtschaftliches Prinzip 5
Experiment 160
externer betrieblicher Produktionsfaktor 267
externer Produktionsfaktor 43
Extremumprinzip 15

Fachbereich 233
Fachbereichsstruktur 232
Fachverantwortung 228
Factoring 195, 197
Feldexperiment 160
Fertigungsprogramm 133
Fertigungsverfahren 135
Finanzen 41, 288
finanzielles Gleichgewicht 22
Finanzierung 55, 186, 277
aus Rückstellungen 191
Finanzierungsarten 257
Finanzierungsfunktion 195
Finanzplan 236
Finanzrechnung 236
finanzwirtschaftliche Rahmenbedingungen 12
fixe Kosten 136
Fixkostendegression 171
Flexibilität 99
Folgekosten 145
Forderungsspiegel 205
Formalziel 19
Fremdfinanzierung 59, 191, 257
Fremdkapital 54, 66, 194
Führungsebene 228
Funktionsbereich 98

Gebäude 35
Gebrauchsgut 3
Gebühr 169, 223, 226
gebundenes Kapital 199
Gegenstromplanung 92
Gegenstromverfahren 93
Geldstrom 40
Gemeinde 59
Gemeindeordnung 12
Gemeindevermögen 223
Gemeineigentum 7
generelles Extremumprinzip 15
Gesamtkapitalrentabilität 18, 257, 276, 277
Gesamtkosten 242, 251
Gesellschaft 55
mit beschränkter Haftung 266
Gesellschaftsmittel 193
Gesetz über kommunale Gemeinschaftsarbeit 72
Gewinnfunktion 160
Gewinnmöglichkeit 175
GmbH 76, 78, 193
GmbH und Co. KG 82
goldene Bilanzregel 201
Grundbegriffe 15
Grundstück 35
Gut 2, 50
Güterfluss 32
Güterknappheit 1
Güterstrom 40
Gutschein 174

Handelsgesetzbuch 14
Haushaltsplan 60, 237
haushaltsrechtlicher Faktor 108
Haushaltssatzung 60
Herstellungsprozess 288
Hilfsstoffe 34, 276

immaterielle Investition 257
immaterielle Leistung 43
immaterielles Gut 3, 132
Indifferente Zielbeziehung 21
Informationsverarbeitungsbetrieb 144
Inhabermodell 74
Innenfinanzierung 58, 59, 66, 188, 257
Inputgut 2
Inputorientierung 227
Instrumente der Verwaltungsreform 233
intensitätsmäßige Anpassung 140

interkommunales Gemeinschaftsunternehmen 242
interner betrieblicher Produktionsfaktor 267
intervallfixe Kosten 141
Investition 55, 257, 267, 277
Investorenmodell 266

Just in Time 124

Kameralistik 235
Kapazität 35
Kapazitätskosten 145
Kapital 193
Kapitalabfluss 66
Kapitalbindung 145
Kapitalerhöhung 193
Kapitalgeber 53, 191
Kapitalherkunft 187
Kapitalneubildung 58
Kapitalrentabilität 277
Kapitalrückfluss 58
Kapitalstrukturregel 200
Käufermarkt 155, 156
Kollektivgut 52
Kommunalabgabengesetz 13
kommunale Verwaltung 86
kommunaler Betrieb 50, 68
kommunales Steuerungsmodell 239
Kommunalhaushaltsverordnung 13
Kommunalobligation 224
Kommunikationspolitik 164, 172
komplementäre Zielbeziehung 20
komplementäres Ziel 20
konkurrierende Zielbeziehung 20
konkurrierendes Ziel 20
Konsumgut 2
Konsumtionswirtschaft 3
Kontraktmanagement 230
Kontrolle 39
Konzernstruktur 68
Konzessionsmodell 74
Kosten 242, 243, 251, 288
Kosten- und Leistungsrechnung 234
Kostendeckung 11
Kostendeckungsgrad 288
Kostenfunktion 136, 163
Kostengünstigkeit 99
Kostenorientierung 228
kostenrechnende Einrichtung 70
Kostentransparenz 228
Kreditfinanzierung 224
Kreditzinsen 195
Kurzarbeit 139

Laborexperiment 160
Lager 32
Lagerabbau 137
Lagerartikel 123
Lageraufbau 137
Lagerbestand 112
Lagereinrichtung 35
Lagerkosten 114
Lagerung 251
Landeshaushaltsordnung 14
Leasing 195, 197
Leasingmodell 74
Leerkosten 141
Leistung 10, 165
Leistungsabgabe 288
Leistungsart 10
Leistungsaustausch 286
Leistungsbeschreibung 106
Leistungsempfang 288
Leistungsgestaltung 167
Leistungsprozess 39, 148
Leistungsumfang 288
Leistungsverwaltung 73
Leitbild 227
Leitliniensteuerung 230
Leverage-Effekt 201
Lieferant 54, 101
Lieferkonditionen 101
Liquidität 99, 203
  ersten Grades 203
  zweiten Grades 204
Lohnkostenvorteil 172
Lower Management 37

Managementpyramide 37
Managementzyklus 88
Marketing 155
Marktforschung 158
Marktpartner 54
Marktpotenzial 158
Markttest 160
Maschine 35
Materialanalyse 122
Materialbedarfsermittlung 100
materielles Gut 3, 132
Maximalprinzip 15
meritorisches Gut 52
Mietmodell 74
Mindestbestand 111
Minimalprinzip 15, 21
Mitarbeiterfreundlichkeit 229
Modell eines Produktionsbetriebs 31
Monopol 52
Müllabfuhr 135

Nachfrage 137
Nachfragefunktion 161
Nachfrager 104
Nachfragerobergrenze 148
Nebenleistung 168
Nettoinvestition 191
neuere Entwicklungen in der Verwaltung 227

neues kommunales Rechnungssystem 235
neues Steuerungsmodell 239
NKF 236
Nominalgut 3
NSM 233
Nutzkosten 141
Nutzungsuntergrenze 148

Obligation 194, 224, 226
öffentliche Verwaltung 21, 86, 144
öffentlicher Betrieb 43, 50, 68
Öffentlichkeitsarbeit 175
öffentlich-private Partnerschaft 73
ökonomisches Prinzip 2, 4, 15, 21, 257, 267, 276
operative Planung 90
optimale Bestellmenge 113, 242, 251
Ordnungskommune 229
Organisation 39, 231
Organisationsformen öffentlicher Betriebe 68, 70, 75, 82
Organprinzip 6, 23
originäre Entscheidung 37
Outputgut 2
Outputorientierung 229

Pensionsrückstellung 190
Personalpolitik 38
Personengesellschaft 10
Planerfüllung 6
Planung 38, 90
Planungsprozess 86
PPP-Projekt 266
Primärerhebung 158
Prinzip der Planerfüllung 6
Privateigentum 5
privater Betrieb 50
Problemanalyse 86
Produkt 233, 287
Produktbereich 287
Produktbeschreibung 233
Produktdefinition 285, 287
Produktformular 285
Produktgruppe 287
Produkthierarchie 233
Produktion 32, 41, 94, 131
Produktionsbetrieb 31
Produktionsfaktor 21, 33, 43, 242, 251, 257, 267
Produktionsgut 2
Produktionsmenge 134
Produktionsstandort 149
produktionssynchrone Beschaffung 124
Produktionswirtschaft 3
Produktivität 16, 229, 242
Produktivitätsmaximierung 257, 276
Produktpolitik 164, 165
Prognose 86
Prüfungen 241

Qualität 99, 243, 266
qualitative Anpassung 143
qualitative Kapazität 35
quantitative Anpassung 140

Rahmenbedingungen 12
Rangfolge der Einnahmearten 223
Realgut 3
Rechnungssystem 235
rechtliche Rahmenbedingungen 12
rechtliche Selbstständigkeit 70
Rechtmäßigkeit 133
Rechtsform 10
Rechtsformen öffentlicher Betriebe 68
Regiebetrieb 70, 76, 231, 257
Reinvestition 190
remanente Fixkosten 143
Rentabilität 17, 199, 242
Ressourceneinsatz 228
Ressourcenverantwortung 228, 230
Rohstoffe 34, 276
rollende Planung 91
rollierende Planung 90
Rückstellung 191

Sachziel 19
Schuldverschreibung 194
Schwimmbad 166
Sekundärerhebung 158
Selbstfinanzierung 191
Selbstständigkeit von Betrieben 70
selektive Anpassung 142
SMART 51, 257
Sonderschicht 139
Sortimentsplanung 134
sozialversicherungspflichtige Beschäftigte 8
Spekulationsfunktion 108
spezielles Entgelt 223
sprungfixe Kosten 141
Staat 55
Stammanteil 193
Standort 150
starre Planung 90, 91
Steuer 60, 224, 226
Steuerung 231
Steuerungslogik 230
Steuerungsmodell 239
Steuerungsunterstützung 232
strategische Planung 90

Teilproduktivität 16
Teilschuldverschreibung 194
Theater 166
Top Management 37
Top-down Planung 92
Transformationsprozess 31

Transporteinrichtung 35

Überdeckung 288
Überstunden 139
Übungsaufgaben 241
Umlaufvermögen 276
Umsatzfunktion 160, 162
Umsatzprozess 56
Umwelt 94
unfertiges Erzeugnis 34
Unterdeckung 288
Unternehmen 256
Unternehmensplan 94
Unternehmenspolitik 38
Unternehmensziel 50
Unternehmung 4, 6

variable Kosten 136
Verantwortlicher 287
Verbindlichkeit 267
Verbrauchsgut 3
Vergabe 276
Vergabeprinzipien 276
Vergaberecht 276
Verkäufermarkt 155, 156
Verkaufsförderung 173
Vermögensumschichtung 66, 189
Verschuldungsgrad 199, 200
Versicherungsfunktion 195
Verständlichkeit 133
vertikale Kapitalstrukturregel 200
Verwaltung 86, 144, 227, 256
Verwaltungsbetrieb 46
Verwaltungsreform 227, 233
Volkshochschule 166

Vorbereitung auf Prüfungen 241
Vorratswirtschaft 108

Wandel der Verwaltung 239
Wandelschuldverschreibung 194
Werbung 173
Werkstoffe 34
Wertewandel 239
Wertschöpfung 33
Wettbewerbssurrogat 235
Wirtschaften 1
Wirtschaftlichkeit 22, 229, 242
Wirtschaftlichkeitsprinzip 16
Wirtschaftseinheit 3
Wirtschaftsgut 2
Wirtschaftszweig 8

Zeit 243
zeitliche Anpassung 139
Ziel 18, 50, 132, 287
Zielbeziehung 20
Zielbeziehungen 20
Zielbildung 86
Zielbildungsprozess 52, 256, 266
Ziele der Beschaffungswirtschaft 251
Zielhierarchie 18
Zielindifferenz 21
Zielsetzung von Betrieben 11
Zugangskanal 287
Zuschuss 223
Zuschussbetrieb 12
Zuweisung 223
Zwangseinnahme 60
Zweckverband 14, 72